近代中原地区水患与荒政研究

朱正业◎著

科学出版社
北京

内 容 简 介

中原地区是中华文明发展的核心地域,在中华文明形成与发展过程中发挥着十分重要的作用。然而,长期以来,受水患等诸多因素的影响,中原地区逐渐成为中国经济发展相对滞后的区域。本书利用大量的档案、方志、统计、汇编和近代报刊等资料,立足将宏观考察与微观分析相结合,定量与定性分析相结合,从自然生态环境、水灾的时空分布、水患的社会影响、水利事业建设、各种赈灾举措等方面,系统、深入地探讨了近代中原地区的水患与荒政,拓展了区域社会经济史研究的视野,为当今中原地区的发展提供有益的借鉴与思考,具有重要的学术价值和现实意义。

本书可供中国近现代史、环境史、灾害史等领域的人员参阅。

图书在版编目(CIP)数据

近代中原地区水患与荒政研究 / 朱正业著. —北京:科学出版社,2020.6
ISBN 978-7-03-063850-2

Ⅰ. ①近… Ⅱ. ①朱… Ⅲ. ①中原-水灾-历史-研究-近代 Ⅳ. ①P426.616

中国版本图书馆 CIP 数据核字(2019)第 299371 号

责任编辑:王 媛 杨 静 / 责任校对:韩 杨
责任印制:张 伟 / 封面设计:润一文化
编辑部电话:010-64011837
E-mail: yangjing@mail. sciencep. com

科学出版社 出版
北京东黄城根北街 16 号
邮政编码:100717
http://www.sciencep.com
北京建宏印刷有限公司 印刷
科学出版社发行 各地新华书店经销

*

2020 年 6 月第 一 版 开本:720×1000 B5
2022 年 1 月第二次印刷 印张:19
字数:320 000
定价:**139.00 元**
(如有印装质量问题,我社负责调换)

目　录

绪　论

一、选题意义

（一）学术价值

长期以来，尤其是改革开放以来，区域研究日益受到世人的关注。学界开始利用自身学科的优势对中原地区或黄河中下游地区相关问题展开研究，并取得了可喜的成果。已有的成果为本书研究的开展奠定了一定的基础，但是，这些成果除比较零碎、分散外，还存在一些不足，主要表现为相关研究主要集中在自然灾害和环境方面，而以专题考察近代中原地区水患与荒政的研究，目前还比较薄弱。同时，上述研究成果在资料挖掘方面还十分不够。本书以水患为切入点，全面系统地探讨近代中原地区的水患与荒政，不但可以弥补学界对此问题研究的薄弱与不足，而且还可以拓展区域社会经济史研究领域的深度与广度。

（二）现实意义

中原地区一直以来都是中华文明发展的核心地域，在中华文明形成与发展过程中发挥着十分重要的作用。在中国数千年的历史上，中原地区大部分时间都是政治、经济和文化中心所在地。然而，长期以来，受黄河水患、战争等诸多因素的影响，中原地区逐渐成为我国经济发展相对滞后的区域。2012 年 11 月，国务院正式批复了《中原经济区规划（2012—2020年）》，中原经济区由此上升为国家战略。根据该规划，中原经济区范围包括河南省全境，以及安徽省、河北省、山西省、山东省等部分地区。通过研究，全面系统梳理近代中原地区水患治理与荒政的成败得失，可以为当今中原地区的发展提供有益的借鉴与思考。

二、相关概念的界定

（一）中原地区释义

中国国土辽阔，地理环境复杂，不同地域间的差异十分显著。按照区划的对象和目的，可以分为行政区划、自然区划、经济区划等。

行政区划是指国家根据法律规定，将国家疆域划分为不同层次的行政区域，进行分级行政管理。划分行政区域，主要依据政治、经济、民族、人口分布、地理条件、国防需要、历史传统等方面的因素。[①]我国的行政区域分为省、自治区、直辖市，此外，还设立了特别行政区。目前，我国的行政区域划分为 34 个省级行政区划单位，包括 23 个省、5 个自治区、4 个直辖市和 2 个特别行政区。

自然区划是指按自然地理环境的相似性和差异性进行的区域划分[②]，即根据自然地理环境及组成部分发展的特征、变化和分布规律，将地域划分为不同的系统，以揭示自然要素的地域差异。从宏观上看，根据南北差异，我国可以分为南方和北方地区；根据东西差异，可以分为东部、中部和西部地区。

经济区划是指根据国家或地区生产发展的要求和条件，参照业已形成的地区经济类型，对全国领土进行战略性的划分。[③]近年来，先后提出将我国经济区划为三大经济带、七大经济区、八大经济区、十大经济区等多种方案。

总之，区域划分不仅要考虑区域的地理特征，也要遵循区域经济发展的一般规律，同时还要方便区域发展问题的研究和区域政策的分析。

中原地区简称"中原"，是中华文明的重要发祥地。"中原"一词概念的演变经历了一个漫长的过程，在这一过程中，"中原"的含义也在不断变化。根据《辞海》对中原一词所作的解释：一指平原、原野，这是中原一词的最初之意，没有别的特殊意义。现在"中原"一词已经失去其本初的含义。二指地区名，即中土、中州，以别于边疆地区而言。"中原"一词，作为一个地理的概念，有狭义与广义之分。狭义上的"中原"，一般专指河南省。《尚书·禹贡》将天下分为"九州"，豫州位居天下九州之中，现今河南大部分地区属九州中的豫州，故有"中原"之称。其后华夏族活动范围虽不断扩大，但因河南对于中华民族的历史和发展所起的作用十分重

① 辞海编辑委员会：《辞海》，上海：上海辞书出版社，1999 年，第 960-961 页。
② 辞海编辑委员会：《辞海》，上海：上海辞书出版社，1999 年，第 2285 页。
③ 辞海编辑委员会：《辞海》，上海：上海辞书出版社，1999 年，第 1408 页。

要，古豫州仍被视为九州之中，称此地为中原。广义上的"中原"，是将流域作为划分的依据，或指黄河中下游地区，或指整个黄河流域而言。①可见，河流与地域范围的形成有着巨大的关联。从行政区划来看，也就是指以河南为中心，向河南邻近省份的部分地区渗透的一个广阔区域。除了今河南全省外，中原地区还包括陕西、山西、河北、山东、安徽等省的部分地区。

根据相关的史料，"中原"一词大概自春秋开始，逐步发展，到六朝时期，已成为一个专有的地区名词。其含义有时指原野，有时专指中原，而到后期则专指中原地区。有研究者对此进行具体考察，认为，中原地区作为一个地理概念，它的提出和最终被人们认可和接受，经历了一个相当长的历史阶段。春秋时期，中原地区作为地理意义上的概念开始出现，但是并没有被人们所接受。经过两汉时期的发展，"中原"一词仍然是原野和地理概念并存。到了六朝时期，由于西晋王朝覆亡，黄河流域被少数民族占领，大批居民南迁，这些离乡背井的人虽然漂泊在异乡，但仍然时时刻刻不忘故土，因而过去不被人们提起或看重的"中原"开始作为一个地区频频出现在人们的口中。②

时至今日，随着社会的发展，中原地区作为一个地理概念又被赋予了经济内涵。近几年来，由于中原地区地理位置重要，粮食优势突出，市场潜力巨大，文化底蕴深厚，在全国改革发展大局中，国家制定了中原经济区的发展战略。2011年国庆前夕，国务院正式出台《国务院关于支持河南省加快建设中原经济区的指导意见》，把中原经济区明确作为全国主体功能区的重点开发区域。中原经济区地处中国中心地带，其范围涵盖河南全省、延及周边地区的经济区域。2012年11月，国务院正式批复了《中原经济区规划（2012—2020年）》，中原经济区正式上升为国家战略，中原经济区建设进入全面实施新阶段。规划范围包括河南省全境，河北省邢台市、邯郸市，山西省长治市、晋城市、运城市，安徽省宿州市、淮北市、阜阳市、亳州市、蚌埠市和淮南市凤台县、潘集区，山东省聊城市、菏泽市和泰安市东平县，区域面积28.9万平方千米，2011年末总人口1.79亿人，地区生产总值4.2万亿元，分别占全国的3%、13.3%和9%。③总之，从地域上看，随着华夏民族的大融合，以及华夏文化的扩展，中原地区不断漫延；从历史上看，中原地区的地理范围不是一个静态的概念，而是动态的变化过程，是一个不断拓展的地域范畴。

---

① 辞海编辑委员会：《辞海》，上海：上海辞书出版社，1999年，第1699页。
② 薛瑞泽：《中原地区概念的形成》，《寻根》2005年第5期，第12页。
③ 《中原经济区规划正式发布》，《河南日报》2012年12月3日，第1版。

中原地区作为一个区域概念，涉及行政区划、自然地理等方面的因素。本书主要是基于行政区划方面的考量。狭义上大致与河南省范围重合，所以文中所指中原地区，一般与河南省概念通用，同时，兼及近代和现在河南省的管辖范围。另外，本书以中央政权统辖下的河南省作为考察对象。民国时期，虽然中国共产党领导的民主政权以及日伪政权管辖范围曾经包括河南省或河南省部分地区，但并不隶属于当时的中央政权——南京国民政府，且因其管辖区域较小，变化不定，时间又较短，故不作为考察的重点。

（二）水患与荒政释义

1. 水患释义

水患，即水灾，包括洪灾、涝灾和由沿海风暴潮引起的灾害。我国历史上的洪、涝是不分的，及后来修筑了堤防围垸等防洪工程，天然来水受到人为的分割，遂有了洪、涝之分。一般认为河流漫溢或堤防溃决造成的水灾（外水）为洪灾；当地降雨过多，长久不能排除的积水灾害（内水）为涝灾。洪水和内涝在水文特性上有所区别，洪水来势猛，而涝水一般来势较弱。二者造成灾害的特点也不相同，洪水破坏性强，可以破坏各种基础设施，淹死人畜，会对农业生产造成毁灭性破坏，而涝水一般只影响农作物。①在近代文献中，较少将洪、涝加以区分，故本书在考察水患时，也未将洪灾、涝灾严格区分。书中如无特别说明，两者皆指同一概念。

水患，从广义上讲，包括雨情、水情、灾情三个方面。具体如下：①雨情，即指某个地区降雨的情况。雨情与降雨密切相连。降雨又称降水，包括降雨量、降雨强度、降雨时长。降雨等级分为小雨、中雨、大雨、暴雨、大暴雨和特大暴雨等。②水情，是指河流的状况和特征。由于降雨导致该地区洪涝的发生，包括河湖水位水势变化、洪水流向、堤堰漫溢或溃决，以及所形成的内涝或洼地的积水等。③灾情，是指由于雨情、水情所造成灾害的广度和深度。包括人畜的伤亡、人口的受灾、房屋的损毁、农作物的淹损，以及对农作物收成的影响等。

总之，三者之间相互联系、相互影响。雨情是形成水情的直接原因，水情是雨情发展的结果。同样，水情是形成灾情的直接原因，灾情是水情发展的结果。但是，雨情并不一定导致水情，水情也不一定导致灾情。

---

① 朱尔明、赵广和：《中国水利发展战略研究》，北京：中国水利水电出版社，2002年，第40页。

2. 荒政释义

首先了解灾荒的概念,学界对此已作了辨析,如邓拓认为,所谓"灾荒",乃是由于自然界的破坏力对人类生活的打击超过了人类的抵抗力而引起的损害[①];而在阶级社会里,灾荒基本上是由于人和人的社会关系的失调而引起的人对于自然条件控制的失败所招致的社会物质生活上的损害和破坏。[②]灾与荒本是互相联系不可分的。有灾就会有荒,荒是由灾造成的。而荒重的结果,又会摧伤社会的生产力,并使灾害愈加频繁,这样,两者就构成循环不已的因果关系。[③]

按照夏明方解释,"灾"与"荒"原是两个既相互联系又有着本质区别的概念,"灾"即灾害,是在一定历史条件下不可抗的自然力对人类生存环境、物质财富乃至生命活动的直接的破坏和戕害;而"荒"即饥荒,则是天灾人祸之后因物质生活资料特别是粮食短缺所造成的疾疫流行、人口死亡逃亡、生产停滞衰退、社会动荡不安等社会现象。"灾"是形成"荒"的直接原因,但不是唯一的原因,"荒"是灾情发展的结果,但不是必然的结果。[④]

有了灾荒,才会实施救荒。所谓"救荒",是指为防止或挽救因灾害而致社会物质生活破坏的一切活动,[⑤]而采取的救济措施,称之为"荒政",如先秦时期《周礼·地官·大司徒》:"以荒政十有二,聚万民。"明清时期的一些相关著作也有用"荒政"命名的,如清王凤生《荒政备览》、顾嘉言等《娄东荒政汇编》、王元基《淳安荒政纪略》、谢王宠《荒政录》、汪志伊《荒政辑要》等。

历史上,有关荒政的概念十分模糊,没有明确的界定。除称之为"荒政"外,还有"救荒""筹荒""救灾""救饥""筹济""济荒""拯荒"等概念,在不同的语境中往往有不同的内涵,或仅指"官赈",或将"备荒"与"救荒"等各个环节都包括在内。[⑥]

从救荒的主体来看,荒政是指政府或民间力量因灾荒而采取的救灾政策措施。据此分为官赈、民赈两种。狭义上,荒政仅指官赈;广义上,荒政包括官赈、民赈。改革开放以来,一些学者就"荒政"概念进行解释。具体如下。

---

① 邓拓,笔名邓云特。
② 邓云特:《中国救荒史》,上海:上海书店,1984年,第3页。
③ 邓云特:《中国救荒史》,上海:上海书店,1984年,第49页。
④ 夏明方:《民国时期自然灾害与乡村社会》,北京:中华书局,2000年,第25页。
⑤ 邓云特:《中国救荒史》,上海:上海书店,1984年,第3页。
⑥ 夏明方:《救荒活民:清末民初以前中国荒政书考论》,《清史研究》2010年第2期,第24-25页。

荒政,即救荒政策。它是政府对自然威胁(包括水、旱、蝗等自然灾害)所采取的一套预防、治理和补救的政策行为。[①]

荒政,是指历代封建统治阶级从自身的利益和安危出发,对如何抗御自然灾害、消除自然灾害带来的后果予以高度的重视,逐步设计和规定许多对付自然灾害的措施和办法。[②]

荒政,是指政府救济灾荒的法令、制度与政策措施。它是在国家政权的组织下,通过一系列的法令制度或政策措施来实施的,实施对象是全体国民,主要是社会生产者。[③]

荒政,是指历史上的中央政权或地方官府关于救荒的政策、制度、法令以及指导这些政策、制度、法令的思想的总称。[④]

荒政,是指中国古代救济饥荒的法令、制度与政策、措施的统称。但是从更广层面上讲,在前者的基础上还应该包括救济灾荒的实践活动、思想见解和具体办法等。[⑤]

总之,以上有关荒政的概念解释,多从狭义上界定范围,但是在具体的研究过程中,很多学者还是从广义的角度展开。本书在考察荒政时,一定程度上兼顾官赈与民赈两个方面。

三、近代河南的行政区划[⑥]

河南,地处我国中东部,位于黄河中下游地区,因省域大部分处于黄河以南,故称河南。近代河南省所辖范围与今天略有不同,其中所属临漳、涉县、武安三县今划属河北省,而河北省所属濮阳、南乐、清丰、长垣,以及山东所属范县,今改属河南省。

(一)晚清时期

清代,全国的行政区划实行省、府(直隶州、直隶厅)、县(州、厅)三级制。省为地方最高一级行政区划;府是省以下、县以上的行政区划;厅分两种,很少辖有县,直隶厅同于府,散厅同于县;州也分两种,直隶州同于府,而散州同于县;县是中央政权统治下基层的地方行政区划。

---

① 陈关龙:《明代荒政简论》,《中州学刊》1990 年第 6 期,第 120 页。
② 李文海、周源:《灾荒与饥馑:1840—1919》,北京:高等教育出版社,1991 年,第 275 页。
③ 李向军:《清代荒政研究》,北京:中国农业出版社,1995 年,第 2 页。
④ 周致元:《明代荒政文献研究》,合肥:安徽大学出版社,2007 年,第 1 页。
⑤ 邵永忠:《二十世纪以来荒政史研究综述》,《中国史研究动态》2004 年第 3 期,第 2 页。
⑥ 参见牛平汉:《清代政区沿革综表》,北京:中国地图出版社,1990 年;傅林祥、郑宝恒:《中国行政区划通史·中华民国卷》,上海:复旦大学出版社,2007 年。

清初沿袭明制，河南省辖府 8 个和直隶州 1 个，分别是开封府、河南府、怀庆府、卫辉府、彰德府、归德府、汝宁府、南阳府及汝州。雍正、乾隆年间作了增补和调整，陈州升为府，许州、陕州、光州升为直隶州。1905 年 1 月，郑州复升为直隶州，由开封府析出；1905 年 7 月，淅川升为直隶厅，由南阳府析出。此外，清代还在省、府两级之间设有道级建置，作为省派出的监察机构，以监察辖区的政府官员为主，兼具部分行政职能，未形成一级政区。至清末，河南省辖道 4 个、府 9 个、直隶州 5 个、直隶厅 1 个，散州 5 个、县 96 个。省会为开封府。具体如表 0-1 所示。

表 0-1　河南省行政区划表（一）

道名	府州名	下辖地区
开归陈许道（治所开封）	开封府（治所开封）	州 1 个：禹州；县 11 个：祥符（今开封）、陈留（今开封）、杞县、通许、尉氏、洧川（今尉氏）、鄢陵、中牟、兰仪（今兰考，1909 年 10 月改为兰封）、密县、新郑
	归德府（治所商丘）	州 1 个：睢州（今睢县）；县 8 个：商丘、宁陵、鹿邑、夏邑、永城、虞城、柘城、考城（今兰考，1875 年 5 月由卫辉府析出）
	陈州府（治所淮阳）	县 7 个：淮宁（今淮阳）、商水、西华、项城、沈丘、太康、扶沟
	许州直隶州（治所许昌）	县 4 个：临颍、襄城、郾城、长葛
	郑州直隶州（治所郑州）	县 3 个：荥阳（1905 年 1 月由开封府析出）、荥泽（今郑州，1905 年 1 月由开封府析出）、汜水（今荥阳，1905 年 1 月由开封府析出）
河陕汝道（治所陕县）	河南府（治所洛阳）	县 10 个：洛阳、偃师、巩县（今巩义）、孟津、宜阳、永宁（今洛宁）、新安、渑池、登封、嵩县
	陕州直隶州（治所陕县）	县 3 个：灵宝、阌乡（今灵宝）、卢氏
	汝州直隶州（治所汝州）	县 4 个：鲁山、郏县、宝丰、伊阳（今汝阳）
河北道（治所武陟）	彰德府（治所安阳）	县 7 个：安阳、临漳（今属河北）、涉县（今属河北）、武安（今属河北）、汤阴、林县（今林州）、内黄
	卫辉府（治所卫辉）	县 9 个：汲县（今卫辉）、新乡、获嘉、淇县、辉县、延津、浚县、滑县、封丘
	怀庆府（治所沁阳）	县 8 个：河内（今沁阳）、济源、修武、武陟、孟县（今孟州）、温县、原武（今原阳）、阳武（今原阳）
南汝光道（治所信阳）	南阳府（治所南阳）	州 2 个：裕州（今方城）、邓州；县 10 个：南阳、镇平、泌阳、唐县（今唐河）、桐柏、南召、内乡、新野、舞阳、叶县
	汝宁府（治所汝南）	州 1 个：信阳；县 8 个：汝阳（今汝南）、正阳、上蔡、新蔡、西平、确山、遂平、罗山
	光州直隶州（治所潢川）	县 4 个：光山、固始、息县、商城
	淅川直隶厅（治所淅川）	无辖县

（二）中华民国时期

1912 年，在北京政府直接控制的北方地区，仍保留清代的省、府、县三级制，道作为监察机构也继续存在。而在南方地区，大多数省份实行省、县两级制。1913 年，北京政府公布《划一组织令》，包括《划一现行各省地方行政官厅组织令》《划一现行各道地方行政官厅组织令》《划一现行各县地方行政官厅组织令》等，规定现行省、道、县地方行政官厅划一组织。[①] 1914 年 5 月，北京政府又公布《省官制》《道官制》《县官制》，实行省、道、县三级制，即保留清代的省、县；废除清代无直辖地的府；将道从清代以监察职能为主的机构，转变为完全的行政机构，成为介于省、县间的二级政区；将有直辖地的府、直隶州、直隶厅和州、厅均改置为县。但是，民初的道并未真正起到行政区划的作用，始终只是省县之间的公文承转机构。[②]

根据北京政府的规定和要求，开封、归德、陈州、彰德、卫辉、怀庆、南阳、汝宁等府，禹州、睢州、许州、郑州、陕州、汝州、信阳、邓州、裕州、光州等州，以及淅川厅，均改置为县。另外，新置河阴县，部分县也更换名称，其中，祥符改为开封，淮宁改为淮阳，河内改为沁阳，汝阳改为汝南，唐县改为沘县。同时，设豫东道、豫北道、豫西道、豫南道，后分别改为开封道、河北道、河洛道、汝阳道，辖县 108 个。1927年，各道裁撤。具体如表 0-2 所示。

表 0-2 河南省行政区划表（二）

道名	下辖地区
开封道 （驻开封）	县 38 个：开封、陈留、杞县、通许、尉氏、洧川、鄢陵、中牟、兰封、禹县（今禹州）、密县、新郑、商丘、宁陵、鹿邑、夏邑永城、虞城、睢县、考城、柘城、淮阳、商水、西华、项城、沈丘、太康、扶沟、许昌、临颍、襄城、郾城、长葛、郑县、荥阳、河阴（今荥阳）、荥泽、汜水
河北道 （驻武涉）	县 24 个：安阳、汤阴、临漳、林县、内黄、武安、涉县、汲县、新乡、获嘉、淇县、辉县、延津、浚县、滑县、封丘、沁阳、济源、原武、修武、武陟、孟县、温县、阳武
河洛道 （驻陕县）	县 19 个：洛阳、偃师、巩县、孟津、宜阳、登封、洛宁、新安、渑池、嵩县、陕县、灵宝、阌乡、卢氏、临汝（今汝州）、鲁山、郏县、宝丰、伊阳
汝阳道 （驻信阳）	县 27 个：南阳、南召、镇平、沘源（今唐河）、泌阳、桐柏、邓县（今邓州）、内乡、新野、方城、舞阳、叶县、汝南、正阳、上蔡、新蔡、西平、遂平、确山、信阳、罗山、潢川、光山、固始、息县、商城、淅川

1927 年南京国民政府成立后，孙中山《建国大纲》规定："县为自治

---

① 中华民国史事纪要编辑委员会：《中华民国史事纪要初稿》（1913），1977 年，第 16-17 页。
② 傅林祥、郑宝恒：《中国行政区划通史·中华民国卷》，上海：复旦大学出版社，2007 年，第36 页。

单位，省立于中央与县之间，以收联络之效。"①废除道级行政建置，实行省直辖县的省、县二级制。其间，河南省先后新置部分县，1929 年新置博爱、自由、民权、民治（1931 年裁撤）、平等（1931 年裁撤），1933 年新置经扶。部分县或合并或更改名称，1927 年泌县改为唐河，1931 年荥泽、河阴合并为广武，1932 年自由改为伊川。根据 1928 年国民政府公布《市组织法》规定，1929 年，开封、郑州分别设为省辖市，因市县分设增加负担，1931 年废止。

为了加强省对县的领导，以及军事斗争的需要，南京国民政府在不打破省县二级制的原则下，推行行政督察区制度。1932 年，行政院先后颁布《行政督察专员暂行条例》和《剿匪区内各省行政督察专员公署组织条例》②，条例规定，各省从 1932 年起，陆续设立行政督察区。其中《行政督察专员暂行条例》在"剿匪"区域以外省份施行，《剿匪区内各省行政督察专员公署组织条例》在"剿匪"区内各省执行。各省在执行《条例》时，实际执行情况有所不同。1936 年 3 月 25 日行政院颁布《行政督察专员公署组织暂行条例》，明确规定各省一律划分若干行政督察区，设置行政督察专员公署，为省政府辅助机构或派出机构。同时废除《行政督察专员暂行条例》及《剿匪区内各省行政督察专员公署组织条例》。③

依据规定，各省一律划分若干行政督察区，作为介于省、县之间的一种层级，属于准行政区。1932 年，河南全省划为 11 个行政督察区，辖县 111 个，具体如表 0-3 所示。

表 0-3　河南省行政区划表（三）

区名	下辖地区
第一区（专署驻郑县）	县 13 个：郑县、开封、中牟、尉氏、通许密县、新郑、禹县、洧川、长葛、广武（今荥阳）、汜水、荥阳
第二区（专署驻商丘）	县 12 个：商丘、陈留、杞县、民权、柘城、永城、夏邑、虞城、宁陵、睢县、兰封、考城
第三区（专署驻安阳）	县 11 个：安阳、汤阴、林县、临漳、武安、涉县、内黄、汲县、浚县、滑县、淇县
第四区（专署驻新乡）	县 14 个：新乡、沁阳、博爱、修武、武陟、温县、孟县、济源、获嘉、封丘、延津、辉县、原武、阳武
第五区（专署驻许昌）	县 9 个：许昌、临颖、襄城、鄢陵、郾城、临汝、鲁山、宝丰、郏县

① 中国第二历史档案馆：《国民党政府政治制度档案史料选编》上册，合肥：安徽教育出版社，1994 年，第 358 页。
② 中国第二历史档案馆：《中华民国史档案资料汇编》第 5 辑，南京：江苏古籍出版社，1994 年，第 101-103、106-109 页。
③ 傅林祥、郑宝恒：《中国行政区划通史·中华民国卷》，上海：复旦大学出版社，2007 年，第 118 页。

续表

区名	下辖地区
第六区（专署驻南阳）	县13个：南阳、方城、新野、唐河、泌阳、内乡、淅川、邓县、镇平、桐柏、南召、舞阳、叶县
第七区（专署驻淮阳）	县8个：淮阳、沈丘、商水、西华、鹿邑、太康、扶沟、项城
第八区（专署驻汝南）	县7个：汝南、上蔡、西平、遂平、确山、正阳、新蔡
第九区（专署驻潢川）	县8个：潢川、光山、固始、商城、息县、信阳、罗山、经扶（今新县）
第十区（专署驻洛阳）	县9个：洛阳、巩县、偃师、登封、孟津、伊川、宜阳、嵩县、伊阳
第十一区（专署驻陕县）	县7个：陕县、灵宝、阌乡、卢氏、洛宁、渑池、新安

此后，行政督察区也有一些调整。大致看来，第一、第二区相当于开封道管辖的范围，第三、第四区相当于河北道管辖的范围，调整主要集中于上述四区所辖的县，其他各区所辖县几乎没有变动。1938年调整第一、第二区辖县，增设第十二、第十三区。1942年，裁撤第十三区，所属各县分隶于第三、第四区。抗战后，河南省行政督察区仍为12个区，111个县。

民国时期也是多种政权并存的一个特殊时期。除中央政权外，还有中国共产党建立的民主政权，以及日本扶植的伪政权，它们具有相对独立性。

中国共产党领导的人民武装，在土地革命时期、抗日战争时期、解放战争时期创立革命根据地，管辖一定的区域。河南全省或部分区域属于革命根据地的一部分。土地革命时期，建立鄂豫皖根据地，其中包括河南东南部的罗山、潢川、光山、固始、信阳、商城等地。抗日战争时期，建立晋冀鲁豫抗日根据地，范围包括河南北部；华中抗日根据地，范围包括豫东南地区。解放战争时期，建立华北解放区，设有濮阳、新乡、安阳专区，管辖豫北地区；中原解放区，由豫皖苏、豫西、鄂豫等战略区组成，范围涵盖河南大部分地区。

日本帝国主义发动全面侵华战争后，在华扶植傀儡政权。1937年在北平成立的伪中华民国临时政府，管辖河南等地的沦陷区域。1940年各地伪政权合并，成立全国性的汪伪政权，设有豫北道、豫东道，管辖河南北部、东部等沦陷地区。

总之，近代河南省的行政区划是在不断变动之中。从晚清时期，实行省、府（直隶州、直隶厅）、县（州、厅）三级制，另设有道级；到北京政府时期，实行省、道、县三级制；再到南京国民政府时期，废除道级建置，实行省辖县的省、县二级制，另设立行政督察区，作为省、县间的准行政区层级。同时，府、州、厅、道、县、市等一些行政层级有新置，也有废止，有合并，也有更名。各层级所辖范围也有变化，但河南全省总体区域范围变化不大。

四、研究现状

历史上，尤其是近代，中原地区水患频繁，是全国重灾区之一。学界和相关部门十分重视近代中原地区水患问题的研究，或致力于资料的搜集整理工作，或考察水患的成因、特点、影响及其荒政等问题，或就近代水患中的重要事件进行专题探讨。下面就民国以来中原地区水患及其荒政研究作一综述。

（一）民国时期

民国时期，现实的水患引发了人们的关注，河流治理与河道变迁成为学者研究的旨趣。尤其是 20 世纪 30 年代的几次大水灾，学者更多地涉足灾荒史的研究，中原地区水患是其关注点之一。例如，中央水利委员会先后编辑出版《行政院水利委员会月刊》《行政院水利委员会季刊》《水利通讯》等，华北水利委员会编辑出版《华北水利月刊》，黄河水利委员会编辑出版《黄河水利月刊》，还有河南省政府相关部门编辑出版《河南行政月刊》《河南民政月刊》《河南建设月刊》《河南政治月刊》《河南保安月刊》等，这些期刊为研究者搭建了良好的平台。还有《申报》《民国日报》《大公报》《晨报》等报纸也登载大量有关水患方面的报道或论文。另外，邓拓《中国救荒史》对历代灾荒状况、救灾思想、救灾措施等进行了全面系统的考察，书中对近代河南的水患也多有涉及。[1]武同举《淮系年表全编》，记述唐虞至清末的淮河及黄河的水患水利大事。[2]

1. 资料的整理

资料的搜集与整理是学术研究的一项基础性工作。详细地占有资料，在科学史观的指导下，对文献资料加以鉴别、分析、评判，从中得出符合客观实际的结论，是研究历史的基本方法。

1）方志资料类

民国时期纂修或续修的河流志保存大量水患方面的资料。1919 年，

---

① 邓拓：《中国救荒史》，上海：商务印书馆，1937 年。
② 武同举：《淮系年表全编》，1928 年。

河南省河务局着手编纂《豫河志》，先后编修三种《豫河志》。[①]1934 年夏，国民政府考试院发起成立《黄河志》编纂委员会，正式编纂《黄河志》，先后出版胡焕庸《黄河志·气象篇》、张含英《黄河志·水文与工程篇》、侯德封《黄河志·地质篇》等。[②]

民国时期纂修或续修的河南省志、县志里也保存许多水患方面的资料。省志主要有《（民国）河南通志》《大中华河南省地理志》《河南省志》《分省地志·河南》《河南新志》[③]；县志主要有《（民国）河阴县志》《（民国）考城县志》《（民国）太康县志》《（民国）新乡县续志》《（民国）修武县志》《（民国）续安阳县志》《（民国）续武陟县志》《（民国）阳武县志》《（民国）重修滑县志》《（民国）林县志》。[④]

2）统计资料与水利法规类

关于水利委员会编辑的调查统计资料与水利法规，有《水利事业统计辑要》（1945 年、1946 年、1947 年），全部为表，包括年度的行政管理、农田水利、江河修防、整理航道、开发水利、查勘测量、水文测量、器材管理等方面[⑤]；《水利法规汇编》（1944 年、1946 年）和《水利法规辑要》（1946 年、1947 年），收录了水利委员会所颁布的各项水利法规。[⑥]另外，杨文鼎编《中国防洪治河法汇编》，以治黄为主，介绍了河防的基本知识、堤坝修守、防汛抢险方法等。[⑦]

2. 相关问题研究

水患与荒政是灾荒史研究的一项重要内容。早在民国时期，已有一些学者关注灾荒史的研究。

一些学者对黄河水患及治理问题作了系统探讨。李仪祉《黄河之根本治法商榷》系统分析中国历代治河方针，主张引进西方近代治河理论与技

[①] 吴筼孙：《豫河志》，开封：河南河务局，1923 年；陈善同《豫河续志》，开封：河南河务局 1925 年；陈汝珍：《豫河三志》，开封：河南河务局 1932 年。

[②] 胡焕庸：《黄河志·气象篇》，上海：商务印书馆，1936 年；张含英：《黄河志·水文与工程篇》，上海：商务印书馆，1936 年；侯德封：《黄河志·地质篇》，上海：商务印书馆，1937 年。

[③] 河南通志馆：《民国河南通志》，1943 年；林传甲：《大中华河南省地理志》，上海：商务印书馆 1920 年；白眉初：《河南省志》，民国年间；吴世勋：《分省地志·河南》，上海：中华书局，1927 年；刘景向：《河南新志》，1929 年。

[④] 高廷璋、胡荃修，蒋藩纂：《（民国）河阴县志》，1918 年；张之清，田春同纂：《（民国）考城县志》，1924 年；杜鸿宾修，刘盼遂纂：《（民国）太康县志》，1933 年；韩邦孚、蒋浚川修，田芸生纂：《（民国）新乡县续志》，1923 年；萧国桢、李礼耕修，焦祖桐、孙尚仁纂：《（民国）修武县志》，1931 年；方策、王幼侨修，裴希度、董作宾纂：《（民国）续安阳县志》，1933 年；史延寿修，王士杰纂：《（民国）续武陟县志》，1931 年；宝经魁修，耿愔纂：《（民国）阳武县志》，1936 年；马子宽修，王蒲园纂：《（民国）重修滑县志》，1932 年；王泽溥、王怀斌修，李见荃纂：《民国林县志》，1932 年。

[⑤] 水利委员会：《水利事业统计辑要》，1945 年、1946 年、1947 年。

[⑥] 水利委员会：《水利法规汇编》，1944 年、1946 年；水利委员会：《水利法规辑要》，1946 年、1947 年。

[⑦] 杨文鼎：《中国防洪治河法汇编》，开封：建华印刷所，1936 年。

术来治理黄河;《黄河治本的探讨》认为,治河的目的首先在于防洪,其次在于整理航道,并兼及灌溉、放淤和发电。①张含英的《治河论丛》探求河患的来源和治河的策略方针;《黄河水患之控制》对控制黄河水患提出建议;《历代治河方略述要》对历代主要治黄思想、方略作了分析研究;《黄河治理纲要》具体论述黄河的治理与开发。②林修竹的《历代治黄史》是较早研究黄河治理方面的专著,同时,辑录民国以前有关治黄的奏疏、公牍等资料。③成甫隆的《黄河治本论》阐述了黄河流域的现状以及黄河不治的严重影响,着重论述各种治河方策,强调"山沟筑坝淤田"为黄河治理的唯一良策。④

还有一些学者就淮河水患问题作了系统的探讨。宋希尚《说淮》论述了淮河的水系变迁和清末民初的各种导淮计划方案⑤;杨杜宇《导淮之根本问题》论述了淮河水灾的成因、淮河水系现状和历代各种导淮方案⑥;宗受于《淮河流域地理与导淮问题》内容包括流域地理,导淮的经过、计划、办法、组织及分区水利研究等。⑦

此外,全国经济委员会水利处组织编修《再续行水金鉴》记载了晚清水利史,汇集了黄河、淮河等流域水道变迁、水利工程与水政管理的情况。⑧郑肇经编著《中国水利史》和《中国之水利》,两书中都设有专章记述黄河、淮河问题。⑨

(二)中华人民共和国时期

中华人民共和国成立初期,灾荒史研究的步伐虽未停止,但有关中原地区水患的研究成果屈指可数,主要有徐近之《黄河中游历史上的大水和大旱》⑩、岑仲勉《黄河变迁史》⑪,以及中央气象局研究所与河南省气

---

① 李仪祉:《黄河之根本治法商榷》,《华北水利月刊》1928 年第 2 期;《黄河治本的探讨》,《黄河水利月刊》1934 年第 7 期。
② 张含英:《治河论丛》,上海:商务印书馆,1936;张含英:《黄河水患之控制》,上海:商务印书馆,1938 年;张含英:《历代治河方略述要》,上海:商务印书馆,1946;张含英:《黄河治理纲要》,《水利通讯》1947 年第 10 期。
③ 林修竹:《历代治黄史》,1926 年。
④ 成甫隆:《黄河治本论》,北平:平明日报社,1947 年。
⑤ 宋希尚:《说淮》,南京:京华印书馆,1929 年。
⑥ 杨杜宇:《导淮之根本问题》,上海:新亚细亚月刊社,1931 年。
⑦ 宗受于:《淮河流域地理与导淮问题》,南京:钟山书局,1933 年。
⑧ 全国经济委员会水利处:《再续行水金鉴》,1936 年。
⑨ 郑肇经:《中国水利史》,上海:商务印书馆,1938 年;郑肇经:《中国之水利》,上海:商务印书馆,1940 年。
⑩ 徐近之:《黄河中游历史上的大水和大旱》,《地理学报》1957 年第 1 期。
⑪ 岑仲勉:《黄河变迁史》,北京:人民出版社,1957 年。

象局联合整理的《华北、东北近五百年旱涝史料·河南省》等。①

改革开放后，我国学术研究掀开了崭新的一页。伴随着灾荒史研究的日益升温，相关成果也层出迭见。河南地处中原，地理条件和气候条件十分复杂，尤其是到了近代，受政治、经济、社会等多种因素的影响，水患更加严重。一批学人将目光聚焦河南，相继出现了一批研究成果。

1. 资料的整理

一直以来，由于各种因素的影响，近代水患与荒政的文献资料散藏各处，查阅利用十分不便。改革开放后，相关部门和学者为此作了大量的工作，先后整理出版了一系列有关近代水患的资料。

1）资料汇编

专门整理河南近代水患的资料主要有《河南省历代大水大旱年表》以编年形式记录了河南历代水旱灾害的发生概况②；《河南省历代旱涝等水文气候史料》整理了河南省历代由水文、气候等因素造成的旱涝等自然灾害史料③；《中国气象灾害大典·河南卷》从各种古迹、文物、碑刻、典籍、奏折等载体中辑录了各类气象灾害的记载，其中第二章辑录的是河南雨涝灾害。④

在整理全国性的近代水患资料中，涉及河南的也有很多。由水利电力部相关部门主编《清代海河滦河洪涝档案史料》《清代淮河流域洪涝档案史料》《清代黄河洪涝档案史料》等，其史料主要来源于中国第一历史档案馆所藏的清代档案，为研究清代河南水患提供了第一手档案资料。⑤《民国赈灾史料初编》和《民国赈灾史料续编》汇编了国民政府救济水灾委员会、华洋义赈总会的报告，重点收录了包括河南省在内的各地赈务委员会的灾情报告、救灾计划、赈务统计等资料。⑥另外，还有一些收录河南革命根据地和红十字会救济豫灾的资料，如《晋冀鲁豫抗日根据地财经史料选编（河南部分）》《中国红十字会历史资料选编》等。⑦

值得一提的是，以中国人民大学清史研究所李文海教授为首的多位学

① 中央气象局研究所、河南省气象局：《华北、东北近五百年旱涝史料·河南省》第四分册，1975年。
② 河南省水文总站：《河南省历代大水大旱年表》，1982年。
③ 王邨、王挺梅：《河南省历代旱涝等水文气候史料》，1982年。
④ 温克刚、庞天荷：《中国气象灾害大典·河南卷》，北京：气象出版社，2005年。
⑤ 水利水电科学研究院：《清代海河滦河洪涝档案史料》，北京：中华书局，1981年；水利电力部水管司、水利水电科学研究院：《清代淮河流域洪涝档案史料》，北京：中华书局，1988年；水利电力部水管司科技司、水利水电科学研究院：《清代黄河洪涝档案史料》，北京：中华书局，1993年。
⑥ 国家图书馆古籍影印室：《民国赈灾史料初编》，北京：国家图书馆出版社，2008年；《民国赈灾史料续编》，北京：国家图书馆出版社，2009年。
⑦ 河南省财政厅、河南省档案馆：《晋冀鲁豫抗日根据地财经史料选编（河南部分）》，北京：档案出版社，1985年；中国红十字会：《中国红十字会历史资料选编》，南京：南京大学出版社，1993年。

者，为整理、抢救存留的救荒文献作了大量的工作。其中《近代中国灾荒纪年》和《近代中国灾荒纪年续编》，以编年的形式分省区对近代灾害资料进行整理，展示了近代各种自然灾害发生的时间、地点、受灾范围和程度及灾区群众的生活情况。①而《中国荒政全书》和《中国荒政书集成》对现存的荒政文献进行了系统的整理与编校。②在他们所整理的灾荒文献资料中，有些文献内容与近代河南水患直接关联。

2）方志资料

地方志是以地区为范围，收录该地区各方面的资料，是研究一个地区的重要史料来源。20 世纪 80 年代以来，各省、市、县先后成立了修志机构，新编地方志工作在各地展开。方志资料可分为两类：一是河南省方志资料。河南省地方志编纂委员会编写的《河南省志》系列丛书中，有"地貌山河志""黄河志""水利志""气象志""民政志""农业志"等，汇集了一些近代河南水患的资料。③二是河南省各市县方志资料。河南省各市县地方志编纂委员会编纂的市志、县志中，也有一些近代水患方面的资料，如市级方志，有《信阳地区志》《周口地区志》《许昌市志》《平顶山市志》《商丘地区志》《郑州市志》《漯河市志》《驻马店地区志》《开封市志》等。④

此外，还有水利部组织编纂的江河系列志书，如《黄河流域综述志》《淮河·综述志》《海河志（第一卷）》等，也收集了近代河南水灾方面的资料。⑤

2. 水患问题研究

水患，指因河水泛滥、暴雨积水等原因而造成的灾害。学界对近代河

---

① 李文海、林敦奎、周源，等：《近代中国灾荒纪年》，长沙：湖南教育出版社，1990 年；李文海、林敦奎、程歗，等：《近代中国灾荒纪年续编》，长沙：湖南教育出版社，1993 年。
② 李文海、夏明方：《中国荒政全书》，北京：北京古籍出版社，2003 年；李文海、夏明方、朱浒：《中国荒政书集成》，天津：天津古籍出版社，2010 年。
③ 河南省地方志编纂委员会：《河南省志·地貌山河志》，郑州：河南人民出版社，1994 年；《河南省志·黄河志》，郑州：河南人民出版社，1991 年；《河南省志·水利志》，郑州：河南人民出版社，1994 年；《河南省志·气象志》，郑州：河南人民出版社，1993 年；《河南省志·民政志》，郑州：河南人民出版社，1993 年；《河南省志·农业志》，郑州：河南人民出版社，1993 年。
④ 《信阳地区志》，北京：生活·读书·新知三联书店，1992 年；《周口地区志》，郑州：中州古籍出版社，1993 年；《许昌市志》，天津：南开大学出版社，1993 年；《平顶山市志》，郑州：河南人民出版社，1994 年；《商丘地区志》，北京：生活·读书·新知三联书店，1996 年；《郑州市志》，郑州：中州古籍出版社，1998 年；《漯河市志》，北京：方志出版社，1999 年；《驻马店地区志》，郑州：中州古籍出版社，2001 年；《开封市志》，北京：燕山出版社，2004 年。
⑤ 《黄河流域综述志》，郑州：河南人民出版社，1998 年；《淮河·综述志》，北京：科学出版社，2000 年；《海河志（第一卷）》，北京：中国水利水电出版社，1997 年。

南水患的特点、原因及影响等问题进行了较为全面的考察。

李文海等的《中国近代十大灾荒》以个案的形式梳理了中国近代史上的十次比较大的灾荒，其中有四次涉及河南水患；《灾荒与饥馑（1840—1919）》也有对近代河南水患的论述。①程有为的《黄河中下游地区水利史》对数千年来特别是 20 世纪以来人们对黄河水患的防治、水利的开发进行了考察，总结其经验教训。②温彦主编的《河南自然灾害》对历史上河南境内所发生的各种灾害进行了分类梳理，并以黄河决口为典型案例之一进行分析。③苏新留的《民国时期水旱灾害与河南乡村社会》论述了民国时期河南灾荒的时空分布与影响，以及灾赈措施等。④苏全有和李风华主编的《清代至民国时期河南灾害与生态环境变迁研究》分析了清至民国时期河南地区自然灾害与环境变迁的互动关系，探讨了灾害的成因及其特点。⑤李风华的《民国时期河南灾荒频发的社会因素》指出，民国时期河南水灾原因，既有河南地形、气候、河流分布等自然因素，更有社会经济乏力、政治腐败及战争影响等社会因素。⑥

关于水患对近代河南产生的影响，学界从水患对人口、社会、政治、经济、生态等层面进行展开。夏明方的《"水旱蝗汤，河南四荒"——历史上农民反抗行为的饥荒动力学分析》，论述了河南近代史上的"水旱蝗汤"四大灾害对河南农民反抗行为的推波助澜作用。⑦徐有礼和朱兰兰的《略论花园口决堤与泛区生态环境的恶化》认为，黄河在夺淮入海途中，挟带巨量泥沙肆意漫决，形成了大范围的黄泛区，严重破坏了泛区原有的生态环境。⑧郑发展的《近代河南人口问题研究（1912—1953）》具体考察了水旱灾害，其不仅使大批人口死亡，还造成了更多的灾民流亡。⑨苏新留的《略论民国时期河南水旱灾害及其对乡村地权转移的影响》，指出灾害的频繁发生使得农民经常处在极端贫困的边缘，所以，农民从抵押进而为典当，进而失去土地便成为很自然的过程；《民国时期黄河水灾对河南乡村生态环境影响研究》，分析了黄河水灾对河南生态环境产生的深远

① 李文海、程歗、刘仰东，等：《中国近代十大灾荒》，上海：上海人民出版社，1994 年；李文海、周源：《灾荒与饥馑（1840—1919）》，北京：高等教育出版社，1991 年。
② 程有为：《黄河中下游地区水利史》，郑州：河南人民出版社，2007 年。
③ 温彦：《河南自然灾害》，郑州：河南教育出版社，1994 年。
④ 苏新留：《民国时期水旱灾害与河南乡村社会》，郑州：黄河水利出版社，2004 年。
⑤ 苏全有、李风华：《清代至民国时期河南灾害与生态环境变迁研究》，北京：线装书局，2011 年。
⑥ 李风华：《民国时期河南灾荒频发的社会因素》，《江汉论坛》2011 年第 9 期。
⑦ 夏明方：《"水旱蝗汤，河南四荒"——历史上农民反抗行为的饥荒动力学分析》，《学习时报》2004 年 12 月 6 日。
⑧ 徐有礼、朱兰兰：《略论花园口决堤与泛区生态环境的恶化》，《抗日战争研究》2005 年第 2 期。
⑨ 郑发展：《近代河南人口问题研究（1912—1953）》，复旦大学博士学位论文，2010 年。

影响；《抗战时期黄河花园口决堤对河南乡村生态环境的影响研究》，考察了花园口事件给当地农业生产与生态环境造成的长期危害。①

3. 荒政问题研究

中国社会赈济水灾，包括官方救济与民间救济两种途径，前者称为"官赈"，后者则称为"义赈"。到了晚清，由于官僚体制僵化和吏治腐败，官赈的效率与信誉大受影响，而财力雄厚的绅商群体的参与，使义赈获得空前的发展。

1841年黄河水患的荒政，显现了"官赈"和"义赈"的不同特征，有学者予以关注。陈业新的《道光二十一年豫皖黄泛之灾与社会应对研究》探究了黄河南泛造成的严重灾害，以及官方和民间的各种应对措施。②田冰和吴小伦的《道光二十一年开封黄河水患与社会应对》指出，在官员的贪渎行为几乎表现为群体化态势的情况下，民间救灾的地位日益突出，为成功救灾发挥了关键性的作用。③武艳敏的《南京国民政府时期救灾资金来源与筹募之考察——以1927—1937年河南省为例》从救灾资金来源与筹募的视角，探讨了1927—1937年的河南省灾赈；《战争、土匪与政局：南京国民政府时期制约救灾成效因素分析——以1927—1937年河南为中心的考察》，分析了战争频繁、土匪横行及政局动荡等因素对救灾效果的制约。④

有些成果专门考察了政府的救济措施，苏新留的《民国时期河南水旱灾害及其政府应对》论证了河南省赈灾过程中的以工代赈、除害与卫生防疫，体现了国民政府的现代性特征。⑤有些成果专门考察了民间的各种救济活动，朱浒的《地方社会与国家的跨地方互补——光绪十三年黄河郑州决口与晚清义赈的新发展》指出，义赈在河南、安徽灾区的两线并举，推进了晚清义赈的发展。⑥李风华的《民国时期河南灾荒的义赈救济探析》

---

① 苏新留：《略论民国时期河南水旱灾害及其对乡村地权转移的影响》，《社会科学》2006年第11期；苏新留：《民国时期黄河水灾对河南乡村生态环境影响研究》，《地域研究与开发》2007年第2期；苏新留：《抗战时期黄河花园口决堤对河南乡村生态环境的影响研究》，《中州学刊》2012年第4期。
② 陈业新：《道光二十一年豫皖黄泛之灾与社会应对研究》，《清史研究》2011年第2期。
③ 田冰、吴小伦：《道光二十一年开封黄河水患与社会应对》，《中州学刊》2012年第1期。
④ 武艳敏：《南京国民政府时期救灾资金来源与筹募之考察——以1927—1937年河南省为例》，《山东师范大学学报（人文社会科学版）》2012年第2期；武艳敏：《战争、土匪与政局：南京国民政府时期制约救灾成效因素分析——以1927—1937年河南为中心的考察》，《郑州大学学报（哲学社会科学版）》2013年第1期。
⑤ 苏新留：《民国时期河南水旱灾害及其政府应对》，《史学月刊》2007年第5期。
⑥ 朱浒：《地方社会与国家的跨地方互补——光绪十三年黄河郑州决口与晚清义赈的新发展》，《史学月刊》2007年第2期。

认为，民国时期河南义赈无论是从其救灾思想还是从其具体的救灾措施来看，在当时都是十分先进的。①王成兴的《民国时期华洋义赈会淮河流域灾害救治述论》，分析了华洋义赈会在包括河南在内的淮河流域采取的灾害救治举措及其成效。②薛毅的《中国华洋义赈会救灾总会研究》，阐述了华洋义赈会在河南的赈灾及其所开展的合作事业。③

4. 相关专题研究

1) 铜瓦厢改道前后的河患及其治理

铜瓦厢改道是黄河变迁过程中第六次大规模改道，也是距今最近的一次大改道。作为黄河变迁史上的一个重要事件，铜瓦厢改道受到学界的较多关注。

铜瓦厢改道引发了清廷内部长达三十多年的河政之争。这场争论之所以起伏不断，更多源于各方利益的冲突。王林和万金凤的《黄河铜瓦厢决口与清政府内部的复道与改道之争》考察了黄河改道后，清政府内部就黄河回归故道还是改道北流进行的长期争论。④贾国静的《大灾之下众生相——黄河铜瓦厢改道后水患治理中的官、绅、民》，认为在治理水患的过程中，官、绅、民等为了共同的利益进行了比较深入的合作，但由于其所处立场不同以及眼光长短有别，矛盾与冲突在所难免；《黄河铜瓦厢改道后的新旧河道之争》分析了在河道之争中中央利益与地方利益的矛盾与冲突，以及地方利益被忽视直至牺牲的原因。⑤

还有一些成果涉及铜瓦厢改道前后的水患治理。王京阳的《清代铜瓦厢改道前的河患及其治理》，就清代顺治元年（1644 年）至咸丰五年（1855 年）黄河在河南铜瓦厢决口改道期间的河患及其治理作了探讨。⑥夏明方的《铜瓦厢改道后清政府对黄河的治理》循着清政府治黄政策的演变，从晚清社会演变的角度对其决口进行了探讨。⑦唐博的《铜瓦厢改道后清廷的施政及其得失》，论述了铜瓦厢改道后政府在荒政与治黄施政中的得失。⑧

① 李风华：《民国时期河南灾荒的义赈救济探析》，《中州学刊》2013 年第 1 期。
② 王成兴：《民国时期华洋义赈会淮河流域灾害救治述论》，《民国档案》2006 年第 4 期。
③ 薛毅：《中国华洋义赈会救灾总会研究》，武汉：武汉大学出版社，2008 年。
④ 王林、万金凤：《黄河铜瓦厢决口与清政府内部的复道与改道之争》，《山东师范大学学报（人文社会科学版）》2003 年第 4 期。
⑤ 贾国静：《大灾之下众生相——黄河铜瓦厢改道后水患治理中的官、绅、民》，《史林》2009 年第 3 期；贾国静：《黄河铜瓦厢改道后的新旧河道之争》，《史学月刊》2009 年第 12 期。
⑥ 王京阳：《清代铜瓦厢改道前的河患及其治理》，《陕西师范大学学报（哲学社会科学版）》1979 年第 1 期。
⑦ 夏明方：《铜瓦厢改道后清政府对黄河的治理》，《清史研究》1995 年第 4 期。
⑧ 唐博：《铜瓦厢改道后清廷的施政及其得失》，《历史教学（高校版）》2008 年第 4 期。

2）1931 年江淮大水灾

1931 年江淮大水灾是近代史上一次空前的自然灾害。长江、黄河、淮河等几条主要的河流都发生了特大洪水，此次洪水具有历时长、灾域广、损失重、影响大等特点。1931 年河南水患是 1931 年江淮大水灾的重要组成部分，学界从多方面对 1931 年大水灾进行了总体考察。

王方中的《1931 年江淮大水灾及其后果》，对 1931 年水灾及其后果作了系统的研究。① 孙语圣的《1931·救治社会化》，对民国时期自然灾害救治的社会化问题作了系统考察，具体论述了这一社会化的发展状况、基本特点与存在问题。② 孔祥成和刘芳的《民国时期救灾组织用人机制与荒政社会化——对 1931 年国民政府救济水灾委员会的调查》，考察了救灾机构出现的组织社会化和救灾社会化动向；《"助人自助"与"建设救灾"——1931 年江淮大水灾后重建观念及其措施研究》通过探讨重建项目、救助理念、救灾措施等，揭示政府重建机制在操作层面上的日渐成熟。孔祥成的《1931 年大水灾与国民政府应对灾害的资金筹募对策》，分析了政府采取的国库拨款、赈灾公债、美麦借款、加征税收、摊派捐款和社会募捐等多种赈款筹集方式及其特点。③

总之，改革开放以来，尤其是近年来，对近代中原地区水患及其荒政的研究呈现良好的发展势头，研究对象日益广泛，研究问题逐渐深入，研究成果不断增多，但仍有较大的拓展研究空间。

第一，从研究资料看，目前，已有的研究成果也征引了一些报刊、方志等原始资料，但还远远不够，尤其是档案资料引用很少。中国第一档案馆馆藏的档案中有丰富的近代中原地区水灾资料。这些资料虽然挖掘、解读费时费力，但对于推动中原地区近代水患与荒政研究意义重大。

第二，从研究内容看，已有成果的研究主题零碎不系统，且存在着不平衡的现象，如较多关注近代中原地区某一水患及应对措施，缺乏对近代中原地区水患与荒政的整体性考察。

---

① 王方中：《1931 年江淮大水灾及其后果》，《近代史研究》1990 年第 1 期。
② 孙语圣：《1931·救治社会化》，合肥：安徽大学出版社，2008 年。
③ 孔祥成、刘芳：《民国时期救灾组织用人机制与荒政社会化——对 1931 年国民政府救济水灾委员会的调查》，《学术界》2010 年第 5 期；孔祥成、刘芳：《"助人自助"与"建设救灾"——1931 年江淮大水灾后重建观念及其措施研究》，《中国农史》2012 年第 4 期；孔祥成：《1931 年大水灾与国民政府应对灾害的资金筹募对策》，《安徽史学》2011 年第 3 期。

五、研究的基本内容

本书在充分占有资料的基础上，以历史学研究方法为主，兼及其他学科理论方法，立足将宏观考察与微观分析相结合，定量与定性分析相结合，对档案资料、近代报刊资料、河南省方志资料及近现代其他相关研究成果进行解读，从中原地区的自然生态环境、水患的分布特点与影响、水利事业的开展与奖惩机制的构建、政府的赈灾举措等方面，对近代中原地区的水患与荒政进行了全面系统的研究。

研究内容主要分为七个部分，具体安排如下。

第一章，中原地区的自然生态环境。自然生态环境包括地形地貌、气候、河流水系等多个方面。一个地区水患的发生，是多种因素相互作用、相互影响和相互叠加的结果。近代中原地区水患的发生，与自然生态环境密切相关。地形地貌、气候、河流水系等因素，时刻都有引起水患的可能，甚至造成极其严重的灾害。此外，人为因素也是导致水患的诱因，甚至加剧洪水的危害程度。

第二章，中原地区水患的时空分布。近代中原地区水患频繁，且受灾范围很广。在时间分布上，几乎每年都有水灾发生，晚清时期比民国时期水灾频次更高，同时，几乎每个季节都有水灾，其中尤以伏汛、秋汛为主。在空间分布上，有的是某个或多个支流发生的水灾，也有的是干支流同时发生的水灾；有的年份受灾面积较小，有的年份受灾面积较大；同一州县，受灾村庄数量不同，受灾程度也有差别。

第三章，中原地区的水患与社会。近代中原地区水患对社会的影响涉及诸多方面，其中最直接的影响还是人口与民生。在近代，由于政治腐败，经济凋敝，社会动荡，防洪抗灾能力脆弱，加上黄河水系变迁等影响，使得中原地区成为水患的高发地。水患的频发与暴发，直接导致人口的变动，主要表现为三个方面：人口死亡、人口受灾、人口迁移。水患对民生的影响，包括毁坏房屋、淹没田地、冲毁庄稼、减少收成、淹死牲畜等。

第四章，中原地区的水利事业。水利事业在社会经济发展过程中占有举足轻重的地位。为适应水利事业的需要，在近代中原地区，自中央到地方，先后设立了相应的水利组织机构。开展水利建设，必须要有较为完善的水利法规与计划，水利建设的推进，首先是水利测量工作的实施，而水利工程是水利建设最核心的内容，通过工赈的方式兴修水利工程是灾后水利建设的有效途径。为了对相关人员进行激励和约束，相关部门出台了一系列水利兴办、水灾治理、水灾赈济等方面的奖罚举措,逐步建立了较为完备的奖惩机制。

第五章,中原地区的临灾救济。近代中原地区水患频发。每有水患发生,成千上万的灾民失去土地家园,过着流离失所、衣不蔽体、食不果腹的艰难生活,而且由于灾民集聚、生存环境恶劣、自身免疫力下降,大量灾民被四处蔓延的疫疠夺去了宝贵的生命。救灾贵在救急,为救生保命,稳定社会秩序,历代政府都会积极介入,根据灾情的严重程度采取一系列应急措施,主要包括设厂施粥,赈济钱粮衣物,开设收容所,防治疫病,等等。

第六章,中原地区的移民安置与粮食调控。近代中原地区发生的大水灾,导致农业生产遭受严重破坏与摧残,田地被淹,甚至出现沙荒、盐碱现象,粮食大面积减产甚至绝收,粮食市场供应短缺,加之一些不良商贩囤积居奇,使得粮价飙升,粮食市场失控,加剧了灾后粮食供求紧张的局面。为稳定社会秩序,解决灾民的饥荒问题,各级政府在社会力量的配合下利用强有力的行政手段跨区域调剂民食,如组织灾民移至非灾区谋生,严禁奸商囤积居奇,开仓平粜,购买粮食运至灾区,等等。

第七章,中原地区的钱粮蠲缓。在"靠天收"的传统社会,人们抵御自然灾害的能力十分有限。每遇水患,历代政府都会根据灾情轻重按一定比例蠲免、缓征或停征受灾地区应征粮赋。蠲缓政策的施行,在一定程度上减轻了灾民的负担,有助于恢复社会生产秩序。然而,由于战乱及连年的自然灾害,近代中原地区的田赋几乎年年都有展缓,从而形成了从展缓、积欠到再展缓、再积欠的恶性循环。实际上,许多与蠲缓有关的法令往往等于一纸具文,根本没有实行;有的虽已实行,但在操作过程中流弊百出,百姓反受其害。

第一章
中原地区的自然生态环境

　　自然生态环境包括地形地貌、气候、河流水系等多个方面。一个地区水患的发生，是多种因素共同作用的结果。其中地形、降雨及水系的综合作用是最根本的致因。要想弄清楚近代中原地区的水患状况，首先必须了解该地区的自然生态环境特点。

第一节　地　形　地　貌

　　地形、地貌的形成既有来自地球内部的地壳运动、地震、火山等内动力作用，也有来自外动力的作用。正是在内、外动力长期共同作用下，形成了山脉、平原、高原、丘陵等地形地貌特点。

　　中原地区地形复杂多样。河南处于我国东部大兴安岭、太行山、巫山及云贵高原东缘一线的我国第二阶梯向松辽平原、淮河平原、长江中下游平原及东南丘陵宽谷低丘、沿海平原第三级阶梯下降的过渡地带，大致以太行山、嵩山和伏牛山南一线为界；西部的太行山、峥山、熊耳山、嵩山、外方山及伏牛山等山地属第二级阶梯；东部的黄淮海平原、南阳盆地及其以东的山地丘陵属第三级梯。①现分别概述如下。②

---

① 黄亮宜、孙保定：《河南省情概论》，北京：中国统计出版社，2000年，第9—10页。
② 本节主要参见河南省地方史志编纂委员会：《河南省志·地貌山河志》，郑州：河南人民出版社，1994年；吴世勋：《分省地志·河南》，上海：中华书局，1927年；白眉初：《民国地志总论·地文之部》，北京：世界书局，1926年。

一、山地

河南省的山地分布范围广泛，且分布区域、形态、成因具有相同性和差异性，可分为北部太行山区、西部伏牛—熊耳山区、南部桐柏—大别山区。

（一）北部太行山区

豫北山地位于黄河以北的河南省西北边界地区，是黄（河）卫（河）平原与山西高原的天然屏障。它属于太行山脉的西南段，是向东南凸出的弧形山脉，海拔在 1000～1500 米。大致从博爱到济源以西的省界，山脉走向转为东西向，从林县到博爱的山脉，走向为北北东—北东向。

在太行山主脊中山以东以南，山势明显降低。区内丘陵、盆地分布也较为广泛，丘陵以高丘陵为主，多围绕深低山和浅低山分布，主要分布于鹤壁、铜冶以西，林县盆地和原康盆地以东。区内较大的盆地有林县盆地、临淇盆地、原康盆地、南村盆地等。

依照行政区划，主要包括济源、沁阳、修武、辉县、淇县、林县、涉县、武安等县。①

区内地形有以下特点：山地西北坡和缓，东南坡险峻，山前有丘陵，山间多盆地。

（二）西部伏牛—熊耳山区

豫西山地位于黄河以南、南阳盆地以北，是秦岭山脉向东延续部分。它由小秦岭、崤山、熊耳山、伏牛山和外方山等较大山脉组成，在河南西部呈扇形向东北和东南展开。山地海拔 1000～2000 米，部分山峰超过2000 米，山脉向东逐渐降低、分散，形成低山丘陵。

该区范围大致北到小秦岭、崤山和嵩山北麓，与黄土丘陵区相接，东抵豫东平原的西缘，南至南阳盆地北部边缘，西到豫、陕边界。区内地貌以山地为主，地域广阔。其中中山主要分布在小秦岭、崤山和熊耳山的西段，以及伏牛山主脉及其向东北和向东南延伸的山岭。低山丘陵区分布范围较广，主要集中于伏牛山东北部、伏牛山东南部及嵩山一带。

从行政区划看，大致包括灵宝、陕县、洛宁、嵩县、栾川、卢氏、嵩县、汝阳、鲁山、南召、镇平、内乡和西峡等县境。

该区是河南省最高山区。整个地势自西向东有规律的逐渐降低，并向

---

① 吴世勋：《分省地志·河南》，上海：中华书局，1927 年，第 6 页。

北向南缓缓下降，地貌类型也由中山—低山—丘陵作有规律的变化。"若在洛宁县东部之洛河谷中向南遥望，山势巍峨，气象森严，由西而东，蜿蜒东下，势若苍龙，至嵩县之东北部，山势变小而成缓和之山岭矣。"① 山脉走向与河流走向明显地受到构造线方向的影响，使它们呈扇状向东北、向东和向南延伸散射。

（三）南部桐柏—大别山区

豫南山地主要分布在河南南部的边缘地区，横亘于豫、鄂、皖边境。它由桐柏山、大别山脉构成，大致自西北向东南延伸。主要包括南阳盆地以东、舞阳、板桥、确山、平昌关一线以西，信阳、光山、双椿铺、武庙一线以南的广大山地丘陵区。该区山地地势虽不高，但因位于平原地区，仍显高峻，成为长江与淮河两大水系的天然分水岭。

区内山地丘陵主要属于柏桐山脉和大别山脉，部分属于伏牛山脉向东南延伸的山地。桐柏山脉呈西北—东南向延伸，大别山脉近于东西向延伸，两山脉在武胜关紧密相接，共同组成一个较完整的山地。低山丘陵主要分布在两个地区，一是在桐柏—大别山地区的西北部，范围大致包括桐柏、固县一线以北，方城、杨楼一线东南。二是在东北部，区内地貌类型以低山丘陵为主，河谷平原分布也十分普遍，主要分布在沿灌河、白露河、潢河、塞河、竹竿河、游河等较大支流的两岸，由河漫滩和河流堆积阶地组成。

该区地势特点是东部的大别山以低山为主，一般山势低缓，山体较破碎；西部的桐柏山脉山势也较低，海拔约 800 米，主要由低山丘陵组成；山地中分布有一些小盆地。

二、盆地与丘陵

河南省有大小盆地二十多个，分布于太行山、豫西山地和桐柏—大别山区。其中分布最密集的地区是豫西山地及其南部地区，其中面积最大的是南阳盆地。丘陵是山地与平原之间过渡性地貌类型，洛阳—三门峡黄土丘陵区是河南省丘陵集中的地区。

（一）南阳盆地区

南阳盆地位于河南省西南部，三面环山，北为伏牛山，东为桐柏山，

---

① 河南通志馆：《（民国）河南通志·舆地志》，1942 年，第 11 页。

南是大巴山脉的东端。范围大致包括内乡、陶岔一线以东，赤眉、马山口、里路店、方城一线以南，羊册、官庄一线西南及马谷区、新集、黑龙镇、湖阳一线西北的广大地区。

依据行政区划，大致包括南阳、方城、社旗、唐河、桐柏、新野、邓州、镇平、南召、淅川、内乡、西峡等县市。

盆地外围为山地丘陵所环抱，边缘分布有波状起伏的岗地和岗间凹地。大部分岗地宽阔平缓，由盆边向盆地中心延伸，岗、凹之间坡度平缓没有明显界限，有"走岗不见岗，走凹不见凹"之称。盆地中南部为地势平缓的冲积平原和洪积冲积平原，略向南倾斜。盆地中还分布着一些互不相连的山峰。唐河、白河自北而南穿过盆地，水系呈扇状，唐河河床窄、弯道多，比较稳定，沿河阶地较窄。白河则河床宽浅，多沙滩，河槽不稳定，沿河分布有较宽的阶地。

盆地地势平坦，北高南低，盆地中盆边向中心和缓倾斜，地势具有明显的环状和阶梯状特征。

（二）洛阳—三门峡黄土丘陵区

黄土丘陵区绝大部分位于黄河南侧，西至省界，东到豫东平原西缘，南接熊耳—伏牛山区，北接太行山地。分为三门峡—灵宝丘陵区，伊河、洛河下游丘陵区，洛河中游丘陵区，渑池—王屋丘陵区四部分。主要包括荥阳、巩义、洛阳郊区、孟津、新安、偃师、济源、三门峡等县区。

区内除渑池、新安等县有较大面积石质山地外，其他地区都是黄土成片分布，其分布面积占本区总面积的62%。黄土大多分布于河谷地带、山间盆地、山前坡地带。黄土的成因主要有冲积、洪积和坡积等不同类型。各个时期堆积的黄土，多经流水的再次搬运堆积。

区内植被稀少，森林植被覆盖率低，大部分地面裸露，加之该区降水集中、降水强度大，黄土抗蚀能力弱，因而是豫西地区也是河南省水土流失最严重的地方。这里大部分年水蚀模数为2000吨平方千米，部分达到2200吨平方千米，沟壑密度达1～3千米/平方千米，沟壑面积占8%～16%。[①]另外，形成地貌的重力作用以崩塌为主。崩塌块体一般较小，但出现频率大。崩塌发生较多的地段，集中于黄河岸边、深切沟谷侧坡以及陇海铁路沿线的部分边坡和一些公路边坡。

---

① 张光业、周华山、孙宪章：《河南省地貌区划》，郑州：河南科学技术出版社，1985年，第63页。

三、平原

河南省的平原主要分布于省内京广铁路以东、大别山以北地区。整个平原南北长达 500 千米，东西宽 100～200 千米。平原地区地势坦荡，土层深厚，是河南耕地最集中的地区。

（一）淮河冲积—湖积平原区

淮河冲积—湖积平原区位于沙颖河以南、伏牛山地以东、大别山以北，主要是淮河泛滥冲积和湖积而形成的低缓平原。地势低下而平坦，大体向东南微倾斜，与河水流向一致，地面坡降很小；海拔多在 35～50 米，属于低平原类型。平原西部边缘地带，地势较高，海拔 50～100 米，为山前洪积平原。

平原上水系发达，大小支流众多，是河南省河流密度最大地区。河道曲流发育的很典型，常形成牛轭湖和遗弃河道。零星分布于平原上的残丘和岗岭，改变了平原的单一形态。平原上还有一些湖泊。区内河流众多，流水不畅，历史上常有河道决口泛滥成灾现象发生，特别是浅平洼地和湖洼地经常遭受洪涝灾害。

该区最大特征是浅平洼地和湖洼地分布面积相当大，多分布在河间平原和沿河两岸的平地上。浅平洼地有槽状的和碟状的，常向一个方向倾斜，多雨时洼地可能有短暂的积水。湖洼多是封闭的，积水期长，呈湖泊或沼泽状，其长轴方向和湖洼的排列方向常与地表倾斜方向一致，沿河分布的湖洼多呈串珠状排列。

（二）黄河洪积—冲积平原区

黄河洪积—冲积平原区以黄河大型冲积扇为平原的主体，大致分为黄河以北和黄河以南两部分。

黄河以北的平原地势由西南向东北微倾斜。该区是历史上黄河决口泛滥和改道最频繁的地区之一，故河道高地、故高道洼地、故河漫滩地、故背河洼地等地貌形态分布较为普遍。在故黄河滩地东南侧除有故黄河道洼地断续分布外，与其平行展布的沙丘沙地，是故河床松散沙质沉积物经后期风力作用的产物。此外，半坡店、上官一带，昨城、黄德一带，以及滑县、内黄一带，有东西向、西北—东南向及西南—东北向的故黄河滩地残存。区内其他平坦地区与历史上黄河频繁决口泛滥沉积密切相关。

黄河以南的平原地势向东南倾斜，有古河槽、古河滩、古背河洼地、古泛道、决口扇、沙丘沙岗、沙地等多种类型。从兰考到虞城一线，有一条走向略偏东南的古黄河道。新郑—尉氏—杞县—宁陵一线以北，有大面积沙丘、沙岗、沙地及洼地，是黄河近代泛滥冲积的遗迹，风沙、盐碱灾害较重。该线以南，则为泛淤平地，地势较为平缓，土质多为沙壤土或壤土。

花园口至东坝头长达 120 多千米的黄河河道是横卧在大平原上的"悬河"，也是黄河的"豆腐腰"地段。黄河通过决口泛滥和改道把大量泥沙堆积在豫东平原上，使黄河冲积扇不断扩大和前移，形成华北大平原的主体。黄河河床，高于两岸堤外平地 3～10 米。堤外为宽 1～5 千米长带状的背河洼地，常积水成湖泊状或沼泽状。①

总的来看，河南地貌特征鲜明，地势复杂多样，高低起伏悬殊。地貌结构大致西高东低。省内西北部、西部和南部为山地丘陵区，包括太行山地丘陵区，豫西黄土台地丘陵区，豫西崤山、熊耳山、外方山和伏牛山山地丘陵区，以及桐柏—大别山地丘陵区，面积 7.5 万平方千米，占全省面积的 44.3%，其中海拔 500 米以上的山地为 4.5 万平方千米，占全省面积的 26.6%，海拔 200～500 米的丘陵近 3 万平方千米，占全省面积的 17.7%。省内东部和西南部为平原和盆地区，包括太行山、伏牛山、大别山前缓倾斜平原，以及黄淮海平原和南阳盆地，面积约 9.3 万平方千米，占全省面积的 55.7%。②

邓拓以黄河为例，分析了地形与水患的关系。他指出："河流之易于泛滥与否，与其坡度之大小有至密切之关系。坡度愈小，泛滥性亦愈小；坡度愈大，泛滥性亦愈大。"他认为，黄河上游地势很高，至甘肃西北部，河床固定，水势湍急，其周围又皆深沟峡谷，故其水流在上游，只有剥蚀而无沉积；及其过河南孟津以东，出山岳入平原，地势降低，坡度突变很大，流速骤减，于是从上游挟来的土沙，沉淀于河底。若当大雨急泻直下，则其所挟之沙大量流入平原水道之中，日积月累，河床逐渐淤浅。黄河泥沙沉淀的原因，主要是由于流域属于黄土地带，又缺乏森林植被，土质疏松，易被水流冲刷，同时黄土的颗粒细小，所以冲刷量比其他土质更大。黄河既有这样巨量泥沙的沉淀，下流的坡度又极大，于是累日淤积，河床渐高，一遇水势泛滥，自必决溢而造成大祸。③

① 张光业、周华山、孙宪章：《河南省地貌区划》，郑州：河南科学技术出版社，1985 年，第 63 页。
② 河南省经济社会发展战略规划指导委员会、河南省人民政府调查研究室：《河南省情》，郑州：河南人民出版社，1987 年，第 23 页。
③ 邓云特：《中国救荒史》，上海：上海书店，1984 年，第 73-74 页。

第二节 气　候

气候环境，由降水、光照、热量、风力等要素构成，它们对地域水资源的形成起到了直接的控制作用。

河南省地处由亚热带向暖温带过渡的地带，过渡性气候明显，兼两种气候特征。气候大致以平溪—驻马店—桐柏—唐河—南召—西峡一带以及伏牛山为分界线，南部为北亚热带气候，年降水量 800 毫米以上，局部1000 毫米以上。北部为北暖温带气候，年降水量 800 毫米以下，有些地区尚不足 600 毫米。

河南省处于北亚热带和暖温带过渡区，气象灾害频繁，旱、涝在河南诸灾害中占突出地位，危害很大。雨涝多见于夏季，偶有春、秋涝。夏涝南早北晚，多见于淮北平原和豫东北平原，频率为 60% 左右。春、秋涝多出现于沙河以南，尤以淮南为多。[①]

一、气候分区

按照气候特点和地域差异等因素，河南分为三大气候区：一是温润区，指新蔡、驻马店、舞阳、唐河、邓州（原邓县，下同）、淅川、西峡、南召、栾川、卢氏一线以南地区；二是亚干旱地区，指内黄、淇县、辉县、原阳、荥阳、偃师、洛阳、渑池、三门峡、灵宝一线以北地区；三是亚温润地区，指介于亚干旱区以南、温润区以北的地区。具体而言，又可进一步细分为淮南、淮北平原、南阳盆地、太行山、豫东北、豫西丘陵、豫西山地七个气候区。

（1）淮南气候区。位于河南最南部，包括桐柏、信阳、罗山、光山、新县、商城、固始、淮滨和息县等市县。该区位于亚热带气候区北界，为暖温带湿润气候。

（2）淮北平原气候区。位于河南东部，华北平原南界。包括驻马店市、周口市所辖县，许昌、襄城、平顶山、宝丰、叶县、舞钢、汝州等市县。该区南部为湿润型，北部为亚湿润型。

（3）南阳盆地气候区。位于河南西南部，包括淅川、方城、镇平、邓

---

① 本节主要参见河南省地方史志编纂委员会：《河南省志·气象志》，郑州：河南人民出版社，1993年；吴世勋：《分省地志·河南》，上海：中华书局，1927 年；白眉初：《民国地志总论·地文之部》，北京：世界书局，1926 年。

州、南阳、新野、社旗、唐河县及西峡、内乡、南召县海拔 500 米以下部分。该区属北亚热带温润和半温润气候。

（4）太行山气候区。位于河南北部，包括安阳、新乡两市的西部，太行山东麓山地丘陵和林州盆地。

（5）豫东北气候区。位于河南东北部，包括安阳市、濮阳市、商丘市、开封市、郑州市及新乡市等地。

（6）豫西丘陵气候区。位于河南省西部，包括洛阳市东北部丘陵浅山区，郑州市的巩义（原巩县，下同）、登封、密县和平顶山市的郏县、许昌市的禹州丘陵部分。该区大部分为亚湿润型气候。

（7）豫西山地气候区。位于河南西部深山区，主要包括三门峡市的卢氏、灵宝、陕县，洛阳市的栾川、嵩县、洛宁、汝阳的山区，平顶山市的鲁山县山区和伏牛山南坡的西峡，内乡、南召县境的海拔高度 500 米以上部分。

二、降水

河南年平均降水量在 600～1200 毫米，自东南向西北递减。淮河干流以南，多年平均降水量 1000～1200 毫米，山区超过 1200 毫米，为全省降水最多地区；洪河以南到淮河之间及伏牛山迎风坡地带，年降水量 700～1000 毫米，其中南阳盆地中南部 800 毫米以下；商丘、杞县、许昌、宝丰、卢氏一线之间和西北部的太行山区，年降水量 600～700 毫米；豫北太行山东侧与卫河之间及伊、洛、沁盆地向西至渑池，三门峡的黄河谷地，年平均降水量不足 600 毫米，是河南降水量最少的地区。

河南属大陆性季风气候，降水量季节分配不均，主要集中于夏季，春、秋次之，冬季为最少，其不均匀程度自东南向西北增大。夏季在湿热的海洋气团控制下，水汽充足，降水量可达 300～500 毫米，占全年降水量的 40%～65%，尤以 7 月雨水最多。从地域上看，北部高于南部。淮南夏季雨量占年降水量的 40%；南阳盆地夏季雨量占年降水量的 45%～50%；黄淮间夏季雨量占年降水量的 60%～65%。河南降水量的年际变率大，相对变率多在 17%～23%，为全国降水变率最大的三个地区之一，最多年降水量与最少年降水量相差 2.6～4.7 倍。[①] 从总体上看，平原区和岗区降水变率高、山区降水变率低。河南的年、季降水量变化都很大，有些多雨年往往超过常年降水量几倍，少雨年只占年降水量的 14.3%。各地降

---

① 　温彦：《河南水资源》，郑州：河南教育出版社，1994 年，第 11 页。

水日数夏季最多，冬季最少，冬、夏两季降水日数占全年降水日数的百分比差值为北部大，南部小。

三、气象灾害

雨涝是气象灾害的主要表现之一。它是指因大雨、暴雨或持续降雨而形成的气象灾害。雨涝常和水灾有着密切的关系。

河南雨涝频率在 50%～75%，其中夏季雨涝最多，春涝次之，秋涝最少。危害程度夏涝最大，秋涝小于春涝。河南雨涝地区大致包括：①南阳盆地区。这里的河流从源地流入坡降较大的盆地，夏季降雨量集中，容易受涝。其受涝程度中等以上居多，轻涝次之。②淮北平原区。由于地势低缓，河流汇集，排水不畅，土层长期饱和，雨涝频率较高。③淮南涝区。雨涝频率 20%左右，比一些地区高一倍以上。④豫东北平原区。雨涝频率 75%～80%。⑤豫西北黄土丘陵区。雨涝频率 20%～30%，为雨涝较少区。但由于黄土结构松散，一遇雨涝，水土流失严重。⑥豫西山区。雨水多于毗邻地区，春秋二季多有阴雨天气。春、秋连阴雨频率 10%～20%，占总涝次数的 35%～50%。暴雨之时，多有山洪出现，常引起局部水土流失、塌方及滑坡。

暴雨是降水强度很大的雨。一般指每小时降雨量 16 毫米以上，或连续 12 小时降雨量 30 毫米以上，或连续 24 小时降雨量 50 毫米以上的降水。暴雨是水资源调控的不利因素，在一些地势低洼、地形闭塞的地区，雨水不能迅速宣泄，造成洪涝灾害和严重的水土流失。我国气象上规定，24 小时降水量 50 毫米或以上的雨称为"暴雨"。按其降水强度大小又分为三个等级，即 24 小时降水量 50～99.9 毫米的为"暴雨"；100～200 毫米的为"大暴雨"；200 毫米以上的为"特大暴雨"[①]。

河南年平均暴雨量在 100～400 毫米，年平均暴雨次数在 1～4 次。辉县—郑州—临汝—栾川—西峡—唐河—线以西年平均暴雨次数少于 2 次，年平均暴雨量 150 毫米以下；泌阳—驻马店—正阳—淮滨一线以南和鲁山县，年平均暴雨次数 3 次以上，年平均暴雨量 250 毫米以上；其他地区年平均暴雨次数 2～3 次，年平均暴雨量 150～250 毫米。[②]

就省内暴雨而言，呈西北少、东南多的趋势。暴雨日数，由东南向西北递减。多暴雨区，位于豫东永城—隅及桐柏—信阳—潢川—商城一线以

---

① 王春洪：《自然密码》，北京：企业管理出版社，2014 年，第 184 页。
② 温彦：《河南水资源》，郑州：河南教育出版社，1994 年，第 11 页。

南地区。大暴雨多发区，位于长垣—兰考一带和桐柏—泌阳—新蔡—潢川—商城一线以南地区。特大暴雨主要发生在平原与山区之间的过渡地带，即伏牛山、外方山东南方的丘陵地带。河南省暴雨春、夏、秋三季都有出现，集中在七、八月。夏季暴雨日数占全年的 60% 以上，北部高于南部。淮河以北地区，秋季暴雨多于春季；淮河以南地区，春季暴雨多于秋季。

暴雨的季节性变化，取决于季风活动。七、八月河南夏季季风活动最盛，温暖、湿润的偏南气流为暴雨形成提供了充足的水汽条件，所以暴雨最多。南北地理位置不同，受季风影响程度不同使暴雨出现差异。北部仅夏、秋季节季风活动较强，形成暴风的水汽条件才较具备，暴雨更集中于夏季。

总之，河南处于亚热带和暖温带地区，气候较为温和，具有明显的南北过渡性质。气候地区差异较大，季风性显著，年均水量分布不均，冬季寒冷少雨；自每年六月中旬始，大陆上的热低气压逐渐向北和东北方向转移，海洋高压不断增强，随着夏季风的来临，全省降水开始增加，七、八月，在太平洋副热带高压的影响下，河南进入雨季盛期。

第三节　河　流　水　系

河南是中国河流众多的省份之一。全省各河流中，流域面积 100 平方千米及以上河流 560 条，流域面积 1000 平方千米及以上河流 64 条，流域面积 10 000 平方千米及以上河流 11 条，这些河流分属于黄河、淮河、长江和海河四大水系。因受地形影响，大部分河流发源于西部、西北部和东南部的山区，流经河南省的形式可分为为如下四类：穿越省境的过境河流；发源地在河南的出境河流；发源地在外省而在河南汇流及干流入境的河流；全部在省内的境内河流。

河南省地表径流年内分配不均，南部大于北部，山区大于平原。地表径流年内分配不均与降水量的分布不均有关。在汛期，降雨量十分集中，且多以暴雨形式出现，这时河水挟带泥沙数量剧增。在西部和西北部山区，山高坡陡，相对高度大，径流汇集快、水量多、流速大、冲刷力强，河水含沙量比平原多。在豫西黄土丘陵和黄土台地地带，土质松弛，植被覆盖率低，易溶性强，抗侵蚀差，流经这一带的河流含沙量较高。全省各河流含沙量的总趋势是西部山区大，东部平原小。[①]

一、黄河水系

黄河是中国第二条大河，也是含沙量最多的河流。黄河自陕西省潼关县折而向东，流经河南省灵宝、陕县、三门峡、渑池、新安、济源、孟津、洛阳、孟州、巩义、温县、荥阳、武陟、郑州、原阳、中牟、封丘、开封、兰考、长垣、濮阳、范县、台前等市县，由台前县张庄流入山东省，在河南省内河段长711千米，流域面积3.62万平方千米。

黄河不但含沙量高，而且具有水量季节变化大、年际变化大的特点。黄河洪水年分四汛：清明日起，20日后止，称之桃汛；初伏日起，立秋日止，称之伏汛；立秋日起，霜降日止，称之秋汛；霜降以后，清明以前，称之凌汛。"四汛之中，桃汛水势最小，为害尚浅。其他三汛之水，皆足以决堤防，肇巨变也。"[②]

每到夏至以后，即入大汛时期。"每年于六七月间，流量渐增，倏涨倏落，八月为最高，九十月之后，流量渐减，迄十一月中始至低水。"[③]夏秋汛期的水量占全年60%~70%。黄河河道在历史上多次发生变迁。黄河下游决口泛滥达1500多次，较大的改道有26次，有5次大的变迁，洪水波及范围，北到海河，南达淮河广大地区。黄河每次决口泛滥，对豫东北平原一带地理面貌的变迁影响巨大。相对来说，黄河下游河道变迁的总趋势是决溢改道的频率越来越高。当然，时间的长短由整个流域的自然环境和社会因素以及下游河道的具体条件所决定，其中最直接的因素是下游河道具体条件的变化。

有关黄河为祸的根源，民国时期一些学者从地理环境上分析总结了黄河泛滥溃决的主要原因。其中白月恒认为，黄河为害的主要原因为水质浊、水势急、水量多、水患骤、水道善移。兹摘录如下：

> 质奚为乎黄且浊？以其下青海绕河套而出潼关也。沿河多沙土，北风又终年籁覆大沙漠尘于河床河滩之上；兼之上流水力激烈，坍溃两岸山石，随流磨荡，终成砂砾，以故其水质较他水为浊。势奚为急？因其上流束于山峡，敛其潆濊，弗获横决，然其纵逸之势，沛不可遏，

---

① 本节主要参见王文楷：《河南地理志》，郑州：河南人民出版社，1990年；河南省地方史志编纂委员会：《河南省志·水利志》，郑州：河南人民出版社，1994年；河南省地方史志编纂委员会：《河南省志·地貌山河志》，郑州：河南人民出版社，1994年；吴世勋：《分省地志·河南》，上海：中华书局，1927年；白眉初：《民国地志总论·地文之部》，北京：世界书局，1926年。
② 黄河水利委员会：《黄河概况及治本探讨》，1935年，第6页。
③ 张含英：《黄河志》，上海：国立编译馆，1936年，第11页。

一旦过底柱下，孟津而泻于汜水平原，放乎卫、郑、宋、鲁之郊，漫衍低隰，则向之郁塞不伸者，至此一泻千里，若马走坡，若兽走旷，故水势较他流为急。吾人于冬春之间，驱车黄河之畔，见洲堵溁洄，水势涧渟，以为河固是其浅露也；然而褥暑时至，大雨霾霖，不崇朝洪涛巨浪、怀山襄陵者何故？盖阴山北岭，千峰夹河，夏霖骤至，万涧齐奔。所以向之河岸豁豁，沙堵鳞鳞考，奄忽决堤漫野，万姓其鱼，沦胥之祸，有若地覆天翻！向之冬春水浅者，因北方雨少，河浅善泄。而夏霖骤溢者，以山多树少，数万里之水量，急走一河，西高东下，朝发夕至，此河患之所以难御也。至于下流为患，尤在善于淤淀，盖同一水也，上流奔腾，则力大可以转巨石；下流停蓄，则力弱不能胜砂砾。黄河性浊，含沙独多，上流奔泻，泥砂漂荡，迨其走燕、豫、齐、鲁平畴，则成缓流。凡自陇、蒙、秦、晋携来无数之泥沙，敷布于汜水东、利津西千里河槽矣。年年堆累，数百载后有不底高于岸外平地者乎，所以轻则决口，重则改道，汩汩洪道，为祸无穷。[①]

存吾则认为，黄河为患的主要原因有四：一是自高下落，其流急激，水势腾涌，易于泛滥；二是远合百川，近汇众流，受水众多，一泄莫遏；三是流经旷土，多携泥沙，积淤隆起，洪水滔天；四是水势湍急，多挟泥沙，土堤质劣，而沿岸又无湖泊以为之调节。[②]

由上可见，上游沙土多，地势落差大，雨水集中且季节分布不均，这些都是导致黄河水患频发、水患严重的主要因素。

河南省境黄河水系流域面积大于 100 平方千米的有 88 条，其中流域面积超过 10 000 平方千米的有 1 条，5000～10 000 平方千米的有 2 条，1000～5000 平方千米的有 6 条，100～1000 平方千米的有 42 条。支流均在郑州以西，伊洛河是省内黄河南岸最大的支流，还有宏农涧河等。黄河北岸有沁河、漭河、金堤河及天然文岩渠等。

（一）伊洛河

伊洛河在三门峡至花园口之间，从巩义巴家注入黄河。干流全长 447 千米。流域面积 18 881 平方千米。主要由洛河和伊河组成，二者在偃师县杨村汇合后，始称为伊洛河。伊洛河流域的地势为西南高、东北低。流域内山峰毗邻，丘陵起伏，地貌类型多种多样。按其汇流条件和地表形态

① 白月恒：《最新民国地志总论·总论之部》第 3 卷，北京：世界书局，1926 年，第 316-317 页。
② 存吾：《黄河之概观》，《黄河水利月刊》1934 年第 2 期，第 117-118 页。

不同，可将全流域划分为石山区、丘陵区和平原区三个地貌单元。石山区主要分布在两河的中上游地区，丘陵区主要分布在两河的中下游，包括土石丘陵和山麓丘陵，平原区主要分布于两河的下游地区，属于冲积平原。

伊洛河干流两旁水系各呈羽状分布，干支流落差比降较大，其中，洛河的落差为 1647 米，河道平均比降 2.04‰，伊河的落差为 1566 米，河道平均比降 2.45‰。

伊洛河的水量大部分来自上游山区。伊洛河流域多年平均径流深由北向南递增。伊河流域的径流深较洛河流域大，但年径流量洛河大于伊河。伊洛河沿程径流量增长比较均匀，但增长速度上游快于下游，其原因是南部山区降水量大。由于伊洛河流域地处季风区，降水年际变化大，径流的年际变化也较大。

（二）宏农涧河

宏农涧河源于灵宝崤山北麓，向北在灵宝北寨村流入黄河，河长 97 千米，流域面积 2062 平方千米。在朱阳关以上河长 37 千米，属于源流部分，河道流行于深山区，两岸山高坡陡，谷深水急；朱阳关至岳渡间，河长 28 千米，干流穿低山丘陵而过，河谷时窄时宽，窄口水库即建于此；岳渡以下，河长 27 千米，两岸丘陵逐渐疏远，河流穿流于平坦窄长的宽谷之中，河床逐渐加宽，一般在 60~100 米，落差变小。

（三）沁河

沁河发源于山西省平遥县黑城村，在阳城县润成镇进入太行山区，东南流入河南省境，至济源市五龙口出山后，流入平原，在武陟县城南方陵村注入黄河，其中河南省境内沁河干流长 125 千米，流域面积 1228 平方千米。沁河在五龙口以上，多急流瀑布，谷底砾石广布，仅局部地段坡度较缓；出五龙口后，坡度猛降，接纳北来的丹河，流行于平原上。沁河水势，夏秋之交为最盛。每逢大雨，支流之水，"同时暴发，挟沙直趋，奔腾入沁，势若建瓴。又有丹河，由北汇诸瀑布，行潦汹涌，下注于沁。于是沁水大涨，泄之于黄"①。

（四）漭河

漭河发源于济源，流经孟州（原孟县，下同）、温县，于武陟县沁河

---

① 张含英：《黄河志》，上海：国立编译馆，1936 年，第 342 页。

口西入黄河,称为新蟒河。全长 106 千米,流域面积 1203 平方千米,在上游山区部分,河谷深切石灰岩层,成峡谷状,岸坡高达 50 米,谷宽约 30 米。谷地岩石裸露,比降很大。平常水流很小,洪水量很大,出山以后,支流汇集,水量渐增,宣泄能力远不及上游,极易引起河水漫溢。

(五)金堤河和天然文岩渠

金堤河发源于豫北滑县,流经濮阳、范县,在台前县张庄汇入黄河。河长 159 千米,流域面积 4869 平方千米,形状窄长,属于黄河冲积平原。流域自然特点是上宽下窄,坡洼地多,宣泄支流多。由于金堤河出口受黄河河槽逐年淤积抬高的影响,地表径流和地下径流出路不畅,加上水质苦咸,洪、涝、旱、碱交替为害。金堤河流域因黄河河堤逐年淤高,干流排洪、排涝不通畅,濮阳以下排涝困难。

天然文岩渠发源于武陟县张菜园,流经获嘉、原阳、延津、封丘、长垣,至濮阳渠村入黄河。河长 147 千米,流域面积 2555 平方千米。大车集以上分天然渠和文岩渠两支,在大车集以下两渠会合,始称天然文岩渠。天然文岩渠流域紧临黄河,南部属黄河背河洼地,受黄河浸润影响很深,北部为黄河冲积平原,沙土分布面积也较大。

二、淮河水系

淮河干流源于桐柏,经信阳、光山、息县到淮滨入安徽省。淮河上游从河源至洪河口段,干流长 360 多千米。淮河流域是河南省范围最大的水系,北部以黄河及废黄河为界,西以伏牛山、外方山与伊洛河为界,南及西南以大别山、桐柏山与长江流域分界。在河南省内面积 88 310 平方千米,约占河南省总面积的 53%。其中山区面积 19 390 平方千米,占省淮河流域面积的 22%;丘陵区面积 14 460 平方千米,占 16.5%;平原面积 54 460 平方千米,占 61.5%。淮源附近,桐柏山顶高 1127 米,桐柏县附近地面高度仅为 160 米,息县以东,更降至 40 米以下;淮河支流行于河南中部者,均位于丘陵地带,地面高度介于 100～200 米,河南东部自商丘、项城、正阳以东,地面高度均在 40 米以下,自此东趋安徽,地形愈趋愈下。[①]

淮河水系是全国各大水系中支流较多的一条河流,而且分布非常集中。其中流域面积 10 000 平方千米以上的有洪河和沙河;5000～10 000

---

① 胡焕庸:《两淮水利》,南京:正中书局,1947 年,第 5 页。

平方千米的有 5 条；1000～5000 平方千米的有 25 条；100～1000 平方千米的有 238 条。该流域有些支流很长，流域面积很大，形成支强干弱的形势，分布也极不对称。干流南侧各支流多发源于豫南大别山区，源流较短促，河床比降大，水流湍急，洪水来势凶猛，洪量很大；较大的支流有浉河、白露河、史灌河、竹竿河和潢河等。干流北侧诸支流大部分发源于豫西山地和黄河南堤平坡地，水源贫乏，河床平浅，其中较大的河流有沙颍河和洪汝河。西部山区常有暴雨，沙河上游的鲁山附近是暴雨中心之一，历史上洪汝河和沙颍河的水旱灾害很频繁。沙颍河上游地势陡峻，支流密布，每当暴雨来临，流速大，冲刷力强，是土壤侵蚀最严重的地区。

邓拓在《中国救荒史》中，对淮河易发生水患的原因作了精辟的分析，指出淮河，发源于桐柏山北，有支流 20 余处，长短容量各处不同，但都归入淮水。自黄河夺取淮水故道，把浑浊的泥沙，带入淮河以后，历时既久，河沙沉积，河床便逐渐淤塞。后来，黄河又改道，留给淮河的，就是那已被淤塞的旱路。如遇大雨，河身就不免漫溢，而各支流又要灌入，因此，水灾的形成，就是很自然的事了。[①]

河南省境淮河流域年径流总量达 178.5 亿立方米，约占全省地表年径流总量 313 亿立方米的 57%。径流多寡变化以及地区分布与降水密切相关。淮河是国内径流年际、年内变化幅度较大的河流之一，多水年与少水年的水量相差悬殊，其比值最大可达数十倍。其规律也是北部大，南部小；平原大，山区小。其四季的分配是夏季最大，秋季次之，冬季最小。各河洪水多由暴雨引起。汛期 6—9 月，可占年总量的 90%，洪水多发生在 7—8 月，有时也能提早到 6 月。洪水具有峰高量大、历时短的特点。

在河南境内，淮河支流主要有洪汝河、沙颍河、涡河、浍河、沱河、王引河及黄河故道等。其中南岸支流多，水量大，是淮河干流洪水的主要来源。由于南岸支流均是源短而流急，各河集流速度快，下游洪涝宣泄极为不畅。北岸支流少，河道弯曲而浅小，地势低洼，常受干流顶托倒灌，坡水不易排出。故干支流两岸，常常易发生洪涝灾害。

（一）洪汝河

洪汝河发源于豫西伏牛山，流域面积 12 380 平方千米。洪河本干在班台以上称为小洪河，班台以下称大洪河。小洪河与汝河在班台汇合，班台以上流域面积 11 740 平方千米，占全流域面积的 95%，班台以下分为

---

① 邓云特：《中国救荒史》，上海：上海书店，1984 年，第 77 页。

洪河和洪河分道两股，在豫、皖二省边界王家坝附近注入淮河。整个洪汝河流域山地丘陵面积占 20%，平原占 80%。

洪汝河主要由小洪河和汝河构成。小洪河发源于舞阳县境，上游有滚河和卷河两支，到西平县合水镇相会，流经上蔡、平舆至新蔡。上游为山区，洪水来势凶猛，中下游河道窄浅，排水能力很低，两岸坡水不易排出，常积涝成灾。汝河发源于泌阳县境，在遂平以上，河槽较大，并能漫坡下泄。遂平以下，河槽逐渐变小，每逢洪水流量稍大时，易向南北漫决，引起灾害。洪汝河流域径流量比较丰富。但由于流域内的降水量年际变化大，历来水旱灾害比较频繁，其中尤以洪、涝、渍灾害为主。

（二）沙颍河

沙颍河为淮河的最大支流，流域面积 39 880 平方千米，约占淮河流域总面积 18.1%。在河南省内面积有 34 440 平方千米，其中山区面积 9070 平方千米，丘陵面积 5370 平方千米，平原面积 20 000 平方千米。习惯上将沙河作为沙颍河上游的干流。沙颍河发源于伏牛山区鲁山县，流经叶县、郾城、商水、淮阳、项城、沈丘，进入安徽省沫河口注入淮河。两岸支流多，较大的有颍河、北汝河、涅河、双洎河、贾鲁河、泉河等。

沙颍河流域洪涝灾害一直较为严重。各支流中以颍河灾情最为严重，上游来水峰高量大，河道不敷宣泄，支流淤塞，坡水不能入槽，且干流受沙河顶托倒灌，洪水在美公渠的刘坡、宋岗一带，清潩河的平宁城、稻池一带，清流河的夏宁庄、陶城等地，漫淹成灾，甚为严重。

（三）涡河

涡河为淮河流域第二大支流，源出于开封徐口镇，流域面积在河南省境内有 10 917 平方千米。涡河水系跨越省境中牟、尉氏、通许、杞县、兰考、开封、睢县、柘城、鹿邑、宁陵、商丘、民权、郸城、扶沟等县。

涡河水系发源于黄河大堤以南的坡水区，地貌属于黄河冲积平原，地势平坦，由西北向东南倾斜。河流年径流量不大，但径流年际变化大，年内分配非常不均，历史上流域多次受黄泛影响，特别是 1938 年花园口决口，黄河泛滥达 9 年之久。因黄河淤塞，坡缓流长，河道浅平，主要干支流的排泄能力不高，易发生旱涝灾害。

（四）浍河、沱河、黄河故道

浍河发源于商丘东郊，于永城李口集入安徽涡阳县境，在省境全长57千米，流域面积2040平方千米，主要由包河和东沙河两支流构成。浍河流域跨越省境商丘、虞城、夏邑、永城，该流域为黄泛冲积平原，流域狭长。地势由西北向东南倾斜，首尾平缓，中上段稍陡。流域干支流，因黄泛淤垫，大部分属于坡河性质，断面浅小，排水困难，大水时漫坡下泄，一片汪洋，但在省界附近，断面突然变深，平槽泄水能力较大，两岸无堤，为地下河槽。

浍河流域降水量小、变率大，河川径流量小，年际变化大，年内分配极其不均。径流年内分配相当悬殊，汛期（6—9月）径流总量比枯水期径流总量大3倍多。且存在中上游干支流河道浅小缺乏排水系统等问题，沟洫纵横交错，断面上下不一，下游沿河地势较高，内地多洼地池沼，坡水很难排出，地下水又较高，一遇较大降雨，多积水成涝。

沱河发源于商丘市李堤口西，流经虞城、夏邑、永城，至王庄入安徽濉溪县境。沱河干流至省界长125.5千米，省内流域面积2315平方千米，主要支流有龙沟、岐河、韩沟、宋沟等。该区属黄泛冲积平原，地形平坦，地势由西北向东南倾斜。由于该地区降雨集中，多暴雨，河川径流年际变化特别大，年内分配格外不均，径流相当集中，由于黄泛的影响，排水沟河大部分偏浅，排水能力低，历史上涝灾严重。

黄河故道发源于兰考县，流经民权、商丘、虞城入安徽砀山，长156千米，河南省境内面积626平方千米。地形由西北向东南倾斜，上游陡下游缓。故道地形起伏，岗洼相向，黄河故道各水系分布区是旱、涝、碱、砂并存的地区。黄河故道水系位于黄河右岸，在省境主要分布在商丘地区东北部，由黄菜河、贺李河、扬河和故道本身等组成。黄河夺淮期间，故道为黄河的主流。因河道变迁频繁，地形复杂，淤积严重，故道地面高于堤外数米。

三、海河水系

海河水系在河南省内主要有卫河及其支流，习惯上也把发源于河南省流经山东省后直接入海的马颊河和徒骇河，也合并在海河水系一起统计。海河水系在省内流域面积为15 300平方千米，占全省总面积的9.3%。

（一）卫河

卫河是海河的主要支流之一，干流发源于博爱县皂角树村，自西南向东北流经新乡、汲县、滑县、安阳等地，至南乐县大北张集，流入河北省境。其中，在河南省境内长 240 千米。卫河水系发源于西部的太行山区，集水区主要在山前洪积平原。干流是沿着洪积平原和冲积平原转折地带的交接洼地，由西南向东北流。卫河的许多支流都是顺太行山东坡由西向东流，源短流急，山洪暴发危害较大。

卫河两岸支流分布极不对称，右岸缺少支流，仅一些洼地和沟渠，左岸支流多，其中较大的支流有淇河、安阳河、峪河等。

淇河发源于山西省陵川县的方脑岭，流经河南辉县、汤阴等县，在淇门镇西的小河口东流入卫河。在新村站以上长度为 129.7 千米，流域面积 2118 平方千米。贺家村以上，河行于丘陵山区，坡陡流急，河槽多深潭，跌水很多，最大跌水在白王庙西，河床比降大。贺家庄以下，河道进入平原，比降骤减，两岸地势平缓，逐渐以人工堤防束水，以防山区洪水漫溢。淇河为山区性河流，洪水峰高量大，每逢涨水时，经常因卫河顶托而漫溢。

安阳河源于林县太行山麓的清泉寺，向东流经林县及内黄西部，于赵庄西注入卫河。河道全长 140 余千米，流域面积 1920 平方千米，其中山地丘陵区的流域面积占 70%。干流流出清泉寺，经善应、高平出山地。上游河道行于丘陵之中，岸坡较陡，河槽较深，坡降较大。在洪水较大的年份，因河槽容纳能力有限，洪水漫溢成灾时有发生。

峪河源于山西省陵川县人都陵，在辉县峪河口流出太行山后注入卫河上游，全长 76 千米，流域面积 558 平方千米。上游切入太行山地内，水流湍急、多谷坎、瀑布，其中最大的为黑龙潭瀑布，水力资源丰富。历史上曾出现的最大洪峰流量为 1929 年的 3900 立方米/秒。

新河源于山西陵川县，流经河南博爱、修武，向东流入卫河上游的运河，河长 84 千米，流域面积 1287 平方千米。上游为山区，两岸陡峻，洪水无漫溢现象。出山以后，河槽较浅，两岸虽有土堤束水，但排水能力低，遇到稍大的洪峰，就会漫溢成灾。

汤河源于汤阴县西部牟山东麓，于西元村注入卫河，全长 70 千米，流域面积 1150 平方千米。上游流经丘陵区，河谷深 8～10 米，宽 40～80 米，坡降由 1/400 渐降至 1/1000，有一定的水力资源。

卫河及其左岸各支流，均发源于太行山东麓，上游山势陡峻，水流湍急；下游流经平原，水流平缓，宣泄能力低。汛期常沿共产主义渠、良相坡、长虹渠、白寺坡等坡洼地引洪滞洪，并顶托卫河右岸平原区小支流的涝水排入，造成两岸洪涝灾害频繁。

（二）马颊河与徒骇河

马颊河发源于延津县东部，位于黄河、卫河冲积平原上。在河南省内长约 282 千米，流域面积 4673 平方千米，属于排泄坡水的平原河道。流经地区的排水比较紊乱，河道浅平，迂回曲折，汛期暴雨流量较大。水量的年际变化大，年内分配极为不均。

徒骇河与马颊河是属同类型的排水河道，在河南省境长仅 59 千米，由南乐县东，流入山东省境内。

四、长江水系

河南省西南部的唐白河及丹江等河流均汇入长江水系的支流汉水。该水系在省内的流域面积为 27 200 平方千米，约占全省总面积的 16.3%。

唐白河由唐河和白河构成，河流长度 266 千米，流域面积 26 400 平方千米。唐河发源于方城伏牛山东侧的七峰山，自北向南流经方城、社旗、唐河、新野等县。干流全长 247 千米，流域面积约 8970 平方千米。洪水河床在唐河县以上比较宽，唐河县以下郭滩至鄢埠口段较窄，形成上宽下窄的特点，加上弯曲道多，弯曲系数大，对洪水宣泄极为不利。白河发源于伏牛山黄石垭，自西北向东南流，经南召、南阳、新野等县，至两河口与唐河合流后称为唐白河。白河干流全长 264 千米，流域面积 12 270 平方千米。白河滩多，河槽不稳定，在历史上曾发生过两次改道，河道安全泄量不足，洪水灾害最频繁。

唐白河流域径流资源相当丰富，年径流深 200～300 毫米。该水系洪水由暴雨造成。唐白河流域河川径流量年际变化很大，每年 7—8 月，常形成暴雨天气，历时短、强度大、分布广。但因为暴雨分布面积广，有可能唐河和白河两河同时涨水，洪峰遭遇也时有发生。

丹江为汉水最长支河，源于陕西省内，流向东南，从淅川县荆子关入河南，省内流域面积 5944 平方千米，主要支流有老灌河和淇河。丹江水系在地貌上是沿江的峡谷与平原相间。丹河水系河川径流量的年际变化大，水资源比较丰富，年径流深 250～270 毫米。

总之，河南省河流众多，水系复杂，地跨黄河、淮河、海河和长江四大水系。受地形、地表径流年内分配不均等影响，容易发生水患。尤其是黄河，包括支流洛河、沁河在内，近代以来决溢频繁。晚清时期，多在开封府境，北以今卫河为界，南以今贾鲁河、颍河为界，整个豫北平原和豫东平原，几乎都是黄河泛滥之区。民国年间，水患主要是指黄河泛滥之灾，居河南"水、旱、蝗、汤"四大灾害之首。

近代中原地区严重的水患频繁发生，自然生态环境固然有相当的影响。地形、气候、河流等因素，时刻都有引起水患的可能，甚至造成极其严重的灾害，但这并不是水患致因的全部。近代以来，由于政治腐败，经济萧条，战争频繁，加上环境资源的过度开发等各种人为因素的影响，使得中原地区的水患问题更为严重，甚至是致灾的最主要原因。正如近人所指出，水患之形成，"虽然一方面是由于自然现象的作用，可是另一方面则人为的水利设施问题，亦具有至大至密的关系……其最主要的原因，就是由于这人为的水利问题之不能有一妥善的办法，于是益加助长自然的灾患之凶焰"[1]。有人亦指出，黄河水患是由多种因素造成的，"其因素即是雨量多寡无定，以致河水泛滥。由于圩堤加高，增加了漫决成灾的机会。由于田垦之不注意，淤沙之多则助水灾更烈。由于堤防之不得法，堤愈高，灾象愈大。末之，由于河官治河不得力，以致整顿河工，预防水患皆生流弊"[2]。有关水患发生的人为方面的原因，学界往往就某一具体的水患进行了深入的探讨，而整体的社会背景，相关成果也多有呈现，本书从略。

---

[1] 漆祺生：《论水灾与中国国民经济》，《交易所周刊》1935 年第 37-38 期，第 1 页。
[2] 朱延平：《黄河水灾之因素与治法》，《史地社会论文摘要月刊》1935 年第 3 期，第 25 页。

第二章
中原地区水患的时空分布

　　水患是近代中原地区最严重的自然灾害之一。受各种因素的影响，近代中原地区水患频繁，且受灾范围很广。有关灾害的特点，邓拓在《中国救荒史》中已作了分析，如普遍性、连续性、积累性等。空间上"无处无灾、无处不荒"；时间上"无年无灾、无年不荒"。[①]当然，在考察水患特点时，既要考虑整体性特点，更要结合中原地区自身状况。书中考察的雨情，是指因降雨而形成的本地区的洪涝，如将雨势描述为雨、大雨、淫雨、倾盆大雨等，而未形成洪涝的一般降雨记载不予收录。

第一节　水患的时间分布

　　近代是我国水患频率发生最高的一个时期，同样也是中原地区水患最频繁的时期。各地河道之淤塞，河沙之滞积，堤防之破毁，工事之废弛，已成为普遍的现象，亦是诱发南北各地水灾频仍的要素。[②]近人曾经指出，"河之害三：曰决、曰溢、曰徙，徙之害，千百年不一见；溢之害，时有而不甚大；决之害，大且重而不忍言，夫河何以决生于防也，不观暴水之际，有堤之地，则决，无堤之地，则淹，淹即溢也"[③]。据统计，从

---

① 邓云特：《中国救荒史》，上海：上海书店，1984年，第49-61页。
② 漆祺生：《论水灾与中国国民经济》，《交易所周刊》1935年第37-38期，第2页。
③ 河南通志馆：《（民国）河南通志·经政志》，1943年，第1页。

汉朝立国以后计算，公元前 206 年起到 1936 年，在 2142 年间共发生水灾 1037 次，平均约 2 年发生一次。①

一、时段和年际分布

从时段和年际上看，近代中原地区水灾分布呈现不同的镜像。下面拟从近代总体分布、晚清时期分布、民国时期分布三个方面考察水灾分布特点。

（一）时段和年际的总体分布

有学者依据大量的资料，将长江、黄河、珠江、淮河、海滦河、辽河、松花江七大江河作为主要对象，考察各年洪涝灾害主要发生的地区或流域范围。据统计，在七大江河中，与中原地区水灾相关的河流主要有黄河、淮河、海滦河等。在其统计的年表中，受灾区域注明河南省，或河南省某地，或黄河中下游地区，部分或全部属于中原地区。在 1840 年至 1949 年的 110 年间，涉及中原地区的水灾达 38 年，频次为 2.89，即平均不到三年中原地区就有一次大的水灾。其中 1840 年至 1911 年的 72 年间，发生水灾 22 年，频次为 3.27。1912 年至 1949 年的 38 年间，发生水灾 16 年，频次为 2.38。②下面，将上述统计资料作一排比归类。

晚清时期分为道光朝、咸丰朝、同治朝、光绪朝、宣统朝。

道光朝有 4 次，分别是 1841 年、1843 年、1847 年、1849 年。

咸丰朝有 1 次，即 1855 年。

同治朝有 7 次，分别是 1864 年、1866 年、1868 年、1870 年、1871 年、1873 年、1874 年。

光绪朝有 9 次，分别是 1878 年、1887 年、1890 年、1893 年、1895 年、1891 年、1899 年、1901 年、1904 年。

宣统朝有 1 次，即 1910 年。

民国时期分为北京政府时期、南京国民政府时期。

北京政府时期有 6 次，分别是 1913 年、1918 年、1919 年、1921 年、1923 年、1926 年。

南京国民政府时期有 10 次，分别是 1931 年、1932 年、1933 年、1934 年、1937 年、1938 年、1939 年、1940 年、1943 年、1946 年。

---

① 朱尔明、赵广和：《中国水利发展战略研究》，北京：中国水利水电出版社，2002 年，第 42 页。
② 骆承政、乐嘉祥：《中国大洪水——灾害性洪水述要》，北京：中国书店，1996 年，第 387-415 页。

上述水灾年表，虽然依据大量的资料，但着眼于七大江河和全国受灾的整体状况，中原地区仅是其考察的一部分，所以统计过于宏观和简略。

1943 年河南通志馆编纂的《（民国）河南通志》，在其《经政志·河防·豫河工程》里对近代河南省发生的水灾及其救治作了全景式的扫描。据统计，晚清 72 年间，一共列出水灾及其救治年份 31 次，大致情况如下。

道光年间列出 4 次，分别是 1841 年、1843 年、1844 年、1845 年。重点介绍了 2 次：一次是 1841 年，黄河盛涨，下南厅祥符汛漫口滩水漫顶，省城被水所围，势甚危险。另一次是 1843 年，黄、沁两河并涨，大溜涌注，中牟下汛异常危险。[①]

咸丰年间列出 2 次，即 1855 年、1860 年。详细介绍了黄河北徙的 1855 年，如伏秋大汛，水势正长，下北厅属兰阳汛三堡河工漫溢。[②]

同治年间列出 7 次，分别是 1863 年、1864 年、1865 年、1866 年、1868 年、1869 年、1872 年。重点介绍的年份如下：

（1863 年），黄河节次异涨，上南各厅险工迭出。

（1864 年），上南厅郑下汛十堡一带，祥河厅祥符汛大河溜势，风雨频番全河，溜势侧注，涌激趋淘，非常湍急。

（1868 年），黄河荥工漫口，堤岸塌宽二百十丈之多。

（1872 年），铜瓦厢决口，现已冲宽十里，水势独日向东坍刷。[③]

光绪年间列出最多，共有 16 次，分别为 1875 年、1882 年、1883 年、1885 年、1886 年、1887 年、1888 年、1889 年、1890 年、1891 年、1896 年、1897 年、1899 年、1902 年、1904 年、1906 年。重点介绍的年份如下：

（1875 年），豫河上南河厅为南岸最要之区，首受出山之水，如荥泽汛十堡乃荥工金门、郑州上汛核桃园邵家塞胡家屯、郑州下汛五堡至十一堡石家桥等处，并十四堡来童寨、十七堡裴昌庙以及中牟上汛杨桥大坝或为近年极险之工。

（1883 年），荥泽县保和寨东北黄溜南圈，陡生险工，形势万分吃紧，查该处河势从前溜在北岸，自鸡心滩淤高出水，河身逼窄，北岸只余一线细流，全河大溜，直趋南岸。

---

① 河南通志馆：《（民国）河南通志·经政志》，1943 年，第 25 页。
② 河南通志馆：《（民国）河南通志·经政志》，1943 年，第 27 页。
③ 河南通志馆：《（民国）河南通志·经政志》，1943 年，第 29-33 页。

（1887 年至 1891 年），连续五年发生水灾，（各厅水势前长未消，后水踵至，兼以阴雨浃旬，添波助溜，拍岸盈堤，奇险环生，两岸各工尤以南岸上、中两厅为最多）。再如，时届中伏，水力正旺，瞬交秋汛，淘刷更深，（孟县小金堤因大溜北趋，滩岸塌尽，溃及堤身）。（1899 年），河水暴涨，风急浪涌，直逼堤身，立时冲刷。①

宣统年间亦列出 2 次，分别为 1909 年、1911 年。

民国时期，因《（民国）河南通志》于 1943 年刊印，加上其他因素影响，统计时间只到 1935 年。这样民国 38 年中只统计了 24 年，涉及水利建设方面，几乎列出了所有年份，而水患方面，列出年份只有 16 年，分别是 1914 年、1915 年、1917 年、1919 年、1920 年、1921 年、1922 年、1923 年、1924 年、1928 年、1929 年、1930 年、1931 年、1933 年、1934 年、1935 年。根据统计资料，这些水灾大多数直接与黄河泛滥有关，择要记载如下。

1914 年，"兰工吃紧"；1915 年，"河流日见畅旺"；1917 年，"河水暴涨……滨河一带，禾苗房屋间有被淹"；1921 年，"河水南侵"；1923 年，"水势盛涨，险象环生"；1929 年，"河溜直冲顺坝，搜（溲）淘力猛，坍塌甚速"；1933 年，武陟汛，"大溜冲射，砖石大坝，塌卸四处"；1934 年，"河水陡涨陡落，溜势忽提忽卸，致将各坝埽纷纷塌蛰"；1935 年，荥泽汛一带，"大溜南移，该坝……全行塌尽"。②

有的年份记载较为详细，如 1923 年、1924 年和 1929 年。以 1924 年水灾为例，罗列如下。

有关黄河水患的描述：

以黄河河底，日见淤高，每至伏秋大汛，流行不畅，萦回纡曲，险象环生。③

有关巩县水患的描述：

夏令西南山洪暴发，势若建瓴，遂致横溢，致洛河日积沙淤，黄、洛交涨，两相顶托，宣泄不畅。④

有关兰封水患的描述：

兰封境内有串沟三道，如能堵塞，可无水患，不知该处全是飞沙，

---

① 河南通志馆：《（民国）河南通志·经政志》，1943 年，第 33-55 页。
② 河南通志馆：《（民国）河南通志·经政志》，1943 年，第 2-28 页。
③ 河南通志馆：《（民国）河南通志·经政志》，1943 年，第 14 页。
④ 河南通志馆：《（民国）河南通志·经政志》，1943 年，第 15 页。

土性极松，水来则冲激成沟，水退则沙又填没，堵塞串沟，只救一时之急，若大水漫溢，一望浩瀚，即平地尚深四五尺，串沟填平，无益于事。[①]

有关考城水患的描述：

> 伏秋盛涨，辄易漫溢出槽……在考城境内者，有圈堤一道，皆因地居下游，预防水患，近岁河身淤垫日高，水势愈趋愈猛，堤土含沙，不耐冲激，以致时有决溃。
>
> ……
>
> 惟查河身连年淤垫，高与地平，一遇水涨，四散而出，有沟无沟，无关利害。……若不乘时修筑，则伏秋汛内，黄水暴涨，考城之圈堤及直鲁之长堤，胥居下游，咸受其害。
>
> ……
>
> 瞬届伏汛，水涨西岸，无处宣泄，自必逼近东岸，西北风起回流冲刷，波涛汹涌，较往年两岸排泄水势平稳者，迥然不同，该圈堤虽修筑完整，只以向西突出，首当其冲，实难抵御，万一出险，全县尽成泽国。[②]

由《（民国）河南通志·经政志》可以看出，河南致灾的河流主要是黄河。黄河上游沙土多，地势落差大，雨水集中且季节分布不均，这些都是导致黄河水患频发、水灾严重的主要因素。

1935 年 11 月，由沈怡等编辑的《黄河年表》，记述自公元前 602 年至公元 1933 年黄河出现的 6 次大变迁，其中搜集整理了近代中原地区发生的黄河水患，主要有如下情况。

道光朝有 2 次，分别是 1841 年、1843 年。[③]

咸丰朝有 1 次，即 1855 年。[④]

同治朝有 6 次，分别是 1863 年、1864 年、1865 年、1866 年、1868 年、1873 年。[⑤]

光绪朝有 7 次，分别是 1887 年、1890 年、1898 年、1899 年、1901 年、1903 年、1906 年。[⑥]

---

① 河南通志馆：《（民国）河南通志·经政志》，1943 年，第 16 页。
② 河南通志馆：《（民国）河南通志·经政志》，1943 年，第 16-19 页。
③ 沈怡、赵世暹、郑道隆：《黄河年表》，1935 年，第 225 页。
④ 沈怡、赵世暹、郑道隆：《黄河年表》，1935 年，第 227 页。
⑤ 沈怡、赵世暹、郑道隆：《黄河年表》，1935 年，第 233-236 页。
⑥ 沈怡、赵世暹、郑道隆：《黄河年表》，1935 年，第 242-248 页。

宣统朝有 2 次，分别是 1909 年、1910 年。[①]

北京政府时期有 2 次，分别是 1913 年、1922 年。[②]

南京国民政府时期列出 3 次，分别是 1929 年、1930 年、1933 年。[③]

根据《黄河年表》可以看出，在 2000 年间黄河发生的水患中，近代中原地区发生的水灾有 23 次，与其他时段、其他区域相比，近代是中原地区水灾发生较多的时期，中原地区是近代水灾发生较为集中的区域。

（二）晚清时期的时段和年际分布——以晚清档案为例

《民国河南通志》侧重于记述工程方面，统计水灾往往与工程相关，所以统计水灾不太具体。而《黄河年表》着力于从宏观上介绍 2000 年黄河变迁情况，所以涉及近代河南的水灾统计也不完整。中国第一历史档案馆馆藏上谕档等有大量清代灾赈档案资料，其中晚清中原地区的水患资料十分丰富。

按照清朝惯例，一般在每年农历 10 月，皇帝发布上谕，由军机大臣字寄各省将军督抚，要求详细查勘当年本省受灾情况并上报朝廷。为防止灾民流离失所，清政府采取蠲免、缓征钱粮等各种抚恤救济措施。寄谕的时间一般在农历 10 月 3 日，偶尔也有农历 10 月其他日期，如 1895 年是在农历 10 月 1 日。现依据农历 10 月上谕档，将晚清道光、咸丰、同治及光绪四朝的河南水患作一统计。兹整理如下。

道光朝 11 年，水灾年份有 10 次。

1840 年，郑州等四州县被雨，淅川厅被冲，杞县等十州县被水。[④]

1841 年，祥符等九州县被水，荥泽等三十四州县被水。[⑤]

1842 年，襄城等十一县被雹被淹。[⑥]

1843 年，考城等三十三州县被水被雹被蝗。[⑦]

1844 年，中牟等十六州县被淹，祥符等十四州县被雹被淹。[⑧]

---

① 沈怡、赵世暹、郑道隆：《黄河年表》，1935 年，第 248 页。

② 沈怡、赵世暹、郑道隆：《黄河年表》，1935 年，第 249-251 页。

③ 沈怡、赵世暹、郑道隆：《黄河年表》，1935 年，第 255-259 页。

④ 《寄谕各省将军督抚著详勘地方被灾情形如需来春接济据实奏明候旨》，军机处上谕档，档号：1036-2，中国第一历史档案馆（以下简称"一史馆"）藏。

⑤ 《寄谕各省将军督抚著详勘地方被灾情形如需来春接济据实奏明候旨》，军机处上谕档，档号：1054-2，一史馆藏。

⑥ 《寄谕各省督抚著详查地方灾情如需来春接济据实具奏候旨》，军机处上谕档，档号：1060-2，一史馆藏。

⑦ 《寄谕各省督抚著详查地方灾情如需来春接济据实具奏候旨》，军机处上谕档，档号：1076-1，一史馆藏。

⑧ 《寄谕各省督抚著详查地方灾情如需来春接济据实具奏候旨》，军机处上谕档，档号：1088-1，一史馆藏。

1846 年，安阳等十县被淹。①

1847 年，考城县被淹。②

1848 年，祥符等州县被淹。③

1849 年，祥符等二十六州县被水被雹。④

1850 年，祥符等九县被淹。⑤

咸丰朝 11 年，水灾年份有 11 次。

1851 年，永城等县低田被淹，安阳等县被水，内黄等县低田被淹。⑥

1852 年，内黄等州县被旱被淹。⑦

1853 年，兰仪等十七县河渠涨发，虞城、项城二县被水。⑧

1854 年，光州等三州县被水被雹，汲县等十四县、汤阴等九州县并临漳县被水被雹及低田被淹。⑨

1855 年，兰仪等四县、封丘等二县被水，杞县等十五州县低田被水，河内、涉县等四县被水被雹，光州大雨，麦田淹损。⑩

1856 年，河内、济源、内黄三县被淹，郾城被淹。⑪

1857 年，商丘等六县被水，睢州等三州县低地被淹。⑫

1858 年，睢州被雨，内黄县秋禾被淹。⑬

---

① 《寄谕各省督抚著详查地方灾情如需来春接济据实具奏候旨》，军机处上谕档，档号：1113-1，一史馆藏。
② 《寄谕各省督抚著详查地方灾情如需来春接济据实具奏候旨》，军机处上谕档，档号：1125-2，一史馆藏。
③ 《寄谕各省督抚著查勘地方灾情来春如需接济据实具奏候旨》，军机处上谕档，档号：1142-2，一史馆藏。
④ 《寄谕各省将军督抚著详勘地方被灾情形如需来春接济据实奏明候旨》，军机处上谕档，档号：1154-2，一史馆藏。
⑤ 《寄谕各省督抚著查勘地方灾情来春如需接济据实具奏候旨》，军机处上谕档，档号：1160-2，一史馆藏。
⑥ 《寄谕各省督抚著查勘地方灾情来春如需接济据实具奏候旨》，军机处上谕档，档号：1166-2，一史馆藏。
⑦ 《寄谕各省督抚著详查地方灾情来春如需接济据实具奏候旨》，军机处上谕档，档号：1171-1，一史馆藏。
⑧ 《寄谕各省督抚著详查地方灾情如需来春接济据实具奏候旨》，军机处上谕档，档号：1176-1，一史馆藏。
⑨ 《寄谕各省督抚著详查地方灾情来春如需接济据实具奏候旨》，军机处上谕档，档号：1180-2，一史馆藏。
⑩ 《寄谕各省督抚著详查地方灾情来春如需接济据实具奏候旨》，军机处上谕档，档号：1185-3，一史馆藏。
⑪ 《寄谕各省将军督抚著详勘地方被灾情形如需来春接济据实奏明候旨》，军机处上谕档，档号：1189-1，一史馆藏。
⑫ 《寄谕各省督抚著查勘地方灾情来春如需接济据实具奏候旨》，军机处上谕档，档号：1193-2，一史馆藏。
⑬ 《寄谕各省督抚著详查地方灾情如需来春接济据实具奏候旨》，军机处上谕档，档号：1198-2，一史馆藏。

1859 年，尉氏、商丘二县被淹。①

1860 年，祥符等州县被水被旱。②

1861 年，阳武县地被沙压，临漳县地亩河占沙压。③

同治朝 13 年，水灾年份有 7 次。

1862 年，祥符等县沙压地亩，各属低洼田亩秋禾被淹。④

1863 年，考城等处均因伏前黄水盛涨，地方恐有被淹，固始等县被水。⑤

1865 年，沈丘等县洼地被淹。⑥

1866 年，武陟等县被旱被淹。⑦

1867 年，永城、夏邑两县频年被水，祥符等处低田被水。⑧

1868 年，黄、沁两河相继漫溢，商丘等处及东南各州县大雨积水。⑨

1871 年，河内等处沁河冲决，汜水县汜河漫淹。⑩

光绪朝 34 年，水灾年份有 18 次。

1875 年，河南各属间有积水。⑪

1878 年，武陟县沁河漫口，田庐被淹。⑫

1880 年，河南各属间被水旱。⑬

---

① 《寄谕各将军督抚著各体察来春应否接济复奏候旨》，军机处上谕档，档号：1210（2）41-44，一史馆藏。

② 《谕内阁河南祥符等州县被旱被水被扰著分别蠲缓漕粮》，军机处上谕档，档号：1224（2）169-190，一史馆藏。

③ 《寄谕各省督抚著各查明被灾处所明春应否接济具奏候旨》，军机处上谕档，档号：1234（2）61-63，一史馆藏。

④ 《寄谕各将军督抚著各查明被灾处所来春应否接济》，军机处上谕档，档号：1248（2）29-32，一史馆藏。

⑤ 《寄谕各将军督抚著各查明被灾州县来春应否接济》，军机处上谕档，档号：1259（2）13-15，一史馆藏。

⑥ 《寄谕各将军督抚著各查来春应否接济》，军机处上谕档，档号：1274（1）27-29，一史馆藏。

⑦ 《寄谕各省将军督抚著各查被灾处所明春应否蠲免缓征钱粮奏明候旨》，军机处上谕档，档号：1280（4）5-7，一史馆藏。

⑧ 《寄谕各将军督抚著各查明被灾处所来春应否接济》，军机处上谕档，档号：1288（2）7-9，一史馆藏。

⑨ 《寄谕各将军督抚著各查来春应行接济之处复奏候旨》，军机处上谕档，档号：1294（1）21-23，一史馆藏。

⑩ 《寄谕各省督抚著被灾各督抚查明被灾处所明春应否接济具奏候旨》，军机处上谕档，档号：1311（4）15-17，一史馆藏。

⑪ 《寄谕各将军督抚各查受灾等处将来春应否接济之处具奏候旨》，军机处上谕档，档号：1337（1）11-13，一史馆藏。

⑫ 《寄谕各将军督抚著各查奏有无被灾之处候旨恩施》，军机处上谕档，档号：1350（4）19-21，一史馆藏。

⑬ 《寄谕各将军督抚著各查被灾处所来春需否接济具奏候旨》，军机处上谕档，档号：1361（3）19-20，一史馆藏。

1881 年，郑州等州县被水。①

1882 年，陕州等州县被水。②

1883 年，浚县等处被水，汤阴等处被水。③

1884 年，叶县等处被水。④

1885 年，裕州等处被水。⑤

1886 年，淅川厅等处被水被雹，南召县被水。⑥

1887 年，郑州漫口，黄流夺溜南趋，被灾地方甚广。南阳等县被风被水，内乡等县被水，武陟县小杨庄被淹，滑县被水。⑦

1888 年，祥符等州县被水。⑧

1889 年，河内等县被淹，滑县被水。⑨

1890 年，彰德等府属被水。⑩

1892 年，汲县等处被淹，卫辉府属被淹。⑪

1894 年，浚县等处被水。⑫

1895 年，河内等县被淹，祥符、浚县、临漳、永城等州县被水。⑬

1896 年，信阳等州县均被水。⑭

① 《寄谕各将军督抚著各查明被灾处来春应否接济候旨恩施》，军机处上谕档，档号：1365（3）9-11，一史馆藏。
② 《寄谕各将军督抚各查明被灾处所来春应否接济候旨施恩》，军机处上谕档，档号：1369（3）15-17，一史馆藏。
③ 《寄谕各省将军督抚著各查本省受灾处所来春应否接济具奏候旨》，军机处上谕档，档号：1374（1）13-15，一史馆藏。
④ 《寄谕各省将军督抚著各查本省受灾处所来春应否接济具奏候旨》，军机处上谕档，档号：1377（3）27-29，一史馆藏。
⑤ 《寄谕各省将军督抚著各查本省受灾处所来春应否接济具奏候旨》，军机处上谕档，档号：1381（2）21-23，一史馆藏。
⑥ 《寄谕各省将军督抚著查各被灾处所来春应否接济具奏候旨》，军机处上谕档，档号：1387（3）15-17，一史馆藏。
⑦ 《寄谕各省督抚著各查勘受灾处所来春应否接济奏明候旨》，军机处上谕档，档号：1396（1）13-16，一史馆藏。
⑧ 《寄谕各将军督抚等著各速查被灾地方来春应否接济奏明候旨》，军机处上谕档，档号：1403（2）-1，一史馆藏。
⑨ 《寄谕各将军督抚本年受灾各地方来春应否接济著查明候旨》，军机处上谕档，档号：1408（1）-1，一史馆藏。
⑩ 《寄谕各将军督抚著查明被灾情形来春应否接济于封印前奏到候旨》，军机处上谕档，档号：1411（2）-1，一史馆藏。
⑪ 《寄谕各将军督抚各省被灾均经抚恤著查明来春应否接济于封印前奏到》，军机处上谕档，档号：1417（2）-2，一史馆藏。
⑫ 《寄谕各将军督抚著各查明灾情来春应否接济奏明候旨》，军机处上谕档，档号：1424（2）-1，一史馆藏。
⑬ 《寄谕各省督抚各被灾地方来春应否接济具奏候旨》，军机处上谕档，档号：1427（3）-1，一史馆藏。
⑭ 《寄谕各将军督抚查明各省灾情来春应否接济具奏候旨》，军机处上谕档，档号：1431（2）-1，一史馆藏。

1898 年，南阳等州县被水。①

根据上述统计，道光朝水灾频次为 1.1，咸丰朝水灾频次为 1，同治朝水灾频次为 1.9，光绪朝水灾频次为 1.9。晚清 72 年里，直接注明了河南发生水灾的地区有 46 年，水灾发生频次为 1.6，即平均每 1 年半时间就有一次水灾。在未有明确提及水灾的 26 年中，即道光朝 1845 年，同治朝 1864 年、1869 年、1870 年、1872 年、1873 年、1874 年，光绪朝 1876 年、1877 年、1879 年、1891 年、1893 年、1897 年、1899—1908 年，宣统朝 1909—1911 年，并不意味着水灾没有发生。我们可以通过其他灾赈档案，发现当年河南省局部地区也出现了水灾，整理如下。

1845 年，永城等县被旱被水及祥符等州县连被黄水。②河南驻防满洲营官兵住房因祥汛漫口被水浸灌，坍塌过甚。③

1864 年，夏间雨泽愆期，河北三府暨河南府所属秋禾被旱间有被雹，迨入秋后阴雨兼旬，大河以南各府州所属州县各被水淹，秋收均形歉薄。④

1872 年，豫省本年自春徂夏雨泽愆期，入秋以后河北三府及河南等处雨水缺少，开归等属又复霖雨过多，田禾被灾，收成歉薄。⑤

1873 年，光州等属自春徂夏雨泽愆期，入秋以后，又因霖雨过多，河水涨发，田禾被灾，收成歉薄。⑥

1891 年，祥符等州县春夏间雨泽愆期，秋后又复被水，禾稼受伤，收成歉薄。⑦

1893 年，祥符等州县夏间雨泽愆期，秋后又复被水，禾稼受伤，收成歉薄。⑧

---

① 《寄谕各督抚各省被灾来春未免拮据如应接济著查奏候旨》，军机处上谕档，档号：1440（1）-1，一史馆藏。
② 《谕内阁河南永城等县被旱被水著分别缓征新旧钱漕》，军机处上谕档，档号：1101-1，一史馆藏。
③ 《谕内阁河南祥汛漫口官兵住房被浸坍塌著分别借项修葺》，军机处上谕档，档号：1099-2，一史馆藏。
④ 《谕内阁著分别蠲缓河南祥符等被水旱被匪各属新旧漕粮》，军机处上谕档，档号：1267（2）341-370，一史馆藏。
⑤ 《谕内阁著分别展缓征收河南祥符等被水被旱各州县应征新旧粮赋》，军机处上谕档，档号：1317（4）-151，一史馆藏。
⑥ 《谕内阁著将河南孟津等被灾各州县分别加赈一月口粮并蠲缓应征新旧钱粮》，军机处上谕档，档号：1323（5）-212，一史馆藏。
⑦ 《谕内阁河南祥符等州县收成歉薄著应征钱漕暂行停缓》，军机处上谕档，档号：1414（4）-18，一史馆藏。
⑧ 《谕内阁河南祥符等州县被水著分别停缓新旧钱漕》，军机处上谕档，档号：1420-3389，一史馆藏。

根据《清代黄河流域洪涝档案史料》记载，晚清 72 年中，只有 1862 年、1870 年、1874 年三年，河南省无洪涝或水位记载。①而《清代淮河流域洪涝档案史料》记载，晚清 72 年中，只有 1852 年、1862 年、1863 年、1870 年，河南省无洪涝或水位记载。②如果结合《清代黄河流域洪涝档案史料》《清代淮河流域洪涝档案史料》等资料，晚清河南省发生水灾的频次会更高。

（三）民国时期的时段和年际分布

民国时期也是河南省水患发生频繁的一个时段。大量的文献资料记录了水患发生的时段和年份。1990 年与 1993 年，《近代中国灾荒纪年》《近代中国灾荒纪年续编》先后出版，这两本书采用编年体形式，叙述了 1840 年至 1949 年全国各省区的灾情。现以此为线索，结合近代报刊资料，将民国时期河南水患发生的时间作一整理。

北京政府时期 15 年，发生水灾 12 次。

1914 年，夏，河南各属，或遭旱灾，或遭风患，或遇雹击，或罹水厄，或被虫伤。统计灾区至四十五县之多。③

1915 年，八月，新安、洛阳、巩县、济泾、沁阳、许昌等处，因大雨连绵，山水暴发，东北溴河，西北同河，同时漫溢，民堤相继决口。秋禾淹没，房屋冲塌。④

1917 年，八月，河南连日大雨，山水暴发，河流泛溢。省城内外水势陡涨，坍屋甚多，各地交通断绝，灾情极重。⑤汲县、新乡、安阳等处，漂没房屋，淹毙人民。⑥

1918 年，夏秋之交，大雨时行，山洪暴发，沁、溴、恤、洛各河先后决口，巩县、偃师、修武、武陟、孟县、浚县等处适当其冲，人口并遭淹毙。其余下游各县，亦因宣泄不及，受灾颇深。⑦

1919 年，入夏，连朝雨暴，山洪下注，河流四溢，刁、湍、淯、溴

---

① 参见水利电力部水管司、科技司、水利水电科学研究院：《清代黄河流域洪涝档案史料》，北京：中华书局，1993 年。
② 参见水利电力部水管司、水利水电科学研究院：《清代淮河流域洪涝档案史料》，北京：中华书局，1988 年。
③ 《中国大事记（八月四日）》，《东方杂志》1914 年第 3 号，第 21 页。
④ 《中国大事记（八月十二日）》，《东方杂志》1915 年第 9 号，第 8-9 页。
⑤ 《中国大事记（八月二十日）》，《东方杂志》1917 年第 10 号，第 207 页。
⑥ 《直豫水灾之电讯》，《申报》1917 年 8 月 6 日，第 6 版。
⑦ 《河南水灾之乞赈电》，《申报》1918 年 8 月 24 日，第 10 版。

同时泛滥。邓县、南阳、南召、许昌、方城、新野、鲁山、淅川等县适当其冲，本非沃野，厄以奇灾，弥望平原，顿成泽国。①

1920 年，（河南旱情奇重，受旱各县中）兼被水者 3 县。②

1921 年，水灾奇重……除豫北各县较轻外，豫东、豫西、豫南等九十余县，皆洪水横流。③

1922 年，日前全黄忽然解冻……开封、封丘、兰封、长垣等县交界之处，河堤太低，水竟漫溢出槽，附近五十余里，冰水泛滥，都成泽国。④

1923 年，入秋，连日暴雨，沙河、汝河、沣河各水同时出岸，平地水深数尺……舞阳、叶县、襄城、西平、郾城等均受重灾。⑤

1924 年，三月，汜水县黄河南岸……忽然决口……南岸之堤岸溃倒七十丈，此次上游水势略涨，即行漫溢，所淹村落，不下三十余处。⑥

1925 年，八月，淫雨……而黄河上游，又因久雨突涨，水势陡增，加以秋汛期近，连日已将距开封十余里之某堤，冲溃数处。⑦

1926 年，七月中旬，洛河忽暴涨，河水外冲，东南关一带乡民，未及防备，死伤甚多。⑧

南京国民政府时期前后 23 年，发生水灾 18 次。

1927 年，七月，郑州大雨，山水暴发，屋倾甚多，路轨亦冲坏数处。⑨

1928 年，七月，洛宁大雨如注，山水暴发，波浪滔天，片刻之间，水深丈余，人畜房屋，尽付东流。……临漳县……河伯为厉，冲房倒舍，塌地淹禾。⑩

1929 年，入秋以来，淫潦连绵，黄河陡涨……新乡、获嘉、修武、博爱、沁阳、武陟、辉县、淇县各处房屋倒塌，人畜淹毙，不可胜数。⑪

---

① 《关于赈务之函电》，《申报》1919 年 9 月 26 日，第 10 版。
② 李文海、林敦奎、程歗，等：《近代中国灾荒纪年续编》，长沙：湖南教育出版社，1993 年，第 12 页。
③ 《河南水灾筹款之困难》，《晨报》1921 年 12 月 26 日，第 3 版。
④ 《河南之灾祲何多》，《大公报》1922 年 3 月 6 日，第 3 版。
⑤ 《豫省水灾》，《晨报》1923 年 8 月 3 日，第 3 版。
⑥ 《汜水黄河决口》，《晨报》1924 年 4 月 5 日，第 6 版。
⑦ 木堂：《汴省之天灾人祸》，《申报》1925 年 8 月 14 日，第 10 版。
⑧ 《本馆专电》，《申报》1926 年 7 月 26 日，第 5 版。
⑨ 《郑州山水暴发》，《申报》1927 年 7 月 26 日，第 4 版。
⑩ 李文海、林敦奎、程歗，等：《近代中国灾荒纪年续编》，长沙：湖南教育出版社，1993 年，第 205 页。
⑪ 《豫省黄河水灾之概观》，《申报》1929 年 8 月 30 日，第 11 版。

1931 年，六月至八月，全省雨量之大为多年所未有，黄河、淮河、汉水及其支流纷纷泛滥，受灾八十余县。①

1932 年，五月，豫南淫雨半月，洛水、伊水水涨七尺，沁河水涨五尺，沙、汝两河水涨二丈。颍河上游决口，淹西华、商水等县。②八月，林县大雨连绵，山洪暴发，沿河村庄冲没无余，淹毙村民三百余人。③

1933 年，一月至八月，除黄河决口被灾各县未计外，河南遭受水灾十八县。八月以后，黄河两岸普遍发生水患。④

1934 年，自夏至秋，豫省淫雨，各河暴涨，上蔡、商水、临颍、封丘、遂平、汝南、郾城、西平、舞阳、唐河、叶县、西华、方城、项城、扶沟、太康、鄢陵、尉氏、泌阳、新安等数十县，均受灾害。⑤

1935 年，七月，全省各地先后大雨，黄河、伊洛、洪杀河、漯河、泊河、白河、漳河、卫河等漫溢或溃决，造成偃师等数十县受灾。⑥开封城内几成泽国，街上积水至一尺、三尺不等，房屋倒塌数百间。⑦

1936 年，漳河今夏数次决口，屡涨屡落，致将安阳、临漳、内黄、大名各等县田苗房舍淹毁颇多，损失甚重。⑧

1938 年，六月，黄河在郑州花园口决堤，豫南首当其冲，中牟、开封、陈留、通许、尉氏、扶沟、鄢陵、太康、西华、淮阳等县皆成泽国，灾情惨重。黄河北岸之卫河、广济河亦被炸决堤，孟县、沁阳一带复罹水灾。⑨

1939 年，入夏以后，大雨时行，山洪暴发，致各河相继决口，泛滥成灾，查近日各县水灾，益加惨重，纷纷呈请拨款赈济，现已扩大至四十余县之多。⑩

1940 年，七八月间，河南各地连降大雨，黄水泛滥，沿河各县如扶

① 李文海、林敦奎、程歗，等：《近代中国灾荒纪年续编》，长沙：湖南教育出版社，1993 年，第 319-320 页。
② 《豫颍水溃决成灾》，《大公报》1932 年 5 月 17 日，第 5 版；《颍河决口》，《大公报》1932 年 5 月 18 日，第 3 版；《豫省之天灾人祸》，《大公报》1932 年 5 月 22 日，第 5 版。
③ 《豫灾》，《大公报》1932 年 8 月 8 日，第 3 版。
④ 《各省纷纷报灾》，《申报》1933 年 8 月 31 日，第 8 版。
⑤ 《豫省水灾惨重》，《申报》1934 年 8 月 14 日，第 10 版。
⑥ 《豫省各河流暴涨水淹二十余县》，《申报》1935 年 7 月 24 日，第 8 版。
⑦ 《豫省水灾之外讯》，《申报》1935 年 8 月 13 日，第 10 版。
⑧ 《漳河一再暴涨临漳县灾情最重》，《大公报》1936 年 7 月 24 日，第 10 版。
⑨ 《屈映光即携款赴豫办黄灾急振》，《申报》1938 年 6 月 22 日，第 1 版。
⑩ 李文海、林敦奎、程歗，等：《近代中国灾荒纪年续编》，长沙：湖南教育出版社，1993 年，第 525 页。

沟、洧川、西华、太康、开封、中牟等地相继决口，多成泽国。[①]

1941 年，河南迭遭水、旱、雹、霜、蝗灾，灾情惨重，截至六月底，受水灾者有潢川等十一县。[②]而根据《近代中国灾荒纪年续编》统计，受水灾有鹿邑、西华、杞县、潢川、渑池、新郑、长葛、卢氏、洛宁、济源、光山、汝南、西平、上蔡、沈丘、郾城、洧川、淮阳、经扶、邓县、开封、获嘉、武陟、宜阳、商城、郑县、太康、尉氏、辉县等二十九县。[③]

1942 年，河南全境迭遭水旱，民生流离，物力凋敝。鄢陵、扶沟、陈州等十余里黄泛为灾，悉受水患。由郑州至蚌埠间宽百余里，长有千余里之地，田禾冲没，庐舍为墟。[④]

1943 年，五月，黄河在扶沟、西华间决口十六处，豫东十余县几乎全部陆沉。[⑤]八月以后，大雨滂沱，经月未止，伊水、洛水、汝水、颍水和贾鲁、双洎等河，水位陡涨至三米以上，各河溜大堤坝到处被水侵蚀决溃，以致开封、郑州以南，潼关以东各低凹地，同时成灾。[⑥]

1946 年，入夏后，黄河因受淫雨影响，河水暴涨，开封沿岸村镇泛滥成灾，孟津区乡村已有多处尽成泽国。[⑦]黄水现已溢入孟津城内，县府水深三尺，房屋纷纷倒塌，被冲毁田四万余亩。[⑧]

1947 年，六月至七月，被水灾的有上蔡、息县、汝南、孟县、沈丘、遂平、确山、西平、商水等县。[⑨]

1948 年，七月底至八月初，豫北山洪暴发，沁水决口，灾区漫及新乡、武陟、修武、获嘉、辉、汲、浚、淇、滑九县。[⑩]

根据以上统计，北京政府时期 15 年，发生水灾 12 次，水灾频次为 1.25；南京国民政府时期 23 年，发生水灾 18 次，水灾频次为 1.28。民国 38 年间，直接注明河南发生水灾的年份有 30 次，频次为 1.27。由于资料

---

① 《豫扶沟附近黄河决口》，《申报》1940 年 7 月 18 日，第 4 版；《黄水暴涨太康全县几陆沉》，《申报》1940 年 8 月 16 日，第 8 版。
② 《豫省各县灾情惨重省府请求振济》，《申报》1941 年 7 月 24 日，第 4 版。
③ 李文海、林敦奎、程歗，等：《近代中国灾荒纪年续编》，长沙：湖南教育出版社，1993 年，第 545-546 页。
④ 李文海、林敦奎、程歗，等：《近代中国灾荒纪年续编》，长沙：湖南教育出版社，1993 年，第 553 页。
⑤ 《豫灾严重》，《解放日报》1944 年 1 月 24 日，第 2 版。
⑥ 《谈黄河决口原因》，《新华日报》1943 年 10 月 20 日，第 2 版。
⑦ 《黄河水涨，孟津已成泽国》，《民国日报》1946 年 7 月 26 日，第 1 版。
⑧ 《天灾人祸——豫省洪水奔流》，《民国日报》1946 年 8 月 4 日，第 1 版。
⑨ 《战乱冰雹发大水天灾人祸遍河南》，《大公报》1947 年 7 月 26 日，第 4 版。
⑩ 《山洪暴发沁水决口豫北九县成巨灾》，《申报》1948 年 8 月 4 日，第 2 版。

记载与统计的不全面，实际水灾频次可能会更高。

二、季节分布

中原地区气候具有明显的南北过渡性质。每年6月开始，大陆上的热低气压逐渐北移，海洋高压增强，在季风影响下，每年7月、8月夏秋之交，中原地区进入全年雨季盛期。一年内，降雨多集中于6月至9月，降雨量占全年降雨量60%以上。

河流季节性的涨水称为汛。汛期是指在一年中因季节性降雨或融冰化雪而引起的河流水位有规律地显著上涨时期。汛期是一年中降水量最大时期，汛期虽不等于水灾，但水灾一般都发生在汛期。根据洪水发生的季节和成因不同，一般分为凌汛、春汛、麦汛、伏汛（夏汛）、秋汛等。具体如下：①凌汛。指冬季或早春时期（一说霜降后至次年清明前）的涨水。因气温上升冰冻融化，冰块随水下流形成淌凌。②春汛。指清明前后（一说清明后20日内）的涨水。此时正值春季桃花开放，上游积雪融化或因降雨形成河水盛涨，亦称桃汛。③麦汛。指夏季入伏前的涨水。冬春二麦黄熟时节，夏水初发，称为麦黄水，渐次转盛。④伏汛。指夏季入伏后的涨水。这一时期降雨较多较猛，河水量较大，上涨亦频繁。⑤秋汛。通常指立秋以后至霜降的涨水。立秋后尚有一末伏，伏秋二汛相连，常称为伏秋大汛。秋季雨量多，秋汛水大，持续时间亦长。[①]因为伏汛期和秋汛期紧连，又都极易形成大洪水，通常我们所说的汛期主要指这两个时期。黄河7月至10月为汛期，淮河6月至9月为汛期，海河7月至8月为汛期。

根据《清代黄河流域洪涝档案史料》《清代淮河流域洪涝档案史料》《清代海河流域洪涝档案史料》以及民国时期相关史料记载，近代中原地区的水情因受降雨的季节性影响，亦发生在不同的汛期。

近代中原地区的水灾主要发生在一年中的6月至10月，即伏秋二汛。

1840年11月，河南巡抚牛鉴上报河南省水灾发生情况，"自夏徂秋，雨水较多，又兼黄河及支河盛涨，并山水下注，以致滨河及低洼村庄，地亩间有被淹"[②]。

---

① 水利电力部水管司、水利水电科学研究院：《清代淮河流域洪涝档案史料》，北京：中华书局，1988年，第1070页。

② 水利电力部水管司、科技司、水利水电科学研究院：《清代黄河流域洪涝档案史料》，北京：中华书局，1993年，第618页。

之前，牛鉴分别上奏汇报了 6 月至 8 月的河南雨水情况：6 月上、中、下三旬，叠沾时雨；7 月上、中、下三旬，祥符等 78 个厅州县得雨自二、三、四、五寸（1 寸≈3.3333 厘米）至深透不等；8 月上、中、下三旬，祥符等 99 个厅州县得雨自二、三、四寸至深透不等。①

1840 年，据河东河道总督文冲、江南河道总督麟庆等多次上奏，呈报自入夏以来，河南陕州万锦滩黄河、武陟县沁河、巩县洛河在汛期因降雨而引起河流水位不断上涨情况。根据《清代黄河流域洪涝档案史料》有关陕州万锦滩黄河、武陟县沁河、巩县洛河统计报告，自 6 月 9 日至 10 月 13 日，以每天一次计算，按月分类，整理如下。

1840 年 6 月有 3 天涨水，即 6 月 9 日、6 月 19 日、6 月 21 日；7 月有 7 天涨水，即 7 月 1 日、7 月 2 日、7 月 16 日、7 月 17 日、7 月 18 日、7 月 25 日、7 月 29 日；8 月有 7 天涨水，即 8 月 11 日、8 月 12 日、8 月 19 日、8 月 27 日、8 月 28 日、8 月 29 日、8 月 30 日；9 月有 6 天涨水，即 9 月 2 日、9 月 9 日、9 月 12 日、9 月 13 日、9 月 26 日、9 月 29 日；10 月有 3 天涨水，即 10 月 3 日、10 月 12 日、10 月 13 日。②

可见，1840 年自 6 月 9 日至 10 月 13 日，黄河流域有 26 天涨水。其中 6 月、10 月涨水天数较少，分别为 3 天；7 月、8 月、9 月三个月涨水天数较多，7 月、8 月都为 7 天，9 月为 6 天。

在伏、秋两汛，由于河流涨水频率高，水位不断上涨，各河水势同时并涨，导致水灾日益增多、增大。为进一步了解中原地区伏、秋两汛雨水较多的情况，下面根据陕州万锦滩黄河、武陟县沁河、巩县洛河的资料，选取其中水情和水灾较大的年月份进行统计。

1841 年 6 月有 4 天涨水，即 6 月 17 日、6 月 19 日、6 月 24 日、6 月 28 日；7 月有 10 天涨水，即 7 月 6 日、7 月 7 日、7 月 22 日、7 月 23 日、7 月 24 日、7 月 26 日、7 月 28 日、7 月 29 日、7 月 30 日、7 月 31 日；8 月有 11 天涨水，即 8 月 1 日、8 月 2 日、8 月 4 日、8 月 8 日、8 月 10 日、8 月 15 日、8 月 16 日、8 月 20 日、8 月 23 日、8 月 27 日、8 月 28 日；9 月有 2 天涨水，即 9 月 1 日、9 月 2 日。③

1841 年 6 月至 9 月，7 月、8 月涨水天数较多，分别是 10 天、11

① 水利电力部水管司、科技司、水利水电科学研究院：《清代黄河流域洪涝档案史料》，北京：中华书局，1993 年，第 617-618 页。
② 水利电力部水管司、科技司、水利水电科学研究院：《清代黄河流域洪涝档案史料》，北京：中华书局，1993 年，第 620-622 页。
③ 水利电力部水管司、科技司、水利水电科学研究院：《清代黄河流域洪涝档案史料》，北京：中华书局，1993 年，第 626-628 页。

天，6月、9月涨水天数较少，分别是4天、2天。

1851年6月有3天涨水，即6月4日、6月8日、6月22日；7月有13天涨水，即7月1日、7月6日、7月9日、7月13日、7月14日、7月16日、7月17日、7月18日、7月19日、7月21日、7月22日、7月26日、7月27日；8月有4天涨水，即8月3日、8月10日、8月13日、8月25日；9月有4天涨水，即9月9日、9月11日、9月12日、9月30日；10月有2天涨水，即10月1日、10月2日。①

1851年6月至9月，7月涨水天数最多，达到13天；其次是8月，为4天，6月、10月涨水天数较少，分别是3天、2天。

1867年7月有18天涨水，即7月2日、7月3日、7月4日、7月5日、7月6日、7月7日、7月8日、7月12日、7月13日、7月19日、7月20日、7月22日、7月23日、7月24日、7月25日、7月26日、7月27日、7月28日；8月有19天涨水，即8月3日、8月4日、8月6日、8月9日、8月11日、8月12日、8月15日、8月16日、8月17日、8月18日、8月19日、8月20日、8月21日、8月22日、8月23日、8月24日、8月26日、8月27日、8月28日；9月有16天涨水，即9月3日、9月4日、9月5日、9月6日、9月7日、9月12日、9月13日、9月14日、9月15日、9月16日、9月17日、9月18日、9月19日、9月20日、9月21日、9月23日。②

1867年7月、8月、9月三个月，涨水天数8月达19天，7月为18天，9月为16天，显然每月的涨水天数都超过了非涨水天数，这是比较少见的现象。

通过上述统计，整体而言中原地区雨情主要集中于7月、8月、9月三个月。由于入伏后降雨频率日高，涨水较勤，众水汇注，水势不断增大，7月、8月、9月三个月涨水一般明显高于其他月份。相对而言，麦汛、桃汛、凌汛涨水天数较少，涨水幅度也较小，有的也未造成灾害。具体情况如下：

> 1841年，自三月十四日（4月5日）节交清明，至闰三月初四日（4月24日）各厅报长水一二尺余寸不等，旋即见消。两岸工程平稳。③

---

① 水利电力部水管司、科技司、水利水电科学研究院：《清代黄河流域洪涝档案史料》，北京：中华书局，1993年，第659-662页。

② 水利电力部水管司、水利水电科学研究院：《清代淮河流域洪涝档案史料》，北京：中华书局，1988年，第822页。

③ 水利电力部水管司、科技司、水利水电科学研究院：《清代黄河流域洪涝档案史料》，北京：中华书局，1993年，第625-626页。

1843 年，三月初六日起至二十六日（4 月 5—25 日）止桃汛已过，各厅报长水一二尺余寸不等，旋即见消，安澜普庆。[①]

1844 年，据陕州呈报，四月十一日（5 月 27 日）申时，续长水二尺五寸。现已见落，各工平稳[②]。

1851 年，万锦滩……前因春泽频沾，积雪融化，上游坡水汇流下注，据各厅先后呈报长水一二尺余寸不等。旋即见消，工程防护平稳。[③]

虽然，有些年份麦汛、春汛、凌汛涨水幅度较小而未引起水患，但也有一些水情，因雨水较多，连绵不断，往往导致不同程度的灾害损失。具体如下：

1855 年，据罗山县禀报，三月间（4 月 16—5 月 15 日）雨水过多，河水陡涨，恐漫溢淹浸麦苗。光州禀报，四月初四、五、六等日（5 月 19、20、21 日）大雨连朝，麦禾均被淹损。[④]

1922 年，春初，河南开封、封丘、兰封等县黄河凌汛泛滥成灾，灾区南北长 10 余公里，东西长 20 余公里。[⑤]

1940 年，2 月，扶沟县吕潭北门外黄河串沟冰凌积结，凌水漫溢成灾，宽 10 余里，一片汪洋，军民逃避不及，多被淹冻殆毙。[⑥]

与春汛、桃汛水情灾情相比，进入伏汛、秋汛后，黄河河水来源极旺，上涨日益增加。

1843 年，陕州万锦滩黄河于 7 月 18 日涨水五尺（1 尺≈0.3333 米）五寸，武陟县沁河于 7 月 17 日、18 日涨水七尺。两日之间，沁黄并涨至一丈（1 丈≈0.3333 米）二尺余寸，实为罕见。兼之大雨时作，坡水汇注，以致江境河水接涨。[⑦]

1853 年 7 月，陕州万锦滩黄河于 23 日、30 日两日涨水一丈一尺五寸。武陟沁河于 15 日、20 日、21 日三日涨水七尺二寸。加以大雨频仍，

① 水利电力部水管司、科技司、水利水电科学研究院：《清代黄河流域洪涝档案史料》，北京：中华书局，1993 年，第 635 页。
② 水利电力部水管司、科技司、水利水电科学研究院：《清代黄河流域洪涝档案史料》，北京：中华书局，1993 年，第 641 页。
③ 水利电力部水管司、科技司、水利水电科学研究院：《清代黄河流域洪涝档案史料》，北京：中华书局，1993 年，第 659 页。
④ 水利电力部水管司、水利水电科学研究院：《清代淮河流域洪涝档案史料》，北京：中华书局，1988 年，第 784 页。
⑤ 黄河水利委员会：《民国黄河大事记》，郑州：黄河水利出版社，2004 年，第 29 页。
⑥ 黄河水利委员会：《民国黄河大事记》，郑州：黄河水利出版社，2004 年，第 145 页。
⑦ 水利电力部水管司科技司、水利水电科学研究院：《清代黄河流域洪涝档案史料》，北京：中华书局，1993 年，第 636 页。

伊洛瀍之水汇流入黄，浩瀚汪洋，势甚湍激。同年 8 月，陕州万锦滩黄河于 13 日、15 日两日涨水九尺，武陟沁河于 14 日、18 日两日涨水九尺一寸，计六日之内，共涨水一丈八尺一寸之多，接踵下注，极形浩瀚，各厅复多报险。①

1856 年，陕州万锦滩黄河于 8 月 7 日、9 日、14 日三日涨水一丈二尺三寸。武陟沁河于 8 月 7 日、15 日两日涨水一丈四尺七寸。先后汇流，各厅报涨水四、五、六尺余寸不等。②

1861 年，陕州万锦滩黄河于 8 月 12 日、17 日两日涨水一丈七寸。武陟沁河于 8 月 13 日、17 日、18 日三日涨水一丈六尺五寸。③

伏汛、秋汛期间，河流上涨天数明显多于其他汛期。在这两个汛期内，即 6 月至 10 月，河流上涨幅度也有差别。一般而言，7 月、8 月、9 月河流水势比 6 月、10 月大。具体如下所示。

1879 年，陕州万锦滩黄河于 7 月 23 日、31 日两次共涨水九尺一寸；8 月 20 日，涨水四尺四寸；9 月 30 日，涨水五尺二寸；10 月 12 日，涨水四尺七寸。武陟沁河于 7 月 20 日、24 日、30 日三次共涨水五尺；8 月 19 日、25 日、26 日，涨水一丈一尺五寸；10 月 12 日、13 日，两次共涨水二尺七寸。④

由于伏秋汛水势迅猛，河水汹涌澎湃，冲倒堤坝；或增长过快，漫溢堤坝，导致田禾庄稼毁坏、人员伤亡等灾难性后果。因后文就水灾的影响作了专门探讨，这里只列举几例。

> 1841 年，六月初八（7 月 25 日）以后……省城下南厅，滩面漫水，汛涨几与堤平，以致滩内居民村庄尽被水淹。……省城于十七日（8 月 3 日）辰刻被水所围，势甚危险。⑤

> 1849 年，祥符、许州、临颍、商丘、宁陵、鹿邑、夏邑、永城、虞城、柘城……考城等二十六州县，六月中旬以后至七月初间，大雨连绵，积水未能宣泄，兼之山水下注……滨河村庄及低洼地亩皆被水淹。旋据陈留……睢州……汝阳、襄城、息县等十州县，续报被

---

① 水利电力部水管司、科技司、水利水电科学研究院：《清代黄河流域洪涝档案史料》，北京：中华书局，1993 年，第 665 页。
② 水利电力部水管司、科技司、水利水电科学研究院：《清代黄河流域洪涝档案史料》，北京：中华书局，1993 年，第 669 页。
③ 水利电力部水管司、科技司、水利水电科学研究院：《清代黄河流域洪涝档案史料》，北京：中华书局，1993 年，第 678-679 页。
④ 水利电力部水管司、科技司、水利水电科学研究院：《清代黄河流域洪涝档案史料》，北京：中华书局，1993 年，第 700-701 页。
⑤ 水利电力部水管司、科技司、水利水电科学研究院：《清代黄河流域洪涝档案史料》，北京：中华书局，1993 年，第 626 页。

水……并郑州、杞县、沛川、中年、兰仪、荥阳、荥泽、密县……淮宁、项城、扶沟等十七州县，均因雨水过多，田禾受涝。[1]

1884年，夏间暴雨发蛟，淹毙人口，冲没田庐。[2]

1906年，豫省开封、郑州、许州等属，本年闰四月下旬（6月12—21日）连得大雨，上游山水暴发，双洎、溱水诸河一时宣泄不及，漫溢出槽，以致居民田庐多有被淹。[3]

1910年，开封、归德、彰德、卫辉、怀庆、河南、南阳、陈州、郑州、光州等属，本年夏秋因雨泽过多，山水暴发，各河同时并涨，附近低洼村庄，悉被淹没。[4]

总之，由于多方面因素的影响，近代河南水灾频繁，水灾频次高。从时段和年际来看，晚清民国时期几乎每年都发生水灾；从季节性来看，几乎每个季节都会发生水灾，其中尤以伏汛、秋汛为主。这些水灾造成了巨大的人员伤亡和财产损失。

第二节　水患的空间分布

近代是黄河决口泛滥最为频繁的时期。黄河决口泛滥不仅对黄河流域造成危害，还对淮河、海河两大水系造成巨大破坏，大大加剧了这两大流域的洪涝灾害。据统计，1840—1949年，全国每年平均有149个县遭受水灾，70%的年份水灾范围超过100个县（市），即使是水灾最轻的年份，也仍然有43个县（市）受灾。若遇特大洪水，受灾范围更广，如1931年全国受灾县（市）多达592个。[5]

一、水系分布

水系是指流域内具有同一归宿的水体所组成的水网系统。中原地区水系发达，河流众多，这些河流分属于黄河、淮河、海河和长江四大水系。

---

① 水利电力部水管司、水利水电科学研究院：《清代淮河流域洪涝档案史料》，北京：中华书局，1988年，第759页。
② 水利电力部水管司、水利水电科学研究院：《清代淮河流域洪涝档案史料》，北京：中华书局，1988年，第892页。
③ 水利电力部水管司、水利水电科学研究院：《清代淮河流域洪涝档案史料》，北京：中华书局，1988年，第1044页。
④ 水利电力部水管司、水利水电科学研究院：《清代淮河流域洪涝档案史料》，北京：中华书局，1988年，第1055页。
⑤ 朱尔明、赵广和：《中国水利发展战略研究》，北京：中国水利水电出版社，2002年，第42页。

黄河在河南省内流域面积 3.62 万平方千米，干流入境河南，自灵宝市至台前县张庄，河段长 711 千米。黄河南岸的省内支流有伊洛河、宏农涧河、氾水河等，北岸有沁河、丹河、漭河、金堤河和天然文岩渠。

淮河在河南省内流域面积 8.83 万平方千米，干流发源于桐柏县桐柏山，在固始县东陈村入安徽省境，河长 417 千米，淮河南岸省内支流有浉河、竹竿河、寨河、潢河、白露河、史河、灌河等，北岸有洪汝河、沙颍河、涡惠河、包河、浍河、沱河及黄河故道。

海河水系在河南省内流域面积 1.53 万平方千米，卫河是河南省海河流域最大的河流，主要支流有淇河、峪河、汤河、安阳河、马颊河、徒骇河等。

长江流域汉江水系在河南省内流域面积 2.72 万平方千米，汉江支流有唐白河、丹江。

因受地形影响，大部分河流发源于西部、西北部和东南部的山区，坡陡流急，下游水流骤缓，一旦汛期洪水骤至，河道宣泄不及，常常造成水灾。

（一）三大水系水患的总体分布

每个水系都会发生水患，但程度、频次有所不同。中原地区水患发生主要集中于黄河、淮河和海河三大水系。

依据研究者对长江、黄河、珠江、淮河、海河、辽河、松花江七大江河在近代发生大洪水所作的统计，可以看出，在七大江河中，长江发生水灾为 43 次，黄河为 41 次，海河为 26 次，珠江为 22 次，淮河为 20 次。按照特大水灾、大水灾和一般水灾三个等级划分，黄河发生特大水灾 6 次，大水灾 11 次，一般水灾 24 次；淮河发生特大水灾 2 次，大水灾 5 次，一般水灾 13 次；海河发生特大水灾 2 次，大水灾 6 次，一般水灾 18 次。[①] 与中原地区水灾相关的河流主要有黄河、淮河、海河等。在 1840 年至 1949 年 110 年间，涉及中原地区的水灾达 39 年，其中 1931 年，黄河、淮河同时发生水灾，造成中原地区出现大灾害。下面，将这些统计资料作一排比归类，以便有一个清晰的呈现。

因黄河洪水而导致水灾的次数最多，达 20 次，分别如下。

1841 年，黄河决祥符，水围开封城，淹及豫省。

1843 年，黄河中游特大洪水，河决中牟，豫省州县受淹。

---

① 骆承政、乐嘉祥：《中国大洪水——灾害性洪水述要》，北京：中国书店，1996 年，第 387-415 页。

1855 年，黄河于兰阳铜瓦厢决口改道，豫省州县被淹。

1864 年，黄河于兰阳门口复溢。

1868 年，黄河决荥泽县境，黄河水经中牟、祥符、陈留、杞县、尉氏、扶沟泻注入淮。

1873 年，黄河数决山东境内，豫东地区受灾。

1874 年，黄河决郑州，夺贾鲁河入淮。

1878 年，黄河数决山东境内，豫省局部地区水灾。

1887 年，黄河决郑州，淹豫省多个州县。

1890 年，黄河中下游地区水灾。

1895 年，黄河中游支流沁河、丹河特大洪水，堤决，豫省北部严重水灾。

1913 年，黄河决于濮阳县境，淹范县等数县。

1918 年，伊河、洛河、沁河洪水泛滥成灾，豫省多县水灾。

1923 年，黄河决于濮县县境。豫省伊洛河水灾。

1931 年，黄河涨溢，豫省局部地区受灾。

1933 年，黄河特大洪水，下游堤防决口，豫省多县受灾。

1934 年，黄河决河南境内，长垣、濮阳一带被淹。

1937 年，黄河数决山东境内，豫西、豫南地区水灾。

1938 年，黄河在郑州花园口决堤，水淹豫东地区。

1946 年，黄河上游大水，豫省部分地区水灾。

另外，还有 4 次水灾表明是发生在黄河下游地区，大致可以判断为与中原地区有关，分别如下。

1893 年，黄河下游受灾。

1901 年，黄河下游部分地区水灾。

1904 年，黄河下游水灾。

1910 年，黄河下游地区水灾。

因淮河洪水而导致的水灾，有 6 次。分别如下。

1866 年，淮河大水，豫省多县受灾。

1910 年，淮河大水，豫东地区普遍受灾。

1921 年，淮河全流域大水，豫省局地受灾。

1926 年，淮河上游支流洪汝、沙颍河大水，豫东地区十余县受灾。

1931 年，淮河泛滥，豫省受灾严重。

1943 年，豫西地区暴发特大洪水，豫省多县受灾。

因海河洪水而导致的水灾有 1 次，即 1939 年，海河大水，豫省受灾。

此外，无法判断是黄河、淮河、海河引起的水灾有 9 次，分别如下。

1847 年，豫省局地水灾。

1849 年，豫省局地水灾。

1870 年，豫北地区水灾。

1871 年，豫省部分地区水灾。

1891 年，豫省局地水灾。

1899 年，豫省局地洪灾较重。

1919 年，豫西、豫南地区水灾。

1932 年，豫省部分地区水灾较重。

1940 年，豫东、豫北地区水灾。[1]

上述水灾年表，注重于七大江河受灾的整体状况，就中原地区而言，统计的数据还远远不够。

有的学者对近代河南的水灾次数作了考察。河南淮河流域发生水灾次数，19 世纪为 147 次，频度为 0.68；20 世纪上半叶为 80 次，频度为 0.63。[2]1912 年至 1948 年的 37 年间，全国各地（不包括今新疆、西藏和内蒙古自治区）总共有 16 698 县次发生一种或数种灾害，年均 451 县次，而河南年均水灾 681 县次，远远超过全国平均数。[3]

（二）黄河水系水患的具体分布

黄河自陕西省潼关县折而向东，流经河南省灵宝、陕县、三门峡、渑池、新安、济源、孟津、洛阳、温县、荥阳、武陟、郑州、原阳、中牟、封丘、开封、兰考、长垣、濮阳、范县、台前等市县，由台前县张庄流入山东省。

黄河既是一条孕育中华民族灿烂文明的母亲河，同时也是一条灾害频发的河流。中原地区更是黄河水患发生的重灾区。"有清一代二百七十年间，黄河决口计三十九次，豫省决口竟至二十四次之多。"[4]正如张含英所指出："豫之水患，厥为黄河，夫人而知之矣。"[5]黄河上游沙土多，地势落差大，雨水集中且季节分布不均，这些都是导致黄河水患频发、水灾

---

① 骆承政、乐嘉祥：《中国大洪水——灾害性洪水述要》，北京：中国书店，1996 年，第 387-415 页。

② 夏明方：《民国时期自然灾害与乡村社会》，北京：中华书局，2000 年，第 30 页。

③ 夏明方：《民国时期自然灾害与乡村社会》，北京：中华书局，2000 年，第 34 页。

④ 《黄河水利委员会豫冀鲁三省黄河第一期善后工程计划纲要》，《黄河水利月刊》1934 年第 7 期，第 37 页。

⑤ 张含英：《黄河志》，上海：国立编译馆，1936 年，第 350 页。

严重的主要因素。

《黄河年表》记述自公元前602年至公元1933年2000年来黄河6次大变迁，其中涉及黄河在近代中原地区发生的水患有23次。

晚清时期收录黄河在本区域发生的大水灾有18次，分别如下：

1841年，决祥符三十一堡张家湾，漫口三百丈。

1843年，中牟下汛九堡漫口三百六十余丈，水历朱仙镇及通许、扶沟、太康等县。

1855年，黄河大决兰阳县铜瓦厢。

1863年，黄河节次异涨，上南各厅险工叠出。

1864年，中河十三堡存滩被刷，骤出奇险。

1865年，上南厅郑下汛十堡新厢埽工先后墩蛰，堤身同时汇塌。……祥河厅祥符汛十五堡顶堤七八两埽陡蛰入水。

1866年，黄水灌濮州北城深丈余，新城在南亦受水。

1868年，河决荥泽县之房庄，溢入郑州、中牟、祥符、陈留、杞县数县。

1873年，由开州之焦邱、濮州之兰庄冲漫二处，斜趋东南。

1887年，郑州下汛十堡地名石桥漫决，口门五百四十七丈。中牟、祥符、尉氏、陈州府、扶沟、淮阳十数处，皆被淹没。

1890年，黄河北岸孟县小金堤，因大溜北趋，岸滩塌尽，溃及堤身。

1898年，南岸荥泽县伏秋汛内异常盛涨。

1899年，河水暴涨，小金堤堤外沙滩层层坍陷，堤身被冲卸一百一十丈。

1901年，河溢，兰仪、考城二县成灾。

1903年，濮阳牛寨等村漫决。

1906年，濮阳杜寨村漫决。

1909年，濮阳孟居、牛寨等村漫决。

1910年，濮阳李忠凌漫口，修筑。长垣二郎庙漫决。

民国时期（1933年前）收录黄河在本区域发生的大水灾有5次，分别如下：

1913年，堤决濮县杨屯黄桥落台寺、范县宋大庙陈楼王大庄。

1922年，开封、封丘、兰封、长垣等处冰水泛滥成灾。仅河南一省，成为泽国者，南北有三十余里，东西有四十余里。

1929 年，中牟下汛二堡缺口险工，久未修筑。缺口幅员约有五百方丈，所未漫决者仅堤南坦坡数尺之地。

1931 年，范县大雨连日，黄水出槽，田禾多被淹没。

1933 年，豫境漫口，在温县境内者十九处。……在武陟境内者一处。……在兰封县境者有二处。……长垣南岸八月十一日午刻庞庄西北之大堤漫决口门宽约一百九十余公尺。[①]

《民国黄河大事记》对民国时期的黄河决溢情况作了更为详细的记载，现将黄河在河南决溢地点辑录出来，以今天的行政区划为准进行统计分析。具体如下：

1913 年 7 月，黄河决于濮县杨屯、黄桥、落台寺、周桥及范县宋大庙、陈楼、大王庄民埝。同月，习城集迤西之双合岭被官兵追赶……扒掘民埝，造成决口。

1915 年 8 月 5 日，因双合岭合龙处堤防系用冬季冻土修筑，入汛后河水陡涨 6 尺，溜势下挫，又在该处决堤，口门刷宽 600 余丈。濮阳马屯附近黄河决口。

1917 年 7—8 月，民埝决范县徐屯、吴楼、寿张县（今台前）梁集、影堂、夏楼。

1918 年 8 月，濮县土匪仪洪亮扒开黄河民埝两处。

1919 年，伏、秋汛，寿张县梁集、影堂民埝决口。

1921 年，河决长垣县皇姑庙。

1922 年春初，河南开封、封丘、兰封等县黄河凌汛泛滥成灾，灾区南北长 10 余千米[②]，东西长 20 余千米。7 月 12 日，濮县廖桥、邢庙（今属范县）间黄河民埝决口。

1923 年 7 月，濮县廖桥小埝漫溢，陡至新修退埝，次日决口，口宽五六十丈。

1924 年 8 月 2 日，黄河在直豫交界之长垣县脑里集漫溢数十千米。

1933 年 8 月 9 日，黄河大洪水到达河南境内后，两岸堤防即横遭决溢，至 11 日计决温县堤 18 处，武陟堤 1 处，长垣太行堤 6 处，长垣黄河堤 34 处，兰封小新堤、四明堂黄河堤各 1 处，共 61 处。另外，北岸华洋堤、南岸考城县民埝漫决。

1934 年 1 月，长垣，石头庄上年决口处，冰块山积，挟流狂奔，平地水深 5 尺……8 月上旬，贯台附近滩区出现串沟过水，逐渐扩大

---

① 沈怡、赵世暹、郑道隆：《黄河年表》，1935 年，第 225-259 页。
② 原文献中有千米、公里两种用法，本书统一用千米，下同。

直趋长垣堤脚，11 日在九股路、东了墙、香李张、步寨上年填筑的旧口门处又决口 4 处。……夏，华洋堤决于封丘念张，口门宽 165 米，深 7 米。

1935 年 7 月 9 日夜，黄水暴涨，于旧贯台口门迤北 10 余里封丘新接收兰封县之店集村冲决而出，口门宽 13 丈，水深丈余。

1937 年 7 月，范县大王庄、寿张王集、陈楼（今属台前）三处民埝决口。

1938 年 6 月，为阻止日军西侵，于 6 月 6 日先扒开中牟赵口大堤，9 日又扒开郑县花园口大堤。

1940 年 7 月 9 日夜，郑县邢庄村民将防泛新堤第一段所属之堤防 29 千米桩下 30 米处挖开，以泄背河积水。8 月河水陡涨，由该决口汹涌而出，向西横流。……8—10 月，尉氏县烧酒黄、寺前张、十里铺、后张铁、北曹泄水口 5 处先后决口。

1941 年 12 月，通许县古同刘村民众自行将防泛东堤挖开一部分以资排水，不料 28 日水位骤涨，除将口门冲刷扩大至 80 米有奇外，又在张百虎附近溃决一口。……防泛新堤自河南郑县李西河经东赵寨至贾鲁河一带，被背河积涝冲决 20 余处。

1942 年 8 月 4 日，河决尉氏县防泛西堤岗庄。……西华县道陵岗、张庄、刘干城等地漫决五处。……9 月 11—12 日，西华县防泛新堤堤西徐营东及徐营南民众持枪强行将大堤挖掘两口，以泄雨水。

1943 年 1 月 27 日下午 4 时至次日 4 时，新一段河南尉氏县荣村至岗庄不足 10 千米的堤段，因受积凌水侵袭，先后出漏洞 39 个……决口 4 处。同时，新二段扶沟至西华县道陵岗堤段，亦因积凌水偎堤冲刷，出现漏洞 40 处……决口 12 处。……5 月，因水涨又遇大风浪袭击，新二段梁半庄至道陵岗堤段，漫溢决口 14 处……中牟、尉氏两县各决口 1 处。……6 月 18 日，扶沟县吕潭至宾王岗黄河堤决口 10 处。……8 月，新二段大堤桩号 191—211 千米间，因背河积水过高，漫溢决口 10 处，另在尉氏小岗杨、扶沟县白潭至吕潭间及淮阳县宋双阁等地先后决口 12 处。……8 月，黄河在河南武陟县解封东西及方陵等处先后漫决。

1944 年五六月间，黄河接连涨水，沿河政府军部队为阻碍日军进攻，曾在扶沟县吕潭、西华县毕口、薛埠口、杨庄户、刘老家，淮阳县李方口、下炉圈堤及贾鲁河东堤之龙池头、栗楼岗等处开挖多口，导致洪水横流。……8 月 16 日，日伪军在西华县葫芦湾及周口南寨之沙河南堤,挖口两处。……8月,防泛西堤尉氏县荣村,扶沟县杜家、岳桥、吕潭、董桥等地决口6处;颍河南堤西华县朱寨、律庄、孙嘴先后漫决。……10月1日,扶沟县李庄、董桥、吕潭和西华县毕口、刘老家等地决口6处。

　　1945年5月2日,防泛东堤决于中牟大吴村。8月23日,郑县郭当口决口。……防泛西堤在上起尉氏荣村,下至周家口北不足百千米的堤段内,于荣村、孙寨村等地决口10处。

　　1946年7月22日,黄河水位高涨,河南郑县郭当口防泛东堤受大溜顶冲,抢修不及决口。①

　　从时间、决溢地点、决口原因、简要灾情等方面来看,民国时期,黄河在河南的决溢原因,既有挖决、扒决等人为因素,也有漏决、漫溢、冲决等自然因素影响。决溢时间列出33次,其中1944年最多,为4次;1943年次之,为3次;1913年、1915年、1922年、1934年、1940年、1941年、1942年、1945年各为2次;1917年、1918年、1919年、1921年、1923年、1924年、1933年、1935年、1937年、1938年、1946年各为1次。决溢地点有濮县、范县、濮阳、长垣、寿张、温县、武陟、考城、兰封、中牟、郑县、尉氏、通许、西华、扶沟、西华、淮阳、周口等。

　　沁河是黄河在河南的主要支流之一,也是决溢频繁、水灾较多的河流。根据统计资料,现将民国时期沁河在河南的决溢情况胪列如下:

　　1912年,沁阳,窑头东头村民在沁河左堤挖洞一个,因涨水无人防守致决。

　　1913年6月29日,博爱,蒋村漫溢,口宽550米。8月2日,丹沁并涨,由引河导入,将内都闸口冲决75米……8月,武陟,大樊村……冲决;方陵亦决。……博爱,白马沟闸口过水致决;沁阳,马铺闸漏水致决。

　　1914年,沁阳,马铺沁河堤因獾狐洞致决,口门宽100米。

　　1915年,沁阳,马铺上年决口处,因堵口时未夯实复决。

　　1917年8月,武陟,沁决方陵,冲塌闸门……北樊闸口冲决,口门宽176米。

　　1918年6月,沁、丹并涨,武陟赵樊及博爱留村、孝敬、西良仕、南张茹和温县寻村先后决口。……北樊闸口上年决口处未堵实,

---

① 黄河水利委员会:《民国黄河大事记》,郑州:黄河水利出版社,2004年,第260-272页。

今又决。

1921 年，沁决武陟赵樊。

1923 年，沁决温县徐堡、武陟方陵。

1924 年，沁阳，范村沁河堤决口，口门宽 99 米。沁河在沁阳常乐村决口，口门宽 318 米。

1926 年，沁阳，伏背闸未上闸板致决。

1927 年，沁河高村因阴洞漏水致决。沁决北樊、大樊间。

1928 年，沁决入丹，丹水横流，河身淤塞。

1932 年，沁阳，窑头西头梨园，因獾狐洞致决。武陟县沁河决口。

1933 年，沁决武陟北王村。

1937 年 8 月，沁河在武陟北王村迤南漫堤，冲刷成口……北王村因獾狐洞决口数十米。沁决大樊。

1938 年，政府军第九十七军扒决武陟大樊及老龙湾下首沁堤。11 月，又扒决博爱沁堤 1 处。

1939 年 7 月 30 日，政府军第九十七军在老龙湾险工堤段（西大原）扒口宽 78 米。……8 月 2 日，日本侵略军在五车口掘堤扒口宽 256 米。……8 月 16 日，政府军第九十七军在大樊槐阴寺东沁堤扒口。8 月 17 日，大雨，沁河将大樊槐阴寺西沁堤冲决。……国民政府县长张敬忠在沁堤方陵、黄河北堤涧沟、解封村 3 处扒堤，泄水入黄河。政府军第九军为淹日军，在沁河王曲扒口 2 处……在沁河马坡扒口。

1940 年 8 月，日本侵略军……在仲贤扒口 3 处。

1941 年，沁河在武陟渠下、北王、大樊 3 村决口 3 处。……国民政府博爱县区长张凤生，在沁河蒋村扒口。

1942 年，博爱蒋村决，口门宽 950 米。……武陟县……扒决东小虹桥沁堤。

1943 年 8 月 9 日夜，沁河南岸五车口新工因堤底穿穴，抢护不及……一日之内决口宽至 120 余米。23 日晚，沁河东小虹桥段因堤身单薄，秸料无存，堤身坍塌溃决，宽 70 余米。

1947 年 8 月 6 日，沁河从河南武陟县大樊决口，口门宽 238 米。[1]

由上可知，民国时期，黄河支流沁河决溢原因与黄河一样，亦由多种因素造成。抗战时期，交战双方往往把洪水作为攻击对手的利器，人为挖

---

[1] 黄河水利委员会：《民国黄河大事记》，郑州：黄河水利出版社，2004 年，第 273-276 页。

决、扒决河堤很多。其他时间，沁河因雨水过大而漏决、漫溢、冲决。沁河决溢的时间列出 42 次，比干流黄河多出 9 次，其中 1939 年最多，达 9 次；1913 年次之，为 5 次；1917 年、1918 年、1924 年、1927 年、1932 年、1937 年、1941 年、1942 年各为 2 次；1912 年、1914 年、1915 年、1921 年、1923 年、1926 年、1928 年、1933 年、1938 年、1940 年、1943 年、1947 年各为 1 次。决溢地点有 4 个，武陟最多，达 21 次；沁阳为 14 次；博爱为 7 次；温县最少，为 2 次。

（三）同一水系干支流之间、不同水系之间水量的联动

水系就是由干流和一些支流等组成、彼此相连的集合体。干流，是指在水系中汇集流域径流的主干河流。支流，是指直接或间接流入干流的河流。其中，直接流入干流的河流叫作一级支流，流入一级支流的河流叫作二级支流，其余依此类推。

黄河和淮河水系在中原地区，既有干流穿过，也有多级支流。黄河干流在河南境内，自灵宝市至台前县张庄。淮河干流在河南境内，自桐柏县桐柏山至固始县东陈村。而长江和海河水系在中原地区，只有支流通过，如卫河是海河的一级支流，淇河、汤河、安阳河流入卫河，成为海河的二级支流，并形成以卫河为中心的海河分水系。同样，汉江是长江的一级支流，唐白河、丹江等流入汉江的河流，成为长江的二级支流，形成以汉江为中心的长江分水系。

干流与支流之间相互联系、相互影响。支流是干流水源的主要补给来源，正是有许多支流的汇集，才有大的干流的形成。同样，当干流水位高于支流水位时，干流中的水又会倒灌进支流，补充支流的水源。

黄河在河南的支流有伊洛河、沁河等，它们也是河南境内洪水的主要发源地。当遇到沁河、洛河涨水时，黄河水量有时又会上涨，形成同一水系下的水量联动，整理部分记载如下。

1841 年 8 月中下旬，陕州万锦滩黄河于 20 日、23 日、27 日、28 日，共涨水一丈八尺八寸。武陟沁河于 16 日、27 日，共涨水八尺四寸。巩县洛河于 23 日、27 日，共涨水六尺五寸。黄河与其支流或同时并涨，或接续连绵。[①]

1843 年夏至，沁河和黄河并涨之日居多，且有两日之间涨至一丈二

---

① 水利电力部水管司科技司、水利水电科学研究院：《清代黄河流域洪涝档案史料》，北京：中华书局，1993 年，第 627-628 页。

尺余寸者。①

1882 年，武陟沁河于 7 月 18 日至 19 日，共涨水四尺九寸。陕州万锦滩黄河于 7 月涨水四尺之后，又于 8 月 1 日续涨水三尺，之后接续下注。②

根据前面统计，民国时期，黄河决溢有 33 次，沁河决溢的时间有 42 次，其中黄河与沁河多数决溢时间发生在同一时段。同样，黄河的支流之间也会同时并涨。具体如下：

（1913 年）8 月 2 日，丹沁并涨，将沁阳县内都闸门冲决。③

（1918 年）6 月 27 日，沁、丹并涨，河南武陟县赵樊及沁阳县留村、孝敬、西良仕……先后决口。④

（1931 年）夏，河南连续发生 5 次局部和全省性暴雨。伊洛河水系最大洪峰出现在 8 月 12 日。……时大雨如注约一昼夜，伊洛两河同时暴涨，洛河水高出河岸 1 丈 5 尺……伊河水亦溢出河岸 1 丈余……8 月，济源县大雨连日，沁、漭暴涨……博爱县丹河泛溢……沁阳县大霖雨，丹、沁水发，灾害特重；武陟县大霖雨，黄、沁交溢。⑤

淮河水系是河南省流域范围最大的水系，干流和主要支流的上游流经河南。淮河又是支流较多的一条河流，而且分布非常集中。一旦有大规模的降雨，一些支流就会同时涨发。例如，1884 年 7 月 4 日夜，叶县、鲁山、宝丰等县，山川衔接，同遭大雨，历三四时之久。本年闰五月十二日（7 月 4 日夜），叶县西北黄柏山起蛟，水波汹涌，高约二三丈，分注县北沙（溵）两河及县南之辉、沙各河，浅窄难容，冲决堤岸。鲁山、宝丰县因雨水甚猛，沙河骤涨，漫溢两岸。⑥1910 年夏秋，因雨泽过多，山水暴发，各河同时并涨，开封、归德、彰德、卫辉、怀庆、河南、南阳、陈州、郑州、光州等属附近低洼村庄悉被淹没。⑦

海河水系在河南的支流也出现各支流并涨、水灾不断的现象。如1849 年 8 月，河南大雨连绵，积水未能宣泄，兼之山水下注，漳、卫等

---

① 水利电力部水管司、科技司、水利水电科学研究院：《清代黄河流域洪涝档案史料》，北京：中华书局，1993 年，第 638 页。
② 《奏为黄河伏汛安澜仍督饬慎防秋涨事》，宫中朱批奏折，档号：04-01-01-0948-003，一史馆藏。
③ 黄河水利委员会：《民国黄河大事记》，郑州：黄河水利出版社，2004 年，第 8 页。
④ 黄河水利委员会：《民国黄河大事记》，郑州：黄河水利出版社，2004 年，第 18 页。
⑤ 黄河水利委员会：《民国黄河大事记》，郑州：黄河水利出版社，2004 年，第 66 页。
⑥ 水利电力部水管司、水利水电科学研究院：《清代淮河流域洪涝档案史料》，北京：中华书局，1988 年，第 892 页。
⑦ 水利电力部水管司、水利水电科学研究院：《清代淮河流域洪涝档案史料》，北京：中华书局，1988 年，第 1055 页。

各河同时涨发漫溢，以致滨河村庄及四乡低洼地亩、驿路被水冲淹。①

此外，全省连绵大雨，多个水系多条支流同时并涨现象亦不鲜见，这种跨越水系的河流水位上涨，造成水患的范围更广。如 1844 年入夏后，连旬阴雨，南阳、裕州等处于 5 月间山水暴发，梅溪、潘、漳各河同时陡涨，致沿河村庄被淹。其永城、温县所属之巴沟、蟒涝，两河亦因六、七月间大雨兼旬，漫溢出槽，平地水深一、二、三、四尺不等。②

中原地区黄河、淮河、长江和海河四大水系中，虽然黄河水系流域面积不算最大，但在四大水系中，地位十分重要。它横穿河南省中部，北面是海河水系，南面是淮河、长江水系。当黄河发生决溢时，向北波及卫河水系，向南殃及淮河水系，在不同水系的水量流动中，黄河担负着核心角色。

黄河干流在河南省的南岸支流主要有伊河、洛河，自洛阳以下，由于南岸地势较高，黄河支流主要集中在北岸。黄河和淮河之间没有明显的分水岭，淮河北面的支流，如贾鲁河和惠济河等，就在黄河南堤之下发源。因此，一旦遇到大雨，黄河漫溢决口，河水南泛，便会注入洪汝河、沙颍河、涡惠河等淮河支流。具体如下。

1843 年 8 月，黄河中游一带发生大暴雨，河水暴涨，水势十分汹涌，河南中河厅九堡漫口。8 月 9 日，河水陡涨二丈有余，复将口门刷宽，口门中泓水深一丈五尺。③洪水下泄至中牟县，自中牟口门向东南直趋，溜分两股，正溜由贾鲁河经开封府的中牟和尉氏、陈州府的扶沟和西华等县入大沙河，东汇淮河；旁溜由惠济河经开封府的祥符和通许、陈州府的太康、归德府的鹿邑入涡河，南汇淮河。旁溜的分支自祥符境之泰山庙，东经开封府城西南，又东至陈留、杞县，南入惠济河尾归涡河。正溜、旁溜之分流自祥符、朱仙镇始，正溜至沙河八里垛入淮，旁溜至溜河峡石口及涡河荆山口入淮为合流。④

1887 年 9 月，黄河在郑州决口，夺溜南趋，先入贾鲁河，又东会涡河，再入淮河，合颍、淮、泗诸水夺注洪湖。全河继流，灾情严重。⑤

到了民国时期，尤其在抗战期间，受自然因素和人为因素的双重影响，黄河南泛淮河水系的现象更为普遍。具体如下：

① 《奏为祥符等州县被水被雹勘明妥为抚恤事》，宫中朱批奏折，档号：04-01-01-0836-022，一史馆藏。
② 《奏为遵旨查明豫省本年被灾情形事》，宫中朱批奏折，档号：04-01-02-0097-022，一史馆藏。
③ 水利电力部水管司科技司、水利水电科学研究院：《清代黄河流域洪涝档案史料》，北京：中华书局，1993 年，第 632-633 页。
④ 《奏为派员查明豫皖二省漫水所经及入湖处所情形事》，宫中朱批奏折，档号：04-01-01-0810-037，一史馆藏。
⑤ 《奏为黄河南徙夺溜注淮谨拟分道疏浚以图补救事》，宫中朱批奏折，档号：04-01-01-0960-012，一史馆藏。

（1940年）7月，黄河猛涨，冲决防泛东堤东流，由河南扶沟县江村，经太康县芝麻洼、斧头岗直达太康县城，几乎漫淹太康全境。……8—10月，河水大涨，河南尉氏县烧酒黄、寺前张、十里铺、后张铁、北曹等处相继决口，黄水泛滥于洧川、鄢陵一带，双洎河下游为黄水所夺。①

（1942年）5月下旬，黄河水冲破河南扶沟县蒺藜岗民堤，溃水越过贾鲁河，直撞颍河北岸，宽达90里，淹没村庄300多个，淹没土地40万亩。②

（1942年）8月4日，黄河涨水，河南西华县道陵岗至刘干城一带，先后漫成五口……淹扶沟、西华、淮阳、太康4县田亩100平方千米。③

（1946年）9月26日、27日，因黄水暴涨，加上风雨交加，抢护不及，河南西华县颍河南堤马糁桥、朱湾、枣口、驻庄、徐桥等处相继向南漫溢，泛水抵达沙河北岸，西华县大片土地被淹。④

黄河漫溢海河水系。黄河横穿河南省中部，北面地势低洼，而海河水系位于河南省东北部。当降雨量增大，黄河干流及沁河等支流水位上涨漫溢，灌入丹河、卫河时，黄河水流进入海河水系。具体如下：

（1878年）武陟县南方陵、朱原村、郭村三处沁堤，先后漫溢冲塌。……各口门均系无工地段。……水由卫河下注，新乡、汲县亦据报有漫淹村庄。⑤

（1947年）8月6日，沁河从河南武陟县大樊决口，口门宽238米，过水300立方米每秒。溃水挟丹河夺卫河入北运河，淹武陟、修武、获嘉、新产、辉县5县120个村庄，灾民20多万人，泛区面积达400平方千米。⑥

（1895年）沁水奔注，灌入丹河，由丹入卫，益难容纳，遂复节节漫溢。⑦

---

① 黄河水利委员会：《民国黄河大事记》，郑州：黄河水利出版社，2004年，第147-148页。
② 黄河水利委员会：《民国黄河大事记》，郑州：黄河水利出版社，2004年，第161页。
③ 黄河水利委员会：《民国黄河大事记》，郑州：黄河水利出版社，2004年，第170页。
④ 黄河水利委员会：《民国黄河大事记》，郑州：黄河水利出版社，2004年，第211页。
⑤ 水利电力部水管司、科技司、水利水电科学研究院：《清代黄河流域洪涝档案史料》，北京：中华书局，1993年，第694-695页。
⑥ 黄河水利委员会：《民国黄河大事记》，郑州：黄河水利出版社，2004年，第231页。
⑦ 《奏为河内武陟两县沁河漫决淹及下游修武等县勘明成灾分数请予先行抚恤事》，宫中朱批奏折，档号：04-01-02-0094-008，一史馆藏。

当然，由于黄河水量很大，南北两岸同时漫溢决口，向南影响到淮河水系，向北冲击着海河水系。如 1935 年 7 月以来，黄河漫溢，伊河、洛河、洪河、沙河、漯河、泊河、白河、漳河、卫河等各大河流先后溃决，豫北、豫西、豫西南一片汪洋，共有 60 余县受灾。①

二、州县分布

清末河南省有府、直隶州、直隶厅 15 个，辖州县 101 个。民国初，裁撤府州厅，改置为县，增设道；至 1914 年，设开封道、河北道、河洛道、汝阳道，辖县 108 个。南京国民政府时期，各道裁撤，划分行政督察区；1932 年，河南全省划为 11 个行政督察区，辖县 111 个。上述各县分属于淮河流域、黄河流域、长江流域、海河流域。

淮河在河南省内流域面积最大，干流发源于省境，支流洪汝河、沙颍河、涡河、浍河等流经中牟、尉氏、通许、杞县、兰考、开封、睢县、柘城、鹿邑、宁陵、商丘、民权、扶沟、叶县、郾城、商水、淮阳、项城、沈丘、商丘、虞城、夏邑、永城、鲁山等地。

黄河在河南省内流域面积次之，干流穿过省境，洛河、伊河、沁河等支流流经卢氏、洛宁、宜阳、栾川、嵩县、伊川、洛阳、偃师、巩县、济源、孟县、温县、原阳、延津、封丘、长垣等地。

长江支流汉江在河南省内流域面积位居第三，唐白河、丹江等支流流经方城、社旗、唐河、新野、南召、南阳、淅川等地。

海河水系在河南省内流域面积最小，卫河、淇河等支流流经林县、安阳、内黄、浚县、滑县、淇县、卫辉、新乡、辉县、获嘉、修武、武陟等地。

根据中原地区水患发生的特点，以各个水系水量联动、受灾行政区域为视角，现将水灾的州县分布，划分为三个层面。

最小层面是，水患发生在各自行政区域内。各区域内，有一些河流一般为二级、三级支流等，因降水比较集中，造成河流漫溢而致水灾，各个水系之间水量联动少，受灾范围不大，受灾州县在 10 个以下。

1854 年 5 月中旬，光州、息县、光山 3 个州县被水所淹。②

---

① 《豫省各河流暴涨水淹二十余县》，《申报》1935 年 7 月 24 日，第 8 版；《豫省水灾损失统计》，《申报》1935 年 9 月 27 日，第 8 版。
② 《奏为勘明本年二麦早秋被雹被淹请缓征应征钱粮事》，宫中朱批奏折，档号：04-01-35-0080-044，一史馆藏。

1855 年，河南下北厅兰阳汛三堡漫口，兰仪、祥符、陈留、杞县、封丘、考城 6 个县被水所淹。①

1871 年八、九月间，雨水过多，沁水盛涨漫溢，河内县被水所淹。② 同时，汜河水涨灌城，汜水县城被水所淹。③

中间层面是，一个水系由干流与支流组成。在河南有黄河干流及其支流，淮河干流及其支流，以及海河水系、长江水系的支流等。当降雨连续且雨量较大时，两个不同水系干支流的水量涨溢。或者当某一水系水量大增，这里主要指黄河水系，即当黄河干流及其支流水量剧增而发生决溢时，波及其他水系，引起其他水系发生水患。此层面受灾范围较大，受灾州县在 10 个至 40 个。

1840 年，河南被水所淹有 17 个州县：安阳、内黄、临漳、浚县、中牟、杞县、陈留、新蔡、商丘、睢州、柘城、汤阴、延津、封丘、考城、武陟、阳武。④

1843 年，河南被水所淹有 16 个州县：中牟、祥符、通许、尉氏、陈留、杞县、鄢陵、淮宁、西华、沈丘、太康、扶沟、项城、鹿邑、睢州、阳武。⑤另据《近代中国灾荒纪年》记载，河南被水所淹的还有 10 个州县：郑州、汜水、商水、襄城、郾城、滑县、新安、渑池、陕州、灵宝。⑥

1851 年，河南被水所淹有 14 个州县：鄢陵、永城、夏邑、睢州、安阳、临漳、内黄、汲县、新乡、淇县、延津、封丘、原武、阳武。⑦

1852 年，河南被水所淹有 27 个州县：永城、夏邑、商丘、睢州、封丘、杞县、陈留、延津、汲县、武陟、扶沟、内黄、浚县、原武、阳武、新乡、温县、淇县、考城、临漳、虞城、获嘉、安阳、汤阴、宁陵、洛阳、项城。⑧

1853 年，河南被水所淹有 16 个州县：兰仪、息县、太康、扶沟、淮宁、安阳、临漳、内黄、考城、封丘、新乡、获嘉、延津、阳武、汤阴、

---

① 《谕内阁河南兰阳漫口州县被淹著分别蠲缓各项钱粮》，军机处上谕档，档号：1185-1，一史馆藏。
② 《寄谕河南巡抚河南沁河漫口著督饬地方官抚恤灾民并筹款堵合漫口》，军机处上谕档，档号：1311（2）69-70，一史馆藏。
③ 《谕内阁河南汜水县被水损伤人口著该抚委员会同地方官抚恤灾民》，军机处上谕档，档号：1311（1）95，一史馆藏。
④ 李文海、林敦奎、周源，等：《近代中国灾荒纪年》，长沙：湖南教育出版社，1990 年，第 305 页。
⑤ 《谕内阁河南黄水漫淹州县著先行抚恤口粮银两》，军机处上谕档，档号：1075-1，一史馆藏。
⑥ 李文海、林敦奎、周源，等：《近代中国灾荒纪年》，长沙：湖南教育出版社，1990 年，第 29 页。
⑦ 《谕内阁河南永城等县被水并河占沙压地亩著分别缓征各项钱漕》，军机处上谕档，档号：1167-1，一史馆藏。
⑧ 《谕内阁河南永城等州县被水被雹歉收著分别缓征新旧钱粮》，军机处上谕档，档号：1171-2，一史馆藏。

汲县。①

1854 年，河南被水所淹有 14 个州县：汲县、浚县、淇县、新乡、宁陵、项城、延津、辉县、阌乡、陈留、滑县、安阳、内黄、兰仪。②

1857 年，河南被水所淹有 11 个州县：兰仪、商丘、宁陵、虞城、夏邑、永城、睢州、柘城、内黄、原武、沈丘。③

最大层面是，在中原地区有多个水系，当降雨量大且持续不断时，各个水系的干支流水量涨溢。或者当某一水系水量大增，如黄河干流及其支流水量剧增发生决溢时，向南、向北分别波及淮河水系、海河水系，使中原地区出现更大行政区域的水患。此层面受灾区域广大，受灾州县达 40 个以上。

1848 年，河南全省受水灾的有 50 个厅州县：永城、虞城、夏邑、息县、祥符、宁陵、新蔡、项城、睢州、商丘、鹿邑、柘城、考城、杞县、通许、密县、武陟、阳武、汝阳、汤阴、淯川、陈留、尉氏、中牟、兰仪、郑州、荥泽、汜水、安阳、临漳、林县、武安、汲县、内黄、淇县、新乡、辉县、获嘉、延津、滑县、封丘、河内、济源、修武、孟县、温县、原武、淮宁、扶沟、许州。④

1849 年，河南全省有 54 个厅州县被淹，大致情况如下：七八月间，大雨连绵，祥符、许州、临颍、商丘、宁陵、鹿邑、夏邑、永城、虞城、柘城、汤阴、汲县、新乡、获嘉、辉县、延津、浚县、封丘、考城、河内、济源、原武、修武、孟县、温县、阳武26 个州县因积水未能宣泄，兼之山水下注漳、卫等河，同时涨发漫溢，滨河村庄及低洼地亩皆被水淹。陈留、汜水、睢州、安阳、淇县、滑县、武陟、汝阳、襄城、息县10 个州县陆续被水，临漳县临河各村被淹，并郑州、杞县、淯川、中牟、兰仪、荥阳、荥泽、密县、武安、涉县、内黄、洛阳、偃师、嵩县、淮宁、项城、扶沟17 个州县均因雨水过多，田禾受涝。⑤

1868 年，河南全省受水灾的有 48 个厅州县：荥泽、中牟、尉氏、郑州、鄢陵、淮宁、西华、扶沟、沈丘、项城、祥符、安阳、汤阴、临漳、内黄、林县、武安、涉县、汲县、新乡、辉县、获嘉、淇县、延津、滑县、浚县、封丘、考城、河内、济源、修武、武陟、孟县、温县、原武、

---

① 《谕内阁河南兰仪等县被水歉收著分别缓征新旧钱漕》，军机处上谕档，档号：1176-3，一史馆藏。
② 李文海、林敦奎、周源，等：《近代中国灾荒纪年》，长沙：湖南教育出版社，1990 年，第 157 页。
③ 《谕内阁河南兰仪等州县被灾被扰著分别抚恤蠲缓》，军机处上谕档，档号：1193-3，一史馆藏。
④ 李文海、林敦奎、周源，等：《近代中国灾荒纪年》，长沙：湖南教育出版社，1990 年，第 76 页。
⑤ 《奏为勘明本年被灾并历年被灾歉收州县原缓旧欠钱漕及被水稍重汤阴等县应征新赋请展缓事》，宫中朱批奏折，档号：04-01-01-0836-026，一史馆藏。

阳武、通许、太康、杞县、商丘、永城、柘城、宁陵、睢州、虞城、夏邑、桐柏、上蔡。①

1870 年，河南全省受水灾的有 69 个厅州县：祥符、陈留、杞县、通许、尉氏、洧川、鄢陵、中牟、兰仪、郑州、荥阳、荥泽、汜水、商丘、宁陵、永城、鹿邑、虞城、夏邑、睢州、柘城、安阳、汤阴、临漳、武安、内黄、汲县、新乡、辉县、获嘉、淇县、延津、滑县、浚县、封丘、考城、河内、济源、修武、武陟、孟县、温县、原武、阳武、洛阳、偃师、巩县、孟津、宜阳、登封、永宁、南阳、镇平、桐柏、邓州、内乡、淅川、裕州、舞阳、上蔡、淮宁、西华、商水、项城、沈丘、扶沟、临颖、襄城、息县。②

1871 年，河南全省被水所淹有 72 个厅州县：汜水、河内、武陟、温县、祥符、陈留、杞县、通许、尉氏、洧川、鄢陵、兰仪、郑州、荥阳、荥泽、禹州、商丘、宁陵、永城、鹿邑、虞城、夏邑、睢州、柘城、安阳、汤阴、临漳、武安、内黄、汲县、新乡、辉县、获嘉、淇县、延津、滑县、浚县、封丘、考城、济源、修武、原武、阳武、洛阳、偃师、巩县、孟津、宜阳、永宁、南阳、泌阳、镇平、桐柏、邓州、内乡、淅川、裕州、舞阳、上蔡、西平、确山、淮宁、西华、商水、项城、沈丘、太康、扶沟、临颖、襄城、光山、息县。③另据《近代中国灾荒纪年》记载，同年河南全省被水所淹有 75 个厅州县，除了上述 72 个厅州县外，还有中牟、孟县、登封三县。④

1879 年，河南全省受水灾的有 84 个州县：祥符、陈留、通许、尉氏、洧川、鄢陵、中牟、兰仪、荥阳、荥泽、汜水、禹州、新郑、商丘、宁陵、永城、夏邑、睢州、柘城、考城、安阳、汤阴、临漳、林县、武安、涉县、内黄、汲县、新乡、辉县、获嘉、淇县、延津、滑县、浚县、封丘、河内、济源、修武、武陟、孟县、温县、原武、阳武、洛阳、偃师、巩县、孟津、宜阳、登封、新安、渑池、嵩县、唐县、泌阳、镇平、桐柏、邓州、内乡、裕州、舞阳、叶县、上蔡、正阳、淮宁、西华、商水、项城、沈丘、太康、扶沟、许州、临颖、襄城、郾城、长葛、陕州、灵宝、阌乡、郏县、伊阳、光山、固始、息县。⑤

---

① 李文海、林敦奎、周源，等：《近代中国灾荒纪年》，长沙：湖南教育出版社，1990 年，第 274 页。
② 《谕内阁著分别停缓河南祥符等田禾被水厅州县钱漕粮赋兵米》，军机处上谕档，档号：1306（4）127-151，一史馆藏。
③ 《谕内阁河南汜水等县被水著分别蠲缓钱粮》，军机处上谕档，档号：1311（6）191-219，一史馆藏。
④ 李文海、林敦奎、周源，等：《近代中国灾荒纪年》，长沙：湖南教育出版社，1990 年，第 305 页。
⑤ 李文海、林敦奎、周源，等：《近代中国灾荒纪年》，长沙：湖南教育出版社，1990 年，第 410 页。

据统计，1891 年至 1901 年，是河南水患比较集中的时段，每当入夏以后，大雨时行，阴雨连旬，加上山洪暴发，黄河干流、卫河、漳河及各支河盛涨，各河同时陡涨，漫溢出槽，造成全省各州县大面积被淹。

1891 年与 1892 年，河南全省受水灾的有 53 个厅州县：祥符、陈留、杞县、尉氏、郑州、荥泽、汜水、商丘、宁陵、永城、鹿邑、虞城、夏邑、睢州、柘城、考城、安阳、汤阴、临漳、内黄、汲县、新乡、辉县、获嘉、淇县、延津、滑县、浚县、封县、河内、济源、武陟、孟县、温县、原武、阳武、洛阳、偃师、孟津、宜阳、永宁、南阳、内乡、裕州、叶县、淮宁、项城、沈丘、太康、扶沟、光山、固始、淅川。①

1893 年，河南全省被水所淹州县增至 54 个：祥符、孟县、陈留、中牟、杞县、尉氏、郑州、荥泽、汜水、商丘、宁陵、永城、鹿邑、虞城、夏邑、睢州、柘城、考城、安阳、汤阴、临漳、内黄、汲县、新乡、辉县、获嘉、淇县、延津、滑县、浚县、封丘、河内、济源、修武、武陟、温县、原武、阳武、洛阳、偃师、孟津、宜阳、永宁、南阳、内乡、裕州、叶县、淮宁、项城、沈丘、太康、扶沟、光山、固始。②

1894 年，河南全省被水所淹有 52 个州县：安阳、汤阴、临漳、祥符、陈留、杞县、尉氏、中牟、郑州、荥泽、汜水、商丘、宁陵、永城、鹿邑、虞城、夏邑、睢州、柘城、考城、汲县、新乡、辉县、获嘉、淇县、延津、滑县、封丘、河内、济源、修武、武陟、孟县、温县、原武、阳武、洛阳、偃师、孟津、宜阳、永宁、南阳、内乡、裕州、叶县、淮宁、项城、沈丘、太康、扶沟、光山、固始。③

1896 年，河南全省被水所淹有 54 个州县：太康、扶沟、淮宁、杞县、南阳、裕州、叶县、祥符、陈留、尉氏、中牟、郑州、荥泽、汜水、商丘、宁陵、永城、鹿邑、虞城、夏邑、睢州、柘城、考城、安阳、汤阴、临漳、内黄、汲县、新乡、辉县、获嘉、淇县、延津、滑县、浚县、封丘、河内、济源、修武、武陟、孟县、温县、原武、阳武、洛阳、偃师、孟津、宜阳、永宁、内乡、项城、沈丘、光山、固始。④

1898 年，河南全省被水所淹州县增至 58 个：滑县、永城、温县、祥

---

① 《奏报秋收歉薄请缓征各属旧欠钱漕并冲塌地亩钱粮事》，宫中朱批奏折，档号：04-01-35-0101-054，一史馆藏；《奏请蠲缓被水各县应征新旧钱漕事》，宫中朱批奏折，档号：04-01-35-0103-028，一史馆藏。

② 《奏为本年被灾州县应征新旧钱漕请分别停征缓征事》，宫中朱批奏折，档号：04-01-35-0105-039，一史馆藏。

③ 《奏请分别蠲缓安阳内黄等州县应征新旧钱酒事》，宫中朱批奏折，档号：04-01-35-0107-047，一史馆藏。

④ 《奏请分别停征缓征太康等州县应征新旧钱漕事》，宫中朱批奏折，档号：04-01-35-0111-034，一史馆藏。

符、杞县、鹿邑、柘城、武陟、孟县、新蔡、淮宁、西华、商水、项城、沈丘、太康、陈留、尉氏、中牟、郑州、荥泽、汜水、商丘、宁陵、虞城、夏邑、睢州、考城、安阳、汤阴、临漳、内黄、汲县、新乡、辉县、获嘉、淇县、延津、浚县、封丘、河内、济源、修武、原武、阳武、洛阳、偃师、孟津、宜阳、永宁、南阳、内乡、裕州、叶县、扶沟、光山、固始、商城。①

1901 年，河南全省被水所淹州县达 62 个：兰仪、考城、河内、修武、原武、洛阳、永宁、祥符、陈留、杞县、尉氏、中牟、郑州、荥泽、荥阳、汜水、商丘、宁陵、永城、鹿邑、虞城、夏邑、睢州、柘城、安阳、汤阴、临漳、武安、内黄、汲县、新乡、辉县、获嘉、淇县、延津、滑县、浚县、封丘、济源、武陟、孟县、温县、阳武、偃师、孟津、宜阳、南阳、内乡、裕州、叶县、淮宁、西华、项城、沈丘、太康、扶沟、长葛、灵宝、阌乡、光山、固始、商城。②

民国时期，尤其在 20 世纪 30 年代发生的几次大水灾中，河南省受灾市县达 40 个以上。

1931 年，河南全省被水所淹市县高达 76 个：商丘、鄢陵、永城、鹿邑、柘城、夏邑、淮阳、西华、商水、项城、沈丘、临颍、襄城、郾城、杞县、禹县、虞城、睢县、宁陵、民权、太康、扶沟、开封、尉氏、陈留、兰封、考城、广武、南召、唐河、泌阳、方城、邓县、舞阳、叶县、新野、淅川、桐柏、汝南、信阳、西平、正阳、上蔡、新蔡、遂平、确山、镇平、内乡、南阳、南召、镇平、唐河、泌阳、桐柏、邓县、内乡、新野、方城、舞阳、叶县、汝南、正阳、上蔡、新蔡、西平、遂平、确山、罗山、潢川、固始、息县、商城、淅川、汜水、林县、自由。③

1939 年，河南全省被水所淹市县有 41 个：郾城、襄城、太康、杞县、禹县、西平、许昌、巩县、扶沟、通许、郏县、卢氏、临颍、西华、尉氏、广武、孟县、淮阳、商水、沈丘、鄢陵、偃师、浚县、孟津、郑县、长葛、内黄、滑县、安阳、嵩县、汝南、遂平、上蔡、正阳、确山、新蔡、项城、汜水、洛阳、洧川、伊阳。④

从受灾层面来看，最小层面与最大层面的受灾州县数量相差较大。同样，从受灾程度来看，受灾州县也有很大差别。

1848 年，河南全省受灾的 31 个州县中，上蔡、鄢陵、正阳、西平、罗

---

① 《奏为遵旨查明豫省本年被灾情形事》，宫中朱批奏折，档号：04-01-02-0097-022，一史馆藏。
② 《奏请蠲缓本年被灾各属新旧钱漕事》，宫中朱批奏折，档号：04-01-35-0121-013，一史馆藏。
③ 国民政府主计处统计局：《中华民国统计提要》，上海：商务印书馆，1936 年，第 450 页。
④ 李文海、林敦奎、程歗，等：《近代中国灾荒纪年续编》，长沙：湖南教育出版社，1993 年，第 526-527 页。

山、临颍、郾城、沈丘、光州 9 个州县被水较轻；永城、虞城、夏邑、息县、祥符、宁陵、新蔡、项城、睢州、鹿邑、商丘、柘城、考城、杞县、通许、密县、武陟、阳武、汝阳、汤阴、浚县、洧川 22 个州县被水较重。①

1898 年，河南全省被水所淹 58 个州县中，滑县、永城、温县 3 县受灾最重；祥符、杞县、鹿邑、柘城、武陟、孟县、新蔡、淮宁、西华、商水、项城、沈丘、太康等 13 个县受灾次重；陈留、尉氏、中牟、郑州、荥泽、汜水、商丘、宁陵、虞城、夏邑、睢州、考城、安阳、汤阴、临漳、内黄、汲县、新乡、辉县、获嘉、淇县、延津、浚县、扶沟、光山、固始、商城等 42 个州县受灾稍轻。②

1934 年，河南全省被灾市县中，滑县、考城、西华、郾城、上蔡、商水、柘城、开封、永城、杞县、临颍、宝丰、封丘、济源、泌阳、唐河、潢川、许昌、叶县、西平、遂平、通许、临漳、鄢陵、汝南、扶沟、方城、尉氏、内黄、渑池、兰封 31 个县受灾最重。③

1935 年，河南全省被水所淹 47 个市县中，偃师、巩县、淅川、郾城、封丘、新野、襄城、兰封、邓县、唐河、内乡、滑县、汝南 13 个县受灾较重；西华、商水、南阳、陈留、遂平、镇平、西平、沁阳、项城、临漳、伊阳、洛阳、汜水、上蔡、嵩县、济源、汤阴、鄢陵、宝丰、南召、尉氏、舞阳、淮阳、郑县、宜阳、叶县、正阳、博爱、延津、临汝、淇县、原武、临颍、通许 34 个县受灾较轻。④

三、村庄分布

村庄是指人口居住相对集中，由成片的居民房屋组成的区域。上述以州县级行政区划为统计单位，可以大致反映河南省水灾的空间分布。现根据掌握的资料，以更小的区域单位——村庄进行统计，可以进一步展示水灾的空间分布。下面先以道光年间水灾为例，将河南部分州县的受灾村庄整理如下。

1840 年，在发生水灾的州县中，受灾村庄具体分布为新蔡 422 个村庄，商丘 350 个村庄，柘城 532 个村庄，安阳 27 个村庄，汤阴 29 个村庄，内黄 45 个村庄，临漳 25 个村庄，浚县 133 个村庄，延津 126

---

① 《奏为查明本年被淹各州县来春毋庸接济事》，宫中朱批奏折，档号：04-01-01-0825-019，一史馆藏。
② 《奏为遵旨查明豫省本年被灾情形事》，宫中朱批奏折，档号：04-01-02-0097-022，一史馆藏。
③ 李文海、林敦奎、程歗，等：《近代中国灾荒纪年续编》，长沙：湖南教育出版社，1993 年，第432 页。
④ 许世英：《二十四年江河水灾勘察记》，1936 年，第 49 页。

个村庄，封丘 88 个村庄，考城 184 个村庄，武陟 30 个村庄，阳武 38 个村庄。①

1841 年，在受水灾的州县中，受灾村庄具体分布为尉氏 53 个村庄，扶沟 505 个村庄，永城 211 个村庄，虞城 114 个村庄，内黄 75 个村庄，考城 318 个村庄，武陟 82 个村庄，汝阳 229 个村庄，上蔡 287 个村庄，新蔡 685 个村庄，遂平 244 个村庄，项城 166 个村庄，兰仪 18 个村庄，阳武 38 个村庄，温县 15 个村庄，孟县 23 个村庄，孟津 28 个村庄，原武 28 个村庄，汤阴 8 个村庄。②

1842 年，在受水灾的州县中，受灾村庄具体分布为永城 232 个村庄，内黄 68 个村庄，考城 81 个村庄，武陟 82 个村庄，孟县 23 个村庄，阳武 38 个村庄，孟津 30 个村庄。③

1843 年，在受水灾的州县中，受灾村庄具体分布为荥泽 15 个村庄，商丘 459 个村庄，夏邑 113 个村庄，永城 245 个村庄，虞城 127 个村庄，柘城 86 个村庄，安阳 89 个村庄，汤阴 12 个村庄，内黄 74 个村庄，新乡 110 个村庄，获嘉 62 个村庄，淇县 46 个村庄，辉县 105 个村庄，延津 125 个村庄，考城 212 个村庄，济源 13 个村庄，原武 246 个村庄，武陟 6 个村庄，阳武 574 个村庄，孟津 30 个村庄，孟县 23 个村庄。④

1848 年，在受水灾的州县中，受灾村庄具体分布为永城 281 个村庄，虞城 166 个村庄，夏邑 146 个村庄，祥符 649 个村庄，宁陵 249 个村庄，项城 643 个村庄，汤阴 46 个村庄，浚县 197 个村庄。⑤

再以 1931 年和 1935 年水灾为例，河南部分县的受灾村庄如下。

1931 年，在受灾各县中，受灾村庄数 54 405 个，具体分布为商丘 3601 个，鄢陵 137 个，永城 3028 个，鹿邑 3478 个，柘城 1059 个，夏邑 1590 个，淮阳 3346 个，西华 212 个，商水 526 个，项城 1427 个，沈丘 1495 个，临颍 732 个，襄城 482 个，郾城 665 个，杞县 378 个，禹县 385 个，虞城 420 个，睢县 1302 个，宁陵 125 个，民权 496 个，太康 2600 个，扶沟 857 个，氾水 100 个，开封 486 个，尉氏 116 个，陈留 65 个，兰封 206 个，考城 470 个，广武 16 个，南召 325 个，唐河 716 个，泌阳 894 个，方城 1346 个，邓县 707 个，舞阳 61 个，叶县 560 个，新野 1037

① 《奏为勘明被水各州县请分别缓征新旧粮赋事》，宫中朱批奏折，档号：04-01-35-0074-049，一史馆藏。
② 《谕内阁河南各州县被水歉收著分别缓征各项钱漕》，军机处上谕档，档号：1054-2，一史馆藏。
③ 《谕内阁河南祥符等州县被水被旱兵上年歉收著分别蠲缓各项钱粮》，军机处上谕档，档号：1060-2，一史馆藏。
④ 《谕内阁河南荥泽等县被水被雹歉收著分别缓征新旧钱粮》，军机处上谕档，档号：1076-1，一史馆藏。
⑤ 《奏请分别缓征被灾州县新旧粮赋事》，宫中朱批奏折，档号：04-01-35-0078-009，一史馆藏。

个，淅川 240 个，桐柏 113 个，汝南 710 个，信阳 17 个，西平 582 个，正阳 120 个，上蔡 1635 个，新蔡 1884 个，遂平 458 个，确山 1350 个，镇平 186 个，内乡 365 个，罗山 3582 个，潢川 1956 个，息县 2237 个，商城 552 个，偃师 58 个，巩县 56 个，洛阳 255 个，孟津 48 个，新安 185 个，嵩县 524 个，宜阳 163 个，鲁山 7 个，郏县 378 个，宝丰 375 个，伊阳 127 个，渑池 83 个，温县 42 个，安阳 10 个，汤阴 282 个，沁阳 82 个，孟县 109 个，济源 188 个。①

1935 年，沿河各县被淹村庄数 354 个，其中汜水 3 个，温县 32 个，济源 102 个，陈留 12 个，武陟 144 个，嵩县 61 个。②

当然，在被淹村庄中，其受灾程度也有所不同。有的村庄受灾程度较重，有的村庄受灾程度较轻，还有的村庄被淹旋即涸复。按照当时村庄的受灾轻重，用最重、次重、较重、较轻、稍轻等加以区别。现以咸丰年间部分州县的受灾村庄为例，整理罗列如下。

1851 年，封丘被淹最重 152 个村庄，被淹次重 52 个村庄，被淹稍轻 113 个村庄；新乡县被淹最重 146 个村庄，被淹次重 142 个村庄；临漳县被淹较重 76 个村庄，被淹稍轻 54 个村庄；内黄县被淹较重 25 个村庄，被淹较轻 12 个村庄；原武被淹较重 106 个村庄，被淹较轻 140 个村庄；阳武被淹较重 213 个村庄，被淹较轻 323 个村庄；汲县被淹较重 148 个村庄；淇县被淹较重 36 个村庄。③

1852 年，封丘被淹最重 201 个村庄，被淹稍轻 116 个村庄；延津县被淹最重 119 个村庄，被淹次重 130 个村庄；杞县被水最重 137 个村庄，被水次重 28 个村庄；汲县被淹最重 43 个村庄，被淹较轻 140 个村庄；内黄被淹较重 211 个村庄，被水稍轻 35 个村庄；新乡被淹次重 248 个村庄，被淹稍轻 59 个村庄；考城被淹最重 225 个村庄，被淹稍轻 325 个村庄；获嘉被淹最重、次重共 191 个村庄，被淹稍轻 62 个村庄；汤阴被淹较重 4 个村庄，被淹较轻 7 个村庄；临漳被水较重 97 个村庄，被水稍轻 21 个村庄；陈留被淹较重 228 个村庄；浚县被淹最重 167 个村庄；原武被淹较重 140 个村庄；淇县被淹最重 314 个村庄。④

1853 年，扶沟被淹较重 450 个村庄，被淹较轻 468 个村庄；安阳被

---

① 河南省政府秘书处：《河南省政府年刊》，1931 年，第 96-100 页。
② 《民国二十四年黄河泛滥沿河各县受灾状况统计表》，《黄河水利月刊》1936 年第 3 期，第 269 页。
③ 《谕内阁河南永城等县被水并河占沙压地亩著分别缓征各项钱漕》，军机处上谕档，档号：1167-1，一史馆藏。
④ 《谕内阁河南永城等州县被水被雹歉收著分别缓征新旧钱粮》，军机处上谕档，档号：1171-2，一史馆藏。

淹较重 30 个村庄，被淹稍轻 45 个村庄；临漳被淹较重 99 个村庄，被淹稍轻 16 个村庄；内黄被淹较重 21 个村庄，被淹稍轻 28 个村庄；考城被淹最重 255 个村庄，被淹稍轻 122 个村庄；封丘被淹最重 152 个村庄，被淹较轻 165 个村庄；汤阴被淹较重 38 个村庄，被淹稍轻 15 个村庄；汲县被淹最重 45 个村庄，被淹稍轻 140 个村庄。①

1854 年，汲县被淹较重 80 个村庄，被淹较轻 101 个村庄；浚县被淹较重 145 个村庄，被淹较轻 181 个村庄；淇县被淹较重 94 个村庄，被淹稍轻 68 个村庄；延津被淹较重 119 个村庄，被淹稍轻 130 个村庄；安阳被淹最重 14 个村庄，被淹次重 28 个村庄，被淹稍轻 41 个村庄，被水旋涸 25 个村庄；内黄被水旋涸 6 个村庄，被淹最重 56 个村庄，被淹次重 23 个村庄，被淹稍轻 42 个村庄；汤阴被水旋涸 27 个村庄，被淹最重 37 个村庄，被淹次重 28 个村庄，被淹稍轻 5 个村庄；沈丘被水较重 44 个村庄，被淹稍轻 22 个村庄；考城被淹最重 173 个村庄，被淹稍轻 151 个村庄；扶沟被水较重 425 个村庄，被水较轻 493 个村庄；临漳县被淹最重 79 个村庄，被淹次重 28 个村庄，被淹稍轻 10 个村庄，被水旋涸 45 个村庄。②

1855 年，内黄被水较重 58 个村庄，被淹稍轻 78 个村庄，被淹旋即涸复 233 个村庄；汤阴被淹次重 3 个村庄，被淹较重 51 个村庄，被淹稍轻 16 个村庄；临漳被淹较重 116 个村庄，被淹稍轻 15 个村庄；沈丘被水较重 40 个村庄，被水稍轻 32 个村庄；扶沟被水较重 431 个村庄，被水较轻 487 个村庄；项城被水较重 35 个村庄，被水稍轻 15 个村庄；安阳次重 18 个村庄，被淹较重 19 个村庄，被淹稍轻 14 个村庄；淇县被淹较重 94 个村庄，被淹次重 88 个村庄；汲县被淹较重 56 个村庄，被淹稍轻 72 个村庄；许州被水较重 570 个村庄，被水较轻 432 个村庄。③

1857 年，宁陵被水较重 217 个村庄，被水稍轻 92 个村庄；夏邑被淹较重 29 个村，被淹稍轻 5 个村；睢州被水较重 1236 个村庄，被水较轻 640 个村庄；柘城被淹较重 744 个村庄，被淹较轻 662 个村庄；内黄被淹较重 43 个村庄，被淹较轻 205 个村庄；商丘被水较重 3013 个村庄；原武被淹较重 9 个村庄；沈丘被淹较重 49 个村庄。④

晚清勘灾一般以村庄为单位，地方官员勘查核实田亩受灾程度，确定成灾分数。自乾隆朝规定，受灾五分至十分者为成灾，五分以下者为不成

---

① 《谕内阁河南兰仪等县被水歉收著分别缓征新旧钱漕》，军机处上谕档，档号：1176-3，一史馆藏。
② 《奏请分别缓征许州等州县新旧钱漕事》，宫中朱批奏折，档号：04-01-35-0081-003，一史馆藏。
③ 《谕内阁河南河内等县被灾被匪歉收著分别缓征新旧钱漕》，军机处上谕档，档号：1185-1，一史馆藏。
④ 《谕内阁河南兰仪等州县被灾被扰著分别抚恤蠲缓》，军机处上谕档，档号：1193-3，一史馆藏。

灾。现按照村庄的成灾分级进行统计，这样能够更准确地反映受灾程度。具体整理如下：

1841 年黄河决口，河南多地受灾。祥符成灾十分 376 个村庄，成灾九分 141 个村庄，成灾八分 180 个村庄；陈留成灾九分 309 个村庄，成灾八分 146 个村庄；杞县成灾九分 708 个村庄，成灾八分 188 个村庄，成灾七分 145 个村庄；通许成灾九分 18 个村庄，成灾八分 152 个村庄，成灾七分 90 个村庄，成灾六分 111 个村庄，成灾五分 54 个村庄；淮宁成灾八分 215 个村庄，成灾七分 211 个村庄；太康成灾九分 352 个村庄，成灾八分 336 个村庄，成灾七分 645 个村庄，成灾六分 283 个村庄，成灾五分 133 个村庄；睢州成灾八分 453 个村庄，成灾七分 151 个村庄，成灾五分 88 个村庄；柘城成灾八分 269 个村庄，成灾七分 108 个村庄，成灾六分 40 个村庄；鹿邑成灾九分 2624 个村庄，成灾八分 303 个村庄，成灾六分 291 个村庄。[①]

1843 年，黄河九堡漫口，各村庄被淹成灾。中牟成灾十分 77 个村庄，成灾九分 108 个村庄，成灾八分、七分共 155 个村庄；祥符成灾十分 424 个村庄，成灾九分 100 个村庄，成灾八分、七分共 33 个村庄，成灾六分 189 个村庄；通许成灾十分 386 个村庄，成灾九分 143 个村庄，通许成灾八分、七分共 14 个村庄；阳武成灾十分 5 个村庄；陈留成灾九分 309 个村庄，成灾八分、七分共 146 个村庄；杞县成灾九分 652 个村庄，成灾八分、七分共 185 个村庄，成灾六分 85 个村庄；淮宁成灾九分 1445 个村庄，成灾八分、七分共 934 个村庄，成灾六分 216 个村庄；西华成灾九分 390 个村庄，成灾八分、七分共 304 个村庄；沈丘成灾九分 34 个村庄，成灾八分、七分共 12 个村庄；太康成灾九分 413 个村庄，成灾八分、七分共 1207 个村庄，成灾六分 683 个村庄；扶沟成灾九分 561 个村庄，成灾八分、七分共 230 个村庄，成灾五分 127 个村庄；尉氏成灾八分、七分共 367 个村庄；项城成灾八分、七分共 29 个村庄，成灾六分 17 个村庄；鹿邑成灾八分、七分共 2411 个村庄，成灾六分 238 个村庄；睢州成灾六分 284 个村庄，成灾五分 117 个村庄。[②]

1895 年，沁河漫决，淹及多县。河内有 100 个村庄成灾，其中有 18 个村庄成灾十分，20 个村庄成灾八分，40 个村庄成灾七分，22 个村庄成灾六分；武陟有 132 个村庄成灾，其中 75 个村庄成灾九分，33 个村庄成

---

① 《谕内阁查明河南祥符等州县被水成灾分数著分别蠲缓各项钱粮》，军机处上谕档，档号：1055-2，一史馆藏。

② 《谕内阁河南中牟等州县被水著分别蠲缓各项钱漕》，军机处上谕档，档号：1076-3，一史馆藏。

灾八分，24 个村庄成灾六分；修武有 94 个村庄成灾，其中 51 个村庄成灾七分，23 个村庄成灾六分，20 个村庄成灾五分；获嘉有 29 个村庄成灾，其中 19 个村庄成灾六分，10 个村庄成灾五分；汲县有 25 个村庄成灾，其中 14 个村庄成灾六分，11 个村庄成灾五分；新乡有 23 个村庄成灾，其中 16 个村庄成灾六分，7 个村庄成灾五分；浚县有 131 个村庄成灾，其中 43 个村庄成灾六分，88 个村庄成灾五分；辉县有 22 个村庄成灾七分；温县有 34 个村庄成灾五分。①

总之，近代中原地区水患强度大，受灾区域广，既有自然的因素，也有人为的原因；既有干支流自身引发的水灾，也有其他水系漫溢而导致的水灾。从水患的空间分布而言，有的是某个或多个支流发生的水灾，也有的是干支流同时发生的水灾；有的年份受灾层面较小，有的年份受灾层面较大，受灾州县数量超过 40 个以上；在同一个受灾州县里，受灾的村庄数量也不同，受灾程度也有很大差别。

---

① 《奏为河内武陟两县沁河漫决淹及下游修武等县勘明成灾分数请先予抚恤事》，宫中朱批奏折，档号：04-01-02-0094-008，一史馆藏。

第三章
中原地区的水患与社会

近代以来，由于政治腐败，经济凋敝，社会动荡，国家的防洪抗灾能力十分脆弱，加之中原地区河流泛滥、黄河水系变迁等因素的影响，水患频发成为普遍的现象。正如有的学者指出，近代洪水灾害的形成，有两个主要背景：一是整个社会处在封建社会末期，国力衰竭，经济凋敝，河政极度腐败，防洪工程残破不堪，防御自然灾害的能力极低。二是19世纪40年代以后，以黄河1855年铜瓦厢决口为标志，长江、黄河、淮河、海河等主要河流的河道形势发生了重大变化。[①]近代中原地区水患对社会的影响涉及诸多方面，其中最直接的影响还是人口与民生。

第一节　水患与人口变动

水患是导致人口出现灾难的主要因素。近代中原地区水灾对人口产生的影响，主要表现为三个方面：人口死亡、人口受灾与人口迁移。从以上三个方面，根据现有的各种资料，分阶段呈现水灾对近代河南人口的影响。就晚清而言，主要着力于每次水灾对人口产生的影响。就民国而言，侧重于选取几次大的水灾进行分析。

---

① 国家防汛抗旱总指挥部办公室、水利部南京水文水资源研究所：《中国水旱灾害》，北京：中国水利水电出版社，1997年，第61-62页。

一、水患与人口死亡

人口死亡是水灾造成的最直接后果。近代，稍大的水灾几乎都会直接或间接地造成相当数量的人口伤亡。受一些条件的制约，近代中原地区有些水灾并没有留下准确的人口死亡统计数据，只是用"淹毙过半""溺者甚多""淹毙人口不知凡几"等字样，记载人口伤亡的大致状况。具体整理如下。

1841年，黄河伏汛，水势上涨迅猛，导致祥符汛三十一堡河水漫过堤顶，省城开封被水包围，十分危险，"至城外居民，水至猝不及防，遭压溺者甚多。……其因三十一堡漫口被淹者，祥符而外有陈留、杞县、通许、太康等县，庐舍人口均损伤"①。由于省城被水包围，当即堵闭五个城门。唯有南门未能堵好，是夜三更，黄河水流由南门入城，直流三昼夜。所有护城堤10里以内，淹毙人数过半。②

有些水灾只是一些模糊的记载。1917年，连日大雨，山水暴发，河流泛溢，汲县、新乡、安阳等处，淹毙人民。③1918年，夏秋之交，大雨时行，山洪暴发，沁、溴、恤、洛各河先后决口，巩县、偃师、修武、武陟、孟县、浚县等处，适当其冲，人口并遭淹毙。④

晚清时期，中原地区的水患规模大，造成人口死亡较多。有些水灾还有具体的人口死亡统计数据，如光绪年间有三次水灾：1884年叶县等地水灾、1892年林县水灾，以及1895年河内、武陟水灾。

1884年5月12日夜，叶县、南召县同遭大雨，历三四时之久。"叶县西北黄柏山起蛟，水波汹涌，高约二三丈，分注县北沙（滍）两河及县南之辉、沙各河，浅窄难容，冲决堤岸，泛滥横流"，经过21个村庄，除唐村、胡村2个村庄地势较高、并无损伤外，其余孟奉等19个村庄共溺死大小男妇101人。南召县北山亦于是夜发水，当其冲者为圪皂窝村，受灾最剧，板山评等14个村庄溺死大小男妇55人。鲁山县因雨水猛烈，沙河河水漫溢两岸，下阳等56个村庄淹毙20人。宝丰县亦因沙河水骤涨，奔流灌注，以致沿河44个村庄均遭冲刷，淹毙86人。⑤

① 《奏为省城自漫口掣流受冲情形吃重奉旨厚集兵夫物料守护并赈恤灾民事》，宫中朱批奏折，档号：04-01-01-0801-069，一史馆藏。
② 水利电力部水管司、科技司、水利水电科学研究院：《清代黄河流域洪涝档案史料》，北京：中华书局，1993年，第627页。
③ 《直豫水灾之电讯》，《申报》1917年8月6日，第6版。
④ 《河南水灾之乞赈电》，《申报》1918年8月24日，第10版。
⑤ 水利电力部水管司、水利水电科学研究院：《清代淮河流域洪涝档案史料》，北京：中华书局，1988年，第892页。

1892 年，林县雨后山水暴发，山庄等村被水冲淹，压毙大小男妇 21 人。①

1895 年，河内、武陟两县沁河漫决，由丹河达卫河，河流加涨，漫过堤顶，横溢旁流，被淹 200 余村庄，淹毙压毙灾民 25 人。②

民国以来，尤其是 20 世纪 30 年代，几场大水灾造成大量的人员伤亡，其中尤以 1931 年水灾、1933 年水灾、1935 年水灾及 1938 年水灾为重，在这几次灾害中，伤亡人数相当多，统计数据也较为全面。

1931 年夏，河南连续发生局部和全省性暴雨。水灾区域，东至鹿邑、商丘，西到偃师、巩县，南抵南阳、邓县，北达安阳、林县。有关 1931 年大水灾，河南省伤亡人数统计并不一致，甚至出入较大。③下面列举两组数据：一组是据《国民政府救济水灾委员会工振报告》统计，全省 73 个县，氾水、安阳 2 个县未有死亡者，其余 71 个县因水灾死亡 50 064 人。具体如表 3-1 所示。

表 3-1　1931 年河南省各县水灾
死亡人数统计表（一）　　　　　（单位：人）

县名	死亡人数	县名	死亡人数	县名	死亡人数
商丘	405	陈留	12	罗山	656
鄢陵	107	兰封	532	潢川	224
永城	1 435	考城	41	息县	1 509
鹿邑	2 473	广武	32	商城	8 400
柘城	132	南召	31	偃师	545
夏邑	780	唐河	2 710	巩县	1 730
淮阳	342	泌阳	212	洛阳	527
西华	197	方城	632	孟津	570
商水	88	邓县	7	新安	53
项城	2 072	舞阳	177	嵩县	123
沈丘	662	叶县	125	宜阳	94
临颍	187	新野	7 898	鲁山	272
襄城	59	淅川	210	郏县	19

① 水利电力部水管司科技司、水利水电科学研究院：《清代黄河流域洪涝档案史料》，北京：中华书局，1993 年，第 800 页。

② 《奏为河内武陟两县沁河漫决淹及下游修武等县勘明成灾分数请先予抚恤事》，宫中朱批奏折，档号：04-01-02-0094-008，一史馆藏。

③ 有关 1931 年大水灾中河南省死亡人数的统计并不一致，甚至出入较大。《河南政治月刊》记载，河南全省死亡 132 447 人，其中豫东 16 855 人，豫南 111 009 人，豫西 4015 人，豫北 568 人（《河南省各县二十年水灾人口牲畜死亡统计图》，《河南政治月刊》1932 年第 5 期，附图）；《申报年鉴》记载，河南全省 69 个县死亡 114 090 人（申报年鉴社：《申报年鉴》，《社会》，1933 年，第 71 页）；《河南省政府年刊》记载，河南全省 71 个县，68 个县死亡 29 998 人（河南省政府秘书处：《河南省政府年刊》，1931 年，第 96-100 页）。

续表

县名	死亡人数	县名	死亡人数	县名	死亡人数
郾城	110	桐柏	245	宝丰	30
杞县	82	汝南	420	伊县	29
禹县	383	信阳	500	渑池	25
虞城	257	西平	55	温县	72
睢县	46	正阳	173	汤阴	421
宁陵	105	上蔡	295	沁阳	11
民权	36	新蔡	1 091	孟县	8
太康	2 814	遂平	2 241	济源	27
扶沟	290	确山	2 591	固始	485
开封	266	镇平	84	通许	3
尉氏	266	内乡	323		
合计			50 064		

资料来源：国民政府救济水灾委员会：《国民政府救济水灾委员会工振报告》，1933 年，第 68-70 页

另一组是国民政府主计处统计局根据河南省建设厅 1931 年"河南建设概况"编制统计，将灾民人数分为被灾者和死亡者，在 79 个县中，氾水、林县、自由 3 个县未有死亡者，其余 76 个县死亡 88 304 人。具体如表 3-2 所示。

表 3-2　1931 年河南省各县水灾
死亡人数统计表（二）　　　　（单位：人）

县名	死亡人数	县名	死亡人数	县名	死亡人数
开封	58	临颍	187	南召	31
陈留	12	襄城	59	镇平	84
杞县	82	郾城	110	唐河	2 710
通许	3	广武	32	泌阳	96
尉氏	266	汤阴	422	桐柏	245
洧川	5	涉县	29	邓县	21 400
鄢陵	107	滑县	3	内乡	323
兰封	532	沁阳	27	新野	5 200
禹县	383	济源	27	方城	632
商丘	1 405	孟县	8	舞阳	177
宁陵	105	温县	72	叶县	125
鹿邑	2 473	洛阳	527	汝南	8 596
夏邑	780	偃师	545	正阳	173
永城	1 435	巩县	1 730	上蔡	295
虞城	257	孟津	570	新蔡	1 091

续表

县名	死亡人数	县名	死亡人数	县名	死亡人数
睢县	46	宜阳	94	西平	55
民权	36	洛宁	25	遂平	2 241
考城	41	新安	3	确山	2 951
柘城	132	渑池	25	罗山	656
淮阳	2 141	平等	24	潢川	224
商水	88	嵩县	123	固始	485
西华	197	鲁山	272	息县	1 509
项城	2 072	宝丰	30	商城	8 400
沈丘	662	伊阳	29	淅川	210
太康	2 814	信阳	500		
扶沟	2 990	南阳	5 800		
合计			88 304		

资料来源：国民政府主计处统计局：《中华民国统计提要》，上海：商务印书馆，1936年，第450页

由表 3-1 和表 3-2 可以看出，据国民政府救济水灾委员会报告，71 个县死亡 50 064 人，每县平均约 705 人；据国民政府主计处统计局报告，76 个县死亡 88 304 人，每县平均约 1162 人。两组统计数据相差 38 240 人，每县平均相差 457 人。原因不仅是县份有区别，更主要的是各县上报的死亡人数差别太大。根据其他资料，后一组数据更接近实际死亡人数。

1933 年七、八月，黄河上游各省阴雨连绵，下游也受其影响，多处决口，灾情严重。"洪流东注，势甚汹涌，水位之高，流量之巨，盖自有测量记录以来，所未曾有，于是河南北岸温县堤漫溢四十里，武涉河溢入沁，并溃詹家店，南岸汜水广武河溢，平汉路桥仅浮水间，桥基亦危，兰封河决故道口门拦河坝，东注江苏砀山丰沛入昭阳湖，考城堤故单薄，亦溃北岸，溢封丘，直抵太行堤。"[①]据黄河水利委员会报告，河南全省 17 个县，水灾死亡 12 010 人。具体如表 3-3 所示。

表 3-3　1933 年河南省各县水灾
死亡人数统计表（一）　　　　（单位：人）

县名	死亡人数	县名	死亡人数	县名	死亡人数
滑县	9 907	温县	352	济源	38
武陟	26	考城	50	阳武	23
开封	819	巩县	4	郑县	4
兰封	68	虞城	34	陈留	52

---

① 《民国二十二年黄河水灾调查统计报告》，《黄河水利月刊》1934 年第 3 期，第 61 页。

续表

县名	死亡人数	县名	死亡人数	县名	死亡人数
广武	11	孟津	11	原武	2
封丘	600	氾水	9		
合计			12 010		

资料来源：《民国二十二年黄河泛滥沿河各县受灾状况统计表》，《黄河水利月刊》1934 年第 1 期，第 71-72 页

另外，据河南省民政厅调查报告，河南全省 17 个县，死亡人数超过 11 671 人。具体如表 3-4 所示。

表 3-4　1933 年河南省各县水灾
死亡人数统计表（二）　　　（单位：人）

县名	死亡人数	县名	死亡人数	县名	死亡人数
滑县	10 000+	陈留	52	郑县	4
封丘	300+	开封	319	虞城	30+
武陟	30+	兰封	90+	巩县	4
孟津	8	氾水	9	灵宝	3
温县	700+	广武	11	济源	38
考城	50+	民权	23		
合计			11 671+		

注：表内+符号，表示原数有奇

资料来源：《河南省二十二年黄河水灾状况一览表》，《河南政治月刊》1933 年第 12 期，第 1 页

表 3-3 和表 3-4 都统计为 17 个县，但县份略有不同，如阳武和民权县，在具体到每一个县时数据也有出入，但是总的数量差别不大。

1935 年 7 月以来，黄河水势汹涌，导致伊河、洛河、洪河、沙河、漯河、泊河、白河、漳河、卫河等各大河流先后漫溢溃决，整个豫北、豫西、豫西南一片汪洋。据《二十四年江河水灾勘察记》记载，河南受灾 47 个县中，死亡 6644 人。①具体情况见表 3-5。

表 3-5　1935 年河南省各县水灾死亡人数一览表　（单位：人）

县名	成灾时间	死亡人数	县名	成灾时间	死亡人数
偃师	7 月 7 日洛水围城堤，8 日决堤入城	274	氾水	7 月 7 日及 19 日大雨，氾水泛滥	

---

① 另据《申报》记载，河南全省有 60 余县受灾，死亡 5237 人（《豫省各河流暴涨水淹二十余县》，《申报》1935 年 7 月 24 日，第 8 版；《豫省水灾损失统计》，《申报》1935 年 9 月 27 日，第 8 版）。此外，再据《黄河水利月刊》记载，河南省沿河 7 个县伤亡 169 人，分别是氾水 5 人，卢氏 23 人，温县 21 人，济源 5 人，陈留 12 人，武陟 35 人，嵩县 68 人（《民国二十四年黄河泛滥沿河各县受灾状况统计表》，《黄河水利月刊》1936 年第 3 期，第 269 页）。

续表

县名	成灾时间	死亡人数	县名	成灾时间	死亡人数
巩县	7月8日洛河涨溢	178	上蔡	7月7日及13日、17日大雨，各河漫溢	
淅川	7月6日大雨，丹江及淅川江漫溢溃决	1500	嵩县	7月1日起大雨连绵八昼夜，伊河漫溢	47
郾城	7月7日大雨，沙河、乾河、沣河决口	102	济源	7月6日大雨，山洪暴发，低处悉被淹没	
封丘	7月9日，黄河在店集决口	66	汤阴	7月22日大雨，汤河决口	23
西华	7月8日，郾西交界之沙河决口	28	鄢陵	7月初间大雨，沙河、颍河等河决口	2
商水	7月8日，汾河、沙河决口	9	灵宝	7月5日至8日大雨，汝河等漫溢	
新野	7月5日大雨，白河漫溢	176	南召	7月初旬大雨连绵，山洪暴发	111
襄城	7月6日至9日大雨，山洪暴发，汝河漫溢溃决	13	尉氏	7月24日大雨，唐沟河漫溢	
南阳	7月3日大雨连绵，白河暴涨，石坝溃决	10	舞阳	7月6日、7日两日大雨，沙河、沣河等河决口二十余处	
兰封	7月9日，沿河北潭等村被水淹没	2	淮阳	7月6日、7日两日大雨，沙河、汾河等河决口多处	3
陈留	7月8日，黄水暴发，9日出槽		郑县	7月24日大雨，魏河、贾鲁河漫溢	
遂平	7月7日大雨，灌水石羊河漫溢溃决	26	宜阳	7月7日大雨数日不止，洛河漫溢	30
邓县	7月4日至7日，濡河、刁河泛滥	2000	汝南	7月7日、8日、9日三日大雨，汝河、洪河两河决口	9
唐河	7月6日大雨，唐河漫溢		叶县	7月7日大雨，境内河流决口漫溢	
内乡	7月3日大雨，湍河水黄同时漫溢	899	正阳	7、8月日大雨，汝水暴发，两岸尽成泽国	1001
镇平	7月5日至7日，大雨为灾	13	博爱	7月8日大雨成灾，四区完全淹没	
滑县	7月9日，黄水大涨，河堤淹没		延津	7月以来大雨连绵为灾	
西平	7月7日大雨，洪杀二河及龙尾沟同时漫决	12	临汝	7月6日大雨，山洪暴发，汝水漫溢	
沁阳	7月7日，大雨成灾		淇县	7月上旬至8月上旬大雨，恩德河等漫溢	
项城	7月14日，汾河、汜河两河溃决漫溢	32	原武	7月以来淫雨为灾	
临漳	7月18日，漳河水涨，四五两区决口多处	30	临颍	7月以来淫雨连绵，沙河决口	
伊阳	7月5日至10日大雨，汝河徒涨，决口五十多处	48	通许	7月、8月之交大雨成灾	
洛阳	7月6日至9日大雨，伊河、洛河两河漫溢				
合计			6644		

资料来源：许世英：《二十四年江河水灾勘察记》，1936年，第51-53页

表 3-5 不但统计了 1935 年水灾导致河南省 47 个县的死亡人数，而且还列出各县水灾发生的时间、原因及引发水灾的具体河流。

1938 年黄河在郑县花园口溃决，1940 年又在尉氏、西华等县连遭决口。1944 年 8 月，黄泛主流复在尉氏荣村决口，泛区遂扩大至郑县、中牟、开封、通许、尉氏、扶沟、太康、西华、商水、淮阳、鹿邑、项城、沈丘、鄢陵、陈留、杞县、广武、睢县、柘城、洧川 20 个县。至 1944 年底，河南黄泛区淹死 32 万余人。[①]1945 年 9 月，善后救济总署调查处吕敬之会同联合国善后救济总署顾问穆懿尔与专员班乃尔、农林部代表王缓等进行实地调查，现根据他们的调查结果，将河南黄泛区淹死人数列成表 3-6。

表 3-6　河南省黄泛区淹死人数统计表　　（单位：人）

县名	淹死人数	县名	淹死人数	县名	淹死人数
郑县	4 800	西华	10 800	陈留	3 600
中牟	21 600	商水	2 400	杞县	49 700
开封	18 800	淮阳	48 000	广武	859
通许	3 000	鹿邑	30 000	睢县	635
尉氏	21 600	项城	3 600	柘城	543
扶沟	20 400	沈丘	12 000	洧川	500
太康	52 800	鄢陵	21 400		
合计			327 037		

资料来源：陈建宁：《河南省战时损失调查报告》，《民国档案》1990 年第 4 期，第 15 页

由表 3-6 可知，河南省黄泛区 20 个县淹死 327 037 人，平均每县约 16 352 人。其中中牟、开封、尉氏、扶沟、太康、西华、淮阳、鹿邑、沈丘、鄢陵、杞县 11 个县均淹死万人以上，太康县淹死人数最多，达 52 800 人。

二、水患与人口受灾

人口受灾也是水患造成的直接后果之一。近代以来，每次水灾之后，中原地区都会有大量人口受灾。以晚清光绪朝几次水灾为例，有的水灾造成一县数千人受灾，有的水灾造成一县数十万人受灾。

1887 年，因持续特大暴雨，黄河在郑州决口，政府雇用船只分头施

---

① 另据善后救济总署河南分署统计，泛区内人口共死亡 43 万人，占全泛区人口 12%（《本署配合黄河堵口工振实况》，《善后救济总署河南分署周报》1947 年第 71 期，第 3 页）。

救，在郑州、中牟境内先后救出 5000 余人，分别资遣安置。①河南黄河下游被淹有 15 个州县，待赈济者 189 万人。②经奏准，至 1889 年，受灾的郑州、祥符、中牟、尉氏、通许、杞县、鄢陵、淮宁、扶沟、太康、西华、商水、沈丘、项城、鹿邑、武陟、滑县 17 个州县贫民，概行抚恤 1 个月口粮，共赈济灾民 1 959 061 人。③

1892 年，雨后山水暴发，河水漫溢，汲县、新郑、辉县、淇县、浚县、获嘉等县 492 个村庄被淹，男妇大小灾民 109 284 人。④

1895 年 6 月，沁河漫决，河内、武陟、修武等县被水成灾，浚县、新乡等县亦因雨水、山水众流交汇，节节漫溢，被淹成灾。据统计，河内、武陟、修武、济源、温县、获嘉、辉县、汲县、新乡、浚县、临漳、内黄等县，男妇大小灾民 308 887 人，其中极贫灾民男妇大小口共 143 990 人。⑤

1898 年秋，滑县大雨连朝，黄河水势陡涨。上游长垣县五间屋地方河流漫溢，顺流下注，波及该县老安镇、丁栾集等处，360 个村庄被淹。温县境内"蟒涝等河积雨之后，本已盈满，继以上游山水下注，以致同时涨漫，沿河平地水深一、二、三、四尺不等"⑥。永城县巴沟河"因久雨盛涨，不能容纳漫溢出槽，淹及三元等村庄。"据统计，滑县灾民 22 万余人，永城县灾民 5 万余人，温县灾民 25 000 余人。⑦

1901 年 6 月，兰仪、考城两县境内黄河漫溢，考城县被淹灾民 5397 户，其中男妇大口 19 716 人，小口 12 115 人。兰仪县被淹灾民 1914 户，其中男妇大口 6883 人，小口 3075 人。⑧

1906 年夏秋，永城县连遭阴雨，"上游山水建瓴而下，境内各河同时漫溢出槽"，被淹村庄达 665 个，灾民男妇大口 33 959 人，小口

---

① 《奏为臣叠次捐廉并筹办郑州黄河漫口灾民抚恤事》，宫中朱批奏折，附片，档号：04-01-01-0960-006，一史馆藏。
② 《奏为上年郑州河决芦属豫岸引地受伤甚深请分别酌予调剂以恤商艰事》，宫中朱批奏折，档号：04-01-01-0963-019，一史馆藏。
③ 水利电力部水管司科技司、水利水电科学研究院：《清代黄河流域洪涝档案史料》，北京：中华书局，1993 年，第 775 页。
④ 《奏为勘明卫辉等县被淹成灾应筹赈济等请准截留裁存帮丁月粮银两事》，宫中朱批奏折，档号：04-01-02-0091-027，一史馆藏。
⑤ 《奏为光绪二十一年沁河漫决河内等县被灾办理赈抚收支银谷各数遵旨开单奏报事》，宫中朱批奏折，档号：04-01-02-0096-013，一史馆藏。
⑥ 水利电力部水管司、科技司、水利水电科学研究院：《清代黄河流域洪涝档案史料》，北京：中华书局，1993 年，第 854 页。
⑦ 《奏为豫省滑县等县本年被水成灾情困苦请妥为筹赈抚恤事》，宫中朱批奏折，档号：04-01-02-0097-014，一史馆藏。
⑧ 《奏为勘明兰仪考城两县被水成灾各村轻重情形并续筹抚恤事》，宫中朱批奏折，档号：04-01-02-0099-039，一史馆藏。

14 637 人。①

民国以降，水灾的统计资料越来越丰富，这样既可以了解每个县的灾民数，也可以从总体上了解河南全省的灾民数。现以 1931 年、1933 年及 1935 年水灾为例，作一统计。

1931 年夏，河南连续发生局部和全省性暴雨。水灾区域，东至鹿邑、商丘，西到偃师、巩县，南抵南阳、邓县，北达安阳、林县。关于此次水灾造成的受灾人数，不同资料的统计数据有所不同，大致可以分为两类：一类数据为 897 万人左右。②以《中华民国统计提要》记载为例，列成表 3-7。

表 3-7　1931 年河南省各县灾民
人数统计表（一）　　　　　　　　（单位：人）

县名	灾民人数	县名	灾民人数	县名	灾民人数
开封	88 289	临颖	209 927	信阳	85 600
陈留	4 958	襄城	133 062	南阳	371 425
杞县	201 560	郾城	265 000	南召	15 750
通许	3 250	广武	16 817	镇平	23 708
尉氏	20 039	氾水	800	唐河	105 000
洧川	3 854	汤阴	85 100	泌阳	14 500
鄢陵	66 113	林县	2 752	桐柏	99 147
兰封	43 500	涉县	5 304	邓县	192 598
禹县	91 000	滑县	5 640	内乡	24 024
商丘	336 479	沁阳	19 500	新野	84 500
宁陵	47 270	济源	19 500	方城	156 970
鹿邑	290 000	孟县	58 625	舞阳	153 323
夏邑	175 980	温县	2 842	叶县	235 400
永城	147 548	洛阳	112 034	汝南	482 436
虞城	93 000	偃师	97 423	正阳	151 000
睢县	158 918	巩县	123 380	上蔡	318 650
民权	6 870	孟津	15 589	新蔡	168 200
考城	29 000	宜阳	52 840	西平	182 519
柘城	163 800	洛宁	3 580	遂平	169 860
淮阳	382 000	新安	25 520	确山	129 780

① 《奏为本年豫省永城县被灾请抚恤事》，宫中朱批奏折，档号：04-01-02-0101-007，一史馆藏。
② 另外，据《中华民国统计提要》记载，河南全省受灾县 78 个，灾民达 8 974 864 人（国民政府主计处统计局：《中华民国统计提要》，上海：商务印书馆，1936 年，第 450 页）。再据《河南省二十年水灾待赈灾民人数统计图》记载，河南省灾民总数 8 886 834 人（《河南省二十年水灾待赈灾民人数统计图》，《河南政治月刊》1932 年第 5 期，附图）。

续表

县名	灾民人数	县名	灾民人数	县名	灾民人数
商水	10 985	渑池	14 000	罗山	126 236
西华	250 000	平等	32 500	潢川	93 059
项城	162 245	嵩县	104 625	固始	100 000
沈丘	136 058	鲁山	13 970	息县	141 392
太康	400 000	宝丰	51 810	商城	218 000
扶沟	144 890	伊阳	25 081	淅川	176 960
合计			8 974 864		

资料来源：国民政府主计处统计局：《中华民国统计提要》，上海：商务印书馆，1936 年，第450 页

另一类数据显示为 950 万人左右。①以《国民政府救济水灾委员会工振报告》记载为例，列成表 3-8。

表 3-8　1931 年河南省各县灾民人数统计表（二）　　（单位：人）

县名	灾民人数	县名	灾民人数	县名	灾民人数
商丘	436 479	陈留	4 158	潢川	93 059
鄢陵	66 113	兰封	42 520	息县	141 392
永城	446 648	考城	92 000	商城	218 000
鹿邑	290 000	广武	16 817	偃师	87 234
柘城	163 800	南召	15 750	巩县	123 380
夏邑	215 980	唐河	105 000	洛阳	82 024
淮阳	382 000	泌阳	125 581	孟津	15 589
西华	250 000	方城	156 970	新安	25 520
商水	220 400	邓县	192 598	嵩县	104 625
项城	162 245	舞阳	153 323	宜阳	51 840
沈丘	136 058	叶县	235 400	鲁山	13 970
临颍	209 927	新野	84 500	郏县	13 465
襄城	133 062	淅川	176 960	宝丰	51 810
郾城	265 000	桐柏	99 147	伊阳	25 081
杞县	201 560	汝南	482 436	渑池	11 807
禹县	79 102	信阳	53 240	温县	2 842
虞城	73 802	西平	182 519	安阳	15 000

① 据《国民政府救济水灾委员会工振报告》记载，河南省受灾县 73 个，灾民总数 9 585 853 人（国民政府救济水灾委员会：《国民政府救济水灾委员会工振报告》，1933 年，第 68-70 页）。另据《民国黄河大事记》记载，河南省受灾县 82 个，灾民 949 万多人（黄河水利委员会：《民国黄河大事记》，郑州：黄河水利出版社，2004 年，第 64 页）。

续表

县名	灾民人数	县名	灾民人数	县名	灾民人数
睢县	158 918	正阳	155 000	汤阴	85 100
宁陵	47 270	上蔡	318 665	沁阳	68 200
民权	64 878	新蔡	251 189	孟县	58 625
太康	500 000	遂平	169 860	济源	19 500
扶沟	144 889	确山	129 780	固始	100 000
氾水	700	镇平	23 708	通许	3 250
开封	88 289	内乡	24 024		
尉氏	20 039	罗山	126 236		
合计	9 585 853				

资料来源：国民政府救济水灾委员会：《国民政府救济水灾委员会工振报告》，1933年，第68-70页。

由表3-7和表3-8可知，国民政府主计处统计局统计78个县，受灾8 974 864人，国民政府救济水灾委员会统计73个县，受灾9 585 853人，两者之间出入较大，不但各县数据不同，而且总数据相差60余万。根据其他统计资料，后一组数据更接近实际灾民人数。

1933年七、八月，黄河上游各省阴雨连绵，下游也受其影响，多处决口，灾情十分严重。"河水至孟津以下，渐达平原，如释羁缚，遂成泛滥之局，北岸温县、武陟临河地面，首当其冲，温县旧无堤，民国五年，始筑堤，长四十余里，堤身不高，基亦甚薄，上年六月间，该县督民夫于堤上加筑子埝，河水涨不能御，八月上旬，河水继涨，复在子埝上加筑子埝，仍不能御，遂被漫决，堤以北东西四十余里，南北二十余里，均成泽国。"①据《黄河水利月刊》记载，河南省26个县，灾民为830 647人。详见表3-9。

表3-9　1933年河南省各县灾民
人数统计表（一）　　　　（单位：人）

县名	灾民人数	县名	灾民人数	县名	灾民人数
滑县	290 172	民权	23 200	阳武	4 600
武陟	83 083	考城	22 000	沁阳	4 291
开封	58 080	巩县	18 929	郑县	4 092
孟县	45 972	虞城	13 223	商丘	3 543
兰封	47 007	孟津	15 320	陈留	3 449
广武	46 190	灵宝	10 000	原武	2 880
封丘	41 900	氾水	8 239	渑池	3 924

① 《民国二十二年黄河水灾调查统计报告》，《黄河水利月刊》1934年第3期，第63页。

续表

县名	灾民人数	县名	灾民人数	县名	灾民人数
中牟	37 500	济源	7 676	陕县	670
温县	29 448	新安	5 259		
合计			830 647		

资料来源：《民国二十二年黄河水灾调查统计报告》，《黄河水利月刊》1934 年第 1 期，第 71-72 页

另据《河南政治月刊》记载，河南省 23 个县，灾民超过 840 155 人。见表 3-10。

表 3-10　1933 年河南省各县灾民
人数统计表（二）　　　（单位：人）

县名	灾民人数	县名	灾民人数	县名	灾民人数
滑县	300 000+	兰封	30 000	巩县	18 925
封丘	46 803	孟县	45 972	沁阳	4 500
武陟	83 038	汜水	34 300	灵宝	10 000+
孟津	31 000+	广武	38 700	陕县	670+
温县	29 448	中牟	37 000+	商丘	2 543
考城	20 000+	民权	23 200+	渑池	4 450+
陈留	3 450+	郑县	4 092	济源	784
开封	58 080	虞城	13 200+		
合计			840 155+		

注：表内+符号，表示原数有奇

资料来源：《河南省二十二年黄河水灾状况一览表》，《河南政治月刊》1933 年第 12 期，第 1 页

再据《申报年鉴》记载，河南全省 22 个县，灾民为 814 954 人。见表 3-11。

表 3-11　1933 年河南省各县灾民
人数统计表（三）　　　（单位：人）

县名	灾民人数	县名	灾民人数	县名	灾民人数
滑县	300 000	广武	38 700	商丘	3 543
考城	30 000	开封	50 000	沁阳	4 500
温县	29 000	民权	23 200	灵宝	10 000
兰封	28 000	虞城	16 000	陕县	670
武陟	83 000	中牟	37 000	陈留	3 450
封丘	43 255	巩县	18 925	孟津	6 090
孟县	45 970	郑县	4 092		
汜水	34 300	新安	5 259		
合计			814 954		

资料来源：申报年鉴社：《申报年鉴》，1934 年，第 4 页

从表 3-9、表 3-10 和表 3-11 来看，统计县份分别为 26 个、23 个、22 个，有些县受灾人数基本一样，有些县受灾人数出入较小，有些县受灾人数略有出入，但总体受灾人数较为接近。

1935 年 7 月，河南淫雨连绵，山洪暴发，大小河流同时猝涨。黄河漫溢，北岸滑县、封丘，南岸开封、考城、陈留，河滩均淹。伊河、洛河两河洪流不能宣泄入黄，沿岸各县无不成灾。中部沙河、洪河、汝河各河，豫南白河、唐河、湍河、淅川江，豫北卫河、漳河、浚河、沁河等河，亦多决口或漫溢，沿岸各县亦多成灾。据《申报》记载，全省被灾665 901 户，待赈 3 722 610 人。①据《黄河水利月刊》记载，河南省沿河9 个县受灾 270 321 人，如表 3-12 所示。

表 3-12　1935 年河南省各县受灾
人数统计表（一）　　　（单位：人）

县名	灾民人数	县名	灾民人数	县名	灾民人数
汜水	4 714	济源	38 316	阌乡	80
卢氏	23 400	陈留	6 340	嵩县	106 579
温县	28 420	武陟	44 932	渑池	17 540
合计			270 321		

资料来源：《民国二十四年黄河泛滥沿河各县受灾状况统计表》，《黄河水利月刊》1936 年第 3 期，第 269 页

根据《河南统计月报》记载，河南省 20 个县受灾 969 392 人，如表 3-13 所示。

表 3-13　1935 年河南省各县受灾
人数统计表（二）　　　（单位：人）

县名	灾民人数	县名	灾民人数	县名	灾民人数
封丘	42 681	博爱	9 324	淇县	13 085
鄢陵	5 510	西华	146 894	温县	28 420
襄城	71 249	叶县	71 153	开封	12 412
通许	41 591	上蔡	92 534	扶沟	33 441
南召	85 617	杞县	5 000	开封	12 492
淮阳	46 300	临汝	5 292	邓县	100 000
偃师	60 227	内黄	86 170		
合计			969 392		

资料来源：《河南省各县呈报灾况统计表》（1935 年 7 月、8 月），《河南统计月报》1935 年第 11 期，第 37 页；《河南省各县呈报灾况统计表》（1935 年 9 月），《河南统计月报》1935 年第 12 期，第 49 页；《河南省各县灾况统计表》（1935 年 10 月），《河南统计月报》1936 年第 1 期，第 36 页

① 《豫省水灾损失统计》，《申报》1935 年 9 月 27 日，第 8 版。

根据《二十四年江河水灾勘察记》记载,河南省 33 县受灾 1 492 813 人,兹列成表 3-14。

表 3-14　1935 年河南省各县受灾
人数统计表(三)　　　　　(单位:人)

县名	灾民人数	县名	灾民人数	县名	灾民人数
偃师	60 227	陈留	27 284	洛阳	55 400
巩县	70 153	遂平	40 000	汜水	83 473
淅川	40 000	邓县	40 530	嵩县	53 472
郾城	210 560	内乡	3 000	汤阴	56 740
封丘	76 894	镇平	80 000	鄢陵	5 500
西华	39 175	滑县	50 176	南召	42 935
商水	66 921	西平	2 155	淮阳	40 000
新野	78 475	沁阳	16 252	郑县	20 000
襄城	33 285	项城	25 630	宜阳	13 000
南阳	16 000	临漳	12 007	汝南	70 000
兰封	3 569	伊阳	30 000	正阳	30 000
合计			1 492 813		

资料来源:许世英:《二十四年江河水灾勘察记》,1936 年,第 51—53 页

由表 3-12、表 3-13 和表 3-14 可知,虽然统计县份数量不同,具体县份也有差别,受灾人数也有出入,但是,把相关统计数据累加一起,可以清晰地了解受灾的大致人数。

此外,民国时期其他一些水灾也较为详细地记录下受灾民众的数据,现罗列如下。

1934 年 1 月,长垣县石头庄上年黄河决口处,冰块山积,挟流狂奔,平地水深 5 尺,淹没 70 余村,灾民 3000 人。[1]8 月上旬,封丘县贯台附近黄河滩区出现串沟过水,逐渐扩大,直趋长垣县堤脚,九股路、东了墙、香李张、步寨的旧口门处又决口 4 处。此次决口,仅长垣县被灾村庄即达 423 个,灾民 14.82 万人。[2]

1937 年 1 月,临漳县因大水,受灾面积 272 平方千米,受灾 25 600 人。[3]

1938 年 6 月,为了阻止日军西进,南京国民政府先后下令扒开中牟赵口大堤、郑县花园口大堤,溃决之水经中牟、开封、尉氏、扶沟、西华、太康,分由贾鲁河、涡河进入淮河,淹及豫、皖、苏三省 44 个县

---

[1] 黄河水利委员会:《民国黄河大事记》,郑州:黄河水利出版社,2004 年,第 84 页。
[2] 黄河水利委员会:《民国黄河大事记》,郑州:黄河水利出版社,2004 年,第 90 页。
[3] 《河南省各县被灾状况调查表》(1937 年 1 月),《河南统计月报》1937 年第 3 期,第 8 页。

市，受灾人口 1250 万人。[①]

1943 年 5 月，尉氏荣村黄河大堤决口，尉氏、鄢陵、扶沟、西华等县低洼之处尽成泽国。尉氏受灾 7865 人，西华 56 715 人，扶沟 82 823 人，鄢陵 38 775 人，4 个县灾民合计 186 178 人。[②]

1947 年 8 月，沁河从武陟县大樊决口，溃水挟丹河夺卫河入北运河，淹武陟、修武、获嘉、新乡、辉县 5 个县 120 个村庄，受灾人数合计 20 多万人。[③]

三、水患与人口迁移

在水患中，除了人口死亡、受灾外，还有一些灾民则是被迫远走他乡，走上流浪谋生的道路。晚清中原地区因水灾而移民的人数及迁移空间，往往缺乏准确的统计资料，只能从相关的文献记载中，搜寻到"荡析离居""转徙流离""四散逃徙"等词语，描述灾民的迁移情况。具体如下。

1854 年，巩县"地被水占，沙尘不堪耕种，民多逃亡，粮赋无出"。[④]

1855 年，黄河在兰阳三堡漫口，河堤漫溢七八十丈之宽，"小民荡析离居"[⑤]。

1887 年秋，黄河在郑州决口，水流南下，尉氏、扶沟、中牟、郑州、西华、淮宁、祥符、太康、项城、沈丘、鄢陵、通许、杞县、商水等县皆被水淹，有的村庄甚至完全被水淹没，百姓流离失所。尉氏、扶沟两县"居民逃徙，十室九空"；中牟、淮宁、项城三县"村庄半被淹浸，逃亡不少"；郑州、祥符、沈丘、通许、太康五县"亦因漫淹日久……小民荡析杂居"。[⑥]

1898 年秋，河南省多地淫雨为灾，"各河漫溢，低洼地亩全被淹浸，灾民转徙流离"[⑦]。

到了民国时期，特别是 20 世纪 30 年代几次大水灾导致灾民离乡谋生

① 黄河水利委员会：《民国黄河大事记》，郑州：黄河水利出版社，2004 年，第 268 页。
② 河南省政府：《河南省政府救灾总报告》，1943 年，第 76 页。
③ 黄河水利委员会：《民国黄河大事记》，郑州：黄河水利出版社，2004 年，第 231 页。
④ 《奏为巩县粮地被水占沙压请停缓征应完粮赋事》，宫中朱批奏折，档号：04-01-01-0853-048，一史馆藏。
⑤ 《寄谕河东河道总督等河南兰阳县河工漫溢著将宣泄赶筑筹款各事宜妥筹办理》，军机处上谕档，档号：1183-3，一史馆藏。
⑥ 《奏为上年郑州河决芦属豫岸引地受伤甚深请分别酌予调剂以恤商艰事》，宫中朱批奏折，档号：04-01-01-0963-019，一史馆藏。
⑦ 《寄谕河南巡抚裕著查明上年河南洼地被淹各县情形就如何赈恤覆奏》，军机处上谕档，档号：1442（1）-12，一史馆藏。

者极多。现根据有关资料,将 1931 年与 1938 年大水灾导致河南人口迁移的数据作一统计。

1931 年,河南全省被灾区域达 79 个县。根据《河南省政府年刊》记载,在呈报灾情的 69 个县中,有 9 个县未呈报流亡人数,60 个县流亡共390 232 人,占受灾人数的 6%。[①]具体如表 3-15 所示。

表 3-15　1931 年河南省各县流亡人数统计表　　（单位：人）

县名	流亡人数	县名	流亡人数	县名	流亡人数
开封	8 258	太康	75 000	遂平	165
杞县	4 742	扶沟	150	信阳	1 270
通许	642	临颍	8 600	罗山	74 962
鄢陵	25	襄城	3 297	商城	12 563
中牟	46	郾城	68	洛阳	4 214
兰封	510	民权	21	偃师	401
商丘	1 470	广武	373	巩县	124
宁陵	2 703	镇平	71	孟津	508
永城	1 613	邓县	11 647	宜阳	32 756
鹿邑	6 342	内乡	168	洛宁	234
虞城	2 886	新野	7 066	渑池	204
夏邑	12 400	淅川	3 259	嵩县	298
睢县	158	方城	4 297	临汝	3 258
柘城	13 500	舞阳	23	郏县	29 301
考城	1 331	汝南	2 800	宝丰	510
淮阳	3 050	上蔡	8 559	林县	1 100
西华	8 379	确山	2 360	济源	70
商水	594	正阳	5 000	孟县	1 248
项城	2 108	新蔡	4	温县	556
沈丘	18 834	西平	3 935	阳武	201
合计			390 232		

资料来源：河南省政府秘书处：《河南省政府年刊》,1931 年,附表《二十年水灾河南各县人民溺死流亡及待赈人数统计表》

由表 3-15 可以看出,河南省 60 个县中,平均每县流亡约 6504 人,其中夏邑、柘城、沈丘、太康、罗山、商城、郏县等县迁移人数在万人以上,太康、罗山高达 7 万多人。

---

① 河南省政府秘书处：《河南省政府年刊》,1931 年,附表《二十年水灾河南各县人民溺死流亡及待赈人数统计表》。

1938 年，郑州花园口决堤，淹及豫、皖、苏三省，黄泛区灾情以河南省为最重，占全泛区 90%以上。至 1946 年底，河南泛区扩大为 20 县，逃亡 110 多万人，占原有人口的 38%。[①]具体如表 3-16 所示。

表 3-16　河南省黄泛区各县逃亡人口统计表

县名	原有人口数/人	逃亡人口数/人	逃亡人口占原有人口比例
西华	418 543	285 575	68.2%
鄢陵	84 426	26 242	31.1%
扶沟	315 500	169 800	53.8%
淮阳	339 117	66 798	19.7%
太康	466 191	175 388	37.6%
睢县	13 961	5 166	37.0%
杞县	56 022	25 100	44.8%
尉氏	315 230	151 786	48.2%
广武	7 069	451	6.4%
郑县	15 569	5 176	33.3%
柘城	5 051	471	9.4%
项城	120 126	37 060	30.9%
商水	96 130	51 780	53.9%
开封	9 199	2 134	23.2%
鹿邑	178 189	28 961	16.3%
通许	269 512	25 297	9.4%
中牟	125 536	33 155	26.4%
洧川	63 027	35	0.05%
沈丘	102 825	48 312	47.0%
陈留	—	—	—
合计	3 001 223	1 138 687	38.0%

注：①本表各项数字，系各县就所辖境内黄河淹没之乡镇村庄被灾实况调查所得，并不包括全县人口、土地、房屋总数。②本表所列黄泛区共 20 县，包括自 1938 年起至 1946 年 2 月止之新旧泛区。③经计算，原表统计的泛区原有人口 22 996 223 人有误。③ "—" 表示无数据

资料来源：《河南省黄泛区二十县份人口土地房屋损失数理统计表》，《善后救济总署河南分署周报》1946 年第 17 期，第 6 页

由表 3-16 可知，1938 年至 1946 年 2 月，河南省黄泛区 20 个县逃亡难民多达 1 138 687 人，占原有人口的 38.0%，平均每县约 56 934 人。西华、商水、扶沟 3 个县人口逃亡相对较多，分别占当地人口总数的

---

① 《河南省黄泛区二十县份人口土地房屋损失数理统计表》，《善后救济总署河南分署周报》1946 年第 17 期，第 6 页。

68.2%、53.9%、53.8%。洧川、广武、通许、柘城等县人口逃亡相对较少，均在 10% 以下。而据 1947 年善后救济总署河南分署统计，河南省黄泛区逃亡人数略有增加，达到 1 172 687 人。[①]两者之间虽有出入，但总体差别不大。

总之，近代中原地区是人口稠密的地区，水患对人口的影响十分巨大，主要表现为人口死亡、人口受灾及人口迁移。"人员的巨大伤亡""大量的灾民嗷嗷待哺""许多灾民被迫流离失所"，成为水灾之后人口的真实写照。为应对水患，各级政府及社会组织在一定程度上作了积极的努力，但受主客观因素的制约，成效甚微。如何有效地预防和治理水患，将水患对人口的影响降到最低程度，促进近代中原地区人口的发展，是推动该地区社会经济持续健康发展的关键。

第二节　水患对民生的影响

民生是指民众的生计，包括民众的基本生存和生活状态等。近人在分析水灾对农业的影响时，列出以下几个方面：家畜、耕具、农舍的损失；土地生产能力的退化；人口死亡与离村现象；农产品的损失；等等。[②]《申报》在刊载河南水灾筹赈处劝募启事时，也曾指出水灾的具体影响："人畜并随夫浩劫，田庐悉付诸洪涛，孑遗之荡析尤多，晚稼之耰锄无望。"[③]上述所列水灾的影响，与民生息息相关。其中对人口的影响，前文已专门述及。而对于其他方面的影响，结合中原地区水患特点，可以将其归纳为毁坏房屋、淹没田地、减少收成、淹死牲畜等。

一、毁坏房屋

房屋是家庭的基体，是人们居住的场所。水患，除了导致人口的大量死亡外，还往往冲塌、摧毁房屋，这不仅直接造成物质财富的破坏，还使得灾民无家可归，流离失所。近代每次水灾，往往都有房屋坍塌现象的出

---

① 《黄河泛区损失统计》，《善后救济总署河南分署周报》1947 年第 62 期，第 1 页。另外，有些统计数据还是有较大差别。如《黄泛区的灾情和新生》记载，河南黄泛区淹没村庄约 5600 个，逃亡者近 90 万人（史镜涵：《黄泛区的灾情和新生》，《观察》1947 年第 3 期，第 22 页）。再如《河南省战时损失调查报告》记载，河南泛区 20 县逃亡者为 631 070 人（陈建宁：《河南省战时损失调查报告》，《民国档案》1990 年第 4 期，第 15 页）。

② 《水灾影响与经济复兴政策树立之途径（上）》，《银行周报》1931 年第 35 期，第 3-5 页。

③ 《河南水灾筹振处劝募水灾急振启》，《申报》1919 年 9 月 26 日，第 3 版。

现。具体如下：

（1846 年）卢氏县前因山水骤发，宣泄不及，漫洼城根，致将土城冲决，浸灌入城，官民房屋间有冲塌。①

1855 年，东河下北厅兰阳汛，黄水漫口，河南兰仪等县被水村庄，室庐倾圮。②

（1873 年）本年自七月后黄河异常涨发，孟津县属之阎湾等村庄被水冲塌……并铁谢镇地方，冲塌情形轻重不等，室庐倾圮。③

（1878 年）沁河水势陡长……来源既旺，宣泄不及，以致冲刷成口……民田庐舍均已被淹；又该县郭村地方因大雨倾盆，致该处河堤漫口……房屋亦被淹浸。④

（1887 年）南召、舞阳、叶县、西平、遂平、郾城等处，或雨骤风狂，或水发河涨，或坍塌城垣民舍。⑤

（1895 年）获嘉县……大雨经旬，积潦盈途……下游沁水奔注，小丹河宣泄不及，漫溢出槽，濒河各村田庐被淹、庄房屋间有倒塌。……新乡县……卫河陡涨出槽……沿河村庄被淹，房屋间有坍塌。⑥

（1896 年）信阳、南阳、南召、裕州、舞阳、叶县等州县先后禀报均因大雨之后，或河流漫溢，或山水奔注，平地水深数尺，间有冲塌房屋。⑦（同年），商城县禀报该县之竹上等保，猝被蛟水，冲压民庐。⑧

（1898 年）因雨后上游山水暴发，兼以坡水下注，该县城西之梅溪河水势陡涨，漫淹西关寨及菜园等村，又该县与裕州分辖之赊旗镇，亦因大雨倾盆，山水同时泻注，环镇之潘河，聚难容纳，漫溢出槽，水灌入寨，并淹及附近小庄一带，民房均有坍塌。⑨滑县境内之老安镇丁乐集等三百六十村庄，则因六月二十一日黄河盛涨冲决，直隶长

---

① 水利电力部水管司科技司、水利水电科学研究院：《清代黄河流域洪涝档案史料》，北京：中华书局，1993 年，第 642 页。
② 《谕内阁河南兰阳黄水漫口兰仪等县村庄被水著接济口粮》，军机处上谕档，档号：1184-3，一史馆藏。
③ 《奏为勘明河岸冲塌孟津县属滨河村庄被淹灾民请抚恤事》，宫中朱批奏折，档号：04-01-02-0085-014，一史馆藏。
④ 《寄谕河东河道总督等河南沁河漫口著疏消积水堵巩漫口》，军机处上谕档，档号：1350（2）37-38，一史馆藏。
⑤ 水利电力部水管司、水利水电科学研究院：《清代淮河流域洪涝档案史料》，北京：中华书局，1988 年，第 910 页。
⑥ 《奏为河内武陟两县沁河漫决淹及下游修武等县勘明成灾分数请先予抚恤事》，宫中朱批奏折，档号：04-01-02-0094-008，一史馆藏。
⑦ 《奏为豫省信阳等州县被水委勘赈抚情形等事》，宫中朱批奏折，附片，档号：04-01-02-0095-009，一史馆藏。
⑧ 《奏请分别停征缓征太康等州县应征新旧钱漕折》，宫中朱批奏折，档号：0111-034，一史馆藏。
⑨ 《奏为河南南阳府等州县本年被水灾妥筹抚恤事》，宫中朱批奏折，附片，档号：04-01-02-0097-003，一史馆藏。

垣县属之五间房，民堤顺流下注，波及所致，民田庐舍悉遭巨浸。①
温县禀报，该县境内之蟒涝等河积雨之后，本已盈满，继以上游山水
下注，以致同时涨漫……民房亦有冲塌。②

（1917年）（河南）连日大雨，山水暴发，河流泛溢，汲县、新
乡、安阳等处漂没房屋。③

有时发生较大水灾的地区，房屋倒塌现象更为严重。具体如下：

（1841年）黄河伏汛异常泛涨，致祥符上汛三十一堡于六月十六
日滩水漫过堤顶，省城猝被水围势甚危……城外民舍因猝不及防多被
冲塌。④房屋倒坏无数，省城墙垣坍塌一半。⑤祥符而外有陈留、杞
县、通许、太康等县，庐舍人口均有损伤。⑥

（1843年）中河九堡漫口，黄水骤注下游州县，猝不及防被水穷
民，家资漂淌，房屋冲塌，在所不免。⑦所过州县被水较重之处，田
围庐舍荡然无存。⑧

（1921年）河南本年水灾奇重……除豫北各县较轻外，豫东、豫
西、豫南等九十余县，皆洪水横流，庐舍荡然。⑨

（1923年）连日暴雨，沙河、汝河、沣河各水同时出岸，平地水
深数尺……冲倒民房无数。⑩

（1927年7月）（郑州）晨大雨，山水暴发，屋倾甚多。⑪

（1935年7月）黄、伊、洛等河泛滥，偃师等县受淹，其南城积
水尚深丈余，房屋坍尽。⑫

（1942年）鄢陵、扶沟、陈州等十余里，黄泛为灾，悉受水患。

① 《奏为遵旨查明豫省本年被灾情形事》，宫中朱批奏折，档号：04-01-02-0097-022，一史馆藏。
② 水利电力部水管司科技司、水利水电科学研究院：《清代黄河流域洪涝档案史料》，北京：中华书
局，1993年，第854页。
③ 《直豫水灾之电讯》，《申报》1917年8月6日，第6版。
④ 《奏为黄水漫口力筹修守抚妥并天气放晴堤工漫水剋期可堵竣事》，宫中朱批奏折，档号：04-01-01-
0801-064，一史馆藏。
⑤ 水利电力部水管司科技司、水利水电科学研究院：《清代黄河流域洪涝档案史料》，北京：中华书
局，1993年，第627页。
⑥ 《奏为省城自漫口掣流受冲情形吃重奉旨厚集兵夫物料守护并赈恤灾民事》，宫中朱批奏折，档号：
04-01-01-0801-069，一史馆藏。
⑦ 《奏为派员查明豫皖二省漫水所经及入湖处所情形事》，宫中朱批奏折，档号：04-01-01-0810-037，
一史馆藏。
⑧ 《奏为河南中河厅九堡又复漫口淹及安徽遵旨确勘各州县灾情并设法筹款赈济事》，宫中朱批奏折，
附片，档号：04-01-01-0810-029，一史馆藏。
⑨ 《河南水灾筹款之困难》，《晨报》1921年12月26日，第3版。
⑩ 《豫省水灾》，《晨报》1923年8月3日，第3版。
⑪ 《郑州山水暴发》，《申报》1927年7月26日，第4版。
⑫ 许世英：《冀鲁豫水灾惨状（续）》，《大公报》1935年9月6日，第4版。

由郑州至蚌埠间宽百余里，长有千余里之地，庐舍为墟。[1]

近代中原地区的大水灾资料除了对房屋倒塌作了现象描述外，还留下房屋大量被毁的数据。具体整理如下。

1884 年，叶县连遭大雨，孟奉等 19 个村倒塌民房 5840 间。[2]鲁山县暴雨倾盆，沙河水溢，房屋倒塌甚多[3]，其中下阳等 56 个村，淹塌瓦草房 4300 余间。宝丰县沿河林云庄等 44 个村均遭冲刷，房屋倒塌 9000 余间。[4]

1895 年，济源县境内附近沁河之河头等村，沁河堤涨，于民埝卑矮之处漫溢出槽，平地水深数尺，并为山水冲刷，塌房 2000 余间。辉县，入夏大雨时行，地多积水，该县西南乡之落安营一带，因上游沁水汇入丹河，遂致河流骤涨，泛溢出槽，塌房 1000 余间。河内、武陟二县，沁河决口，被淹 200 余村庄，塌房一万数千间。[5]修武县，沁水自该县西南入境，顺流东趋，以致铁炉头等村庄悉被水淹，丹河堤埝亦多冲刷。受淹之处，塌房 1000 余间。[6]

1906 年，开封、郑州等属连得大雨，上游山水暴发，双洎、溱水诸河一时宣泄不及，漫溢出槽，以致居民田庐多有被淹。开封府属洧川县庞冈等村冲塌草房 710 余间，郑州马寨等村冲塌民房 400 余间，荥泽县张庄草屯坡等村冲塌民房 250 余间。另外，南召县属鸦河，漫溢出槽，冲塌瓦草房 1400 余间，密县坍塌瓦草房 330 余间。[7]

1907 年，黄河河水叠涨，下游铁桥横亘河心，水势抬高，异常汹涌。大溜自孟县铁谢以下，直趋北岸坐湾处所，冲刷更甚，自贾庄至戍楼冲塌石坝一道，坍塌房屋 580 余间。[8]

1935 年，偃师等 60 县坍塌房屋 566 491 间。[9]

① 李文海、林敦奎、程歗，等：《近代中国灾荒纪年续编》，长沙：湖南教育出版社，1993 年，第 553 页。
② 水利电力部水管司、水利水电科学研究院：《清代淮河流域洪涝档案史料》，北京：中华书局，1988 年，第 892 页。
③ 《谕内阁河南鲁山县被水知县报灾不实著将张其昆交部议处》，军机处上谕档，档号：1377（1）107，一史馆藏。
④ 水利电力部水管司、水利水电科学研究院：《清代淮河流域洪涝档案史料》，北京：中华书局，1988 年，第 892 页。
⑤ 《奏为河内武陟两县沁河漫决淹及下游修武等县勘明成灾分数请先予抚恤事》，宫中朱批奏折，档号：04-01-02-0094-008，一史馆藏。
⑥ 水利电力部水管司、科技司、水利水电科学研究院：《清代黄河流域洪涝档案史料》，北京：中华书局，1993 年，第 828 页。
⑦ 水利电力部水管司、科技司、水利水电科学研究院：《清代淮河流域洪涝档案史料》，北京：中华书局，1988 年，第 1044 页。
⑧ 水利电力部水管司、科技司、水利水电科学研究院：《清代黄河流域洪涝档案史料》，北京：中华书局，1993 年，第 911 页。
⑨ 《豫省水灾损失统计》，《申报》1935 年 9 月 27 日，第 8 版。

1947 年 6 月底，尉氏黄堤溃决，尉氏、鄢陵、扶沟、西华四县低洼之处尽成泽国，庐舍为墟，被毁房屋 14 960 间。[1]

下面依据更具体的数据资料，对 1931 年水灾、1940 年水灾及 1946 年河南黄泛区各县的房屋毁坏数量作一统计。

据《河南省政府年刊》记载，1931 年河南发生大水灾，在受灾的 71 个县中，倒塌房屋 4 280 996 间。具体如表 3-17 所示。

表 3-17　1931 年河南省各县水灾毁坏
房屋数统计表　　　（单位：间）

县名	毁坏房屋	县名	毁坏房屋	县名	毁坏房屋
商丘	103 988	尉氏	7 253	内乡	3 799
鄢陵	12 306	陈留	1 280	罗山	74 305
永城	55 621	兰封	2 985	潢川	64 238
鹿邑	73 005	考城	2 148	息县	1 423 513
柘城	40 495	广武	35	商城	436 000
夏邑	53 800	南召	2 130	偃师	294 528
淮阳	252 617	唐河	52 300	巩县	40 654
西华	10 492	泌阳	48 500	洛阳	42 123
商水	3 100	方城	24 300	孟津	1 774
项城	75 180	邓县	24 690	新安	983
沈丘	58 719	舞阳	63 876	嵩县	14 753
临颖	18 902	叶县	35 597	宜阳	628
襄城	12 110	新野	63 621	鲁山	7 642
郾城	89 435	淅川	19 409	郏县	2 406
杞县	17 829	桐柏	25 694	宝丰	9 672
禹县	13 626	汝南	36 025	伊阳	150
虞城	25 450	信阳	11 690	渑池	2 631
睢县	23 697	西平	38 909	温县	127
宁陵	15 938	正阳	49 666	安阳	130
民权	31 870	上蔡	98 457	汤阴	2 330
太康	135 000	新蔡	49 351	沁阳	1 660
扶沟	11 680	遂平	23 219	孟县	3 760
汜水	600	确山	8 500	济源	2 222
开封	3 226	镇平	22 647		
总计			4 280 996		

注：查河南省本年被水灾区共 77 县，列表造报者计 71 县

资料来源：河南省政府秘书处：《河南省政府年刊》，1931 年，第 100-105 页

---

[1]　河南省政府：《河南省政府救灾总报告》，1943 年，第 76 页。

由表 3-17 可知，在商丘等 71 个县中，平均每县被毁坏房屋达 60 296 间，其中息县毁坏房屋数量最多，达 1 423 513 间。

再据《国民政府救济水灾委员会工振报告》记载，1931 年河南大水灾，在受灾的 73 个县中，倒塌房屋 4 067 028 间，平均每县毁坏房屋达 55 713 间。现列成表 3-18。

表 3-18　1931 年河南各县水灾被淹房屋数统计表　（单位：间）

县名	被淹房屋	县名	被淹房屋	县名	被淹房屋
商丘	103 988	陈留	1 280	潢川	38 620
鄢陵	12 360	兰封	2 985	息县	1 213 513
永城	55 620	考城	2 063	商城	436 000
鹿邑	50 000	广武	35	偃师	244 528
柘城	3 500	南召	2 130	巩县	26 620
夏邑	63 500	唐河	52 300	洛阳	42 122
淮阳	12 497	泌阳	48 500	孟津	1 774
西华	10 492	方城	24 300	新安	983
商水	3 100	邓县	24 690	嵩县	14 753
项城	75 180	舞阳	29 034	宜阳	600
沈丘	58 719	叶县	32 822	鲁山	7 642
临颍	65 000	新野	7 118	郏县	2 406
襄城	12 110	淅川	19 409	宝丰	9 672
郾城	86 352	桐柏	25 694	伊县	150
杞县	17 829	汝南	73 125	渑池	2 631
禹县	13 000	信阳	11 690	温县	127
虞城	16 031	西平	38 918	安阳	130
睢县	23 697	正阳	35 100	汤阴	2 121
宁陵	15 900	上蔡	98 457	沁阳	1 660
民权	31 870	新蔡	49 351	孟县	3 706
太康	135 000	遂平	23 925	济源	2 222
扶沟	11 680	确山	5 380	固始	418 644
氾水	600	镇平	22 647	通许	150
开封	1 919	内乡	3 799		
尉氏	7 253	罗山	74 305		
合计					4 067 028

资料来源：国民政府救济水灾委员会：《国民政府救济水灾委员会工振报告》，1933 年，第 68-70 页

将表 3-17 与表 3-18 加以比较，可以看出，《国民政府救济水灾委员

会工振报告》统计了 73 个县，《河南省政府年刊》统计了 71 个县，毁坏房屋数量两者相差 213 968 间，一方面，缘于县数增加 2 个，另一方面，某些县的统计数据也有差异。到了 1933 年，大水灾使某些县房屋冲毁数更多，如 1931 年，兰封冲毁房屋 2985 间，考城 2063 间，温县 127 间；1933 年，兰封房屋损失 14 177 间，考城 51 000 间，温县 24 900 间。[①]

1940 年七、八月，河南连降大雨，黄水泛滥，沿河各县如开封、郑州、中牟、尉氏、鄢陵、扶沟、西华、太康等地纷纷决口，浚县等 28 个县市被冲毁房屋 348 815 间。具体如表 3-19 所列。

表 3-19　1940 年河南各县水灾冲毁房屋数统计表　（单位：间）

县名	冲毁房屋	县名	冲毁房屋	县名	冲毁房屋
浚县	11 200	封丘	8 400	开封市	2 372
彰德	20 000	新乡	5 760	开封	4 689
修武	8 467	阳武	4 780	淮阳	19 862
汤阴	105 000	沁阳	15 700	鹿邑	16 470
原武	6 305	武安	6 895	睢县	2 409
滑县	9 700	内黄	6 895	民权	1 981
武陟	21 900	获嘉	8 716	柘城	5 232
淇县	8 191	辉县	20 117	兰封	233
汲县	2 423	延津	600		
临漳	19 848	陵化	4 670		
合计			348 815		

资料来源：李文海、林敦奎、程歗，等：《近代中国灾荒纪年续编》，长沙：湖南教育出版社，1993 年，第 534 页

由表 3-19 可知，在浚县等 28 个县市中，平均每县被冲毁房屋约 12 458 间，其中汤阴最多，达 105 000 间。

1946 年，河南省黄泛区郑县、中牟、开封、通许、尉氏、扶沟、太康、西华、商水、淮阳、鹿邑、项城、沈丘、鄢陵、陈留、杞县、广武、睢县、柘城、洧川 20 个县，原有房屋 2 962 024 间，被淹房屋 1 464 036 间，占原有房屋的 49.4%。[②]具体如表 3-20 所示。

[①] 《兰考温三段堵口工程始末纪——黄河水灾救济委员会工振组第一区工程处总报告》，《河南政治月刊》1934 年第 2 期，第 2 页。

[②] 《河南省黄泛区二十县份人口土地房屋损失数理统计表》，《善后救济总署河南分署周报》1946 年第 17 期，第 6 页。

表 3-20　河南省黄泛区被冲毁房屋数统计表 （单位：间）

县名	被淹房屋	县名	被淹房屋	县名	被淹房屋
西华	286 537	尉氏	144 633	鹿邑	53 760
鄢陵	75 447	广武	4 520	通许	28 219
扶沟	198 530	郑县	13 134	中牟	59 367
淮阳	127 726	柘城	10 548	洧川	574
太康	314 315	项城	14 557	沈丘	12 186
睢县	11 757	商水	67 200	陈留	1 013
杞县	15 257	开封	24 756		
合计			1 464 036		

资料来源：《河南省黄泛区二十县份人口土地房屋损失数理统计表》，《善后救济总署河南分署周报》1946 年第 17 期，第 6 页

由表 3-20 可知，1946 年善后救济总署河南分署统计，西华等黄泛区 20 个县中，平均每县被冲毁房屋 73 201 间以上。而据 1947 年善后救济总署河南分署进一步统计，河南黄泛区 20 个县被淹房屋数量大大增加，达到 1 464 036 间[1]，平均每县高达 73 202 间。其中，扶沟受灾最重，被淹房屋 198 530 间，占原有房屋（211 200 间）的 94.0%；其次为鄢陵，被淹房屋 75 447 间，占原有房屋（82 368 间）的 91.6%；最后为商水，67 200 间房屋被淹，占原有房屋（84 000 间）的 80.0%。[2]

二、淹没田地

土地是农民赖以生存的主要生产资料与生活资料。近代中原地区每遇大水灾时，大量的田地都会被淹。田地与人民群众的生产生活息息相关。晚清时期，有时在记录水灾的影响时，往往把田地、房屋放在一起。具体如下：

（1892 年）汲县等县沿河村庄，猝被水灾，田庐悉遭巨浸。[3]
（1895 年）获嘉县……沁水奔注，小丹河宣泄不及，漫溢出槽，濒河各村庄田庐被淹。[4]

---

[1] 《黄泛灾区损失统计包括郑汴陕等二十县人畜房田损失惨重》，《善后救济总署河南分署周报》1947 年第 6 期，第 2 页。
[2] 《河南省黄泛区二十县份人口土地房屋损失数理统计表》，《善后救济总署河南分署周报》1946 年第 17 期，第 6 页。
[3] 《奏请蠲缓被水各县应征新旧钱漕事》，宫中朱批奏折，档号：04-01-35-0103-028，一史馆藏。
[4] 《奏为河内武陟两县沁河漫决淹及下游修武等县勘明成灾分数请先予抚恤事》，宫中朱批奏折，档号：04-01-02-0094-008，一史馆藏。

有时在记录水灾的影响时，会把田地、庄稼放在一起。具体如下：

（1855年）东河下北厅兰阳汛黄水漫口，河南兰仪等县被水，村庄……田禾漂没。①

（1872年）光州等属……因霖雨过多，河水涨发，田禾被灾。②

（1873年）阎湾等五村庄并铁谢镇地方……田禾漂没无存。③

（1878年）八月，沁河水势陡长，宣泄不及，以致冲刷成口，武陟县南方陵朱原村……郭村地方因大雨被淹浸。④

（1879年）夏秋之间……阴雨连绵，地多积潦，禾稼被淹。⑤

（1884年）（叶县连遭大雨），孟奉等十九村……田禾多被冲毁。⑥

（1887年）六月，南召、舞阳、叶县、西平、遂平、郾城等处，……水发河涨……冲刮树木田禾。⑦

（1892年）怀庆府属之修武、温县禀报，河水漫溢，田禾被淹。⑧

（1898年）入夏后，叠遭淫雨，大雨倾盆，滑县境内之老安镇丁乐集等……田庐舍悉遭巨浸。⑨温县境内蟒涝等河积雨盈满，继以上游山水下注以致同时涨漫，沿河各村田禾被淹。⑩

（1906年）七月，大雨如注，南召县属鸦河漫溢出槽，地亩被淹。淯川、新蔡两县同时被水，间有冲损田禾。⑪

有时在记录水灾的影响时，又会单独描述水灾对田地的影响，整理

---

① 《谕内阁河南兰阳黄水漫口兰仪等县村庄被水著接济口粮》，军机处上谕档，档号：1184-3，一史馆藏。
② 《谕内阁著将河南孟津等被灾各州县分别加赈一月口粮并蠲缓应征新旧钱粮》，军机处上谕档，档号：1323（5）-212，一史馆藏。
③ 《奏为勘明河岸冲塌孟津县属滨河村庄被淹灾民请抚恤事》，宫中朱批奏折，档号：04-01-02-0085-014，一史馆藏。
④ 《寄谕河东河道总督等河南沁河漫口著疏消积水堵巩漫口》，军机处上谕档，档号：1350（2）37-38，一史馆藏。
⑤ 《谕内阁河南开封等属田禾被淹被旱著分别蠲缓钱漕》，军机处上谕档，档号：1358（1）139-185，一史馆藏。
⑥ 水利电力部水管司、水利水电科学研究院：《清代淮河流域洪涝档案史料》，北京：中华书局，1988年，第892页。
⑦ 水利电力部水管司、水利水电科学研究院：《清代淮河流域洪涝档案史料》，北京：中华书局，1988年，第910页。
⑧ 水利电力部水管司、科技司、水利水电科学研究院：《清代黄河流域洪涝档案史料》，北京：中华书局，1993年，第800页。
⑨ 《奏为被水成灾各属请蠲免缓征新旧钱漕事》，宫中朱批奏折，档号：04-01-35-0116-001，一史馆藏。
⑩ 水利电力部水管司科技司、水利水电科学研究院：《清代黄河流域洪涝档案史料》，北京：中华书局，1993年，第854页。
⑪ 水利电力部水管司，水利水电科学研究院：《清代淮河流域洪涝档案史料》，北京：中华书局，1988年，第1044页。

如下。

1849 年，七月以后，河南大雨连绵，积水未能宣泄，兼之山水下注，漳、卫等河亦皆同时涨发漫溢，祥符、许州、临颍、商丘、宁陵、鹿邑、夏邑、永城、虞城、柘城、考城等州县滨河村庄及四乡低洼地亩，被水冲淹。[①]

1899 年，入秋，淫雨为灾，河南各河浸溢，低洼地亩全被淹浸。[②]

民国时期发生的大水灾，有的较为详细地记录下被淹的农田亩数。具体整理如下。

1942 年 5 月下旬，黄河水冲破扶沟县蒺藜岗民堤，溃水越过贾鲁河，直撞颍河北岸，淹没村庄 300 多个，淹没土地 40 万亩。[③]

1946 年入夏后，因暴雨使黄河水骤涨，溢入孟津城内，县府水深 3 尺，被冲毁田地 4 万余亩。[④]

1947 年 6 月，尉氏荣村黄河大堤决口，大泛南流。尉氏、西华、扶沟、鄢陵 4 县被淹田地 86 400 亩。[⑤]

1948 年 8 月初，河南北部连降大雨，沁水决口，洪水漫及新乡、武陟、修武、获嘉、辉县、汲县、浚县、淇县、滑县 9 县，被灾面积达 115 万余亩。[⑥]

再以 1931 年、1935 年、1946 年大水灾及河南黄泛区为例，将各县被淹田亩数分别列成表 3-21、表 3-22、表 3-23。

表 3-21　1931 年河南省各县被淹田地数一览表　（单位：亩）

县名	被淹农田	县名	被淹农田	县名	被淹农田
商丘	1 307 788	陈留	44 000	潢川	47 570
鄢陵	254 897	兰封	188 460	息县	279 806
永城	2 164 849	考城	720 000	商城	28 000
鹿邑	1 960 000	广武	24 300	偃师	459 862
柘城	621 510	南召	14 000	巩县	159 189
夏邑	760 000	唐河	1 103 800	洛阳	100 507

---

① 水利电力部水管司、水利水电科学研究院：《清代淮河流域洪涝档案史料》，北京：中华书局，1988 年，第 759 页。

② 《寄谕河南巡抚裕著查明上年河南洼地被淹各县情形就如何赈恤覆奏》，军机处上谕档，档号：1442（1）-12，一史馆藏。

③ 黄河水利委员会：《民国黄河大事记》，郑州：黄河水利出版社，2004 年，第 160 页。

④ 《天灾人祸——豫省洪水奔流》，《民国日报》1946 年 8 月 4 日，第 1 版。

⑤ 河南省政府：《河南省政府救灾总报告》，1943 年，第 76 页。

⑥ 《山洪暴发沁水决口豫北九县成巨灾》，《申报》1948 年 8 月 4 日，第 2 版。

续表

县名	被淹农田	县名	被淹农田	县名	被淹农田
淮阳	958 000	泌阳	96 400	孟津	13 705
西华	923 000	方城	44 200	新安	31 240
商水	403 435	邓县	600 000	嵩县	86 880
项城	623 479	舞阳	401 623	宜阳	9 990
沈丘	263 389	叶县	345 060	鲁山	17 000
临颍	614 220	新野	437 700	郏县	25 030
襄城	167 980	淅川	170 530	宝丰	155 513
郾城	711 900	桐柏	280 440	伊县	51 400
杞县	535 899	汝南	2 109 200	渑池	25 405
禹县	112 000	信阳	400 000	温县	170 100
虞城	350 000	西平	183 500	安阳	5 000
睢县	394 108	正阳	223 550	汤阴	352 053
宁陵	520 000	上蔡	999 200	沁阳	68 720
民权	338 430	新蔡	307 157	孟县	77 182
太康	1 260 000	遂平	193 549	济源	106 147
扶沟	627 585	确山	535 580	固始	113 040
氾水	220 000	镇平	451 280	通许	105 600
开封	491 357	内乡	35 770		
尉氏	108 460	罗山	213 150		
合计			29 303 674		

资料来源：国民政府救济水灾委员会：《国民政府救济水灾委员会工振报告》，1933 年，第 68-70 页

由表 3-21 可知，商丘等 73 个县被淹田地 29 303 674 亩，平均每县约 401 420 亩。商丘、永城、鹿邑、唐河、太康、汝南被淹田地超过 100 万亩，其中永城、汝南更是高达 210 万亩以上。

表 3-22　1935 年河南省各县被淹田地数一览表　（单位：亩）

县名	被淹田地	县名	被淹田地	县名	被淹田地
偃师	157 301	内乡	21 569	汝南	866 960
巩县	49 420	镇平	34 640	正阳	30 000
淅川	1 000	滑县	180 000	临汝	5 474
郾城	684 512	西平	323 175	卢氏	23 298

续表

县名	被淹田地	县名	被淹田地	县名	被淹田地
封丘	120 168	沁阳	223 558	温县	79 592
西华	525 652	伊阳	23 880	孟津	2 500
商水	359 334	洛阳	52 881	济源	78 155
新野	502 229	汜水	40 000	武陟	132 224
襄城	341 281	嵩县	62 757	阌乡	179
南阳	184 035	汤阴	142 851	嵩县	159 252
兰封	134 000	鄢陵	18 470	渑池	860
陈留	1 923 230	南召	76 885		
遂平	158 957	宜阳	67 000		
合计			7 787 279		

资料来源：许世英：《二十四年江河水灾勘察记》，1936年，第51-53页；《民国二十四年黄河泛滥沿河各县受灾状况统计表》，《黄河水利月刊》1936年第3期，第269页

由表3-22可以看出，偃师等37个县被淹田地7 787 279亩，平均每县约210 467亩，其中陈留县被淹田地最多，达到190多万亩。

表3-23　1946年河南省黄泛区被淹田地数统计表　（单位：亩）

县名	被淹田地	县名	被淹田地	县名	被淹田地
西华	991 998	尉氏	500 900	鹿邑	308 040
鄢陵	345 800	广武	9 735	通许	396 591
扶沟	1 420 100	郑县	48 711	中牟	182 178
淮阳	344 971	柘城	16 468	洧川	20 726
太康	263 934	项城	486 000	沈丘	371 030
睢县	27 446	商水	480 000	陈留	168 936
杞县	116 214	开封	5 335		
合计			6 505 113		

资料来源：《河南省黄泛区二十县份人口土地房屋损失数理统计表》，《善后救济总署河南分署周报》1946年第17期，第6页

根据表3-23可知，善后救济总署河南分署于1946年统计，河南黄泛区20个县，原有田地9 097 646亩，被淹田地6 505 113亩，占原有田地的71.5%，平均每县约325 256亩。其中，商水县受灾最重，原有土地480 000亩全部被淹；其次为鄢陵，有345 800亩土地被淹，占原有土地（347 950亩）的99.4%；再次为扶沟，有1 420 100亩土地被淹，占原有土地（1 445 000亩）的98.3%。[1]1947年统计，河南黄泛区被淹田地增加

---

[1] 《河南省黄泛区二十县份人口土地房屋损失数理统计表》，《善后救济总署河南分署周报》1946年第17期，第6页。

300 余万亩，达 9 593 474 亩①，平均每县约 479 674 亩。

由于水灾等因素的影响，荒地面积不断增加，耕地面积不断减少。据统计，1919 年，河南全省耕地面积 399 876 867 亩；1932 年，降至 124 816 994 亩；1933 年，再降至 112 891 000 亩。②在这十几年时间里，耕地面积减少很快，超过 2/3 以上。

大水过后，因河水中含沙较多，尤其是黄河含沙量巨大，田地多被沙子覆盖。具体整理如下。

1865 年，祥符陶寨等 79 个村庄、陈留小王庄等 45 个村庄、杞县油坊营等 10 个村庄、安阳前垣桥等 20 个村庄、封丘黄绫社等 10 个村庄、考城红船湾等 71 个村庄、阳武南黑石等 16 个村庄，"各因漫口未堵，地未退出，或仍被沙压河占"。③

1892 年，林县"雨后山水暴发，山庄等村被水冲淹……地多沙碛"④。

1894 年，安阳、内黄等州县"雨后山洪暴发，挟沙带石，势若建瓴，以致各该村地亩均被沙石压"⑤。

1895 年，济源县境内"沁河陡涨，于民埝卑矮之处漫溢出槽……田禾被淹，并为山水冲刷，地多沙压石盖"⑥。

1933 年黄河水灾后，兰封落淤之地较少，沙覆之地甚多。考城土质多有变为沙地者。温县水退沙停，高三、四尺不等。⑦

水灾对土地的影响，不仅表现在大水对田地的直接冲击，还表现在因沙子覆盖田地，导致土质退化，农作物无法种植。对此，曾有学者指出："大水留滞的时候，把土里所含大部分带有碱性的化合物都给分解了，水退之后，地上就添上一薄层白的沉淀。……凡属河水流过的田地上，都铺上一层细沙。细沙所占的面积往往很宽，黄河改道后遗下的沙有宽到数英里的地段。论起浅深，自几寸到几尺不等。但无论浅深如何，其不宜于种植大多数的农产物。"⑧具体整理如下。

1854 年，巩县有粮地 587 余顷（1 顷≈66 666.666 7 平方米），除尚可

① 《黄泛灾区损失统计包括郑汴陕等二十县人畜房田损失惨重》，《善后救济总署河南分署周报》1947年第 6 期，第 2 页。
② 张铭、孙中均：《生产建设声中的河南农业建设》，《河南政治月刊》1934 年第 3 期，第 3 页。
③ 《奏请蠲缓祥符等州县新旧钱漕事》，宫中朱批奏折，档号：04-01-35-0087-004，一史馆藏。
④ 《奏为勘明卫辉等县被淹成灾应筹赈济等请准截留裁存帮丁月粮银两事》，军机处上谕档，档号：04-01-02-0091-027，一史馆藏。
⑤ 《奏请分别蠲缓安阳内黄等州县应征新旧钱酒事》，宫中朱批奏折，档号：04-01-35-0107-047，一史馆藏。
⑥ 《奏为河内武陟两县沁河漫决淹及下游修武等县勘明成灾分数请先予抚恤事》，宫中朱批奏折，档号：04-01-02-0094-008，一史馆藏。
⑦ 《兰考温三段堵口工程始末纪——黄河水灾救济委员会工振组第一区工程处总报告》，《河南政治月刊》1934 年第 2 期，第 2 页。
⑧ 潘光旦：《潘光旦文集》，第 3 卷，北京：北京大学出版社，1993 年，第 149 页。

耕种地 58 余顷，其余水占地 380 余顷，沙压地 145 余顷，又山地 4 余顷亦被河占沙压，不堪种植。①

1857 年，汜水县河滩地尽被沙压，积沙深厚，不堪种植。②

正是因为土质日益沙化，农作物无法生长，使得原本肥沃膏腴之地变成贫瘠荒凉、不长庄稼的荒地。

1850 年，河南籍官员王懿德由京城启程行至河南，亲眼目睹祥符至中牟一带"地宽六十余里，长逾数倍，地皆不毛，居民无养生之路"。③

1887 年，直隶总督李鸿章上奏指出，"黄水经过地面，积成板沙，即合龙后良田难复，人民莫可归耕。……如朱仙镇一带，从前繁庶，甲于中州，今则变成沙漠，地皆不毛，人烟稀少"④。

1947 年 5 月，国民政府水利部长薛笃弼视察河南黄泛区向行政院报告指出，"泛滥黄水所携带之大量泥沙，全部淤存于广大之泛区，昔日沃土，今则变为浩浩无垠之沙漠，旧有之房舍，大部埋没于沙区之下"⑤。

三、减少收成

庄稼一般指农作物，主要用来满足人民群众基本的衣食生活需求。当大水灾来临时，一片汪洋，水灾不但淹没田地，而且使地里的庄稼或被冲走，或浸泡腐烂，造成产量减少，甚至颗粒无收。在记录水灾的影响时，往往会把田地、庄稼放在一起。前面已有述及。

有时在记录水灾影响时，也会把庄稼受淹单列，整理如下。

1840 年 6 月以来，连遭降雨，以致洼地被淹。郑州、延津、新蔡、中牟、杞县、陈留、商丘、睢州、柘城、武陟、阳武、考城等州县，秋禾间有受淹。⑥

水灾对庄稼影响的最直接后果，就是收成减少。具体整理如下。

1848 年，永城、虞城、夏邑、息县、祥符、宁陵、新蔡、项城、睢州、鹿邑、商丘、柘城、考城、杞县、通许、密县、武陟、阳武、汝阳、汤阴、浚县、淯川 22 个州县，因被涝而减收。⑦

---

① 《奏为巩县粮地被水占沙压请停缓征应完粮赋事》，宫中朱批奏折，档号：04-01-01-0853-048，一史馆藏。
② 《谕内阁河南汜水县沙压地亩不堪种植著停缓应征钱粮》，军机处上谕档，档号：1193-4，一史馆藏。
③ 《寄谕河南巡抚潘铎著详查祥符中牟一带历年穷黎抚恤情形妥筹具奏》，军机处上谕档，档号：1162-1，一史馆藏。
④ 《奏为上年郑州河决芦属豫岸引地受伤甚深请分别酌予调剂以恤商艰事》，宫中朱批奏折，档号：04-01-01-0963-019，一史馆藏。
⑤ 《薛部长视察河南黄泛区及豫冀两省复堤工程向行政院报告书》，《水利通讯》1947 年第 5 期，第 39 页。
⑥ 水利电力部水管司、科技司、水利水电科学研究院：《清代黄河流域洪涝档案史料》，北京：中华书局，1988 年，第 714 页。
⑦ 《奏为查明本年被淹各州县来春毋庸接济事》，宫中朱批奏折，档号：04-01-01-0825-019，一史馆藏。

1849 年，祥符、商丘、宁陵、鹿邑、夏邑、永城、柘城、汤阴、汲县、新乡、获嘉、辉县、延津、浚县、封丘、考城、河内、济源、原武、修武、孟县、温县、阳武、陈留、氾水、睢州、安阳、淇县、滑县、武陟、息县、林县、临漳 33 个州县，因被涝而减收。①

1891 年秋，祥符等州县被淹，收成歉薄。②

1898 年，雨泽过多，山水暴发，积涝为患，并因黄河盛涨，长垣民堤漫溢，波及滑县，被淹成灾，收成歉薄。③

清代以"成灾分数"作为划分受灾程度的标准，并根据受灾程度采取相应的赈济措施。根据因灾而致田地的收成多少，分成十个等次。受灾五分至十分的田亩为成灾田亩。成灾十分，是指庄稼颗粒无收；成灾九分，是指庄稼产量只相当于未受灾前的 1/10，其他成灾分数依次类推。成灾五分以下虽不属成灾，但收成歉薄。具体如下。

1898 年，祥符等州县雨泽过多，积涝为患，加上黄河盛涨，滑县等县被淹成灾，收成均形歉薄。滑县、永城、温县三县成灾五分、七分、九分的共有 1042 个村庄。④

1901 年 7 月，兰仪、考城两县境内黄河漫溢，考城黄窑等 21 个村庄成灾十分；宋营等 25 个村庄成灾八分；杨寨等 18 个村庄成灾六分；兰仪东岳寨等 31 个村庄成灾分数不等。⑤

1906 年夏秋，永城县迭遭阴雨，上游山水建瓴而下，境内各河同时漫溢出槽，漂种等 665 个地势低洼村庄，成灾五分。⑥

现以 1841 年、1843 年、1895 年三次大水灾为例，将因水灾而导致河南各县"成灾分数"情况，分别整理列成表 3-24、表 3-25、表 3-26。

表 3-24　1841 年河南各县水灾"成灾分数"统计表　（单位：个）

县名	成灾十分村庄数	成灾九分村庄数	成灾八分村庄数	成灾七分村庄数	成灾六分村庄数	成灾五分村庄数
祥符	376	141	180			

① 《奏为查明豫省本年被灾各州县来春毋庸接济事》，宫中朱批奏折，档号：04-01-01-0836-033，一史馆藏。
② 《谕内阁河南祥符等州县收成歉薄著应征钱漕暂行停缓》，军机处上谕档，档号：1414（4）-18，一史馆藏。
③ 《奏为被水成灾各属请蠲免缓征新旧钱漕事》，宫中朱批奏折，档号：04-01-0116-001，一史馆藏。
④ 《谕内阁河南祥符滑县等灾歉著按分数蠲免钱漕》，军机处上谕档，档号：1440（3）-19，一史馆藏。
⑤ 《奏为勘明兰仪考城两县被水成灾各村轻重情形并续筹抚恤事》，宫中朱批奏折，档号：04-01-02-0099-039，一史馆藏。
⑥ 《奏为本年豫省永城县被灾请抚恤事》，宫中朱批奏折，档号：04-01-02-0101-007，一史馆藏。

续表

县名	成灾十分 村庄数	成灾九分 村庄数	成灾八分 村庄数	成灾七分 村庄数	成灾六分 村庄数	成灾五分 村庄数
鹿邑		2624				
陈留		309	146			
杞县		708	188	145		
通许		18	152	90	111	54
太康		352	336	645	283	133
淮宁			215	211		
柘城			269	108	40	
睢州			453	151		88
合计	376	4152	1939	1350	434	275

资料来源：《谕内阁查明河南祥符等州县被水成灾分数著分别蠲缓各项钱粮》，军机处上谕档，档号：1055-2，一史馆藏

由表 3-24 可知，在受灾的 9 个县中，成灾十分的有 376 个村庄，成灾九分的有 4152 个村庄，成灾八分的有 1939 个村庄，成灾七分的有 1350 个村庄，成灾六分的有 434 个村庄，成灾五分的有 275 个村庄。其中祥符受灾最为严重，成灾十分的有 376 个村庄，成灾九分的有 141 个村庄，成灾八分的有 180 个村庄；其次是鹿邑，成灾九分的有 2624 个村庄。

表 3-25　1843 年河南各县水灾"成灾
分数"统计表 （单位：个）

县名	成灾十分 村庄数	成灾九分 村庄数	成灾七分、八分 村庄数	成灾六分 村庄数	成灾五分 村庄数
中牟	77	108	155		
祥符	424	100	33	189	
通许	386	143	14		
阳武	5				
陈留		309	146		
杞县		652	185	85	
淮宁		1445	934	216	
西华		390	304		
沈丘		34	12		
太康		413	1207	683	
扶沟		561	230		127
尉氏			367		
项城			29	17	

续表

县名	成灾十分村庄数	成灾九分村庄数	成灾七分、八分村庄数	成灾六分村庄数	成灾五分村庄数
鹿邑			2411	238	
睢州				284	117
合计	892	4155	6027	1712	244

资料来源:《谕内阁河南中牟等州县被水著分别蠲缓各项钱漕》,军机处上谕档,档号:1076-3,一史馆藏

从表 3-25 可以看出,在受灾的 15 个县中,成灾十分的有 892 个村庄,成灾九分的有 4155 个村庄,成灾七分、八分的有 6027 个村庄,成灾六分的有 1712 个村庄,成灾五分的有 244 个村庄。在受灾程度上,祥符、中牟、通许 3 个县受灾最为严重,成灾十分的共有 887 个村庄;淮宁受灾也较为严重,成灾九分的有 1445 个村庄。

表 3-26　1895 年河南各县水灾"成灾
分数"统计表　　　　(单位:个)

县名	成灾十分村庄数	成灾九分村庄数	成灾八分村庄数	成灾七分村庄数	成灾六分村庄数	成灾五分村庄数
河内	18		20	40	22	
济源	16					
武陟		75	33		24	
修武				51	23	20
辉县				22		
获嘉					19	10
汲县					14	11
新乡					16	7
浚县					43	88
温县						34
合计	34	75	53	113	161	170

资料来源:《奏为河内武陟两县沁河漫决淹及下游修武等县勘明成灾分数请先予抚恤事》,宫中朱批奏折,档号:04-01-02-0094-008,一史馆藏

从表 3-26 可以看出,在受灾的 10 个县中,成灾十分的有 34 个村庄,成灾九分的有 75 个村庄,成灾八分的有 53 个村庄,成灾七分的有 113 个村庄,成灾六分的有 161 个村庄,成灾五分的有 170 个村庄。在受灾程度上,河内受灾最为严重,成灾十分的有 18 个村庄;济源次之,成灾十分的有 16 个村庄;武陟再次之,成灾九分的有 75 个村庄。

此外，还有一些水患，或对庄稼收成破坏程度不太大，或对某些区域庄稼收成影响不太大，成灾在五分以下，虽属"勘不成灾"，但收成"均属歉薄"。具体整理如下。

1848 年，永城、虞城、夏邑、息县、祥符、宁陵、新蔡、项城、睢州、鹿邑、商丘、柘城、考城、杞县、通许、密县、武陟、阳武、汝阳、汤阴、浚县、洧川 22 个州县因涝减收；陈留、尉氏、中牟、兰仪、郑州、荥泽、汜水、安阳、临漳、林县、武安、内黄、汲县、新乡、辉县、获嘉、淇县、延津、滑县、封丘、河内、济源、修武、孟县、温县、原武、淮宁、扶沟、许州 29 个州县，虽俱勘不成灾，而秋收均属歉薄。[①]

1849 年，祥符、商丘、宁陵、鹿邑、夏邑、永城、柘城、汤阴、汲县、新乡、获嘉、辉县、延津、浚县、封丘、考城、河内、济源、原武、修武、孟县、温县、阳武、陈留、汜水、睢州、安阳、淇县、滑县、武陟、息县、林县、临漳 33 个州县因被涝减收；郑州、杞县、洧川、中牟、兰仪、荥阳、荥泽、密县、武陟、涉县、内黄、洛阳、偃师、嵩县、淮宁、项城、扶沟 17 个州县，虽俱勘不成灾，而秋收均属歉薄。[②]

民国时期，由于水灾等影响，河南省农产品产量大幅降低。兹将 1918 年、1929 年与 1933 年三年农产品产量列成表 3-27。

表 3-27　河南省 1918 年、1929 年、1933 年
农产品产量统计表　　　　　　　（单位：斤）

品名	年份产量		
	1918 年	1929 年	1933 年
小麦	256 330 000	87 371 000	24 050 000
棉花		4 012 000	3 150 000
豆	72 892 000	25 799 000	17 710 000
芝麻	2 160 000	582 000	3 400 000
玉米	27 801 000	10 563 000	9 740 000
花生	6 874 000	5 705 000	4 890 000
高粱	185 999 000	14 038 000	22 610 000
粟	104 301 000	18 362 000	12 425 000

资料来源：张铭、孙中均：《生产建设声中的河南农业建设》，《河南政治月刊》1934 年第 3 期，第 3 页

由表 3-27 可知，1918 年与 1929 年比较，全省小麦产量减少约

---

① 《奏为查明本年被淹各州县来春毋庸接济事》，宫中朱批奏折，档号：04-01-01-0825-019，一史馆藏。
② 《奏为查明豫省本年被灾各州县来春毋庸接济事》，宫中朱批奏折，档号：04-01-01-0836-033，一史馆藏。

66%，豆类减少 65%，芝麻减少约 73%，玉米减少约 62%，花生减少17%，高粱减少约 92%，粟减少约 82%；1929 年与 1933 年比较，小麦减少约 72%，棉花减少约 21%，豆类减少约 31.3%，玉米减少约 7.7%，花生减少约 14.3%，粟减少约 32.3%。1918 年和 1933 年，尤其是 1929 年和 1933 年，水灾对农产品产量的影响较大。

抗战以来，在河南省水灾严重的区域，几县甚至几十县汪洋一片，多成无人之境，房屋、田地、牲畜悉被淹没，农民不死亡即成难民，根本谈不上收成。1938 年夏，黄河自郑州东的花园口、赵口决堤后，洪水即向东南方奔流，淹没豫中及豫东多县，其中灾情最严重者为尉氏、中牟、郑县、太康、淮阳 5 个县，被灾面积均占全县总面积半数以上。在河南黄泛区，颍河流域曾为河南省的富裕区，豫东平原为河南的主要农业区，其中淮阳为河南小麦生产第二大县，产量约占全省 111 县总量的 17%，又为河南小米生产第一大县，产量约占全省总量的 24%；鹿邑也是麦、米生产的重要县，小麦产量约占全省总量的 6.4%，小米产量约占 3%；郑县、尉氏、太康等县均生产大量的小米、小麦。可是这些麦、米的生产区域，已为水灾全部吞没或者部分吞没。[1]

由于水灾的影响，导致耕地不足，或有耕地不能尽耕，或农民抛弃农田不耕，发生离村的情形，使得粮食收成减少，市场供求关系变化，粮食价格呈跳跃式攀升。具体整理如下。

1849 年入夏以来，河南雨水过多，河水涨漫，各州县纷纷报淹，计有四十余处，收成减少，兼因接壤之江南、湖北等省被水成灾，"招商贩运接济络绎不绝，粮价亦不免增昂，现届征收新漕，市价自必较为腾贵"[2]。

1899 年，据河南京官内阁中书陈嘉铭等呈称，"河南被灾州县粮价甚贵，小民转徙流离情形，殊堪悯恻"[3]。

1934 年入夏，大雨连绵，江河溃决，洪流澎湃，一片汪洋，秋禾幼苗，尽遭淹没。西平市面"粮极感缺乏，粮价飞涨，民食大感恐慌"[4]。

通货膨胀把物价抬高到数倍、数十倍，甚至数百倍，"但是东西虽然贵，东西仍然有……一旦东西本身不够了，有钱买不到货……抢夺物资的现象"，人民群众的生活更加艰难。[5]在歉收的年份，产量固然不足，

① 陈清晨：《去年华北的大水灾及其影响》，《东方杂志》1940 年第 7 期，第 30—31 页。
② 《奏请筹议酌量采买粟米事》，宫中朱批奏折，档号：04-01-35-1213-021，一史馆藏。
③ 《寄谕豫抚河南粮贵小民流离著派员查勘分别灾情轻重奏明办理》，军机处上谕档，档号：1442（2）-1，一史馆藏。
④ 《各县通讯：西平通讯：水灾影响米价飞涨》，《农报》1934 年第 18 期，第 463 页。
⑤ 《时评：战乱、水灾与经济前途》，《经济评论》1948 年第 15 期，第 2 页。

而在丰登的年份，由于购买力有限，也会出现丰收成灾、谷贱伤农等矛盾情形。①

四、淹死牲畜

牲畜一般是指由人类饲养使之繁殖而加以利用，有利于农业生产的畜类。牲畜的死亡极大妨碍了人们的生产生活。近代发生的大水灾，不同程度地淹死了大量的牲畜。在文献资料中，时常有"淹没人畜""人畜死伤"等记载。晚清时期，中原地区水患频发，但有关牲畜死亡的统计数据很少。到了民国时期，一些大水灾导致牲畜死亡的数据有了明确的统计。具体如下。

1933年大水灾，滑县、武陟、孟县、兰封、封丘、温县、考城、孟津、阳武、陈留、渑池11个县，死亡牲畜20 562头。②

1935年水灾，氾水、卢氏、温县、济源、陈留、嵩县6个县，死亡牲畜470头。③

1944年底，郑县、中牟、开封、通许、尉氏、扶沟、太康、西华、商水、淮阳、鹿邑、项城、沈丘、鄢陵、陈留、杞县、广武、睢县、柘城、洧川20个县，淹毙牲畜515 434头。④

当然，受统计时间和统计方法等因素的影响，不同的资料记载被淹牲畜数据差距很大。一般而言，对于同一次水灾，稍后的统计数据比稍前的统计数据要大，如1931年大水灾，据1932年《河南政治月刊》记载，豫东牲畜死亡71 559头，豫南死亡225 904头，豫西死亡16 147头，豫北死亡5310头，一共死亡318 920头。⑤而据1931年《河南省政府年刊》记载，被淹死牲畜128 614头，显然比《河南政治月刊》记载被淹死牲畜318 920头数量少了很多，但因《河南省政府年刊》统计数据更详细，具体到每一个县，有必要将其列成表3-28。

表3-28　1931年河南各县被淹牲畜死亡数统计表 （单位：头）

县名	牲畜死亡数	县名	牲畜死亡数	县名	牲畜死亡数
商丘	1 697	尉氏	797	内乡	508
鄢陵	14	兰封	1 856	罗山	45 096

① 魏友棐：《水灾严重影响的推断》，《钱业月报》1935年第11期，第40页。
② 黄河水利委员会总务处：《民国二十二年黄河泛滥沿河各县受灾状况统计表》，《黄河水利月刊》1934年第1期，第71-72页。
③ 《民国二十四年黄河泛滥沿河各县受灾状况统计表》，《黄河水利月刊》1936年第3期，第269页。
④ 《黄泛灾区损失统计包括郑汴陕等二十县人畜房田损失惨重》，《善后救济总署河南分署周报》1946年第6期，第2页。
⑤ 《河南省各县二十年水灾人口牲畜死亡统计图》，《河南政治月刊》1932年第5期，附图。

续表

县名	牲畜死亡数	县名	牲畜死亡数	县名	牲畜死亡数
永城	1 003	考城	97	潢川	4 335
鹿邑	126	广武	14	息县	12 385
柘城	254	南召	177	商城	2 294
夏邑	1 983	唐河	830	偃师	2 507
淮阳	1 462	泌阳	1 208	巩县	4 823
西华	2 052	方城	5 890	洛阳	706
商水	295	邓县	516	孟津	235
项城	655	舞阳	836	新安	342
沈丘	1 210	叶县	345	嵩县	1 583
临颖	108	新野	5 560	宜阳	587
襄城	1 655	淅川	944	鲁山	1 208
郾城	203	桐柏	1 799	郏县	33
杞县	160	汝南	536	宝丰	137
禹县	224	信阳	1 950	伊阳	170
虞城	426	西平	139	渑池	291
宁陵	594	正阳	140	温县	132
民权	83	上蔡	1 089	汤阴	2 730
太康	311	新蔡	349	沁阳	1 826
扶沟	365	遂平	1 197	孟县	45
氾水	600	确山	3 200	济源	672
开封	92	镇平	928		
合计			128 614		

资料来源：河南省政府秘书处：《河南省政府年刊》，1931 年，第 100-105 页

由表 3-28 可知，商丘等 68 县中，平均每县牲畜死亡约 1891 头。其中有的县牲畜死亡达数千头，罗山县更是多达 45 096 头。

总之，民生问题具有高度的综合性，关乎民众的基本生活需求。水灾与民生息息相关。由于多种因素的影响，近代中原地区水灾频发。水灾的大小不同，造成的危害程度也不相同。每一次大水灾的发生，往往伴有冲毁房屋、淹没田地、破坏庄稼、减少收成、淹死牲畜等民生问题的出现。在广大灾民生产自救的同时，政府及社会组织也会伸出援手实施救治。当各种努力都无法帮助广大灾民渡过难关时，他们只能忍饥挨饿，流离失所。

第四章
中原地区的水利事业

水利事业在社会经济发展过程中占有举足轻重的地位。水利兴，不但可以灌溉农田，增加农业生产，而且可以便利交通，清洁饮水。因此，水利事业在国民经济发展中发挥着重要的作用。[①]中国水利工程学会曾对"水利"一词做出解释："水利为兴利除害事业，凡利用水以生利者，为兴利事业，如灌溉、航运及发展水利等工程是。凡防止水之为害者，为除害事业，如防洪、排水等工程是。"[②]所以说，水利事业，就是采取科学的方法，适应经济社会环境，利用水资源，防止水患，为人类谋福利的公共事业。近代中原地区水利事业的发展，依赖于水利机构的推动、水利建设的开展，以及相关奖惩机制的实施。

第一节　水利机构的演变

我国的水利事业历史悠久。为适应水利事业的需要，经过长期的历史实践，逐步形成了一套水利管理体制。近代中原地区，自中央到地方，先后设立了相应的水利组织机构。伴随着时间的推移，这些机构也不断演变发展。

---

① 孙中均：《河南目前应有的农业政策》，《河南政治月刊》1934 年第 12 期，第 6 页。
② 沈百先：《三十年来中国之水利事业》，周开庆：《三十年来之中国工程》（下），台北：华文书局，1967 年，第 1 页。

一、晚清时期的管理机构

清代，水利管理机构职能分离，政府采用中央专职河官与地方官员相结合的治理体制。河道及漕运管理由中央政府直接派设专职机构，施工维修管理则划归流域机构，农田水利则划归各省管理。清代制度沿袭明代而逐渐简化，系统分明。工部掌管全国水利事务。"工部所属有营缮、虞衡、都水、屯田，四清吏司……掌河防、海塘及直省河湖淀泊川泽陂池水利之政令，凡道路之平治、桥梁之营葺，舟楫之制度，咸总而举之。"①

（一）黄河水系

清代设河道总督，简称总河。顺治初设总河一人，总理黄河、运河两河事务，驻济宁。1677 年以后，江南河工紧要，总河移驻清江浦。1724年，以武陟、中牟等县堤工紧要，设副总河，驻武陟，负责河南河务。后因黄河险段由河南逐渐下移至山东，山东的河务也交由副总河管理。1729年后，总河事务一分为三：一为江南河道总督，管理江苏、安徽两省的黄河和运河，简称南河，驻清江浦；二为东河河道总督，管理河南、山东两省的黄河和运河，简称东河，驻济宁；三为直隶河道总督，管理海河水系各河，简称北河，驻天津，不久以直隶总督兼任。②

进入近代，河务逐步划归地方管理。1861 年裁南河总督，以漕运总督兼理河务。1902 年裁东河河道总督，河工归河南、山东巡抚兼管。所属山东运河道亦裁，改设运河工程局。1904 年裁漕运总督，改为江淮巡抚。1905 年裁江淮巡抚，改以淮扬镇总兵为江北提督，仍循例兼管河务。在各省改设河防公所，具体管理河务。

东河河道总督自设立以来，一直是河南黄河管理的最高机构。与河南巡抚职权存在着协作与配合的关系。河道总督行政建置下辖道、厅、汛等机构，与地方府、州、县类似，厅与地方的府、直隶州同级，官职为同知、通判等；汛相当于县级，官职为县丞、主簿等，都是分级管理，专人负责，各司其职。东河河道总督设有文职、武职两套系统。文职中河南有开归陈许道，驻开封，辖上南河厅、下南河厅；彰卫怀道，驻武陟，辖怀庆黄河厅、开封上北河厅、下北河厅。"凡河务，自管河同知以下为专司，知县为兼职，各掌汛河堤堰坝闸，岁修抢修，以及挑浚淤浅导引泉流，并江防海防各工程，同知通判总理督率，州同州判以下

---

① 郑肇经：《中国水利史》，上海：上海书店，1989 年，第 336 页。
② 赵尔巽：《清史稿》，北京：中华书局，1976 年，第 3341-3342 页。

分汛防守。"①

在武职系统中，东河河道总督所属军队称河标，且以营为单位，故称河营，专掌防护河道安全及河道疏浚、修筑堤防工程等事。河道总督所辖河标有中、左、右三营及济宁城守营。各营设有副将、参将、游击、守备、千总、把总等各职。另外，设有外委、额外外委，由河道总督委认，在官定额内的人员称外委，在此官定额之外加以委任的，是额外外委，给予顶戴，是士兵进身的初阶。在各厅、汛下还有大量的河兵、夫役。

（二）淮河水系

晚清时期，由于淮河水系混乱，下游水道不畅，水利工程年久失修，灾害频繁发生。有鉴于此，一些有识之士提出"导淮"的主张和计划，一些地方政府官员为推动淮河治理，组织成立临时性机构。

1867年10月，两江总督曾国藩在清江浦开设"导淮局"，主持办理治淮事宜。1881年，两江总督刘坤一再次设立"导淮局"。但由于两江总督调换频繁，加上经费所限，"导淮局"作为"导淮"的临时性机构，一直未能发挥作用。1906年，淮河流域发生水灾，张謇上书两江总督端方，提出《复淮浚河标本兼治议》，要求设立"导淮局"，但遭拒绝。后来，张謇在清江浦设立江淮水利公司，1911年初，该公司改组为江淮水利测量局，开始实测淮河水系的水道。②

二、民国时期的管理机构

民国时期，中央设立了专门的水利管理机构。同时，流域及各省也相应成立了专门的水利机构。

（一）中央水利机构

中华民国成立初期，中央主管的水利管理机构，最初分属内务部土木司和农商部农林司。1913年12月，北京政府以导淮局为基础成立全国水利局，任命农商总长张謇兼任全国水利局总裁。关于水利事务，由内务部、农商部与全国水利局协商办理。

1927年南京国民政府成立后，水利事项一度划归不同的部门管理。

① 郑肇经：《中国水利史》，上海：上海书店，1989年，第339-340页。
② 水利部淮河水利委员会《淮河水利简史》编写组：《淮河水利简史》，北京：水利电力出版社，1990年，第296页。

如水灾防御属内政部，水利建设属建设委员会，农田水利属实业部，河道疏浚属交通部。1933年水利建设又改归内政部。水利管理权限分散，职权不专，以致机关重叠，政出多门，成为水利建设的最大障碍。对于中央主管水政机关水政系统分歧与事权不一的弊病，当时有学者指出："内政部无专司水利署司之设，以全国水利行政，归在该部土地司内一科执掌，不独显示政府之不甚重视统筹办理全国水利行政，即事实上亦殊难适应今日全国水利建设所需要之中枢组织。且其职掌，仅偏重于消极之防灾，而于积极之兴利，则毫无规定。至航路之疏浚，则由交通部主管，农田水利，则交实业部主管，导淮与广东治河两委员会则由国府直辖，分负统筹办理之责。东方北方两大港筹备事宜，复由交通铁道两部主管。是不仅中央主管机关之组织极不完备，中央各部且将水利行政之职权，加以割裂。"[①]

1932年，为统一全国水利行政，国民党中央政治会议决议通过以全国经济委员会为统筹办理全国水政之机构。1934年国民政府先后颁布《统一水利行政及事业办法纲要》和《统一水利行政事业进行办法》，规定：全国经济委员会为全国水利总机构；各流域不设水利总机构，其原有各机构，一律由中央水利总机构接收后，统筹支配；各省水利行政由建设厅主管，各县水利行政由县政府主管，受中央水利总机构之指导监督；各部会有关水利事项，统归全国经济委员会办理；由全国经济委员会延聘有关人员，组织水利委员会。[②]

全国经济委员会接管各水利机构后，先后颁布《修正全国经济委员会水利委员会暂行组织条例》和《修正全国经济委员会水利处暂行组织条例》，根据《修正全国经济委员会水利委员会暂行组织条例》，设立了水利委员会，具体职责包括水利建设计划的审议、水利建设经费的核议、水利法规及工程标准的审核、水利工务的建议，以及全国经济委员会交办的有关水利事项等。[③]根据《修正全国经济委员会水利处暂行组织条例》，设置水利处，分设水政、设计、工务、测绘四科。[④]全国经济委员会曾经办理因1931年水灾而在河南省伊、洛、沙、颍各河建筑堤坝、桥涵及植树护岸等工程。1934年3月，全国经济委员会设立河南工务所，办理未竟工程，至年底工竣，即行撤销。

抗日战争全面爆发后，随着形势的发展，水利机构进一步调整。1938

① 中国水利学会：《中国水利学会成立五十五周年纪念专集（1931—1986）》，北京：水利电力出版社，1986年，第117页。
② 实业部中国经济年鉴编纂委员会：《中国经济年鉴续编》，上海：商务印书馆，1935年，第30页。
③ 实业部中国经济年鉴编纂委员会：《中国经济年鉴续编》，上海：商务印书馆，1935年，第31页。
④ 实业部中国经济年鉴编纂委员会：《中国经济年鉴》第1册，上海：商务印书馆，1934年，第32页。

年，全国经济委员会及水利委员会裁撤，成立经济部。全国经济委员会的水利业务亦移交到经济部下属水利司管辖。为统筹全国水利建设及预筹战后水利复兴，1941 年 5 月，国民政府设立水利委员会，并颁布《管理水利事业办法》（1944 年 10 月修正公布），明确规定，设置水利委员会管理全国水利事务，该委员会直接隶属于行政院。经济部所管水利事业移归水利委员会接管，所属各水利机构一律改归水利委员会监督指挥。[1]1942 年 7 月，国民政府公布《水利法》（1943 年 3 月公布《水利法施行细则》，1944 年 9 月修正公布），规定：“本法所称主管机关在中央为水利委员会，在省为省政府，在市为市政府，在县为县政府。”[2]

1947 年 7 月，国民政府将水利委员会组织扩大为水利部，颁布《水利部组织法》，规定水利部掌理全国水利行政事宜。水利部对于各地方最高行政长官执行本部主管事务，有指示监督之责。[3]水利部下辖淮河、黄河、长江水利工程总局等专门水利机构。1949 年 4 月，国民政府南迁后，农林、水利两部改为农林署及水利署，并入工商部，不久又改归经济部。

（二）流域水利机构

中原地区的黄河和淮河水系，突破了行政区划上的界限，跨越数省，因此，需要将整个河流作为一体进行治理，设立统一的流域水利机构。

1. 导淮委员会

导淮之议，自晚清以来倡导已达数十年，但未有专门的常设机构。清末，江苏省组设江淮水利测量局，为导淮之预备工作。1913 年，南京国民政府设立导淮总局，作为主管淮河流域的水利机构。次年，导淮总局扩大为全国水利局。1920 年以后，改为全国水利局导淮测量处。1927 年，该处裁撤，所有测量图表归江北运河工程局保管。1928 年，国民政府建设委员会设立整理导淮图案委员会，搜罗关于导淮的计划图表，编辑整理导淮图案报告书。次年，国民政府设立导淮委员会，掌理导治淮河一切事务，内置总务、工务、财务三处。1934 年，全国经济委员会成立，全国水利业务由其接管，导淮委员会也合并于全国经济委员会，后来其业务又分别隶属于经济部水利司、行政院水利委员会及水利部等。导淮

---

[1] 行政院水利委员会：《水利法规汇编》第 1 集，1944 年，第 1 页。
[2] 行政院水利委员会：《水利法规汇编》第 1 集，1944 年，第 2 页。
[3] 国民政府文官处印铸局：《中华民国国民政府公报》，第 211 册，台北：成文出版社，1972 年，第 1 页。

委员会主要职能如下：①掌理治淮一切事务，包括测量、疏浚、改良水道、发展水利及筹款等。②在导淮施工期内，负责清丈、登记、征用、整理等事项。①

抗日战争全面爆发后，南京国民政府西迁重庆，导淮委员会也随迁重庆。抗战胜利后，导淮委员会于 1946 年迁回南京。1947 年 5 月，国民政府将导淮委员会撤销，改设淮河水利工程局，办理淮河水利事宜。同时，公布《淮河水利工程局组织条例》，其中规定，淮河水利工程局隶属于水利部，掌理淮河兴利防患事宜；淮河水利工程局设工务处、总务处，其中工务处负责查勘及测绘、工程设计、工程的实施及养护等，总务处负责文书收发编撰保管、典守印信、出纳庶务等；淮河水利工程局执行主管事务，各地行政机关及驻扎军队有协助保护之责；拟定淮河水利工程局办事细则，呈请水利部核定。②

1948 年，淮河水利工程局改名为淮河水利工程总局，同时颁布《淮河水利工程总局组织条例》。③从内容上看，与此前公布的《国民政府淮河水利工程局组织条例》几乎没有差异。1949 年，伴随着南京国民政府的垮台，淮河水利工程总局也完成其使命。

2. 黄河水利委员会

民国初年，全国无统一的治黄机构。黄河下游冀、豫、鲁三省，各设河务局，办理修防事宜。1929 年 1 月，国民政府公布《国民政府黄河水利委员会组织条例》，但因经费无着，当事者又牵于其他职务，实际并未成立。3 月，黄河水利委员会筹备处在南京成立。1930 年，治理黄河事宜由建设委员会统筹办理，但未执行。1931 年 4 月，黄河水利事业移交内政部接管。1932 年，国民政府改组黄河水利委员会，但因经费无着，黄河水利委员会仍未成立。

1933 年 4 月，国民政府特派李仪祉为黄河水利委员会委员长，6 月28 日公布《黄河水利委员会组织法》，规定该委员会直属于国民政府，掌理黄河及渭河、洛河等支流一切兴利防患施工事务。④9 月 1 日，黄河水利委员会在南京正式成立，负责黄河及渭河、洛河等支流一切兴利防患施工事务。11 月，黄河水利委员会由南京迁至开封，并在南京设立驻京办事处。

---

① 实业部中国经济年鉴编纂委员会：《中国经济年鉴》第 2 册，上海：商务印书馆，1934 年，第 8 页。
② 《法规：淮河水利工程局组织条例》，《水利通讯》1947 年第 6 期，第 55 页。
③ 《法规汇录：淮河水利工程总局组织条例》，《金融周报》1948 年第 25 期，第 12-13 页。
④ 内政部：《内政法规汇编》第 2 辑，1934 年，第 439 页。

1934 年，为统一水利行政，国民政府颁布《统一水利行政及事业办法纲要》规定："各流域不设水利总机关，其原有各机关，一律由中央水利总机关接收后，统筹支配，分别办理。"①又在《统一水利行政事业进行办法》中规定，各流域水利机构如何改组归并，由全国经济委员会送交水利委员会，遵照中央议定统一水利行政及事业办法纲要，拟订方案，由中央核准施行。②

由于战乱影响，黄河水利委员会历经多次迁徙。1938 年 5 月，日军进犯豫东，开封形势吃紧。黄河水利委员会自开封迁至洛阳，并在洛阳设立办事处，后又迁到西安。1941 年 10 月，黄河水利委员会撤销洛阳办事处，将有关事务移交河南修防处兼办。1946 年 2 月初，黄河水利委员会由西安迁回河南开封。1948 年 8 月，开封解放前夕，黄河水利工程总局部分人员迁往南京。1949 年，黄河水利工程总局由南京迁至湖南衡阳，不久迁往广西桂林。

虽然主管机构数度更替，名称也多次更改，但黄河流域管理机构变化不大。全国经济委员会接管各流域水利机构后，对各机构逐步调整和改组，仍保留黄河水利委员会，其直属于全国经济委员会。1937 年 1 月 16 日，国民政府公布修正《黄河水利委员会组织法》，规定沿河各省政府主席为黄河水利委员会当然委员，共负黄河修守职责，协助办理各省有关黄河事宜。③

1941 年 9 月，全国水利委员会成立。次年 10 月 17 日，国民政府公布修正《黄河水利委员会组织法》，明确规定黄河水利委员会隶属于全国水利委员会，掌理黄河及渭河、洛河等支流一切兴利防患事务。因全国水利委员会直隶于国民政府行政院，所以也称之为行政院水利委员会。④

1947 年 5 月，行政院将黄河水利委员会改组为黄河水利工程局，同时公布《黄河水利工程局组织条例》，其中规定：黄河水利工程局隶属于水利部，掌理黄河兴利防患事宜；黄河水利工程局设工务处、河防处、总务处，其中工务处负责查勘、测绘、工程设计、工程实施及养护、沿河造林等；河防处负责堤岸修理及防护、督查指导本局所属机构一切修防、训练民夫等；总务处负责文书收发编撰保管、典守印信、庶务等。黄河水利工程局执行主管事务，各地行政机关及驻扎军队有协助保护职责；拟订黄

---

① 实业部中国经济年鉴纂编委员会：《中国经济年鉴续编》，上海：商务印书馆，1935 年，第 30 页。
② 实业部中国经济年鉴纂编委员会：《中国经济年鉴续编》，上海：商务印书馆，1935 年，第 30 页。
③ 《法规：黄河水利委员会组织法》，《国民政府公报》1937 年第 2255 期，第 1-2 页。
④ 行政院水利委员会：《水利法规汇编》第 1 集，1944 年，第 64 页。

河水利工程局办事细则，呈请水利部核定。[①]

1948 年 7 月，黄河水利工程局改名为黄河水利工程总局。12 月 4 日，总统府公布《黄河水利工程总局组织条例》，与 1947 年颁布的《黄河水利工程局组织条例》相比，内容几乎没有变化，再次规定黄河水利工程总局隶属于水利部，掌理黄河兴利防患事宜。[②]

1949 年南京国民政府被推翻之际，黄河水利工程总局被当局下令撤销。

黄河水利委员会为应对各种水利问题，强化制度管理，先后设立了相关的机构或组织。

1933 年 9 月，黄河水利委员会成立时，在工务处设置林垦组。负责黄河及支流两岸堤坝内外造林、护林等事宜。

1933 年 12 月，为了对黄河水文进行测验，黄河水利委员会从华北水利委员会调来一批技术人员，在开封组建水文测量队，该水文测量队隶属于工务处。1938 年郑州花园口决堤后，黄河水利委员会在花园口口门以西的李西河设立水位站，逐日记录花园口的水位变化。1942 年，黄河水利委员会将水文测量队更名为水文总站。1948 年 7 月，又将其更名为黄河水利工程总局水文总站。

1933 年 12 月 10 日，为了将现代科技和试验研究应用到水利建设上，黄河水利委员会和河北省立工学院合作，在天津设立“天津第一水工试验所”。次年，又有导淮委员会、华北水利委员会等组织加入，并改名为“中国第一水工试验所”。

1935 年 3 月，黄河水利委员会成立巡河队，由各省河务局分别选派队员组成，平时负责检查河势变迁、工程建设、堤埝损伤等，汛期即协助各河务局抢险。1936 年 3 月，黄河水利委员会将分散于各工巡队的技术工人统一调集，成立工程队，分驻黄河下游各险要工段，作为修防、抢险、堵口的主要技术力量。

1935 年 7 月，按照中央统一水利行政事业的要求，黄河水利委员会在开封工赈组办事处内设立“督察黄河防汛事宜办公室”，简称“督防办”，督察黄河防汛事宜。[③]1936 年 7 月，黄河水利委员会成立“督察河防处”，以统一下游豫、鲁、冀三省河防指挥。督察河防处对于三省建设厅、河务局及沿河县长，凡与河工有关事项，均有命令指挥监督之权。各

---

① 《法规：黄河水利工程局组织条例》，《水利通讯》1947 年第 6 期，第 55-57 页。
② 《法规汇录：黄河水利工程总局组织条例》，《金融周报》1948 年第 25 期，第 10 页。
③ 《训令：三省沿各县县政府，山东、河南、河北河务局》，《黄河水利月刊》1935 年第 8 期，第 709 页。

河务局及县长如有修防或协助不力者，得有黄河水利委员会转咨三省政府撤惩之；对修防经费及临时工程款项有监督考核之权；对三省河务局员工，不分省界，有随时调遣之权。督防处的设立，虽无统一河防之名，已具统一河防之责。①

有些组织机构是黄河水利委员会因某一特定任务而临时设立的，当任务完成时又很快撤销。

1939 年 8 月，黄河水利委员会于郑县设立豫境防泛新堤监防处，10 月，豫境防泛新堤监防处被撤销。由河南修防处沿防泛新堤设立 3 个修防段，负责修守。②1939 年 11 月，黄河水利委员会于郑县成立"驻工督察联合办事处"，负责豫省黄河新旧堤的督防工作。③

1945 年 12 月，黄河水利委员会成立花园口堵口工程处，筹备堵复花园口决口。次年 2 月，花园口堵口复堤工程局在郑县花园口正式成立，花园口堵口工程处也随即被撤销。④

还有一些团体是黄河水利委员会及其他相关部门派代表临时组成的。

1936 年 12 月，由黄河水利委员会与河南、河北、山东三省河务局各派代表组成"黄河查勘修防设计团"，对黄河南北两岸及沁河重要工段详细查勘，撰写出《黄河二十六年察勘修防设计团报告书》。⑤

1942 年 12 月，黄河水利委员会、导淮委员会及河南、河北、山东、安徽等省代表在安徽临泉开会，会议决定成立"黄泛视察团"。"黄泛视察团"对上起河南尉氏、下至安徽颍上的泛区河势及沿河堤防工程作了调查研究，提出了"黄泛视察团总报告书"。强调河南省工程浩大，为防止泛流改道，须及时加培堤防。⑥

3. 华北水利委员会

1918 年，设顺直水利委员会，1928 年，改组华北水利委员会，隶属建设委员会。1931 年 4 月，改属内政部。主要负责防涝、灌溉、航运、水力及其他水利工程的调查测量及设计，并经地方政府同意，自行办理实施或会同办理。等工程完竣后，交由地方主管部门管理。所辖区域，以黄河以北注入渤海之各河湖流域及沿海区域为范围，其中也涉及河南省东北部分地区。为进行气象及水文测量，观测水位、流量、含沙量、降雨量，

---

① 黄河水利委员会：《民国黄河大事记》，郑州：黄河水利出版社，2004 年，第 114 页。
② 刘于礼：《河南黄河大事记（1840 年～1985 年）》，1993 年，第 58 页。
③ 刘于礼：《河南黄河大事记（1840 年～1985 年）》，1993 年，第 59 页。
④ 黄河水利委员会黄河志总编辑室：《黄河大事记》，郑州：河南人民出版社，1989 年，第 142 页。
⑤ 黄河水利委员会：《民国黄河大事记》，郑州：黄河水利出版社，2004 年，第 116 页。
⑥ 黄河水利委员会：《民国黄河大事记》，郑州：黄河水利出版社，2004 年，第 166 页。

先后在河南省设立 3 个水文站，分别是陕县水文站（1919 年 4 月开始测验）、开封水文站（1928 年 11 月开始测验）、郑州水文站（1931 年 6 月开始测验）。[①]其中陕县水文站测量黄河高程，从河南新乡到京汉黄河铁桥北岸，后向西测至沁河口再转回新乡。陕县水文站又于 1929 年移交河南河务局管理。

4. 黄河水灾救济委员会

为救济黄河水灾区域内难民及办理黄河堵口、善后工程，1933 年 9 月，南京国民政府设立黄河水灾救济委员会，特派宋子文为委员长（11 月改派孔祥熙为委员长），下设总务、工赈、灾赈、卫生、财政五组，直属于行政院。其工作包括设立流量站和水位站，进行测量、勘查、防洪工作。至 1934 年 11 月结束，工程移归全国经济委员会办理。在该会存在期间，黄河水利委员会亦受其指挥监督。

（三）河南省水利机关

晚清时期，河南省水利和黄河修防采用中央专职河官与地方官员相结合的治理体制。中华民国成立后，实行官制改革，黄河下游水行政改归各省省长兼管。亦有特设省水利处或省水利局者，仍受各省省长指挥监督。其关系重要之各河流域，则特设各河河务局或水利工程处，负修防导治之专责，仍隶属于省长。

1912 年 2 月，中华民国临时中央政府实行官制改革，各省总督、巡抚一律改称都督。河南黄河河务遂由河南巡抚改为由河南都督兼管。河南设开归陈许郑道和彰卫怀道，并维持清末的厅、汛、河营机构。1913 年 2 月，河南省改开归陈许郑道为豫东观察使，改彰卫怀道为豫北观察使，黄河河务由两观察使分别监理。3 月，设立河防局，总领河南省河务，将南北两岸所属的河厅改为分局、支局和河防营。1914 年 1 月，河南河防局机构改组，将 10 个河防营和 10 个河防分支局改为 9 个分局。河南河防局分南北两岸，南岸设分局 5 个：上南分局，管荥泽汛、郑上汛；郑中分局，管郑下汛、中牟上汛；中牟分局，管中牟中汛、中牟下汛；下南分局，管下南上汛、中汛、下汛；陈兰分局，管陈兰汛。北岸设分局 4 个：孟温分局，管孟县汛、温县汛；武原分局，管武陟汛、武荥汛、原武汛；阳封分局，管阳武汛、封丘汛；下北分局，管开封北

---

① 实业部中国经济年鉴编纂委员会：《中国经济年鉴》第 2 册，上海：商务印书馆，1934 年，第 31 页。另，关于水文站与水位站，当时未作区分，本书遵照原文说法，下同。

汛、开陈北汛。^①

1918 年 11 月内务部划一全国河务机构。河南省改河防局为河南河务局，直隶省成立直隶黄河河务局（设于黄河北岸濮阳北坝头），南北两岸各设分局。河务局管理所辖区域内治水工程及一切河务。1919 年 1 月，河南河防局改为河南河务局，各河防分局改为河务分局，原工程队和工程支队一律改为工巡队。4 月，河南省政府将河南沁河工程改归官办，于沁阳县设西沁河务分局，武陟县设东沁河务分局，其组织办法悉援黄河二等河务分局规制，并略事变通。^②

同时，为规划全省水利工程，1914 年 12 月，全国水利局《各省水利委员会组织条例》经批准颁布，规定各省应设水利委员会，由巡按使派员组织。^③1915 年 7 月河南水利委员会成立。至 1919 年，陈留、新郑、商丘、宁陵等县如期成立水利分会。1920 年，河南水利委员会改组为河南水利分局，专司水文工作。1923 年 2 月，各县水利分会改为水利支局。

南京国民政府建立后，1927 年 8 月，河南省政府政务会议决议将河南水利分局改为河南水利局，各县水利支局取消，选择其河流较大、水利较多处所，联合数县设一分局；其不重要县份暂不设置。全省共设水利分局 48 处，各有专地、专款、专员，各负其责。^④1929 年，改以该区域最大河流为分局名称，1930 年 5 月，河南水利局撤销，改各分局为某河水利局，先后成立淮河、汝洪、汝颍、贾鲁、惠济、丹卫、沙河、沁河、漳淇等水利局。^⑤1934 年，为统一水利行政，依照《统一水利行政及事业办法纲要》规定，各省水利行政由建设厅主管，各县水利行政由县政府主管，受中央水利机构指挥与监督。黄河下游河南、山东、河北三省水利治理机构逐步实现统一。河南省划全省为 4 个水利区，各设水利局，隶属于省建设厅。具体如下：第一水利局，设于开封，管理惠济河、贾鲁河、双洎河、沙颍河等及其支流；第二水利局，设于信阳，管理汝河、淮河、洪河、浉河、白河、唐河、丹江等及其支流；第三水利局，设于洛阳，管理伊河、洛河等及其支流；第四水利局，设于新乡，管理卫河、沁河、漳河、淇河、济河等及其支流。此外，还于开封设立

① 《黄河河流志略》，上海：伏生草堂，第 1 页。
② 黄河水利委员会：《民国黄河大事记》，郑州：黄河水利出版社，2004 年，第 21 页。
③ 中国第二历史档案馆：《中华民国史档案资料汇编·农商》，南京：凤凰出版社，1994 年，第 127 页。
④ 河南省地方史志办公室：《河南通鉴》（上册），郑州：中州古籍出版社，2001 年，第 565 页。
⑤ 郑肇经：《三十年来中国之水利行政》，周开庆：《三十年来之中国工程》（下），台北：华文出版社，1967 年，第 6 页。

河南省黄河河务局,直属于河南省政府。[①]

1937 年 2 月,河南河务局改为修防处,归黄河水利委员会管辖。不久又改为黄河水利委员会驻豫修防处。5 月,驻豫修防处又改为河南修防处。后将下属 6 个分局改为 6 个总段:南一总段、南二总段、北一总段、北二总段、沁西总段、沁东总段。[②]1938 年 6 月,黄河花园口决堤,黄河改道,河南修防处仅剩南一总段。7 月,成立防泛新堤工赈委员会,修筑防泛西堤。次年 7 月全部完工后,河南修防处设立防泛新堤第一、第二、第三段,负责修守防泛西堤。

河南修防处自 1938 年西迁后,先后辗转郏县、南阳、洛阳、镇平、西安、郑州、许昌、内乡等地。1945 年迁至陕西省蓝田县,年冬迁回开封。

1947 年 5 月,黄河花园口堵口复堤工程局撤销,河南修防处接收沁黄两河南一、南二、北一、北二、沁东、沁西 6 个总段,并将下属各汛改为分段。在花园口合龙后,泛道断流,沿防泛西堤所设修防段随之撤销。[③]

此外,河北省治黄机构所管辖的长垣、濮阳范围,今属于河南省。略述如下。

1913 年,东明河防同知裁撤,设东明河务局,隶属直隶省河务局,统辖黄河南岸河汛。1918 年,设北岸河务局,统辖黄河北岸河汛,归东明河务局管辖。次年,更名为直隶黄河河务局,设南北岸两分局,辖长垣、濮阳、东明三县堤埝。

1929 年,直隶省改为河北省,直隶黄河河务局遂改称河北黄河河务局,掌理三县黄河河务,并于南岸设办事处。1938 年花园口决堤,黄河改道,黄河自长垣、濮阳、东明处断流,河北黄河河务局撤销。1946 年,黄河花园口堵口工程开工,在开封成立河北修防处,直属黄河水利委员会领导。[④]

总之,晚清时期,河南省水利和黄河修防,由东河河道总督与河南巡抚共同治理。民国时期,中央、流域及河南省也设立了专门的水利管理机构。近代水利职官的设置,水利管理机构的建立,对于水利建设、使用与维护发挥了重要的作用。

---

① 《本省规程:河南省水利局组织通则》,《河南省政府公报》1934 年第 956 期,第 1-3 页。
② 河南省地方史志编纂委员会:《河南省志·黄河志》,郑州:河南人民出版社,1991 年,第 293 页。
③ 河南省地方史志编纂委员会:《河南省志·黄河志》,郑州:河南人民出版社,1991 年,第 295 页。
④ 河南省地方史志编纂委员会:《河南省志·黄河志》,郑州:河南人民出版社,1991 年,第 295 页。

第二节　水利建设的开展

水利建设，"综其大要，则不外兴利除患二者而已"[1]。近人从农业、工业及交通三方面分析水利建设与经济建设的关系指出，水利建设，以消除水患，增进农产，发展航运，促进工业为目标。[2]近代中原地区水患频繁，"向称沃野千里的河南，为着黄河的为害，更因为过去的水利不修，酿成了频年来的灾患叠出"。[3]"河南水灾旱荒，更番迭见，根本的原因，可以说就是因为水利不修。当此努力建设的时候，兴办水利，实是最切要的工作。"[4]为开展水利建设，相关部门制订了较为完善的水利法规与计划，实施水利测量工作，通过工赈的方式兴修农田水利工程等。

一、法规与计划

法规是指规定、办法、条例和规章等，计划是指在未来一定时期内要达到的目标以及实现目标的方案途径。民国时期是水利法规与计划制订的集中时期。推动中原地区相关法规与计划出台的机构，分为两类：一是专门的水利机构，主要指黄河水利委员会；二是河南省各级政府及相关职能部门。

（一）黄河水利委员会法规与计划

黄河水利委员会作为统一的治理黄河的机构，为应对黄河兴利防患等问题，制订和颁布了一系列的法规，涉及堤坝防护、报汛办法、防汛规则、水土保持等多个方面。其中堤坝防护方面的法规最多，主要有以下法规。

1933 年 9 月，《黄河水利委员会办理黄河下游堤防善后规程》规定，指定委员 1 人为专员，负责主持下游堤防善后事宜。专员兼任主任工程师，并因事务繁简，酌设工程师及工务员，负责技术事宜。[5]

---

[1] 薛笃弼：《水利建设》，《行政院水利委员会月刊》1944 年第 3 期，第 3 页。
[2] 江鸿：《经济建设与水利建设的配合》，《行政院水利委员会月刊》1944 年第 6 期，第 11-12 页。
[3] 六合：《河南的水利建设》，《建国月刊》1937 年第 4 期，第 1 页。
[4] 孙中均：《河南目前应有的农业政策》，《河南政治月刊》1934 年第 12 期，第 6 页。
[5] 《中央法规：黄河水利委员会办理黄河下游堤防善后规程》，《河南民政月刊》1933 年第 9 期，第 1-2 页。

1934 年 4 月，《黄河防护堤坝规则》规定："黄河沿岸堤坝，由黄河水利委员会指挥，河南、河北、山东三省河务局负责防护。……各省河务局得视工程险夷酌定防护工段之长短，报告黄河水利委员会备查。"[1]并对汛兵招募、防汛岁修、沿河民众责任、堤防交通等作了规定。同月，《黄河下游民埝修守规则》规定，民埝之修守，除已设有埝工局及其他机构外，统由各省河务局指挥该管县长负责修守；岁修工程应于霜降之后，由河务局派员会同该管县长将应修工程切实勘估；黄河水利委员会于必要时得随时派员驻工指导。[2]

1934 年 6 月，《黄河修防暂行规程》主要内容如下：①各省河务局举办一切工程，应先将计划呈由黄河水利委员会备案。②黄河水利委员会于每年春汛前，派员沿河详细勘察各河务局所办春工及防汛物料。③各省河务局办理春修工程，应于大汛期前完竣。④每年防汛期间，各河务局所有河防员工，均应驻工巡防，昼夜轮守，不得疏懈。⑤防汛期间，遇有紧急抢险工程，额设员工不敷分配时，黄河水利委员会或各省河务局，得指挥沿河县长，征调民夫帮同抢救。⑥临河砖石坝垛秸柳埽工，如有蛰陷坍塌，凡主管人员，应随时抛修完整，报由主管局转报备查。⑦各河务局办理春厢或防汛工程时，黄河水利委员会得随时派员前往指挥监督。⑧各省河务局于每届凌汛、桃汛、伏汛、秋汛安澜之后，应将水势及工程情形报黄河水利委员会备查等。[3]

1939 年 9 月，《黄河防泛新堤防守办法》规定：郑县圉田至安徽太和县界首集防泛新堤长 282 千米，由河南修防处及沿堤各行政督察专员督促所属各县县长共同负责防守。全线防守计划及补办一切善后工程，由修防处主持统一办理。[4]

1945 年 7 月，《黄河水利委员会防护堤坝办法》规定，堤坡堤沿应普遍栽柳种草，以资防抵风浪，巩固堤身。沿河人民对于堤坝应协助修守，更不得有在堤上垦殖、掘毁堤身等行为。该办法还对汛兵培训、岁修、防汛事宜等作了相应规定。[5]

关于报汛办法方面，1934 年 2 月颁行的《黄河水利委员会报汛办法》规定，采用电报拍发流量及水位等洪水警信。报汛时间自夏至日起至霜降日止，根据水情每日 13 时定时发报 1 次，如 1 日内水位涨落 0.5 米

① 《黄河防护堤坝规则》，《黄河水利月刊》1934 年第 5 期，第 73-75 页。
② 《黄河下游民埝修守规则》，《中华民国法规大全》第 1 册，上海：商务印书馆，1936 年，第 768 页。
③ 《黄河下游民埝修守规则》，《中华民国法规大全》第 1 册，上海：商务印书馆，1936 年，第 767 页。
④ 刘于礼：《河南黄河大事记（1840 年～1985 年）》，1993 年，第 59 页。
⑤ 水利委员会：《水利法规汇编》第 2 集，1946 年，第 93-94 页。

以上时加报。①

关于民工防汛规则方面，1934 年 5 月公布的《黄河民工防汛规则》规定，民工防汛期间，以入伏日起至霜降日止，各河务局得斟酌地方情形缩短或延长之。②

关于水土保持方面，1942 年，黄河水利委员会林垦设计委员会拟订《水土保持纲要》，呼吁设立全国水土保持行政机构，在各自然环境区域，设立水土保持试验区，可由各区域范围内有关部门合作组成。③1945 年 11 月颁布《黄河流域水土保持实施办法》，主要内容为黄河水利委员会拟于泾、渭、洛三河流择冲刷最剧之处，建造留瘀土坝，以节蓄洪流，减低冲刷；黄河水利委员会联合当地农业建设部门引导当地民众，组织水土保持协进会，或各地保土会协助推动保水保土工作。④

除了出台一些法规外，黄河水利委员会还拟订一系列相关的水利计划。计划涉及堵口复堤、整理河槽、各种试验等。

黄河自铜瓦厢北决夺大清河入海后，河南省南北两堤多次漫决，致使豫东深受其害。1933 年，黄河两堤堵口计划有堵筑温县漫决、堵筑兰封小新堤漫决、兴筑故道口及东坝头丁坝、堵筑兰封四明堂考城堤漫决。⑤1934 年，黄河水利委员会在制订的《豫冀鲁三省黄河第一期善后工程计划纲要》中，涉及河南工段是黄河北岸自沁河口至规程路基一段。除整理该段河槽外，并拟培修大堤，修培越堤。同时，小新堤及四明堂决口，虽经黄河水灾救济委员会堵筑，仍不敷抵御最大洪水，应与大堤一体加堵。⑥1942 年，黄河水利委员会编制《黄河花园口堵口复堤工程计划》，以备战后实施。堵口拟采用架桥抛石平堵方法，系先由西坝浅滩上培修新堤，在东坝建筑裹头工程，然后再由两厢分进浅水占工，打桩架便桥从桥上抛填柳石，使河水沿预筑之引河流入故道。⑦

自 1855 年改道以来，黄河在铜瓦厢折而北趋，至东坝头又折向西北成一兜湾。民国时期，冀、鲁、豫三省交界，屡告溃决，河床淤淀，南北两岸皆受顶冲。1936 年 2 月，黄河水利委员会制订《整理铜瓦厢黄河河槽初步计划》，拟开挖引河 6000 米；修筑上、下锁坝各 1 座，各长 3000

① 黄河水利委员会山东河务局：《山东黄河志》，1988 年，第 62 页。
② 黄河水利委员会：《黄河民工防汛规则》，《黄河水利月刊》1934 年第 6 期，第 50 页。
③ 黄河水利委员会：《民国黄河大事记》，郑州：黄河水利出版社，2004 年，第 167 页。
④ 黄河水利委员会黄河上中游管理局：《黄河水土保持大事记》，西安：陕西人民出版社，1996 年，第 80-81 页。
⑤ 《二十二年冀鲁豫三省黄河两堤堵口计划》，《黄河水利月刊》1934 年第 1 期，第 36-39 页。
⑥ 《黄河水利委员会豫冀鲁三省黄河第一期善后工程计划纲要》，《黄河水利月刊》1934 年第 7 期，第 37-38 页。
⑦ 黄河水利委员会黄河志总编辑室：《黄河大事记》，郑州：河南人民出版社，1989 年，第 137 页。

米；修筑护岸3500米，以改湾为弧，使河槽顺遂。①

1936年春，黄河水利委员会制订《黄河巨型试验计划》，拟在开封黑岗口附近建设黄河巨型试验场，利用黄河水为水源，天然黄土为河床。依照自开封黑岗口至河北东明县老坝头一段河流形势设大体相似之模型，宽深成相当比例，引黄河水流通过，观察槽内现象是否与自然界相同，以确定治导方法。②同年，黄河水利委员会编拟《灵宝防冲试验区初步计划》，在灵宝成立"灵宝防制土壤冲刷试验区"，这是黄河流域最早设置的水土保持试验场地。③

黄河水利委员会为应对黄河水患问题，多次召开会议，或与其他部门联合举行会议，围绕相关问题进行研究部署。

1940年9月26日，黄河水利委员会与河南修防处、郑州行政督察专员公署在尉氏召开会议，研究决口堵筑事项。为预防黄泛南移，避免扩大灾害，1943年，黄河水利委员会联合河南省建设厅、河南修防处等部门先后召开三次整修黄泛工程会议，部署防汛工作。1月下旬，在漯河召开第一次整修黄泛工程会议，讨论成立整修黄泛临时工程总处，并拨款500万元举办第一期整修工程。5月下旬，在周口召开第二次整修黄泛工程会议，决议拨款450万元，抢修贾鲁河、颍河、沙河各堤，并培修京水镇至尉氏防泛西堤。7月20日，在安徽临泉举行第三次整修黄泛工程会议，决定筹措防汛工程工料费3000万元，成立防汛指挥机构，并对整修工程、防汛工作进行安排。④

（二）河南省政府及相关职能部门法规与计划

河南省各级政府及相关职能部门制订了一些水利法规与计划。其中有的法规与计划，侧重于组织机构、修堤等方面。

1928年，河南省建设厅制订《水利工程训练班简章》，要求以培养精通水利工程、熟悉党务、廉洁勤奋的水利人员为宗旨，时间为1年，培训内容分为党义、水利、测量、灌溉、钢筋混凝土、石工、河工、制图、公文、数学等，免收学费并发给服装。⑤同年，颁发《河南水利工程委员会简章》，规定该会隶属于省政府，以建设指导河南一切水利工程事宜为宗

---

① 黄河水利委员会：《民国黄河大事记》，郑州：黄河水利出版社，2004年，第111页。
② 黄河水利委员会：《民国黄河大事记》，郑州：黄河水利出版社，2004年，第113页。
③ 黄河水利委员会：《民国黄河大事记》，郑州：黄河水利出版社，2004年，第118页。
④ 黄河水利委员会黄河志总编辑室：《黄河大事记》（增订本），郑州：黄河水利出版社，2001年，第197-198页。
⑤ 《河南省政府建设厅水利工程训练班简章》，《河南建设月刊》1928年第8-9期，第5-6页。

旨，设委员若干人，除建设厅长、河务局长、水利局长及省政府水利工程师为当然委员外，其他委员由省政府遴选水利专家充任。设委员长1人，由省政府委派。[①]

1935年，为修培黄沁两河堤坝工程，河南省河务局制定《河南省征用民工修培黄沁两河堤南工程办法》规定修培黄沁两河堤坝工程需分期征用民工，民工承做土方，由该县政府会同河务分局按照表列应做土方数量，平均分配，务令依限完成。民工工作依河务局所定计划图说及椿志办理，不得私自加减。民工所用工具由该县政府令行各队依照河务局表列名称及数目筹备完善，携带工地使用。民工膳宿、茶水等项概归自备。民工修培堤坝每10日收方1次，酌给津贴，其津贴数目按照土方与取土距离酌定。[②]同时，制订《河南省黄河修堤办法》，具体包括工程计划、民工分配、修筑经费、管理人员等方面。[③]

河南省政府在每年、每季度的行政计划中把水利建设作为一项重要的工作。1931—1936年六年的水利计划，内容大致如下。

1931年，省政府行政计划在整理水利事项方面，主要工作有修筑信阳五里店寨河坝；拟开黄惠河，安设虹吸管，引水灌溉；统计各县建设局雨量记载；督令水利机关，切实疏河筑堤。[④]另外，还包括实施黄惠河工程、疏浚惠济河、测验柳园口黄河含沙量、实测贾鲁河并筹划疏浚工程，以及饬令各水利局修补堤防、筹办工赈等工作。[⑤]

1932年，涉及水利方面工作有成立洛河、白河两水利局，饬令各县疏河开渠、修筑各河决口，继续开挖黄惠河、惠济河，呈报工赈款项、疏浚河道[⑥]；完成黄惠河工程、查勘各地滨河修堤情形、协助水灾救济委员会修建伊河沙河堤岸工程、调查各县河流状况。[⑦]

1933年，涉及水利方面工作有设计导黄入贾鲁工程[⑧]；修筑惠济河桥梁涵洞、完成黄惠河渠道工程、装置黄惠河虹吸管、建筑孟津县光武陵堤工、修筑洛阳县伊洛河太平庄坝工、完成沙河周口堤工、兴建颍河上下游

① 《河南水利工程委员会简章》，《河南建设月刊》1928年第8-9期，第12页。
② 河南省政府秘书处：《河南省政府委员会会议纪录》，1935年，第370页。
③ 河南省政府秘书处：《河南省政府委员会会议纪录》，1935年，第372页。
④ 《河南省政府二十年份预定行政计划——七月至九月》，《河南政治月刊》1931年第2期，第13-14页。
⑤ 《河南省政府二十年度预定行政计划——十月至十二月》，《河南政治月刊》1931年第4期，第15-16页。
⑥ 《河南省政府二十一年预定行政计划——一月至三月》，《河南政治月刊》1932年第1期，第12-14页。
⑦ 《河南省政府二十一年预定行政计划——四月至六月》，《河南政治月刊》1932年第5期，第13-15页。
⑧ 《河南省政府二十二年行政计划——一月至三月》，《河南政治月刊》1933年第2期，第12-13页。

桥工、设计导黄入卫工程、勘测普济渠、疏浚杀河、筹办水文测量、测量开封市水道[①]；整理惠济河疏浚工程、继续修建惠济河桥梁涵洞与黄惠河工程、测量引洛入贾鲁渠道、实施卫河与白河测量、规划沁温河渠工程、整理开封市水道、修筑漳河堤、建筑信阳游河镇寨石护岸、测量重要河流水文等。[②]

1934 年，涉及水利方面工作有完成惠济河桥涵工程、完成黄惠河水闸及开封出城水门洞工程、实施惠济河两岸植树工程、促成夹河泄水渠工程、整理沁河渠道、计划疏浚白河工程[③]；完成惠济河引水工程、规划惠济支渠、疏浚贾鲁河、整理沁河渠道、测量沙河、计划陈桥口小潢河引水灌溉工程、整理水文记录、研究引沁入卫方法等。[④]

1935 年，涉及水利方面工作有卫河整理工程、漳河筑堤工程、淇河洹河测量工程、整理洛阳洛河河道、惠济河流域排水灌溉工程、全省普遍凿井等。[⑤]

1936 年，涉及水利方面工作有整理卫河工程、引沁入卫工程、漳河工程、淇河工程、洹河工程、沙河工程、白河下游培修堤防工程、新野陈河渠灌溉工程、石羊河工程；制订整理唐河与丹江工程计划；疏浚洛河下游河道工程、嵩县伊河蓄水坝工程和虹吸管工程；全省普遍凿井等。[⑥]

河南各县政府及职能部门，也制订了水利建设的计划。1931 年，洛阳境内洛河，年久失修，频遭泛滥，贻害至巨，洛阳县建设局制订整理洛河计划，包括设置石坝、铲除障碍、整理河幅、修筑河堤等。[⑦]

从出台的法规来看，黄河水利委员会关注流域内的堤坝防护、防汛规则、水土保持等问题，河南省政府则注重省辖区域的堤坝防护与相关组织机构的问题。有了法规，可以加强管理，使水利建设走向法制化、规范化的轨道。从制订的计划来看，既有黄河水利委员会的堵口复堤、整理河槽及各种试验计划，也有河南省政府的年度、季度水利计划，及各县政府就某一具体河流的水利计划。有了计划，水利建设就有了明确目标和具体步骤，可以增强工作的主动性，减少盲目性，使工作有条不紊地进行。

---

① 《河南省政府二十二年行政计划——四月至六月》，《河南政治月刊》1933 年第 4 期，第 13-15 页。
② 《河南省政府二十二年行政计划——七月至九月》，《河南政治月刊》1933 年第 7 期，第 15-18 页。
③ 《河南省政府二十三年行政计划——一二三三个月》，《河南政治月刊》1934 年第 2 期，第 15-16 页。
④ 张静愚：《民国念（廿）三年建设行政计划》，《河南政治月刊》1934 年第 1 期，第 4-7 页。
⑤ 《河南省政府二十四年度行政计划（续）》，《河南政治月刊》1935 年第 10 期，第 22-24 页。
⑥ 《河南省政府二十五年度行政计划（续）》，《河南政治月刊》1936 年第 4 期，第 5-9 页。
⑦ 曹依仁：《洛阳县建设局整理洛河计划书》，《河南政治月刊》1931 年第 3 期，第 1-4 页。

二、测量工作

水利测量是水利建设的基本工作。测量的目的，"在求知各河流干支本身及其流域之性质与形势，并求知何处应防洪，何区可灌溉，何水可通航，何流可发电及其开发之方法"[①]。水利测量包括水文气象测量和水道测量、地形测量、水准测量、地质测量等其他测量工作。

（一）水文气象测量

"水利建设，如无水文记录，以供计划之根据，实等于盲人摸象，都无是处。"[②]水文测量是指相关部门对江、河、湖泊、水库等水体的水文参数进行实时监测。为收集水文监测资料，在江河、湖泊、渠道、水库和流域内设立水文站。按测验项目分为观测水体的水位、流量或兼测项目的水文站；只观测降水量的雨量站；只观测水位的水位站；只观测流量的流量站。水文站观测的对象包括水位、流量、流速、降雨（雪）、蒸发、泥沙、水质等。

自 19 世纪中叶开始，外国传教士先后在中国沿海及内陆重要城市建立气象测候所。1872 年，法国传教士在上海徐家汇创建观象台。清末，西方传教士在河南太康、汲县等地设立观测所，收集雨量、气温等气象资料。伴随着西方水文技术的引入，我国开始进行气象水文的观测工作。早期的雨量、水位站，多是根据水利需要而布设，无统一的站网概念。到了民国时期，为了对气象及水文进行测验，相关部门在一些大江大河等水体上设立正规的水文站，或雨量站、水位站、流量站，逐步构建统一的水文站网。

例如，在河南黄河各段，设立水尺，逐日记载水位的涨落，称为水标站，也称水位站。水位站分为主要水位站、次要水位站两种。主要水位站，每日自上午 8 时至下午 8 时，每隔 2 小时观测水位 1 次。在汛期盛涨时，则改为每 1 小时或半小时观测 1 次，且昼夜不间断观读，以防最高水位的遗漏。次要水位站，在平时仅上午 8 时及下午 4 时，观测 2 次。唯在汛期增加观测次数，并昼夜观测，与主要水位站相同。水文站设于各河要冲，或河槽较直、断面较均之处，或以浮标，或以流速计，施测流量。在平时每二三日施测 1 次，若遇洪水有涨落，或河底有变迁时，则随时施

① 须恺：《如何推进水利工程之基本工作》，《行政院水利委员会季刊》1943 年第 3 期，第 9 页。
② 《杂录：华北水利建设概况》，《华北水利月刊》1934 年第 9-10 期，第 118 页。

测。在测量流量的同时，水文站还负责测验水中含沙量的多寡。[1]

民国初期，河南省境内开始建立正规的水文测站。1919 年 4 月，顺直水利委员会在河南省境内黄河上设立陕州水文站，测验项目有雨量、水位、流量、含沙量。它是黄河上最早设立的两个水文站之一，也是河南省境内黄河上设立最早的水文站。1921 年，顺直水利委员会又在安阳河彰德、淇河淇县、卫河新乡设立汛期水文站，江淮水利测量局在淮河上设立洪河口水文站及三河尖水位站。[2]后江淮水利局又增设信阳、驻马店、新蔡、叶县、周家口、杞县等一批雨量站。1928 年，顺直水利委员会改组为华北水利委员会，又在黄河干流上设立柳园口水文站。[3]

1. 黄河水利委员会设立的水文站

1933 年，黄河水利委员会成立，华北水利委员会将原辖河南境内黄河测站移交黄河水利委员会管理。为了提高水文测验的水平，黄河水利委员会从华北水利委员会调来一批技术人员，在开封组建水文测量队。

1934 年，黄河水利委员会于黄河流域各省县境内，设置雨量站、水位站和流量站。其中在河南省设立的雨量站数量为黄河水系 17 处，沁河水系 4 处，洛河水系 5 处，其他河系 15 处，一共 41 处。具体见表 4-1。

表 4-1　黄河水利委员会在河南省设立的雨量站一览表

河系	站名	设立时间	河系	站名	设立时间
黄河	陕县	1933 年 12 月 1 日	黄河	开封	1934 年 1 月 1 日
	渑池	1934 年 1 月 1 日		柳园口	1934 年 1 月 1 日
	新安	1934 年 1 月 1 日		延津	1934 年 1 月 1 日
	孟县	1934 年 1 月 1 日		封丘	1934 年 1 月 1 日
	温县	1934 年 1 月 1 日		民权	1934 年 1 月 1 日
	郑县	1934 年 1 月 1 日		秦厂	1934 年 5 月 11 日
	原武	1934 年 1 月 1 日		孟津	1934 年 7 月 1 日
	阳武	1934 年 1 月 1 日		兰封	1934 年 7 月 1 日
	中牟	1934 年 1 月 1 日	沁河	济源	1934 年 1 月 1 日
沁河	博爱	1934 年 1 月 1 日	其他	临汝	1934 年 1 月 1 日
	沁阳	1934 年 1 月 1 日		登封	1934 年 1 月 1 日
	木栾店	1934 年 7 月 15 日		禹县	1934 年 1 月 1 日

---

[1] 《杂录：华北水利建设概况》，《华北水利月刊》1934 年第 9-10 期，第 118-119 页。
[2] 河南省水利志编辑室：《河南水利史料：1984—1985》第 4 辑，1985 年，第 67 页。
[3] 刘照渊：《河南水利大事记》，北京：方志出版社，2005 年，第 174 页。

续表

河系	站名	设立时间	河系	站名	设立时间
洛河	宜阳	1934 年 1 月 1 日	其他	密县	1934 年 1 月 1 日
	洛阳	1934 年 1 月 1 日		许昌	1934 年 1 月 1 日
	巩县	1934 年 1 月 1 日		新郑	1934 年 1 月 1 日
	伊川	1934 年 7 月 1 日		通许	1934 年 1 月 1 日
	洛宁	1934 年 7 月 1 日		杞县	1934 年 1 月 1 日
其他	获嘉	1934 年 1 月 1 日		太康	1934 年 1 月 1 日
	新乡	1934 年 1 月 1 日		商丘	1934 年 1 月 1 日
	汲县	1934 年 1 月 1 日		夏邑	1934 年 1 月 1 日
	彰德	1934 年 1 月 1 日			

资料来源：实业部中国经济年鉴编纂委员会：《中国经济年鉴》第 2 册，上海：商务印书馆，1934 年，第 22-25 页

黄河水利委员会在河南黄河及其支流洛河、沁河设立水位站 6 处，具体见表 4-2 。

表 4-2　黄河水利委员会在河南省设立的水位站一览表

河系	站名	设立时间	河系	站名	设立时间
黄河	黑岗口	1934 年 5 月 29 日	黄河	孟津	1934 年 7 月 24 日
	兰封	1934 年 6 月 8 日	洛河	巩县	1934 年 5 月 3 日
	巩县	1934 年 7 月 17 日	沁河	沁阳	1934 年 5 月 10 日

资料来源：实业部中国经济年鉴编纂委员会：《中国经济年鉴》第 2 册，上海：商务印书馆，1934 年，第 26 页

黄河水利委员会在河南黄河及其支流洛河、沁河设立流量站 4 处，如表 4-3 所示。

表 4-3　黄河水利委员会在河南省设立的流量站一览表

河系	站名	设立时间	河系	站名	设立时间
黄河	秦厂	1933 年 11 月 21 日	洛河	巩县	1933 年 11 月 24 日
	陕县	1933 年 11 月 27 日	沁河	木栾店	1933 年 11 月 23 日

资料来源：实业部中国经济年鉴编纂委员会：《中国经济年鉴》第 2 册，上海：商务印书馆，1934 年，第 26 页

1938 年，黄河花园口决堤后，为了观测黄河夺淮资料，1940 年黄河水利委员会在西安成立水文总站，增设了周口、南席等水文站。抗日战争胜利后，黄河水利委员会设立陕县、花园口、尉氏、洛阳水文站。1947 年，黄河水利工程总局水文总站移驻开封，水文站也有所增加，管辖河南省境的测站有陕县、花园口、孟津、洛阳、开封、兰封、木栾店等水文站

和龙门镇、黑石关、秦厂等水位站。1949 年，能基本维持观测的仅有陕县、花园口、柳园口等站。①

2. 导淮委员会设立的水文站

1931 年淮河流域大水灾发生后至 1934 年，导淮委员会先后设有雨量站 39 处，其中在河南省淮河、汝河、颍河、涡河等河系上陆续增设了淮河镇、息县、潢川、临汝、郾城、禹县、密县、新郑、郑县、扶沟、项城、开封、太康等 19 处雨量站。②该会已设各站，列成表 4-4。

表 4-4 导淮委员会在河南省设立的雨量站一览表

河系	站名	设立时间	备注
淮河	信阳	1931 年 5 月 20 日	曾于 1922 年设立，至 1925 年停止
	淮河镇	1931 年 6 月 1 日	
	息县	1931 年 5 月 23 日	
	潢川	1931 年 5 月 27 日	
汝河	新蔡	1931 年 6 月 6 日	曾于 1921 年设立，至 1927 年停止
	驻马店	1931 年 6 月 12 日	曾于 1922 年设立，至 1925 年停止
颍河	扶沟	1931 年 6 月	
	项城	1931 年 6 月 9 日	
	郾城	1931 年 6 月 17 日	
	周家口	1931 年 6 月 22 日	曾于 1921 年设立，至 1927 年停止
	密县	1931 年 7 月	
	郑县	1931 年 7 月	
	禹县	1931 年 7 月 16 日	
	临汝	1931 年 7 月 20 日	
	叶县	1931 年 7 月 27 日	曾于 1922 年设立，至 1925 年停止
	新郑	1931 年 8 月	
涡河	太康	1931 年 6 月 26 日	
	开封	1931 年 7 月 4 日	
	杞县	1931 年 6 月 29 日	曾于 1921 年设立，至 1925 年停止

资料来源：实业部中国经济年鉴编纂委员会：《中国经济年鉴》第 2 册，上海：商务印书馆，1935 年，第 8-9 页

由表 4-4 可以看出，导淮委员会在淮河干流上设立信阳、淮河镇、息县、潢川 4 个雨量站，在支流汝河上设立新蔡、驻马店 2 个雨量站，在涡河上设立太康、开封、杞县 3 个雨量站，在颍河上设立雨量站最多，包括

① 河南省水利志编辑室：《河南水利史料》第 4 辑，1985 年，第 68 页。
② 实业部中国经济年鉴编纂委员会：《中国经济年鉴》第 2 册，上海：商务印书馆，1934 年，第 8 页。

扶沟、项城、郾城、周家口、密县、郑县、禹县、临汝、叶县、新郑 10个站。其中新蔡、周家口、杞县、信阳、驻马店、叶县 6 个雨量站是重新恢复设立的。

3. 河南省政府设立的水文站

为收集淮河流域水文资料，1931 年至 1933 年，河南省建设厅水利处先后在利民、永城、民权、夏邑、商丘、宁陵、睢县、柘城设立 8 处雨量站。夏邑站观测至 1938 年 4 月，民权、永城两站观测至 1937 年，其余 5 站观测至 1934 年。[①]

1932 年，河南省政府组织水文测量队，"在本省黄、淮、卫各河流域内，择较大之河流上设立流量站、水标站 18 处，观测各项水文事宜"[②]。至 1933 年秋，先后在双洎河长葛，沙河郾城、周口，贾鲁河扶沟，淮河干流长台关，白河南阳、新野，洛河洛阳、洛宁，伊河嵩县，伊洛河偃师，卫河合河镇、新乡，淇河淇门，洹河安阳，漳河渔洋，沁河木栾店等地设立 17 处水文站，在白河白滩和伊洛河杨庄设立 2 处水位站。

另外，由河南省相关部门设站观测，并将记载抄送导淮委员会的雨量站有 11 处。具体情况见表 4-5。

表 4-5　河南省抄送导淮委员会雨量站统计表

河系	站名	观测机关	备注
淮河	桐柏	县政府	1922 年起，设站记载
汝河	嵩县	建设厅	
	南召	建设厅	
	方城	建设厅	
	泌阳	建设厅	
颍河	洛阳	建设厅	
	汜水	建设厅	
	修武	建设厅	
涡河	延津	建设厅	
	商丘	建设厅	
	永城	建设厅	

资料来源：实业部中国经济年鉴编纂委员会：《中国经济年鉴》第 2 册，上海：商务印书馆，1935年，第 9 页

由表 4-5 可知，设立的雨量站从河系来看，涉及淮河干流及汝河、颍河、涡河等支流；从设站地点来看，有的在淮河流域，有的虽然不在淮河

[①] 商丘地区水利志编纂委员会：《商丘地区水利志》，1992 年，第 51 页。
[②] 河南省水利志编辑室：《河南水利史料》第 4 辑，1985 年，第 68 页。

流域，但距离淮河水系很近，雨量大小会直接或间接影响淮河及其支流；从设站机构来看，主要以河南省建设厅为主，设立雨量站 10 个，另外，桐柏县政府设站 1 个。

1935 年 7 月以来，黄河水势汹涌，导致沙河、洪河、汝河等河决口或漫溢，河南省受灾严重。为了能够收集有力的监测数据进行防灾、减灾及救灾，河南省相关部门不仅增加了水文站点的数量，还扩大了水文站点的区域布设。从 1936 年以后，河南省建设厅水利处先后增设了淮河息县、潢河潢川、浉河信阳、洪河西平、汝河汝南、史河固始、沙河漯河和唐河等水文站及安阳河西高平、惠济河砖桥等水位站。1940年，河南省水文总站成立。省水文总站先后于 1941 年、1942 年恢复和增设息县、潢川、西平、汝南、杜曲、周口、漯河、南席、西孟亭等水文站。[1]

1946 年，南京国民政府水利部设有水文司，统管全国水文工作，其按流域在全国重新设立了 18 处水文总站。其中，中央水利实验处在开封设立河南水文总站，该水文总站也是区域性跨流域的水文机构，接受省建设厅双重领导，经费由水利实验处供给，主要管辖以下测站：黄河流域的杨庄水文站和洛阳水文站；淮河流域的三河尖、鄢城、周口、汝南水文站和襄县水位站；汉江流域的南阳、唐河水文站和淅川、新野、邓县水位站。1947 年新设立的水文站有所增加，黄河水利工程总局水文总站驻地在开封，管辖河南省境陕县、花园口、孟津、洛阳、开封、兰封、木栾店等水文站和龙门镇、黑石关、秦厂等水位站。至 1949 年，大部分水文站都已停测，基本上维持观测的仅有陕县、花园口、柳园口等站。[2]

民国时期，河南境内水文站监测的数据为防灾、减灾及救灾提供了有力的依据。但是，受各种因素的制约，尤其是受抗战的影响，大部分水文站监测经常中断、停止或撤销，造成监测数据时断时续。例如，卫河新乡站，1921 年由华北水利委员会改为汛期水位站，1927 年停测；1934 年 7月由河南省第四水利局改为水文站，1936 年 6 月停测；1940 年 9 月建设总署又将其改为水文站，1944 年停测。[3]为了观测黄河夺淮资料，1940年 1 月，河南省政府在颍河水系贾鲁河设立周口水文站[4]，10 月，在颍河

① 参见河南省革命委员会水利局：《河南省历年水文特征资料统计》第 2 册，1973 年。
② 河南省水利志编辑室：《河南水利史料》第 4 辑，1985 年，第 68-69 页。
③ 河南省革命委员会水利局：《河南省历年水文特征资料统计》第 2 册，1973 年，第 156 页。
④ 河南省革命委员会水利局：《河南省历年水文特征资料统计》第 2 册，1973 年，第 76 页。

水系双洎河设立南席站水位站，1944 年停测。[①]

（二）其他测量工作

各水利机构还采用科学的方法和先进的仪器设备，对水道、地形、水准和地质进行测定，绘制地图，以便防水救灾时参照使用。例如，地形测量主要采用平板仪测量方法和航空摄影测量方法，对地形在水平面上的投影位置和高程进行测定，并按一定比例绘制成地形图。

1. 黄河水利委员会的测量工作

1933 年 9 月，黄河水利委员会在工务处下设第一测量队；11 月，又设立第二、第三测量队，具体负责黄河下游河道地形、堤工和精密水准测量。自 1933 年 9 月 1 日成立，至 1934 年 10 月底止，黄河水利委员会多次进行水道与地形测量，其中与河南有关的测量项目见表 4-6。

表 4-6　黄河水利委员会在河南省测量项目统计表

测量项目	起讫时间	成绩
豫、冀、鲁三省黄河堤岸测量	1933 年 11 月至 1934 年 4 月	两岸导线长 9606 千米，民埝园堤长 198 千米，每 250 米，测大堤横断面一次
平汉路黄河铁桥上游河道地形测量	1933 年 10 月至 1934 年 8 月	地形面积 1750 平方千米，河道每 1 千米施测河床断面 1 次，10 千米施测大断面 1 次
河南兰封地形测量	1934 年 7 月至 10 月	地形面积 280 平方千米
新乡至平汉路黄河桥沿河至周桥永久测站及平汉路黄河桥至潼关水准测量	1934 年 7 月至 10 月	766 千米

资料来源：实业部中国经济年鉴编纂委员会：《中国经济年鉴》第 2 册，上海：商务印书馆，1934 年，第 26 页

1934 年，河南省黄河决口，黄河水利委员会派员测勘，设计堵口工程，拟具善后工程计划、修筑兰封小新堤块石护岸及其上游挑水坝工程计划、利津以下兵工修筑大堤计划。1934 年 8 月至 1935 年 5 月，黄河水利委员会勘查黄河下游豫、冀、鲁三省堤坝及河道情形。[②]1937 年 8 月，自孟津至黄河河口的河道地形完全测竣，长约 800 千米，测区宽者达 50 余千米，狭者仅四五千米，面积约 23 000 平方千米。[③]

[①] 河南省革命委员会水利局：《河南省历年水文特征资料统计》第 2 册，1973 年，第 78 页。

[②] 实业部中国经济年鉴编纂委员会：《中国经济年鉴》第 2 册，上海：商务印书馆，1934 年，第 27 页。

[③] 朱埔：《黄河水利事业》，周开庆：《三十年来之中国工程》（下），台北：华文书局，1967 年，第 18 页。

2. 华北水利委员会的测量工作

1928 年 11 月，华北水利委员会组织测量队测量黄河两岸地形，历时 5 个月，自河南沁黄交汇处武陟县解封村测至中牟县孙庄，约 1140 平方千米。测得地形图 89 张，约 820 平方千米；河身横断面 120 个，堤身横断面 155 个。[①]

1931 年 10 月，华北水利委员会派工程师多人，赴黄河流域实地勘察冀、鲁、豫三省黄河水势险工。其总报告称：河南境内险工最多，河北境内水道特弯，山东境内堤防虽固，但河身日渐淤塞，普遍高于堤外平地，有的达 3～5 米。建议迅速统一黄河河政，及早疏浚黄河下游，以免同年长江水患之重演。[②]

3. 导淮委员会的测量工作

导淮委员会拟订导淮工程计划纲要，纲要分为防洪工程、航运工程及灌溉工程。防洪工程，涉及淮河中上游治导，包括中上游两岸大堤修筑，河身曲者取直、窄者拓宽、浅者疏浚，淮河干流两旁加设水闸和涵洞。淮河中上游治导，包括两岸筑堤，河身裁弯取直，合并小支流，改辟口门等。[③]

4. 黄河水灾救济委员会的测量工作

1933 年 9 月至 1934 年 5 月，黄河水灾救济委员会先后对河南兰封铜瓦厢、考城四明堂、温县大堤及长垣黄河南岸小庞庄等处进行地形测量、水准测量与地质测量；1933 年 9 月至 1934 年 2 月，对黄河水道亦进行测量。具体情况见表 4-7。

表 4-7　黄河水灾救济委员会在河南省测量项目统计表

类别	区域或路线	成绩	施测时间	备注
地形测量	河南兰封铜瓦厢、考城四明堂及温县大堤附近，河北长垣黄河南岸小庞庄及北岸太行堤大车集至石头庄冯楼一带	已测面积未详，缩尺 1/5000	1933 年 9 月至 1934 年 3 月	本年黄河决口散布冀、豫两省，故施测区域仅在各决口附近，面积均不甚大
水道测量	黄河	断面间隔长短不一，施测范围仅在口门附近，地形缩尺 1/5000	1933 年 9 月至 1934 年 2 月	

[①] 黄河水利委员会：《民国黄河大事记》，郑州：黄河水利出版社，2004 年，第 51 页。
[②] 黄河水利委员会：《民国黄河大事记》，郑州：黄河水利出版社，2004 年，第 67 页。
[③] 实业部中国经济年鉴编纂委员会：《中国经济年鉴》第 2 册，上海：商务印书馆，1934 年，第 13 页。

续表

类别	区域或路线	成绩	施测时间	备注
水准测量	自河南兰封铜瓦厢至考城四明堂，温县大堤、河北长垣黄河南岸小庞庄及北岸大车集至石头庄冯楼等地	长度50余千米处设标46个	1933年9月至1934年5月	因黄河水利会及各省河务局设有标志依据，只在各决口附近设立数标作兴筑新堤标准，故设标之距离无定
地质调查	河南兰封铜瓦厢、考城温县及河北长垣黄河南岸小庞庄北岸大车集至石头庄冯楼等地沿河一带		1933年9月至11月	因决口附近土质之良否与堵口工程之关系甚大，故在兴工之先即派员赴各决口附近，详查土质是否为规定土价及取土范围之标准

资料来源：实业部中国经济年鉴编纂委员会：《中国经济年鉴》第2册，上海：商务印书馆，1934年，第48页

其中1933年10月30日，黄河水灾救济委员会委托军事委员会总参谋部航空测量队，对长垣、开封、兰封、考城等灾区进行航空摄影，也是对黄河首次采用航空摄影技术进行测量。[1]

近代以来，尤其是民国时期，受西方科学技术的影响，黄河水利委员会、导淮委员会、河南省相关部门在中原地区进行水利测量工作。测量工作涉及水文、气象、水道、地形、水准和地质等多个方面。这对于防灾减灾，或对于流域和区域水资源的管理有着重要的作用。

三、水利工程

水利工程，是指用于控制和调配水资源，达到兴利除害目的的工程。"在兴利方面，注意于农田水利之开发，以及水道之整理，水力之开发，在除患方面，注意于江河之修防。"[2]近代中原地区水患较多，从中央到地方各级部门十分注重水利建设。河南兴办的水利工程，既有境内各大河流等工程，也有沟渠、泉井、水闸等工程。按照目的或服务对象，水利工程可分为堵口与复堤工程、河道整治工程、农田灌溉工程等。

（一）堵口与复堤工程

堵口复堤工程主要指堵塞水患决口、恢复河堤原状或加高培厚河堤。又可分为堵口工程、复堤工程、堵口复堤工程三种。清代270年间，黄河

---

[1] 黄河水利委员会：《民国黄河大事记》，郑州：黄河水利出版社，2004年，第79页。
[2] 薛笃弼：《水利建设》，《行政院水利委员会月刊》1944年第3期，第6页。

决口 39 次，在河南省决口达 24 次之多，平均每隔 10 年即发生 1 次。自铜瓦厢北决之后 80 年来，南岸又溃决 3 次，即 1866 年决于胡家屯，1868 年决于荥泽，1887 年决于郑州。[①]除了黄河以外，其他河流也因大堤年久失修而时常决口。堵塞决口，修复大堤，成为刻不容缓的任务。

1. 堵口工程

堵口工程主要有倪新庄堵口工程、冯楼堵口工程、贯台堵口工程等。

1932 年，漳河决口，经安阳、临漳两县加以堵塞，由省政府拨款 11 574 元在旧堤外修筑秸楗柳篙。1933 年 7 月，漳河水势凶猛，水位高出堤面半米以上，堤已崩溃 600 米，奔流南注，倪新庄西亦皆漫水，所有正在进行的工程损失颇巨。建设厅拟具堵塞决口办法，所需土工及秸料由安阳、临漳两县负责向地方征派，其余打椿工料费、扎工秸工木工及监工费，需 18 000 余元。[②]

1933 年，黄河南北两岸兰封、考城、温县等地多处决口，温县境内有 18 处，武陟境内有 1 处，兰封境内有 2 处。溃决之水循地势漫流，致豫东各区深受其害。其决口最大、形势最险者，为长垣冯楼石头庄一带的水口门，其第三口位于淤积河床上，该处土质异常松软。为堵塞决口，自 9 月至 10 月，黄河水灾救济委员会派员赴被淹区域测勘，于长垣大车集至石头庄及长垣冯楼一带，分别航测水道地形，并分段实测各口门地形、水位、流向、被水面积及决口情况等。[③]自 1933 年 10 月 24 日开工，次年 3 月 17 日合龙，历时 7 个月，黄河水灾救济委员会拨款一一堵筑。[④]至 11 月工程全部结束，支付工款 131 万余元。[⑤]

1933 年，长垣境北一段九股路一带，旧口门第 8 号、第 17 号、第 21 号及第 25 号相继溃决。自 1934 年 3 月 21 日起，运料招工，昼夜抢堵合龙，并继续加做圈埝工程，修筑东西小埝、堵复华洋堤缺口工程、贯孟堤工程及大堤旱口门四处工程，于大汛前先后完成。各部分工程费用共 1 059 500 元。[⑥]

① 全国经济委员会：《民国二十四年江河修防纪要》，1936 年，第 18 页。
② 《一月来之建设》，《河南政治月刊》1933 年第 7 期，第 2 页。
③ 朱瑸：《黄河水利事业》，周开庆：《三十年来之中国工程》（下），台北：华文书局，1967 年，第 26 页。
④ 实业部中国经济年鉴编纂委员会：《中国经济年鉴》第 2 册，上海：商务印书馆，1934 年，第 48-49 页。
⑤ 朱瑸：《黄河水利事业》，周开庆：《三十年来之中国工程》（下），台北：华文书局，1967 年，第 27 页。
⑥ 朱瑸：《黄河水利事业》，周开庆：《三十年来之中国工程》（下），台北：华文书局，1967 年，第 27 页。

2. 复堤工程

"历代治河，皆有堤防。"①修筑河堤，使河流归其正道，不致泛滥溃决。尤其黄河沙多质浊，泄流殊急，两旁应建筑堤圩，"庶可得水之利，而不受水之害"。②治理黄河水灾方法，"关于工程方面，必须培修大堤，铺筑石坝，并且要修筑遥堤"。③近代，每次发生大水，冲塌河堤，各级管理机构都会积极参与大堤修复工作。

1841 年，黄河在祥符三十一堡漫涨堤顶，自省城北面护堤冲入，斜向南行，刷成深槽，直冲而下，顺堤由西南一带苏村缺口而出，经由陈留、杞县漫溢，归德、陈州各属适当其冲。河南省政府调集南北两岸各厅熟练官弁、存留料物，襄分接济，于西北门一带购置砖块，或购买民间破屋，或拆毁废庙，抛成坦坡，偎护城根，并赶筑挑水坝三道，砖坡业已抛出水面，堤坝亦将筑成。损在城根者，外抛砖石，内加土饯。损在城身者，或外砌砖坡包护，或紧厢埽段抵御。④1843 年，黄沁并涨，大溜涌注，中牟下汛异常危险。为筹度中牟坝工，经多方努力，黄河涨水消动，抢办险工已渐平定。⑤

民国时期，黄河水利委员会在承担修复河南省大堤的过程中扮演着重要的角色。黄河水利委员会办理工程主要有金堤培修工程、兰封小新堤护岸工程、防泛西堤工程等。

金堤培修工程。金堤一线，黄河在北趋渤海时，用以防其南移，到铜瓦厢改道黄河之水由大清河入海，金堤复为北岸屏障。清末以来，间有修葺。1933 年，长垣大堤决水，集金堤之南，东趋陶城埠，仍入旧槽，于是此堤重复着水。1934 年大汛时，长垣复遭洪水，情形更为严重。⑥1935年春间，贯台堵口形势吃紧，4 月 16 日，黄河水利委员会培修北金堤工程，7 月 2 日完工。上自河南滑县西河井，下至山东东阿县陶城埠，全长183 余千米。此后，又连续三年对北金堤进行部分培修。⑦

兰封小新堤护岸工程。兰封小新堤为铜瓦厢横断黄河故道口之南北

① 张含英：《黄河志》，上海：国立编译馆，1936 年，第 223 页。
② 孙中均：《河南目前应有的农业政策》，《河南政治月刊》1934 年第 12 期，第 7 页。
③ 朱延平：《黄河水灾之因素与治法》，《史地社会论文摘要月刊》1935 年第 3 期，第 25 页。
④ 《奏为省城自漫口掣流受冲情形吃重奉旨厚集兵夫物料守护并赈恤灾民事》，宫中朱批奏折，档号：04-01-01-0801-069，一史馆藏。
⑤ 《奏为筹度中牟坝工势须缓办事》，宫中朱批奏折，档号：04-01-01-0816-016，一史馆藏；《奏为节交立秋黄河伏汛安澜各工抢办平稳事》，宫中朱批奏折，档号：04-01-01-0853-049，一史馆藏；《奏为节逾秋分黄河涨水消动抢办险工已渐平定情形事》，宫中朱批奏折，档号：04-01-01-0853-053，一史馆藏。
⑥ 全国经济委员会：《民国二十四年江河修防纪要》，1936 年，第 47 页。
⑦ 黄河水利委员会：《民国黄河大事记》，郑州：黄河水利出版社，2004 年，第 99 页。

堤，长 2260 米，系 1931 年国民政府救济水灾委员会所修筑，以防止黄河之水进入故道。1933 年 8 月被洪水冲决。该工程由黄河水利委员会办理。工程所需材料除河南省拨助块石料 5000 立方外，其余均购自外省。该工程于 1935 年 5 月 24 日正式开工，土石工程同时并进，至 8 月 2 日完工。①

防泛西堤工程。自广武李西河黄河老堤起，至郑县唐庄陇海铁路基止。1938 年 7 月，黄河水利委员会同河南省相关部门组织成立防泛新堤工赈委员会，新修堤防 1 道，长 34 千米。后因工款不济，暂行停止。②1939 年春，接修 266 千米，成土约 340 万立方米，共用工款约 70 万元。③

河南省建设厅、河南工务所也积极修建本省境内的河堤。具体整理如下。

1933 年秋，洛阳太平庄被大水冲决 20 余丈，省建设厅令第三水利局拟具计划，于决口上游建筑挑溜丁坝及围堤工程，因经费困难，仅就地征用民工挑筑围堤，堤长 936 余米，需土方 35 483 余立方。1934 年 6 月动工，至 7 月底完成。④

1934 年 3 月，全国经济委员会设立河南工务所，办理未竟工程，至年底竣工，即行撤销。据统计，修筑黄河孟津、光武陵前全石顺坝长 1000 米，土心镶抛石顺坝长 3000 米，洛河洛阳太平庄前石坝 2 道，颍河周家口南北寨砖堤长 150 余米，并洛阳、孟津两处抢险工程等，工费约 10 万元。⑤

河南省各县政府也积极修筑本县境内的河堤，兹据《河南政治观察》记载，整理如下。

临漳县，漳河南岸老庄、砖寨营、前佛屯、油房、马庄、刘辛庄等村堤工，共长 1580 米，北岸大呼村、砚瓦台、常家屯、邓镇等村堤工，共长 9153 米，均已征工补修完竣。⑥

滑县，老安堤长 13 里，因受长垣决口影响，冲成残缺浪窝 80 余处，于 1934 年 7 月间培垫完整。⑦

沁阳县，沁河堤长 70 里，已加宽培厚，修筑完竣。⑧

武陟县，黄、沁二河堤长共约 260 里，1934 年 7 月间培修竣工。⑨

---

① 全国经济委员会：《民国二十四年江河修防纪要》，1936 年，第 26 页。
② 黄河水利委员会：《民国黄河大事记》，郑州：黄河水利出版社，2004 年，第 132 页。
③ 朱墉：《黄河水利事业》，周开庆：《三十年来之中国工程》（下），台北：华文书局，1967 年，第 28-29 页。
④ 《一月来之建设》，《河南政治月刊》1934 年第 7 期，第 3 页。
⑤ 实业部中国经济年鉴编纂委员会：《中国经济年鉴》，第 2 册，上海：商务印书馆，1934 年，第 2 页。
⑥ 河南省政府秘书处：《河南政治视察》第 1 册，1936 年，第 7 页。
⑦ 河南省政府秘书处：《河南政治视察》第 1 册，1936 年，第 12 页。
⑧ 河南省政府秘书处：《河南政治视察》第 1 册，1936 年，第 10 页。
⑨ 河南省政府秘书处：《河南政治视察》第 1 册，1936 年，第 10 页。

温县，黄、沁二河并涨，涝河平皋假土埝出险，1934 年 10 月间将新埝加高培厚。①

孟县，黄河大堤自曹坡村之大王庙起，东达温县、孟县交界止，共长 14 千米，已征工修筑。冶戍、坡底二乡临近黄河，地势低洼，于 1934 年各修护村堤一道，计冶戍堤 590 丈，坡底堤 250 余丈，均已完成。②

封丘县，黄河河堤长 30 余里，修筑完竣。③

原武县，黄河北堤于 1934 年 6 月 19 日修筑，至 9 月 15 日竣工，计长 42.77 里。④

阳武县，1934 年 5 月修培黄堤，历时 3 月，加高培土 24 000 余立方，所有步道、狼窝、獾眼、鼠穴，均已填垫完竣。⑤

3. 堵口复堤工程

黄河堵口复堤工程包括花园口之堵口与冀、鲁、豫三省之复堤，是最大的堵口复堤工程。黄河水利委员会始终本着堵口复堤同时并进的原则加以推进，具体由黄河水利委员会堵口复堤工程局及河北、山东修防处分别负责办理。

黄河于 1938 年决于花园口，抗战时期，堵筑工程未能进行。抗战胜利后，经积极准备，堵筑工程于 1946 年 3 月 1 日正式开工，至 1946 年大汛以前止，堵口工程之堤坝全部告成，计长 1100 米，口门便桥工程完成架梁全长 488 米。但因黄河汛期较过去提早，致部分未及抛护之木桩被洪流冲毁。大汛后，水势工情迭生变化，几经设法克服，打桩工作于 12 月 10 日深夜完成。⑥至 1947 年 1 月底，堵口部分已完成土方 1 074 575 立方，抛石 84 158 立方，埽坝 182 444 立方。⑦复堤工程也相继办理，河南省境共完成土方 3 431 707 立方。⑧至 3 月底，堵口部分累计完成土方 1 260 000 立方，埽坝 248 000 立方，抛石 120 000 立方。复堤工程仍在积极赶办，河南省境内累计完成 4 081 000 立方。⑨7 月 20 日，堵口工程全部完竣。堵口部分共完成土方 3 352 900 立方，石坝 96 335 立方，木桩 191 255 根，柳石坝 118 471 立方，坝占压土 103 394 立方。至 9 月底，河

① 河南省政府秘书处：《河南政治视察》第 1 册，1936 年，第 12-13 页。
② 河南省政府秘书处：《河南政治视察》第 1 册，1936 年，第 10 页。
③ 河南省政府秘书处：《河南政治视察》第 1 册，1936 年，第 9 页。
④ 河南省政府秘书处：《河南政治视察》第 1 册，1936 年，第 9 页。
⑤ 河南省政府秘书处：《河南政治视察》第 1 册，1936 年，第 9 页。
⑥ 薛笃弼：《三十五年度水利事业》，《水利通讯》1947 年第 1 期，第 11-12 页。
⑦ 《三十五年度水利工作概况》，《水利通讯》1947 年第 2 期，第 3 页。
⑧ 《水利委员会三十六年一月份工作简报》，《水利通讯》1947 年第 2 期，第 13 页。
⑨ 《水利委员会三十六年三月份工作简报》，《水利通讯》1947 年第 4 期，第 5 页。

南复堤工程完成土方 2 047 893 立方，南岸土工已告完成。[①]

除了黄河堵口复堤建设外，各级部门还积极参与其他河流的培修河堤、堵筑决口工作。以武陟县为例，根据《（民国）续武陟县志》记载，自 1840 年至 1918 年，县政府进行沁河修堤堵口建设有 15 次，平均每 5 年 1 次。现摘录如下：

> 咸丰二年（1852 年），沁河两岸堤工，年久失修，残缺颇多，请款培修。

> 同治七年（1868 年），沁河溢赵樊，掣溜北趋，修（武）、获（嘉）、辉（县）、浚（县）等县俱罹其灾，知县孔广电督夫堵筑，费银八万余两，而工始竣。

> 光绪四年（1878 年），沁河盛涨，先从南岸原村漫溢，旋将北岸老龙湾东郭村堤岸冲决，修武、获嘉等县均被其灾，霜清后始行堵筑。

> 光绪八年（1882 年），沁堤卑矮残缺，迭次生险，请款培修，南岸自石荆工起，至方陵工止，计十三段，北岸自陶村工起，至木乐店止，计六段。

> 光绪十三年（1887 年），沁水涨发，小杨庄堤身溃塌，大溜崩腾，口门刷宽一百四十余丈……昼夜抢护……大溜归河，城得无恙。

> 光绪十六年（1890 年），沁水骤涨，木乐店大坝迤下埽段，漂没汇塌，堤身寨墙亦坍入水中。……绅民并力抢护……陆续改为石工，以资巩固。

> 光绪十九年（1893 年），黄河水势自南岸孤柏嘴以下北趋，渐将清风岭冲刷……董宋、赵庄、西岩、东岩等村房屋有坍入河者，驾部寨墙坍塌二十余丈。勘修筑石坝八道、石垛十八个、土埝二道，用银八万二千两。

> 光绪二十一年（1895 年），沁水屡涨，渠下堤身溃塌，口门刷宽九十余丈，朱村楼下一带当其冲，房屋损坏千余间。……筑堤身，加土坝、柴坝、石坝及增修南北两岸残缺堤段，工始巩固。

> 光绪二十八年（1902 年），拦黄堰下段民工，因河势自西南来斜注，余会、余林、东安、解封等村大溜澎湃，外滩刷尽坝垛，多有蛰陷……请拨六千两，购石一千五百方，择要修筑，以资抵御。

> 光绪三十二年（1906 年），河水骤涨，大溜冲刷，堤身遂不可收拾，口门刷宽二十余丈，知县张秀升督绅士王士廉等借支道库河工防险银两，鸠工堵筑。三十二年，抛护拦黄堰下段民工，先是余会、解

封一带，迎溜吃重，旧坝溃塌……先后购石修筑……余会以东七、八、九、十二各坝，屡被汕冲，间有残缺十坝、十一坝因河水斜注，圈刷致有垫卸，知县张秀升请款购石六百方，分头抛护，借以稳固。

宣统元年（1909 年），以拦黄堰坝工吃重，请款购石五百方，相机修筑。

宣统二年（1910 年），夏，河水屡涨，下段第五、六、七坝之第六、七、八垛俱形坍塌……奏准拨款二万一千两，兴办石方土工。

民国二年（1913 年），八月，沁河决大樊……系新筑被水冲塌，刷宽堤口十余丈……堵合，并补筑大堤圈堤，加厢护埽。

民国六年（1917 年），黄河盛涨……方陵无工处所，水漫残堤，冲塌闸门。……口门刷宽四十余丈，赶镶护埽，盘筑东坝，裹头西坝，接筑大堤三十余丈，两坝进占于九月十三日合龙。

民国七年（1918 年），六月，沁水涨发，二十七日各堤漫水不下十余处，北岸赵樊漫溢决口四十余丈……堵筑厢修护埽多段，并将堤身培高加宽。[①]

由上可知，有的年份是培修大堤，如 1852 年、1882 年、1909 年等；有的年份是堵筑决口，如 1868 年、1878 年、1887 年等；有的年份兼有堵口修堤，如 1895 年、1906 年、1918 年等。

（二）河道整治工程

"浚治河川是消弭水患的根本办法。"[②]调整、稳定河道主流位置，改善水流、泥沙运动和河床冲淤部位，使河道变得通畅，则容水量多，在多雨时泄水容易，可免泛滥之险。河南省重要的河流，如黄河、白河、汉水、淮河等，由省政府或中央政府筹建经费，分区治理。而一些较小的河流，在政府指导和监督之下，由当地民众联合组织出工出资，分别整治。建设厅督促整治的河道包括贾鲁河、辉河、惠济河、黄惠河等。

贾鲁河工程。1928 年，鉴于贾鲁河水源不旺，河身浅窄，为使沿河两岸数百里地可以开渠灌溉，及上接郑州下通淮河。河南省建设厅严令郑州、开封、扶沟、商水、中牟、尉氏、淮阳各县，切实督促贾鲁河疏浚，限期竣工，倘若故意拖延，不能如期竣工，定即分别情形，呈请省政府严行惩办，以儆效尤。[③]

---

① 史延寿、王士杰：《（民国）续武陟县志》，1931 年，第 1-13 页。
② 邓拓：《邓拓文集》第 2 卷，北京：北京出版社，1986 年，第 340 页。
③ 《训令郑县等仰督饬民夫子到一月内将辖境贾鲁河道一律疏浚由》，《河南建设月刊》1928 年第 8-9 期，第 13 页。

辉河工程。1933 年，叶县辉河上游，河道曲折，河床淤塞，两岸堤防倾圮不堪。经省建设厅饬令该县积极疏浚，于 5 月 5 日开工，疏浚河床约 12 里。[①]

惠济河工程。1925 年，惠济河被大水冲毁后，河身淤塞，尤以陈留一段最为严重，杞县、睢县、柘城县三县次之。为使沿河各县水流顺畅，且排水、灌溉、航运便利，河南省建设厅决定将惠济河分段疏浚，该项工程自开封水门洞起至柘城县止，1933 年 2 月完竣，长 242 里，共挖土方 200 万立方。[②]

黄惠河工程。系自黄河柳园口起至开封城内惠济河上游止开辟一河，引黄河水进入惠济河，一是补充惠济河水源，方便沿河各县灌溉；二是导引黄惠河水经流开封市内，解决全市民众给水问题。全部工程，约分河道、进水渠、进水道及出水渠、虹吸管、澄沙设备，水闸桥梁等项。自 1932 年 10 月开工举办，关于河道工程，于 1933 年 10 月已完全竣工。[③]

黄河水利委员会整治的河道有金水河、双洎河等。

金水河工程。1939 年夏，郑县境内，阴雨连绵，山洪骤至，金水河横贯城区，四处漫溢。黄河水利委员会组设整理金水河事务所，1940 年 1 月 11 日开工，5 月 12 日完工。将金水河绕过城区，改道由菜王北流，于北郊大石桥向东，至燕庄附近归入正河。[④]

双洎河工程。1940 年，为排除防泛新堤以西积水，黄河水利委员会举办整理双洎河工程。全部工程分为开挖尉氏县泄水沟一道，长 6 千米；疏浚洪业沟，长 30 余千米；疏浚双洎河尾闾，长约 12 千米；整理自新郑县至扶沟县韩桥入贾鲁河处一段通航河道，长约 140 千米。全部工程于冬季完成，以后续有整修。[⑤]

（三）农田灌溉工程

开渠、凿井、修闸作为农田灌溉工程，是水利建设的重要组成部分。为使农田便于灌溉，首先要注意蓄水问题。开渠、凿井和修闸是蓄水的好方法。建设这些工程既有灌溉农田的需要，也有防洪泄涝的作用。

1. 开渠

根据《河南政治视察》等资料记载，将河南省部分县开渠情况整理列

① 《一月来之建设》，《河南政治月刊》1933 年第 7 期，第 2 页。
② 张静愚：《三年来之河南建设》，《河南政治月刊》1933 年第 10 期，第 7 页。
③ 张静愚：《三年来之河南建设》，《河南政治月刊》1933 年第 10 期，第 8 页。
④ 黄河水利委员会：《民国黄河大事记》，郑州：黄河水利出版社，2004 年，第 140 页。
⑤ 黄河水利委员会：《民国黄河大事记》，郑州：黄河水利出版社，2004 年，第 149-150 页。

举如下。

浚县，天莱渠，闸口年久失修，渠道废弛。1928 年，省建设厅督催绅民赶速疏浚，先行引水灌田，并将其他应开水渠，一并兴修。①

武安县，有南北洺河二道，均系干河，至下游第四区之康宿田村附近，伏流突出，有水渠二道，可灌田 15 顷，每年疏浚 1 次。武安县第四区之田村康宿，有早先、大东二渠，均已疏浚完工。②

安阳县，1935 年，修浚万金、三民、民生、中正、同心、青龙、广润坡等渠。③

临漳县，有民生渠，长 10.5 千米，1935 年已征工疏浚完工。④

沁阳县，有广济渠，长 120 里，利丰渠，长 80 里，均经疏浚。⑤

辉县，长郑渠，1928 年被开浚 300 余丈。⑥普济渠上游，由百泉至兆丰乡，于 1929 年开凿成渠，1934 年冬又挖至仁美乡，长约 5 里，口宽 6 尺至 8 尺，底宽 3 尺，深 3 尺至 6 尺不等，年可灌田 50 顷，1935 年春全线疏浚。⑦

获嘉县，1934 年新挖江营干渠一道，长 3 里，支渠长 10 里许，可灌田 40 余顷。⑧

淇县，开挖民生渠一道，长 42 里，灌田 300 余顷。⑨

温县，泷河北岸第二区之驷连乡开挖民生渠一道，全长 4 里，引泷河之水灌溉农田。⑩

孟县，有淇河一道，可资灌田，唯以河道狭窄，常行溃决，已于 1934 年征工疏浚完工。另外，济渠系济源县永利渠分支，亦于 1934 年征工挑挖。⑪

阳武县，排水渠有两道，一为天然渠，上通原武，下达延津，长 71 里；二为文然渠，西接天然渠，下与延津文岩渠相衔接，长 35 里，以上两渠 1934 年 4 月已开始疏浚。⑫

修武县，1930 年，疏浚皇母泉附近马鸣、商河、杨河、石细等渠。⑬

① 张钫：《训令浚县县长会同委员督促疏浚天莱渠由》，《河南建设月刊》1928 年第 8-9 期，第 12 页。
② 河南省政府秘书处：《河南政治视察》第 1 册，1936 年，第 11 页。
③ 河南省政府秘书处：《河南政治视察》第 1 册，1936 年，第 14 页。
④ 河南省政府秘书处：《河南政治视察》第 1 册，1936 年，第 7 页。
⑤ 河南省政府秘书处：《河南政治视察》第 1 册，1936 年，第 10 页。
⑥ 《统计：各县水利报告摘要》，《河南建设月刊》1928 年第 8-9 期，第 1 页。
⑦ 河南省政府秘书处：《河南政治视察》第 1 册，1936 年，第 11 页。
⑧ 河南省政府秘书处：《河南政治视察》第 1 册，1936 年，第 9 页。
⑨ 河南省政府秘书处：《河南政治视察》第 1 册，1936 年，第 11 页。
⑩ 河南省政府秘书处：《河南政治视察》第 1 册，1936 年，第 12-13 页。
⑪ 河南省政府秘书处：《河南政治视察》第 1 册，1936 年，第 10 页。
⑫ 河南省政府秘书处：《河南政治视察》第 1 册，1936 年，第 9 页。
⑬ 《河南各县县政调查》，《河南政治月刊》1931 年第 1 期，第 21 页。

2. 凿井

根据《河南政治视察》记载统计，截至 1935 年底，河南省部分县开
凿水井数量，大致如下：安阳县，在河渠流经之地，每顷凿井 1 眼，现已
凿成 50 余眼[1]；汤阴县，已凿土井 850 余眼，砖井 220 余眼[2]；沁阳县，
已凿土井 5500 余眼，砖井 600 余眼[3]；内黄县，新凿土井 123 眼[4]；汲
县，已凿新式井 10 余眼，仍继续开凿中[5]；获嘉县，凿砖井 279 眼，土井
319 眼，洋井 5 眼，锥钻旧井 500 余眼[6]；温县，新凿土井 5800 余眼[7]。

3. 修闸

据《（民国）续武陟县志》记载，武陟县建立水闸 14 座，具体如下：
惠济闸，1873 年在张村西建；惠济闸，1879 年在沁阳村西光建；普济
闸，1880 年在白水村西建；永固闸，1881 年在石荆村西建；作霖闸，
1881 年在小董村西建；顺宣闸，1889 年在方陵村南建；利济闸，1912 年
在杨庄西建；润田闸，1912 年在北王村建；沁润闸，1912 年在石陶村西
建；济众闸，1912 年在高村西建；永济闸，1913 年在东张计村北建；公
义闸，1913 年在南王村西建；同心闸，1913 年在北樊村西建；王顺闸，
1918 年在王顺村西建。[8]

现将《河南建设概况》记载的 1931 年河南省各县水利灌溉工程建设
情况，汇总如表 4-8 所示。

表 4-8　1931 年河南省各县农田水利建设情况统计表

县名	疏浚河渠/条	长度/丈	用途	受益农田面积/亩	新开凿水井/眼	灌溉面积/亩	本年度水灾后修筑		
							河堤名称	修复决口/处	长度/丈
开封	渠2	4 140	排水	28 550					
陈留	渠5	1 781	排水	197 000	593	18 000			
洧川	渠4	6 660	排水	16 400	235	4 700	护城堤、河堤	2	2 160
禹县	渠1	900	灌溉	660	571	3 450			
密县	渠9	1 735	灌溉	995	415	1 087			

[1] 河南省政府秘书处：《河南政治视察》第 1 册，1936 年，第 14 页。
[2] 河南省政府秘书处：《河南政治视察》第 1 册，1936 年，第 8-9 页。
[3] 河南省政府秘书处：《河南政治视察》第 1 册，1936 年，第 10 页。
[4] 河南省政府秘书处：《河南政治视察》第 1 册，1936 年，第 12 页。
[5] 河南省政府秘书处：《河南政治视察》第 1 册，1936 年，第 10 页。
[6] 河南省政府秘书处：《河南政治视察》第 1 册，1936 年，第 9 页。
[7] 河南省政府秘书处：《河南政治视察》第 1 册，1936 年，第 12-13 页。
[8] 史延寿、王士杰：《（民国）续武陟县志》卷 5，1931 年，第 14-16 页。

续表

县名	疏浚河渠/条	长度/丈	用途	受益农田面积/亩	新开凿水井/眼	灌溉面积/亩	本年度水灾后修筑		
							河堤名称	修复决口/处	长度/丈
新郑	渠1	185	灌溉	20 000	360	100 000			
商丘	渠18	15 840	排水	38 000	85 250	16 800			
宁陵	渠1	2 340	排水	10 000	900	4 500			
永城	渠5	11 700	排水	182 000					
鹿邑	河20	159 795	排水	850 000	648	449 000			
	渠55	121 092		719 900					
睢县	河1	19 800	排水	108 000	127	27 000			
民权	渠3	1 350	排水	7 250	4 130	134 600			
柘城	渠7	22 557	排水	388 800	642	419 290			
商水	渠2	2 520	排水	45 000	800	1 500	枯河堤、汾河堤、护城堤	19	154
项城	河1	3 600	灌溉	5 000	10	50	围堤		
	渠2	7 560	排水	10 000					
沈丘	河2	10 620	灌溉						
	渠2	6 480	排水						
扶沟	河2	14 210	排水	90 000	7 824	158 900			
许昌	河2								
临颖	渠1	990	排水	1 583	6 000	120 000	险堤	7	585
襄城	渠13	27 360	排水	122 000	15 450	155 500	汝河堤	38	
郾城	河4	39 420	灌溉	1 000	679	220 000			
	渠3	15 480		6 000					
荥阳					54	850			
汜水	渠3	1 890	灌溉	2 360	187		河堤	2	
	渠1	540	排水	1 500					
桐柏	渠4	1 280	灌溉	2 128					
邓县	渠8	17 460	灌溉	13 400	4	12 450	堤	20	
新野	河1	2 700	排水	5 004				12	
	渠1	270		640					
新蔡	渠3	4 140	排水	21 766	23	265	堤	15	3 322
信阳	渠1	900	灌溉	2 000	128		狮河堤	1	
固始	河1	17 280	灌溉	14 000			堆堤	4	32 400
	河1	27 000	排水	34 000					
偃师	渠1	270	灌溉	820	3 700	74 000	护城堤、济北堤、洛南堤、伊北堤、伊南堤		15 660
	渠2	16 560	排水	4 840					

续表

县名	疏浚河渠/条	长度/丈	用途	受益农田面积/亩	新开凿水井/眼	灌溉面积/亩	本年度水灾后修筑		
							河堤名称	修复决口/处	长度/丈
巩县	渠4	1 440	排水	1 046			村堤、南河护堤	2	450
宜阳	渠3	306	灌溉	900			西堤、张堤、通庄堤	3	140
洛宁	渠3	940	灌溉	630			堤	5	
	渠2	634	排水	850					
渑池	渠3	615	灌溉	511	188	3 660	堤	1	
陕县	渠3	2 160	灌溉	2 820	15	200			
灵宝	渠6	2 830	灌溉	340	1	100			
宝丰	渠4	2 820	灌溉	3 550	70	500	护城堤、河堤、汝河堤	3	502
	渠1	720	排水	2 500					
安阳							城堤	1	10
临漳	渠1	2 260	灌溉	12 960	1 015	20 300			
武安	渠3	670	灌溉	1 678	96		固镇堤、曹公泉堤、小河底堤	3	
内黄	河1	1 080	排水	430	220	6 600			
汲县	渠5	2 235	灌溉	2 600	229	3 864			
	渠2	1 303	排水	4 500					
新乡	渠1	5 580	灌溉	24 000	3 307	33 941	招民庄围堤、范家锁围堤	2	1 440
获嘉	渠5	7 020	灌溉	59 000	358	70 600			
	渠4	6 300	排水	58 000					
淇县	渠14	28 040	灌溉	76 800	1 460	6 800	堤	6	11
	渠9	8 640	排水	6 500					
延津	渠2	3 640	排水	82 900	83	700			
浚县	渠1	1 080	灌溉	8 000	298	651 000			
	渠1	540	排水	5 000					
博爱	渠2	5 040	灌溉	12 200	513	1 200			
	渠1	3 200	排水	1 000					
孟县	河3	3 365			1 003	16 800			
温县	渠3	10 260	排水兼灌溉	41 300	952	1 400			

续表

县名	疏浚河渠/条	长度/丈	用途	受益农田面积/亩	新开凿水井/眼	灌溉面积/亩	本年度水灾后修筑		
							河堤名称	修复决口/处	长度/丈
原武	渠 1	1 308	排水	752	37	425			
	渠 1	1 308	灌溉	620					
阳武	渠 3	25 380	排水	150					
遂平							堤	78	917
合计	285	719 119		3 361 983	138 725	2 740 032		224	57 751

注：截至 1931 年 6 月底止，报告统计 52 个县

资料来源：河南建设厅：《河南建设概况》，1932 年，第 77-80 页

由表 4-8 可知，1931 年上半年，在河南省 53 个县中，疏浚河渠 285 条，长度 719 119 丈，农田受益面积 3 361 983 亩，其中鹿邑县取得的成绩最显著，疏浚河渠 75 条，长度 280 887 丈，农田受益面积 1 569 900 亩；新开凿水井 138 725 眼，农田灌溉面积 2 740 032 亩，其中商丘县凿井最多，达 86 150 眼，浚县凿井灌溉农田面积最大，达 651 000 亩；修复决口 224 处，长度 57 751 丈，其中固始县修堤最长，达 32 400 丈。

晚清民国时期，尤其是民国时期，各级部门在中原地区进行大规模的水利建设，包括堵口复堤、河道整治、农田灌溉等，其中堵口复堤工程主要集中于黄河干流及其支流，而河道整治工程涉及更多的干支流水系，农田灌溉工程则遍布各县。通过兴修水利工程，不仅可以有效地预防洪涝灾害的发生，还可以解决农田灌溉问题，促进农业生产和发展。

四、以工代赈

以工代赈，简称工赈，是指政府或慈善团体以现金或实物形式在受灾地区进行基础建设，受灾地区的灾民因参加工程建设而获得劳动报酬，从而取代直接赈济的一种扶持方式。

"广赈莫过于兴工，而兴工之中莫善于沟渠堤防。"[①]工赈与水患、水利工程建设紧密相连。每当发生水灾时，除了给予直接赈济外，还招募灾民兴修水利，以务工代替赈济。正是由于兴修水利工程有利于促进农业生产，减少水患发生，同时又使灾民得到及时救治，一直以来作为工赈的首选而受到重视。

---

① 《乾隆朝三年十一月十四日朱凤英奏折》，引自李向军：《清代荒政研究》，北京：中国农业出版社，1995 年，第 34 页。

（一）晚清时期工赈

工赈作为一种赈济方式，晚清时期就比较盛行。灾荒时饥民众多，劳动力廉价，多愿佣工为生，各级政府通过给予钱粮，雇募灾民，兴办水利工程。晚清时期，在河南各地举办了以兴办水利工程为主要内容的诸多工赈活动，如光绪年间，发生水灾时，清政府多次采用工赈的方式进行救济，以下试举几例进行说明。

1892 年 6 月，卫辉府属汲县、新乡、辉县、获嘉、淇县、浚县等因卫河漫溢，山洪暴注，淹及卫郡城关，并各县沿河村庄被淹成灾。官绅出资集捐，合力赈济。至 1893 年春，"修筑冲塌城工堤埝，俾即以工代振，至十九年麦后，一律蒇事……工赈既竣"①。

1894 年 7 月，浚县、内黄等县河水漫溢，漳河、卫河等河堤岸冲刷残缺，遂以工代赈予以培修，共计用银 56 632 两，用谷 29 543 石（1 石≈100 升）。②

1895 年 6 月，滨临沁河及丹、卫等河之修武、济源、温县、获嘉、辉县、汲县、新乡、浚县，因雨水山水众流交汇，节节漫溢，被淹成灾，临漳、内黄二县因漳、卫等河漫溢，永城县积水被淹。为修筑坍塌堤埝，官赈、义赈并行。至 1896 年春，"冬振……春抚，就中修补堤埝，即寓以工代振……实惠及民，并无一夫失所，现在工振一律告竣"③。共用银211 012 两，用谷 36 710 余石。④

（二）民国时期各级政府推行工赈

民国以后，在应对各种大水灾时，中央和地方各级政府积极推行工赈，工赈日益普遍，成效显著，如在 1931 年江淮水灾救治中，工赈发挥了重要作用。

1931 年，南京国民政府设立救济水灾委员会，办理灾区事宜。救济水灾委员会在其报告书中指出："本会成立之始，办理救济事宜，关于治本计划，注重以工代振。盖政府借灾民之佣作，以修筑堤防，灾民赖政府

---

① 《奏为汲新等县工赈完竣碍难照例造销请援案开单奏报事》，宫中朱批奏折，附片，档号：04-01-02-0092-029，一史馆藏。

② 《奏为核明光绪二十年浚县内黄等县被水成灾办理工赈收支银谷各数援案开单奏报事》，宫中朱批奏折，档号：04-01-02-0094-015，一史馆藏。

③ 《奏为光绪二十一年间武陟河内等县被水工赈动用银两请部核销事》，宫中朱批奏折，附片，档号：04-01-02-0095-024，一史馆藏。

④ 《奏为光绪二十一年沁河漫决河内等县被灾办理赈抚收支银谷各数遵旨开单奏报事》，宫中朱批奏折，档号：04-01-02-0096-013，一史馆藏。

之救济，以维持生活。事关实惠，款不虚糜，防患恤灾，一举两得。"①
9月，救济水灾委员会设立工赈处。此后，组织技术委员会，制订工赈章
则，聘请技术人才，编制工赈预算。在工赈处之下，还设有各区工赈局。
各区工赈自1931年底开办，至次年9月，各工赈局工作一律结束，其未
完工程则移交全国经济委员会继续接办。

1931年江淮水灾工赈，包括修堤、浚河、修建涵洞、救济灾民等方
面。据国民政府救济水灾委员会报告，仅救济灾民一项，各区工赈局派员
招收灾工，编成排团，实行以工代赈，灾工多者每天可获得麦子七八斤，
少者亦在四五斤以上，直接收容灾工达1 128 731名，而间接借以工赈为
生者，当在千万人以上。②

救济水灾委员会按照各河流域面积的大小和灾情的轻重，将工赈范围
分为十八区，其中第十八区负责河南伊、洛、沙、颍各河的防灾工作，设
局地点为郾城，后改设于郑州。工赈范围以修复干堤为主，浚河泄水为
辅。第十八区工赈局办理工程分为两种：①砖石工，在沙河沿岸的周家
口、漯河寨、郾城县西关南关外及洛阳南关外，将年久失修的砖石护岸加
以整理修葺。②堤工，将沙、伊、洛、颍各河流旧有埝堤加高培厚。③

第十八区工赈局所属的沙河工赈事务所、颍河工赈事务所及伊洛河工
赈事务所，办理筑堤工程、浚河工程、砖石护岸工程，成绩巨大，如筑堤
工程，河南伊、洛、沙、颍四河，修堤长370千米，完成土方1 783 555
立方米；浚河工程，河南伊、洛、沙、颍四河，浚河长168千米，土方数
包括在堤工内；涵洞及其他工程，河南伊、洛、沙、颍四河修建的石工，
计长5.5千米。④此次工赈，受益田地共31 390 000亩。⑤有关第十八区工
赈局土工、石工、杂项及已发麦粮情况见表4-9。

表4-9　第十八区工赈局工程情况表

所别	土工			石工				杂项/短吨	已发麦粮总计/短吨
	工长/千米	已成土方/立方米	已发麦粮/短吨	工长/千米	已成工程/立方米	已发麦粮/短吨	平均单价斤/立方米		
沙河工赈事务所	125.0	428 328	1 641.459	2.513	9 570	2 565.440	421.00	800.901	5 007.800

---

① 国民政府救济水灾委员会：《国民政府救济水灾委员会报告书》，1933年，第1页。
② 国民政府救济水灾委员会：《国民政府救济水灾委员会工振报告》，1933年，第461页。
③ 国民政府救济水灾委员会：《国民政府救济水灾委员会工振报告》，1933年，第465页。
④ 国民政府救济水灾委员会：《国民政府救济水灾委员会工振报告》，1933年，第437-438页。
⑤ 国民政府救济水灾委员会：《国民政府救济水灾委员会工振报告》，1933年，第462页。

续表

所别	土工			石工				杂项/短吨	已发麦粮总计/短吨
	工长/千米	已成土方/立方米	已发麦粮/短吨	工长/千米	已成工程/立方米	已发麦粮/短吨	平均单价/斤/立方米		
颍河工赈事务所	144.5	925 995	2 986.241					218.213	3 204.454
伊洛河工赈事务所	100.5	429 232	1 224.250	2.949	6 599	1 110.368	252.40	590.400	2 725.018
合计	370.0	1 783 555	5 851.950	5.462	16 169	3 675.808	673.40	1 609.514	10 937.272

注：1 短吨≈0.907 吨

资料来源：国民政府救济水灾委员会：《国民政府救济水灾委员会工振报告》，1933 年，第 457 页

（三）民国时期慈善团体推行工赈

"吾国历来办理振济事业，多属私人团体。"[①]民国以降，慈善团体在水灾救治中异常活跃，推行工赈救济十分积极。善后救济总署河南分署于 1946 年元旦建立，至 1947 年 11 月底结束。在不到两年的时间里，善后救济总署河南分署通过工赈方式，在河南省境内兴修了大批水利工程。

1. 协助举办大型水利工程

自 1938 年至 1945 年，河南省境泛区达 20 个县，受灾面积达 6 505 113 亩，人口逃散 200 余万人。为消除黄河积害，拯救泛区灾民，南京国民政府决定实施堵口复堤工程，善后救济总署河南分署以工代赈，协助兴复。河南境内工程共有 8 项：黄河南北大堤复堤工程、沁河东西堤复堤工程、花园口东西二坝土工工程、花园口引河工程、修筑广武车站至花园口铁路路基工程、整修泛区沙河堤工程、修堤郭当大吴二口工程、泛区东西堤防紧急修堵工程。1946 年 3 月开始动工，至 11 月底，已修筑广武至花园口铁路路基工程，整修泛区沙河堤工程，修堵郭当大吴二口工程，其余各项工程，虽未全部完工，然部分完工者甚多，共计发放面粉 15 752 286 吨。[②]

花园口堵口是黄河工程的主体部分。黄河水利委员会于 1946 年 3 月 4 日兴工，善后救济总署河南分署即派第一工作队，配合黄河堵口复堤工作，办理工赈及工作福利事宜。第一工作队于 3 月，在新乡潞王坟设第三

---

① 国民政府救济水灾委员会：《国民政府救济水灾委员会报告书》，1933 年，第 5 页。
② 熊笃文：《一年来之振务工作》，《善后救济总署河南分署周报》1947 年第 51 期，第 14 页。

分队，专办采石工赈，在中牟杨桥设第四分队，办理复堤工赈。4月在中牟东漳、郑县来童砦、石桥等处，先后设立分队，分别办理修复旧堤及培新堤工赈。7月在广武保和寨设第十分队，在中牟三刘寨设第十一分队，办理整修旧堤工赈。8月又在郑县河村设第十三分队，办理封培修新堤工赈。工作线延长达300余里。工赈发放标准，在1946年10月之前，规定每人每日发面粉2斤半，11月起改发2斤，1947年2月26日，仍恢复2斤半。工人到工地后，每人一次发给旅费面粉3斤。①花园口时常有15 000人在此工作。第一工作队及其他各复堤采石分队，每分队各有2000人，后增至6万人。倘以每人每日2斤半计，则每日发面粉15万斤，另加到工旅费面粉3斤，将近20万斤。②截至1947年元月底，河南分署共发出黄河工赈面粉22 422.51吨，受惠工数约21 422 510工。③

善后救济总署河南分署还协助培修周口南寨堤、抢修开封护城堤、洛阳洛河大堤及孟津黄河培堤工程等。其中协助培修周口南寨堤，先后补助面粉293袋；协助抢修开封护城堤，每工每日补助面粉1斤，共发面粉125袋；协助兴修洛阳洛河大堤，共拨发面粉200吨；协助兴修孟津黄河培堤工程，共拨发面粉6000袋。④

2. 协助举办河渠工程

湍惠渠、中和渠、公兴渠为河南省三大河渠工程。湍惠渠位于邓县，中和渠位于鲁山，公兴渠位于伊川。善后救济总署河南分署以工赈方式协助完成该三大河渠工程，湍惠渠可灌田12万亩，中和渠可灌田7000亩，公兴渠可灌田25 000亩。河南分署向各渠拨发工赈物资，其中湍惠渠面粉43 114袋，水泥4800袋；中和渠面粉4172袋，水泥160袋；公兴渠面粉4164袋，水泥140袋。合计面粉51 450袋，水泥5100袋。⑤另外，以工赈方式拨面粉500吨，协助兴修伊川永新渠、南阳白惠渠、鲁山民乐渠。⑥

3. 协助举办浚塘凿井

豫南潢川、光山、固始、息县、商城、罗山、经扶、信阳8县，素称

① 吴惠人：《第一工作队经办振务概述》，《善后救济总署河南分署周报》1947年第71期，第9页。
② 《本署配合黄河堵口工振实况》，《善后救济总署河南分署周报》1947年第71期，第6页。
③ 《黄河工振办理经过》，《善后救济总署河南分署周报》1947年第63期，第5页。
④ 熊笃文：《一年来之振务工作》，《善后救济总署河南分署周报》1947年第51期，第15页。
⑤ 《湍惠中和公兴三大渠完工》，《善后救济总署河南分署周报》1947年第61期，第8页。
⑥ 万晋：《两年来河南农工业之救济与善后》，《善后救济总署河南分署周报》1947年第100期，第41页。

产米之区，因战事影响，沙塘多遭毁淤，农产因之锐减。有鉴于此，善后救济总署河南分署与省政府合作，在上述 8 个县浚塘 1000 口，河南分署补助面粉 673.5 吨，现金 76 676 000 元。凿井方面，河南分署经会同河南省建设厅派员分赴各区，以工赈方式补助面粉，并凿井 1900 眼。[①]

总之，为开展水利建设，各级部门和相关水利机构出台各种法规，制订各种计划，进行水利测量，兴修各种水利工程。同时，实施以工代赈。工赈兼具"赈济"和"建设"两项基本功能，即鼓励灾民通过劳动方式获取实物和现金，以达到济困、度荒、减灾的目的。工赈涉及范围较广，但主要着力于修堤、浚河、开渠、凿井等农田水利方面，工赈不仅使灾民生活有了保障，同时也有效地降低了水患造成的损失。

第三节　奖惩机制的实行

奖惩机制，指中央或地方政府对公务人员或其他人员实行奖励或惩罚的措施和制度，包括实行奖惩的原则、条件、种类、方式、程序等。近代中原地区水患不断，为了对相关人员进行激励和约束，各级政府在继承传统的基础上，又适应时代的新变化，出台了诸多有关水利兴办、水灾治理、水灾赈济等方面的奖罚举措，从而逐步建立了较为完备的奖惩机制。

一、晚清时期的奖惩措施

晚清时期，中原地区的治灾官员分属两个系统。一是地方行政官员；一是河道官员。河南巡抚与河东河道总督是河南省修治河工的总理官员，河东河道总督一直是管理河南黄河以及附属河流、湖泊等水利设施的最高行政长官。自雍正七年（1729 年）设立，1902 年裁撤，共计 173 年。河南巡抚为总揽全省军事、吏治、民政等事务的地方政府最高长官。河东河道总督在行政建置上与河南巡抚类似，其道、厅、汛相当于府、州、县，专员管理，各司其职。所以，河南各河工的具体修防、抢险，依赖于沿河厅汛与州县各官员的协作。一旦黄河决口发生于沿河某一具体地点，地方州县官与河厅汛官直接参与修防工程。总之，以河东河道总督为首的河道

---

① 万晋：《两年来河南农工业之救济与善后》，《善后救济总署河南分署周报》1947 年第 100 期，第 41-42 页。

官员与以河南巡抚为首的地方行政官员共同负责河南省治河事务。

在治灾赈济过程中，为了激励和制约官员认真履行岗位职责，鼓舞民间人士积极参与救灾赈灾，晚清政府制定并实施了一系列的奖惩措施。

（一）水灾治理

治灾效果是衡量官员是否尽心河务的重要标尺。为避免河堤决溢，降低水灾损失，各级政府在治河、防灾方面有着较为严明的制度，该赏就赏，该罚就罚，是非分明，赏罚得当。

1. 惩罚措施

近代河南常遭重大水灾，尤其是黄河大水灾，为此迫切需要熟悉河务的各级官员抢护工程，救济灾民，如遇河务不通、责任不到者，就会造成更大的灾难。而对于治河不力的官员，清政府则根据责任大小、官员职位高低予以相应的处罚。

河东河道总督与河南巡抚作为河南河流治理的最高掌管者，如在处理水灾过程中玩忽职守，应对不力，首先予以处罚。当然，依据责任大小，受到处罚的方式也有所不同，如对河东河道总督，有摘去顶戴、革职留任、充军发配等处罚。

1841 年入夏以来，黄河之水来源甚旺，水位迭涨，下南厅祥符上汛三十一堡滩水已过堤顶，溃决之处，已刷宽 80 余丈，省城开封被洪水围困。作为河东河道总督的文冲，未能先事防范，致有漫口，难辞其咎。6月 29 日，清政府下令，河东河道总督文冲革职留任，戴罪图功。督饬道厅营汛各员赶集料物，设法抢办。倘能迅速蒇功，其咎尚可稍从减，若再玩延贻误，定当重治其罪，决不宽贷。同时，河南巡抚牛鉴，交部严加议处。①8 月初，文冲以"恐激怒溜势""省城吃重"为由，拖延赶做西坝裹头。声称："运送料物船只，一经运到，辄被地方各员扣留，移住眷口，停泊城隅，又不载送上堤，俾资轮转。"②由于文冲迁延日久，未能及时抢堵，导致大溜全行掣动，下游州县多被漫淹。③11 月 17 日，道光帝发布谕令指出，"文冲身任河道总督，不能先事预防，又不赶紧抢堵，糜帑殃民，厥咎甚重"，将文冲疏柳，发往伊犁充当苦差。④

① 《寄谕河东河道总督等河南祥符漫口著将该督抚革职议处并留任抢筑》，军机处上谕档，档号：1052-3，一史馆藏。
② 《清实录》卷 355，北京：中华书局，2008 年，第 40519-40520 页。
③ 《清实录》卷 355，北京：中华书局，2008 年，第 40527 页。
④ 《谕内阁河南祥符漫口河督办理不利著发往伊犁充当苦差》，军机处上谕档，档号：1055-2，一史馆藏。

1843 年，中河厅九堡堤顶过水，夺溜南趋，该处口门塌宽一百余丈，而溜势仍复南趋。①由于工作不力，清廷将河东河道总督慧成、河南巡抚鄂顺安等，分别严加议处。②

1855 年 7 月，黄河水势异涨，下北厅兰阳汛铜瓦厢三堡堤工危险。后水势不断增长，以致漫溢过水，全行夺溜，刷宽口门至七八十丈，迤下正河业已断流，下游居民罹此凶灾，流离失所。咸丰帝发布谕旨，署理河东河道总督蒋启敫未能先事预防，实难辞咎，著摘去顶戴，革职留任。③

1887 年 9 月间，上中两厅河工猝生巨险，自荥泽坝圈湾下卸郑州下汛十堡，迤下无工之处，堤身走漏，水势抬高数尺，由堤顶漫过，刷宽口门三四十丈，洪水夺淮入海。成孚作为河东河道总督，专办河防，未能先事预防，难辞其咎。清政府下令，"著摘去顶戴，革职留任"。④

除了河东河道总督与河南巡抚在河防中因处置不当而受到惩罚外，其他层级较低的官员也因消极怠工，或玩忽职守，受到相应的处罚。

前述 1841 年黄河大水灾，道光帝发布上谕，"下南河同知高步月，署协办守备许镳，著摘去顶戴，带（戴）罪抢办"⑤。后再次颁发谕令，追加惩罚，"下南河同知高步月，署下南河协备许镳，防守之祥符上汛县丞秦华增，祥符上汛千总高振，外委刘让，均著即行革职，于河干枷号一个月，满日发往新疆充当苦差，兼辖之开归陈许道步际桐，亦著即行革职，留工效力"⑥。

1855 年黄河水灾，清廷发布上谕，对所有疏防专管的官员予以处罚，"署下北河同知王熙文，署下北守备梁美，汛官兰阳主簿林际泰，兰阳千总诸葛元，兰阳汛额外外委司文端，均著即行革职，枷号河干，以示惩儆。兼辖之代办河北道事务、黄沁同知王绪昆，著交部议处"⑦。

1887 年黄河水灾，由于在工各官员疏于防护，难辞其咎。清廷下令，"上南同知余潢，上南营守备王忻，郑州州判余嘉兰……署郑州下汛额外

① 《清实录》，卷 394，北京：中华书局，2008 年，第 41174 页。
② 《寄谕河东河道总督等河南中河厅漫口著地方妥速办理堤工并抚恤灾民》，军机处上谕档，档号：1074-1，一史馆藏。
③ 《谕内阁河南兰阳县河工漫溢著饬员赶筑并惩处疏防各员》，军机处上谕档，档号：1183-3，一史馆藏。
④ 《谕内阁郑州下汛十堡河水漫溢著分别惩处防范不力官员》，军机处上谕档，档号：1395（2）155-156，一史馆藏。
⑤ 《谕内阁河南祥符漫堤该河督等未能预防著分别议处带罪抢筑》，军机处上谕档，档号：1052-3，一史馆藏。
⑥ 《奉旨河南祥符漫口著将失职各员分别革职发往新疆或留工效力》，军机处上谕档，档号：1054-1，一史馆藏。
⑦ 《谕内阁河南兰阳县河工漫溢著饬员赶筑并惩处疏防各员》，军机处上谕档，档号：1183-3，一史馆藏。

外委郭俊儒，均著即行革职，枷号河干，以示惩儆，署开归陈许道李正荣，著摘去顶戴，交部议处"①。

有些地方官员在水灾发生后，不仅防灾不力，还弄虚作假，缓报、漏报灾情，甚至隐瞒灾情。对于这些官员，清政府也予以严厉惩罚，绝不宽恕，如1884年五六月，鲁山县暴雨倾盆，沙河水溢，造成田禾被淹，人员伤亡，房屋倒塌。该县知县张其昆先禀报田禾间被浸淹，人口未受伤，后又续报人口伤亡，房屋倒塌。经巡抚鹿传霖派人勘明，房屋倒塌甚多，与该县所报不符。知县张其昆因报灾不实，著即开缺，交部议处。②

2. 奖励措施

在治河、防灾过程中，也有大批治河官员恪尽职守，忠实地履行自己的职责。清政府对于治河有功的官员给予了不同形式的奖励。奖励的形式，有的是直接晋升，有的是重新开复，还有的是对抢险中伤亡的兵弁给予抚恤。

1841年黄河水灾，危险迭出。广大兵弁严守岗位，日夜修防。如河南开封府知府邹鸣鹤，"露宿城上七十昼夜，随同巡抚牛鉴等竭力修防……堵御八月之久，城赖以全"。针对当时有关省城迁于河南府之议，邹鸣鹤明确反对，并列出省城不可迁移的理由。新任巡抚鄂顺安"据以奏闻，迁省之议遂寝，民心始定"。③次年，清政府发布上谕，给予保护省城开封的有功人员晋升职衔。兹罗列如下：

> 河南开封府知府邹鸣鹤，著遇有豫省道员缺出，请旨简用知府衔；兰仪同知张承恩系遇有本省应升知府缺出，即行升用之员，著俟补缺后遇有山东、河南河道缺出，请旨简用；祥河同知王宪，著赏加知府衔，理事同知印德本，著赏戴蓝翎；候补知县张元成，著赏加同知衔，遇缺尽先补用；候补知县屈文台，著俟补缺后以同知直隶州补用；候补知县叶法，著俟补缺后以同知直隶州用，先换顶戴；候补知县徐勋，著赏加同知衔；候补知县徐廷烺，著归候补班内尽先补用；候补布政司都事朱师濂，著免补本班以应升之缺升用同知衔；睢州州判张锡麟，著开缺以河工通判补用；候补未入流茅昌林，著免补本班以县丞主簿升用；候补未入流胡棣，著俟补缺后以县丞主簿尽先升用；候补知县

① 《谕内阁郑州下汛十堡河水漫溢著分别惩处防范不力官员》，军机处上谕档，档号：1395（2）155-156，一史馆藏。
② 《谕内阁河南鲁山县被水知县报灾不实著将张其昆交部议处》，军机处上谕档，档号：1377（1）107，一史馆藏。
③ 《清史列传》卷43，北京：中华书局，1987年，第3379-3380页。

袁继长、道元勋，候补府经历刘斌、朱缵，候补吏目严钰、李浩，候补从九品陈上远、张鸿泰，候补未入流胡福谦、梁士伟，著各以本班尽先补用；都司衔商虞协备曹百安，著赏戴花翎；睢宁协备宋安澜，著赏加都司衔；归河协备关思义，著以守备即补；彰德营守备徐荣柱，著以都司升用，该省绅士知州衔、前福建闽县知县张光第，著免补本班以同知直隶州即选；六品衔孝廉方正周之培，著以知县即选，举人拣选知县郭宝锁、徐敬安、徐嵩生，均著以知县尽先选用；候补知县崔家荫，著尽先选用；候选训导高赐祜，著以训导尽先选用；拔贡就职教谕常茂徕，著以教谕尽先选用；开封府学附生王炳烈，著赏给六品职衔。①

而对于一些曾被罚俸、降级或革职的官员，因其在治灾中工作努力，表现出色，又重新予以开复。开复制度虽是清代官僚惩罚制度的组成部分，但通过开复这些被处分官员，也可以视为对其的一种特殊的奖励措施。

1889 年 8 月，河内县沁河北岸漫口，数月以来，经巡抚倪文蔚督饬在工兵弁竭力堵筑合龙，办理尚为妥速。清政府发布上谕，"怀庆府知府李芳柳，前代理河内县知县朱升吉，均著开复摘顶处分"②。

此外，清代河南河防管理体系具有准军事化的性质，大量士兵直接参与抢办险工，有些兵弁尽职尽责，乃至殉职，清政府对于亡故于抢险现场的兵弁给予抚恤，这也是对伤残人员和家属给予精神上的安抚。

1841 年，清政府发布上谕，要求兵部"将抢险出力落水淹毙之目兵曹文清，照阵亡例赐恤"③。后又发布上谕，"河南虞城上汛目兵郭奉臣，抢办险工，争先上埽，以致落水溺毙情节，与曹文清相同"，下令兵部照例赐恤。④

（二）水灾赈济

晚清时期，政府将办赈与官员的奖罚结合起来，把办赈的好坏作为评估官员政绩优劣、衡量其能力高下的一项重要标准。每次赈务结束后，地

① 《谕内阁上年河南祥符漫口危及省城著将防护出力各官绅分别鼓励》，军机处上谕档，档号：1057-1，一史馆藏。
② 《谕内阁沁河漫口合龙知府李芳柳等著开复摘顶处分其余出力员弁准酌保数员》，军机处上谕档，档号：1408（3）-3，一史馆藏。
③ 《谕内阁河南巡抚牛鉴奏请将抢险淹毙兵目照阵亡例赐恤事著兵部议奏》，军机处上谕档，档号：1053-2，一史馆藏。
④ 《谕内阁河南虞城目兵抢险落水淹毙著照例赐恤》，军机处上谕档，档号：1055-2，一史馆藏。

方督抚都要对下属的表现进行总结评估，缮折上奏。优者嘉奖，劣者贬黜。而对于地方督抚大员，皇帝也要根据其表现施以奖惩。

1. 惩罚措施

由于体制机制不完善，一些官员在赈济过程中任人唯亲、损公肥私、欺上瞒下。针对某些官员"视办灾为利薮，朘削脂膏，自肥囊橐，遂至灾民失所，荡析离居"，清政府多次下令对此严加整顿。

1841年，道光帝下旨，"责成各直省督抚饬令属员，办理灾务，核实稽查，认真散放，勿致遗漏，遇有流民过境，尤当加意安抚，随时资送，勿令转徙流离，倘查有侵渔浮冒等弊，立即指名严参"①。1849年，道光帝再次降旨指出，各省办赈向有各种名目，官则肥己营私，吏则中饱滋弊，且造册换钱。责成各省督抚严查属吏，如有前项弊端，立即严参，从重治罪。对于不法官员侵吞朘削，"一经发觉，国法具（俱）在，断不能幸邀宽典"②。

在赈济过程中，河南有些地方官员损公肥私，中饱私囊，或者故意捏造事实，谎报灾情，借机侵蚀钱粮。为防止和杜绝舞弊分肥的现象，清政府多次发布上谕，要求河南巡抚彻底查办，严惩不贷。

1843年，祥符中河厅九堡漫口，被水较重之处，田园庐舍荡然无存，老幼扶携，忍饥露处。道光帝发布上谕，要求河南巡抚鄂顺安，将河南被水州县，设法筹款，认真赈济，"本年下忙钱粮，即著体察地方情形分别应蠲应缓。倘查有官员玩视民瘼，徇私舞弊，立即据实严参，从重惩办"③。1885年，河南一些地方发生水灾。一些州县官员故意捏报灾情，将所报灾区已完钱粮归入私囊，甚至勾通差书，改换征册，结交藩署书吏，舞弊分肥。光绪帝谕令巡抚鹿传霖，"认真稽查，严杜弊端，如有前项事情，即将该州县从严参办。倘竟漫无觉察，一经参奏得实，定将该抚一并惩处"④。

办理赈务一般以清查户口为先，再登记造册，放银散赈。在赈济期间，为骗取国家救济款，以达到肥己营私的目的，一些地方官员故意浮冒户口，蒙混造册，借机谎报、漏报或夸大灾情。

---

① 《谕内阁著各省督抚饬属认真办灾抚恤如有侵渔浮冒等弊指名严参》，军机处上谕档，档号：1054-1，一史馆藏。
② 《谕内阁著各省督抚严查属吏如有赈务弊端严参重惩》，军机处上谕档，档号：1154-1，一史馆藏。
③ 《谕内阁豫皖两省被水著该抚认真筹济体察蠲缓情形并严惩舞弊之员》，军机处上谕档，档号：1074-2，一史馆藏。
④ 《谕内阁豫省各州县谎报灾情以充私囊著严加参办相关官员》，军机处上谕档，档号：1378（1）145，一史馆藏。

1847年，考城发生水灾。兵部候补主事韦坦受命密赴考城，按照该县造送丁册，逐细稽查，该县当寨等10个村庄浮冒口数竟至七十户之多。经调查，"该县知县毕元善……查造户口，多未亲到，显有假手胥吏浮开户口情弊"①。清政府据此下令，"知县毕元善办理灾赈……以致户口多有浮冒，著先行解任"；其他渎职官员，如署获嘉县知县邹之翰、长葛县知县彭元海、署洧川县知县周劼，交部议处。②另外，"荥泽县知县张忻……汜水县知县谢益，著交部议处"③。

2. 奖励措施

奖惩结合的赈济措施，可以使各级官员对救荒工作引以为重，不敢掉以轻心。一般情况下，赈济之后，如无灾民控赈，便会被认为办理妥善，而工作尽心竭力的办赈人员将受到奖赏。表现突出的官员，还会因此得到晋升。

自1887年黄河在郑州一带决口后，在办理郑工赈务中，本省、外省文武员绅尽心尽力，忠于职守。河南巡抚裕宽于光绪十五年十二月二十六日、十六年七月十一日、十七年正月初八多次上奏，请求照章给奖。光绪帝恩准同意。④

1858年，归德、陈州二府设局劝捐助赈，在事各员不辞劳瘁，完成赈粮。咸丰帝下令，对在局出力官绅予以奖励。"河北道张维翰、候选道龚毓华，均著赏加盐运使衔；署归德府知府张廷玺、陈州府知府安奎，均著交部议叙；直隶州知州用前、署商丘县知县水安澜，著赏戴蓝翎，先换顶戴；候补知县郭景传，著俟补缺后以直隶州知州用；候补县丞王沄，著俟补缺后以知县用；候选从九品冯际盛，著以巡检不论双单月选用即选；从九品未入流陈连，著以巡检不论双单月尽先即选；经书李亮李春江，均著以从九品不论双单月选用。"⑤

1901年，伏汛内黄河盛涨，水势大于往年，上南、郑中等厅险工迭出，在工各员添运料石，竭力抢护，两岸工程，镶修稳固。光绪帝下旨，"河南布政使延祉，著赏加头品顶戴；开归道穆奇先、南汝光道朱寿镛，均

---

① 《奏为特参考城县知县毕元善等员办理赈务户口浮冒请旨分别解任议处事》，宫中朱批奏折，档号：04-01-01-0823-050，一史馆藏。
② 《谕内阁著将河南办赈不力各知县分别解任议处》，军机处上谕档，档号：1126-1，一史馆藏。
③ 《谕内阁河南荥泽县等玩视赈务造册蒙混著分别交部议处》，军机处上谕档，档号：1126-1，一史馆藏。
④ 《奏为查明郑工赈务请奖案内应行复奏各员任玉璞等请准照所请给奖事》，宫中朱批奏折，档号：04-01-01-0981-018，一史馆藏。
⑤ 《谕内阁河南归德陈州两府设局劝捐助赈著将在事各员分别奖励》，军机处上谕档，档号：1196-2，一史馆藏。

著交部从优议叙；河北道冯光元，著赏加二品顶戴；开封府知府张楷，著以道员在任候补；其余出力各员弁，准其择优（奖）奖，以示鼓励"①。

有些地方官员身体力行，带头捐资捐物，并倡导其他官员、绅民捐资，购买各种材料，修筑河堤。具体如下。

1887 年，河南发生大水灾，广大灾民风餐露宿，情殊可悯。巡抚倪文蔚捐廉银 2000 两易钱 3000 余串，购备馍饼、席片，散放急赈，后又捐制棉衣 2000 件，并且，倡导黄河、运河两河官员，捐资筹办粥厂，以助赈需。②

1898 年，因沁河漫溢成灾，河南巡抚刘树棠劝集本省及江浙赈捐，共银 8.88 余万两。其中，首先倡导劝募的候选同知施振元等九人，以及洛阳县县丞石蔚曹等五人，尤为出力。③

对于那些在办赈中倡捐的官员，清政府给予擢升等奖励。具体整理如下。

1843 年，河南省城被水塌陷，护堤亦复冲缺，以及贡院、城濠、庙宇、校场各工，工程甚巨。巡抚鄂顺安等率属将城堤善后各工一律修复。次年，道光帝下旨，"巡抚鄂顺安、臬司张祥河，交部从优议叙。……各给予随带加二级，以示优奖"④。

1847 年，河南贫民较多，巡抚鄂顺安率同本省官员共捐银 4 万两，设厂煮粥，以备收养，以济贫民。道光帝下旨，"河南巡抚鄂顺安，布政使王简，按察使吴式芬，粮盐道庚长，开归陈许道陶福恒，彰卫怀道长臻，河陕汝道施熙，南汝光道刘沄，开封府知府岳兴阿，归德府知府胡希周，陈州府知府于尚龄，署许州直隶州知州金梁，彰德府知府汪根敬，署彰德府知府郑荧，卫辉府知府糜宣哲，署怀庆府知府张维翰，河南府知府萧元吉，陕州直隶州知州丁作霖，汝州直隶州知州陈彦泳，南阳府知府顾嘉蘅，前署南阳府知府英桂，汝宁府知府廖生，光州直隶州知州周起滨，署祥符县知县李树谷，均著交部议叙"⑤。

1854 年，黄河水势盛涨，南岸险工迭出，昼夜抢办，所需工料较多。河南试用道张维翰捐银 1.6 万两，以分发接济各厅，确保购料镶工无虞。咸丰帝下令，"准将河南试用道张维翰，交军机处记名，遇有本省道

---

① 《谕内阁本年黄河安澜著敬香谢神加赏各员》，军机处上谕档，档号：1459-3-59-60，一史馆藏。
② 《奏为臣叠次捐廉并筹办郑州黄河漫口灾民抚恤事》，宫中朱批奏折，附片，档号：04-01-01-0960-006，一史馆藏。
③ 《奏为遵旨查明候选同知施振元等办赈放赈尤为出力请照例奖奖事》，宫中朱批奏折，档号：04-01-01-1024-024，一史馆藏。
④ 《谕内阁河南省城被水该抚等倡修竣城堤各工著分别议叙奖励》，军机处上谕档，档号：1085-1，一史馆藏。
⑤ 《谕内阁河南巡抚等捐银设厂煮粥收养贫民著将出力各员分别议叙鼓励》，军机处上谕档，档号：1126-1，一史馆藏。

员缺出，请旨补放"①。

除了官员外，还有一些绅商在赈济过程中捐资捐物，清政府或给予优惠政策，或赏以匾额、虚衔等。

1842年，清政府根据河南巡抚牛鉴等奏发布上谕，"绅士续捐田荡归入义仓……此项田租免其造册报销"②。

1892年，卫辉府之汲县等县被淹成灾。巡抚裕宽遴派委员"分赴卫辉府属各县……劝谕本地绅富，捐助谷石。……捐数少者，由地方官酌给花红匾额，数多者，按例价合银援照郑工赈捐章程，照常例减五成，准其请奖虚衔"③。还有江浙等外省绅商好义乐善，"一闻卫属成灾，即请筹拨巨款，协助邻疆"。光绪帝准其援章请奖。④

1894年，浚县、内黄等县山水暴发，河流泛滥，沿河村庄被淹成灾。本地暨外省绅商，乐善好施，设立粥厂，收养灾民。巡抚刘树棠奏准"援顺直振损章程，请贡监及虚衔封典，以昭激劝"⑤。

有的奖励就是准许自行建立牌坊，纯粹是精神上的鼓励。具体如下。

1892年，汲、淇等县被水成灾，请款赈济，并劝捐赈谷，援案给奖，官绅多有闻风助赈，共赈银12 000余两。清政府下令，"淇县知县葛秉彝捐银一千两……听其为父母自行建坊，以昭激劝，下余振损银两同捐谷较多之户，查明另请核奖"⑥。

1911年，尉氏县一品命妇刘马氏捐助赈银2000元。清政府下令，"准其在各该原籍地方自行建坊，给予'乐善好施'字样，以资观感"⑦。

二、民国时期的奖惩制度

中华民国时期，为了推动水利兴办、水灾赈济工作的开展，国民政府先后设立了专门的水利和赈济机构。晚清时期，相关的水利法规几乎未见

---

① 《奏为河南试用道张维翰报捐河工银两请交军机处记名及遇缺补放事》，宫中朱批奏折，附片，档号：04-01-01-0853-057，一史馆藏。
② 《谕内阁绅士续捐田荡归入义仓请分别奖励一折著吏部议奏》，军机处上谕档，档号：1057-2，一史馆藏。
③ 《奏为酌拟捐助汲县等被灾县分灾赈谷石各捐员分别多寡请准奖励事》，宫中朱批奏折，附片，档号：04-01-01-0984-012，一史馆藏。
④ 《奏为择优酌保卫辉府属汲淇等县被灾散放义赈出力员绅事》，宫中朱批奏折，附片，档号：04-01-02-0092-054，一史馆藏。
⑤ 《奏为河南浚县等县被灾需赈绅商等乐善好施捐资接济援章请奖事》，宫中朱批奏折，附片，档号：04-01-02-0093-005，一史馆藏。
⑥ 《奏为淇县知县秉彝仰承亲志捐助赈银请为其父母自行建坊事》，宫中朱批奏折，附片，档号：04-01-01-0996-072，一史馆藏。
⑦ 《奏为河南尉氏县一品命妇刘马氏江苏丹陡县四品封职命妇钱许氏捐助甘赈请封典事》，宫中朱批奏折，附片，档号：04-01-02-0103-005，一史馆藏。

颁行。民国时期，无论是北京政府，还是南京国民政府，都颁布了一系列的条例、章程、办法等，将水利兴办、水灾赈济纳入法制化的轨道，在奖惩体制机制建设上前进了一大步。因河南省很少出台涉及本省的具体政策，故全国性的法规条例对河南省具有指导意义。

（一）有关水利兴办方面的制度

北京政府设立内务部，掌管全国水利及沿岸垦辟事务。南京国民政府初期，由内政部主管全国水灾防御工作，后改以经济委员会作为全国水利总机关。这些机构积极参与制定了一些有关水利兴办方面的奖惩法规条例。

1. 对水利官员的奖惩

为了避免河水泛滥，督促河工治理河道，保证水利部门顺利执行水利活动，国民政府对水利官员的奖惩类别、条件、程序等问题进行规范设置。

1917 年 11 月，国民政府颁布《河工奖章条例》，对治水有功的河工官吏进行奖励，分别予以 1 至 5 等金色或银色奖章。其中规定，办理河工功绩分为两类，第一类：①值河工上有非常事变时，拼力所作所为转危为安者；②办理决口大工，著有功绩者；③约束民夫抢办堤埽各工，异常出力者；④三汛安澜，著有特别成绩者；⑤承办工程逾保固年限，仍甚坚实者；⑥如期合龙，经查明工料坚实者；⑦尽瘁职务奋不顾身者；⑧研究河工确有心得者；⑨办理河务著有特别成绩者。第二类：①资助款项者；②捐助物料者；③出助夫役者；④供给劳力者；⑤研究河务著有专书经部核准者；⑥其他对于河务有特别之补助者。[①]1921 年 8 月，公布《修正河务奖章条例》，增加了办理河工两项功绩：①沿河村民独力植树成活在千株以上有裨河务者；②沿河村庄绅董劝捐植树成活 3000 株以上有裨河务者。[②]

1921 年 8 月，国民政府公布《河务官吏奖惩条例》，规定河务官吏奖励分为三等，第一等：勋位、升职、实职、勋章；第二等：进等、进级、加俸；第三等：奖章、记大功、记功。有"河塘堤埝变出非常，竭力抢堵，消减重大危险，三届获庆安澜者"等 4 种事实之一者，给以第一等奖励；有"督率兵民驻堤防护致未溃决，确有异常劳绩者"等 8 种事实之一

① 《河工奖章条例》，《政府公报》1917 年第 667 号，第 616-618 页。
② 《修正河务奖章条例》，《政府公报》1921 年第 1967 号，第 450-452 页。

者，给以第二等奖励；有"三汛安澜著有劳绩者"等9种事实之一者，给以第三等奖励。河务官吏惩戒分为三种，第一种：褫职、降职；第二种：降等、减俸；第三种：记大过、记过。有"故意破坏完固堤工，希图兴修得奖得利，查有实据者"等16种事实之一者，受第一种惩戒；有"河塘淤泥怠于疏浚者"等15种事实之一者，受第二种惩戒；有"呈报不实或不呈报有意规避处分或希图邀奖者"等9种事实之一者，受第三种惩戒。[1]

与此前《河工奖章条例》相比，《河务官吏奖惩条例》是一大进步，改变了过去只奖不罚的机制，奖励的形式也不只局限于授予奖章，奖励与惩戒形式更加灵活多样，奖励与惩戒的事实行为更加明确具体，可操作性强。

1929年3月，国民政府公布《水利官员考绩条例》，对负有领导责任的官员进行考核，将水利的兴修与管养作为考核地方官员的重要内容。受考核的官员包括各省专办水利的官员、各县县长、各县建设局长。水利官员每年考核一次，由主管部门分别予以奖励或惩戒。奖励分为五等：升叙、加俸、记大功、记功、嘉奖。水利官员有下列事实之一者，酌拟奖励：①办理或协助河海紧急工程，应付敏捷，因而免灾或减轻者；②督率人民或协助抢险堵防，奋勇勤劳者；③蓄水备旱排水防灾，其受益地亩在五百顷以上者；④修治或协办河塘堤埝沟洫，卓著成效者；⑤办理灌溉或排水事业，其受益田亩在五十顷以上者；⑥协办河海工程，劳绩卓著者；⑦开凿田井在百眼以上者；⑧巡查水道堤埝，防患未然，确有成效者。惩戒分为六等：免职、停职、减俸、记大过、记过、申诫。水利官员有下列事实之一者，酌拟惩戒：①水灾发生，怠于防制，致成重大损害者；②旧有河塘工程及其附属工作物，怠于维护，因而酿成灾害，或发生损害者；③旧有沟洫，不加督修，因而淤滞，贻害田亩者；④对于兴办水利及预防水灾，毫无计划者；⑤对于水利工程，处置失当，以致虚耗公帑者；⑥对于所属员役，督饬无方，致荒职者。[2]

1932年7月，国民政府公布《沿河地方官协助河务考成章程》，对沿河地方官员进行考核，沿河地方官包括沿河各县县长、河务长官、中央或各省专设之水利局暨河务局局长或水利委员会委员长。沿河地方官协助河务事项有抢办险工、征集民夫、代征筹垫或奉令划拨河务工款、采办工料、筹办运输、堤岸树木河产渡口沿河电话汽车路之保护，如协助河务，著有成绩者，视其大小，分别予以升职、进级、记功等奖励；如有玩视或

① 《河务官吏奖惩条例》，《北洋政府公报》1921年第1967号，第446-448页。
② 内政部年鉴编纂委员会：《内政年鉴》（四），上海：商务印书馆，1936年，第410-411页。

贻误者，视情节轻重，分别予以褫职、降级、记过等惩戒。[1]

除了中央政府颁发章程外，一些职能部门和机构也颁布相关的办法，如 1939 年 9 月，黄河水利委员会颁发经河南省政府会议议决修正通过的《黄河防泛新堤防守办法》。关于新堤修守事项规定，河南沿堤各县县长受河南修防处督导，并将修防成绩列入县政考成。[2]1946 年，善后救济总署河南分署颁布《本署规定奖劝抢险河工办法》，规定本署一、二、四、五各工作队，密切注意，协助抢护工作，采取紧急措施，对于抢险民工，每人每日发给面粉 1 斤，以资激励。[3]

2. 对兴办水利者或破坏水利者予以奖惩

兴办水利是防止水患的有效措施。为发展水利事业，南京国民政府颁布《兴办水利防御水灾奖励条例》《兴办水利奖励条例》《兴办水利给奖章程》等，对兴办水利者予以奖励，对破坏水利者予以惩罚。

1929 年 1 月，国民政府公布《兴办水利防御水灾奖励条例》《兴办水利防御水灾给奖章程》，对兴办水利、防御水灾有贡献者予以奖励。规定奖励分为三种：①补助工程费金额：建造及修缮堤埝或疏导淤塞，以防水患事项；②贷与工程费金额：开辟水道，以利灌溉或排水事项；③出力人员之奖励：举办事业，经办人员，有显著劳绩及捐资或募集巨款补助工费者。[4]

1933 年 11 月，国民政府公布《兴办水利奖励条例》，规定依据捐助数额之多少及贡献之大小酌给奖励。奖励分为两种：一是褒扬。办理水利有下列事实之一者，特予褒扬：①捐助款项一万元以上者；②经募款项三万元以上者；③河塘堤埝变出非常，竭力抢堵，消减重大危险者；④办理堵口大工，特著奇能，减轻灾害者；⑤对于水利学术有特殊发明者。二是奖章。办理水利有下列事实之一者，酌给奖章：①捐助款项者；②经募款项者；③种植森林有裨水利者；④抢险出力者；⑤革除河工积弊者；⑥办理河湖修防三汛安澜者；⑦办理大工，计划适当，工料坚实者；⑧水利著述经部审核，认为有特殊贡献者。1935 年 4 月，国民政府公布《修正兴办水利奖励条例》，内容基本未变，只是主管部门作了调整。[5]

1933 年 11 月，国民政府公布《兴办水利给奖章程》，对社会捐资募款兴修水利之举，依据捐募的多少，除给予建碑、匾额外，还授予捐募者

---

① 内政部年鉴编纂委员会：《内政年鉴》（四），上海：商务印书馆，1936 年，第 411-412 页。
② 河南黄河河务局：《河南黄河大事记（1840 年～1985 年）》，1993 年，第 59 页。
③ 《本署规定奖劝抢险河工办法》，《善后救济总署河南分署周报》1946 年第 29 期，第 4 页。
④ 朱家骅：《土地法规》，1930 年，第 116-119 页。
⑤ 内政部：《内政法规汇编》，第 2 辑，1934 年，第 493-494 页。

不同等级、成色、质地的奖章。水利奖章为宝光、金色、银色三种，又各分为三等。具体如下：①捐助一百元以上或经募五百元以上者，给三等银色水利奖章；②捐助三百元以上或经募一千元以上者，给二等银色水利奖章；③捐助五百元以上或经募一千五百元以上者，给一等银色水利奖章；④捐助一千元以上或经募三千元以上者，给三等金色水利奖章；⑤捐助二千元以上或经募六千元以上者，给二等金色水利奖章；⑥捐助三千元以上或经募一万元以上者，给一等金色水利奖章；⑦捐助四千元以上或经募一万二千元以上者，给三等宝光水利奖章；⑧捐助五千元以上或经募一万五千元以上者，给二等宝光水利奖章；⑨捐助六千元以上者或经募二万元以上者，给一等宝光水利奖章。[①]

（二）有关水灾赈济方面的制度

传统的水灾救济缺乏科学的管理和法律的约束。为了鼓励社会各界踊跃捐款，提高办赈人员的素质，防止赈灾中出现的弊端，国民政府出台了相关的政策与措施。

1. 对办赈人员的奖惩

北京政府颁布《办赈惩奖暂行条例》《办赈犯罪惩治暂行条例》等，对受政府或地方长官委任的办赈人员惩奖种类、条件、程序等作了规定。

1920年10月，北京政府公布《办赈惩奖暂行条例》，其中惩戒分为褫职、降等、减俸，惩戒条件为遇有灾歉不即履勘者、履勘后不即呈报者、呈报灾歉以轻报重或以重报轻者、办理赈务疏忽者、故意拖延致贻误灾民者、失察僚佐废弛赈务者、故意纵容僚佐废弛赈务而不纠举者、办理赈务开支冗滥虚糜公款者、其他办理赈务奉行不力者9种。[②]奖励为褒奖升用，给予勋章、奖章。同时，公布《办赈犯罪惩治暂行条例》，规定凡受政府或各地方长官委托的办赈人员，侵蚀赈款在500元以上的处以死刑或无期徒刑或一等有期徒刑。[③]

南京国民政府出台了更多的奖惩规则、条例和章程，涉及赈务委员会职员、办赈出力之公务人员、办赈出力之办赈团体及在事人员等奖惩措施，如《赈务委员会职员奖惩规则》《办赈团体及在事人员奖励条例》《办理赈务公务员奖励条例》《办赈人员惩罚条例》等。

---

① 内政部：《内政法规汇编》，第2辑，1934年，第494-495页。
② 《办赈惩奖暂行条例》，《政府公报》1920年第1680号，第122-124页。
③ 《办赈犯罪惩治暂行条例》，《政府公报》1920年第1680号，第125页。

关于赈务委员会职员的奖惩。1930 年 6 月，南京国民政府公布《赈务委员会职员奖惩规则》，1933 年 4 月修正公布。规定本会职员每半年考核一次，分别予以奖惩。奖励分为五种：嘉奖、记功、记大功、一次奖金、进叙。有下列事实之一者，分别奖励：勘慎从公，忠于职守者；才能卓越，著有劳绩者；研究与担任公务有关之学术，确有心得者。惩罚分为六种：告诫、记过、记大过、罚俸、降级、停职。有下列事实之一者，分别惩罚：办事疏懒，旷废职守者；忽视责任，延误公务者；行为失检，妨害会誉者。①

关于办赈团体和工作人员的奖励。1931 年 10 月，南京国民政府公布《办赈团体及在事人员奖励条例》，规定办赈团体奖励分为七种：明令褒奖、国民政府颁给褒状或匾额、国民政府颁给褒章、国民政府准予建立纪念碑碣、赈务委员会颁予褒状或匾额、赈务委员会颁予褒章、刊名纪念碑碣。在事人员奖励分为五类：①热心赈济，声誉素著，所办灾赈范围遍及全国各灾区，或捐助赈款在十万元以上，募筹赈款在五十万元以上者，于赈济所在地建立纪念碑碣；②创办灾赈团体，成绩卓著者，并刻名于纪念碑碣；③热心公益，所办灾赈范围及于数省或一省市，或捐款在一万元以上，募款在五万元以上者，给予褒章，并刻名于纪念碑碣；④海外华侨创办国内赈灾团体，或募集巨款助赈者，颁予匾额并给予褒章；⑤在事人员不避艰难，亲往灾区勘查散放全活多数人命者；办理义赈多次不辞劳瘁者；奔走呼吁募集赈款者，颁予褒章并刻名于纪念碑碣。②

关于对办赈出力人员的奖惩。1931 年 10 月，南京国民政府公布《办理赈务公务员奖励条例》，规定奖励分为八种：明令褒奖、升叙、进级、加俸、记功、给予赈务委员会金质褒章、给予赈务委员会银质褒章、嘉奖。办理赈务之公务员，有下列成绩之一者，分别予以奖励：①遇非常巨灾统筹综划转危为安者；②负有地方治安、水利、河防、卫生、交通、救济各责任人员克尽厥职，先事筹防，消灭巨灾者；③尽心设法救济，特著成效者；④查覆严明，散放周密，异常出力者；⑤奔走呼吁，募集巨款者；⑥立身刻苦，办事敏捷，特著勤劳者；⑦办理赈务在三年以上，著有成绩者。③同时，公布《办赈人员惩罚条例》，规定办理赈务人员有下列行为之一者，依照刑法本刑加重三分之一处断。①卷逃赈款者；②购买赈粮赈物浮报价目者；③与商民通同作弊，于采购赈粮赈物等费扣取折扣

---

① 蔡鸿源：《民国法规集成》，第 39 册，合肥：黄山书社，1999 年，第 497 页。
② 《办赈团体及在事人员奖励条例》，《国民政府行政院公报》1931 年第 302 号，第 3-4 页。
③ 《办理赈务公务员奖励条例》，《国民政府行政院公报》1931 年第 302 号，第 2-3 页。

者；④意图侵吞赈款赈物假造或涂改单据账目者；⑤经放赈物人员以劣品抵换赈物者；⑥负有办赈任务人员，假借职务上之权力购买贩运物品漏税渔利者。另外，办理赈务人员有"未呈经中央核准，擅自挪用赈款，变更其性质者"等 12 种行为之一者，按情节轻重分别依法惩戒。①

此外，善后救济总署河南分署电请河南省政府，提议将县长办理救济列为考成之一。指出，办理赈务，依靠各县县长督同地方官绅，热心协助，通力合作，始能顺利进行，若各县长置身事外，动作迟缓，势必迁延时日，致发放迟滞，有失救灾要义。②1946 年，善后救济总署河南分署颁布《本署工作人员年终考成办法》，规定本署工作人员考成分工作、操行、学识三项，以分数评定。70 分以上者，给予不同程度的加薪；60 分至 70 分者，不予奖惩；50 分至 60 分者，给予减薪；50 分以下者，给予免职解聘或解雇。③

2. 对捐资者的奖励

南京国民政府还先后颁行《赈款给奖章程》《赈务委员会助赈给奖章程》，对捐资者、经募赈款（物）者进行奖励。规定私人或团体捐助赈款赈品者，依据捐款数额，由政府或赈务会分别给予匾额、褒状、褒章等奖励。

1928 年 11 月，南京国民政府公布《赈款给奖章程》，赈款给奖分为四种：省务会给予银质褒章、国民政府赈款委员会给予金质褒章、国民政府赈款委员会题给匾额、国民政府题给匾额。匾额、褒章依照等级给予。具体如表 4-10 所示。

表 4-10 南京国民政府捐款给予奖励表（一）

捐款数目	褒章	等级	匾额
100 元以上	银质	四等	
200 元以上	银质	三等	
300 元以上	银质	二等	
400 元以上	银质	一等	
500 元以上	金质	三等	
1000 元以上	金质	二等	赈款委员会题给
5000 元以上	金质	一等	赈款委员会题给
10 000 元以上	金质	特等	国民政府题给

资料来源：蔡鸿源：《民国法规集成》第 39 册，合肥：黄山书社，1999 年，第 509-510 页

1932 年 6 月，南京国民政府公布《赈务委员会助赈给奖章程》，奖励

---

① 《办赈人员惩罚条例》，《国民政府行政院公报》1931 年第 302 号，第 5-6 页。
② 《电请省政府奖励县长办理救济列入考成》，《善后救济总署河南分署周报》1946 年第 21 期，第 2 页。
③ 《本署工作人员年终考成办法》，《善后救济总署河南分署周报》1946 年第 48 期，第 8 页。

分为三种：匾额、褒状、褒章。依据私人或团体捐助赈款数额，确定褒章等级，或题给匾额，或给予褒状。具体如表 4-11 所列。

表 4-11　南京国民政府捐款给予奖励表（二）

捐款数目	褒章等级	匾额	褒状
5000 元以上	一等金质	题给匾额	
3000 元以上	二等金质		给予褒状
1000 元以上	三等金质		给予褒状
800 元以上	一等银质		给予褒状
600 元以上	二等银质		
300 元以上	三等银质		
100 元以上	四等银质		

注：捐助赈品，由赈务委员会按照时值，估定代价数目，比照捐助赈款之规定给奖

资料来源：蔡鸿源：《民国法规集成》第 39 册，合肥：黄山书社，1999 年，第 496 页

由表 4-11 可知，1932 年《赈务委员会助赈给奖章程》与 1928 年《赈款给奖章程》相比，有一些新变化。捐款数额对应褒章与等级作了调整，题给匾额仅指一等金质者，且授权部门不作区分，同时增加了给予褒状。

（三）实施情况

民国时期，各级部门出台了一系列相关的法令条例，构建起水利兴办与水灾赈济的保障体系，为奖惩工作的具体实施提供了重要支撑。

对于协助河务有功的官员，予以奖励。1946 年 4 月，河南省政府发布命令，因第七区行政督察专员兼保安司令田镇洲，对于加培颍沙河堤及整修沙南各支河协助得力，成绩甚佳，给予记功一次。[1]同月，省政府通令扶沟县政府，因该县政府王云石科长不避艰险，任劳任怨，发动民众，堵修侯寨等口门，完成维护沙堤防泛任务，依照沿河地方官吏协助河务章程，给予记功一次[2]；通令商水县政府，因技士贾英文等督导民夫昼夜在工抢险，得以化险为夷，贾英文应予记功一次，其余各员另案核奖[3]。

对于玩视或贻误河务的官员，予以严惩。1913 年，沁河决口，沁阳、武陟等县猝罹水患，地方官员疏于防范。内务部指令河南省民政厅，给予河防局长马振濂记过一次，沁阳支局长李国华记大过一次，前沁阳县

[1] 《河南省政府训令：令七区专员兼保安司令田镇洲》，《河南省政府公报》1946 年第 17 期，第 14 页。

[2] 《令扶沟县政府：据第七区专署报该县政府科长王云石协助堵口努力请奖一案仰饬知照由》，《河南省政府公报》1946 年第 19 期，第 8 页。

[3] 《令商水县政府：准黄河水利委员会河南修防处代电请奖协助河务出力人员一案仰饬知照由》，《河南省政府公报》1946 年第 19 期，第 8 页。

知事李见荃记大过一次，现任沁阳县知事潘鸣球记过一次。①1931 年 8 月 12 日，偃师山洪暴发，河水陡涨，县长南奉三未曾注意。是日夜，适值大雨，水量愈增，水势愈猛，危险更甚，南奉三未能赶速前往，督率抢护，以冀保全，及迭据报告，仍漫不经意。水灾造成巨大的损失和灾难。经查实，南奉三对于事前城堤忽略，及至溃决，又不抢护，事后反捏报数处决口，希图塞责。1932 年，中央公务员惩戒委员会决定，原河南偃师县县长南奉三，因漠视水患被免职。②

对于办理赈务有功的官员，予以奖励。1947 年，善后救济总署河南分署办理花园口堵口工程有功，水利部特颁发奖章及奖状，以示慰勉。其中秘书室主任李道煊荣获一级金色水利奖章，赈务组主任熊笃文、工赈股长马耀青、专员李广济、福利股长汪克检、救济股长李慎思、储运组主任杨伟、储运组副主任李秀琳、运输股长许靖安、汽车管理处课长贾运松、卫生组主任张汇泉、第一工作队队长吴惠人、供应股长马献龙、代总务股长于亚云、股长崔承中、甲种第二卫生工作队队长张炳亚、郑州仓库主任马凤台、仓储组长李祖源、运卸组长戴向山、总务组长谭卓青、汽车管养站长齐渊、开封仓库主任李柳溪、仓储股长王国显等，各获二级金色水利奖章，黄嘉训等 109 人各获水利奖状。③另外，署长马杰及潘、王两副署长，均荣获景星勋章。④

对于办理赈务失职渎职的官员，予以惩罚。1932 年，河南省政府对于办赈不力或侵蚀挪用赈款者，严加惩处。①西平县办理沙河工赈人员之阎敬典，有舞弊之事，已将其先行看管，认真清查。②河南省救济院院长陈翰五，因贫民住室被雨倒塌 9 间，经派员往查，已塌之房虽系前任监督新修，但究失于考查，已将陈翰五记大过一次，并将原承包人送往法院究惩。⑤

县是基层自治单位，河南省政府十分重视各县吏治的整饬，每年都对各县县长进行考评。对于各县县长的奖惩，省政府依条例实施，其触犯过失者，轻则申斥记过，重则撤职撤查，其有劳绩足录者，轻则传令嘉奖，重则记功。同时，还进行列榜公示，包括：金榜，记功或受嘉奖者；红榜，无特别功过者；白榜，记过或受申诫者；黑榜，撤职查办及送交法院

---

① 《内务部训令：令河南民政长》，《政府公报》1913 年第 499 号，第 495 页。
② 《河南偃师县县长南奉三漠视水患案》，《监察院公报》1932 年第 16 期，第 173-174 页。
③ 《办理堵口工赈有功李主任等荣获水利奖章》，《善后救济总署河南分署周报》1947 年第 83 期，第 3 页。
④ 《协助堵口有功署长荣获景星勋章》，《善后救济总署河南分署周报》1947 年第 73-74 期，第 3 页。
⑤ 《一月来之民政：救济：奖惩振务人员》，《河南政治月刊》1932 年第 10 期，第 5 页。

者，如 1935 年河南省各县县长奖惩次数，其中奖励共计 19 次，包括记大功 2 次，记功 10 次，传令嘉奖 7 次；惩戒共计 91 次，包括记大过 22 次，记过 27 次，申戒 42 次。[①]河南省政府根据各县县长在应对水灾中的表现而给予相应的奖惩。兹将 1931 年至 1934 年四年来河南省各县县长因水灾原因而受到的奖惩情况，分别列成表 4-12、表 4-13。

表 4-12 1931 年至 1934 年四年来河南省各县县长惩罚情况一览表

惩罚形式	职别	姓名	时间	备注
记过	泌阳县县长	申光华	1931 年 11 月 9 日	记大过一次
	光山县县长	张简生	1931 年 11 月 9 日	记大过一次，12 月 22 日呈准撤销处分
	固始县县长	余中楫	1931 年 11 月 9 日	记大过一次
	息县县长	史延儒	1931 年 11 月 9 日	记大过一次
	鲁山县县长	何慎齐	1931 年 11 月 9 日	记大过一次
	济源县县长	李鼎	1931 年 11 月 9 日	记大过一次
	武陟县县长	熊笃文	1933 年 7 月 12 日	记大过一次，10 月 21 日注销
	临漳县县长	王桓武	1933 年 7 月 29 日	记大过一次
	中牟县县长	邓尉山	1933 年 8 月 12 日	10 月 21 日因防河出力，记过处分撤销
	民权县县长	王兆珍	1934 年 4 月 16 日	
	汤阴县县长	韩森	1934 年 4 月 16 日	
	获嘉县县长	邹古愚	1934 年 4 月 16 日	
	武陟县县长	熊笃文	1934 年 4 月 16 日	
	孟县县长	阮藩侪	1934 年 4 月 16 日	
	博爱县县长	徐焕攻	1934 年 4 月 16 日	
	临汝县县长	濮耀东	1934 年 4 月 16 日	
	灵宝县县长	孙椿荣	1934 年 4 月 16 日	
撤职	偃师县县长	南奉三	1933 年 1 月 5 日	停止任用 7 年
	睢县县长	张警吾	1933 年 3 月 17 日	

资料来源：《河南三年来之吏治》（续），《河南政治月刊》1934 年第 7 期，第 17-53 页；《河南三年来之吏治》（续），《河南政治月刊》1934 年第 8 期，第 1-6 页

表 4-13 1931 年至 1934 年四年来河南省各县县长奖励情况一览表

奖励形式	职别	姓名	时间	备注
传令嘉奖	陈留县县长	倪荣安	1933 年 4 月 4 日	
	密县县长	陈天煦	1933 年 7 月 21 日	
	柘城县县长	李清桢	1933 年 7 月 21 日	
	商水县县长	吕怀素	1933 年 7 月 21 日	

---

① 《河南省各县县长奖惩次数统计表》（1935 年），《河南统计月报》1936 年第 3 期，第 62 页。

续表

奖励形式	职别	姓名	时间	备注
传令嘉奖	扶沟县县长	苑玉华	1933 年 7 月 21 日	
	荥阳县县长	梁承祺	1933 年 7 月 21 日	
	涉县县长	王法舜	1933 年 7 月 21 日	
	内黄县县长	鲍之淦	1933 年 7 月 21 日	
	孟县县长	阮藩侪	1933 年 7 月 21 日	
记功	通许县县长	张士杰	1933 年 7 月 21 日	
	宁陵县县长	戴远猷	1933 年 7 月 21 日	
	安阳县县长	方策	1933 年 7 月 21 日	
	汤阴县县长	韩森	1933 年 7 月 21 日	
	武陟县县长	熊笃文	1933 年 7 月 21 日	
	温县县长	潘龙光	1933 年 10 月 21 日	
	中牟县县长	邓尉山	1933 年 10 月 21 日	抵消 8 月 12 日记过处分
	广武县县长	胡长怡	1933 年 10 月 21 日	记大功一次

资料来源:《河南三年来之吏治》(续),《河南政治月刊》1934 年第 9 期,第 1-17 页

由表 4-12 和表 4-13 可以看出,因水灾而受到的惩罚,包括记过、撤职等;因水灾受到的奖励,包括传令嘉奖、记功等。各县县长应对水灾的表现不同,受到奖惩的方式也有差别。有的处罚较重,如偃师县县长南奉三被撤职,且停用 7 年;有的则功过相抵,如中牟县县长邓尉山因防河出力,抵消此前的记过处分。

总之,奖惩机制在晚清和民国时期有所不同。晚清时期,根据清代律例,侧重于实施;民国时期,出台新法规与实施并举。从奖惩的对象看,不仅有个人,还有团体,不仅有公务人员,还有民间人士;从奖惩的方式看,奖励的方式包括奖励和抚恤,既有升迁、加薪等物质奖励,也有授予匾额、奖章等精神褒奖;惩罚的方式,既有告诫、记过等轻微的惩戒,也有革职、量刑等较重的判罚。灵活多样的奖惩办法,有效地发挥了激励与约束的双重功能。但是,受经济发展水平、人为因素及体制机制不健全等诸多因素影响,奖惩机制的效用大打折扣。

第五章
中原地区的临灾救济

　　灾害应对能力是评估政府施政水平的重要依据。近代以降，中原地区不仅水患频发，且受灾范围极广。每有水患发生，成千上万的灾民失去土地家园，过着流离失所、衣不蔽体、食不果腹的艰难生活。由于灾民集聚，生存环境恶劣，自身免疫力下降，大量灾民被四处蔓延的疫疬夺去宝贵的生命。救灾贵在救急。为救生保命，稳定社会秩序，历代政府与社会组织都想方设法采取一系列应急措施，如设厂施粥，赈济钱粮衣物，开设收容所，防治疫病等，尽可能地解决灾民的最低生存需求问题。

第一节　设厂煮赈

　　"一粥虽微，得之则生，弗得则死。"[1]施粥为古已有之的一种较为有效的临灾救济方策。在近代，每有水灾发生，"被灾地方粮食罄尽，灾民死处逃生，孑然一身，流离失所，即令水势消涸，亦无家可归，无田可种，是粥厂之设为急赈中之尤急者也"[2]。实行粥赈耗资少，不受时间地点限制，无须多少技术含量，简便易行，且能在危难之际挽救大量灾民的生命，故成为灾害发生后近代政府和社会团体广为施行的救灾举措。

---

① 李文海、夏明方：《中国荒政全书》第 2 辑，北京：北京古籍出版社，2004 年，第 627 页。
② 河南省赈务会：《二十年河南水灾报告书》，1931 年，第 5 页。

一、晚清时期粥厂的设置

每次水患发生后，广大灾民流离失所，饥肠辘辘，故"设立粥厂，收养贫民，实为救灾急务"①。开厂赈粥关乎民命。粥厂设置越早、规模越大、开设时间越长，挽救的灾民就越多。在晚清中原地区，开厂施粥是历次水灾后的普遍选择。粥厂不仅灾后开设，在重灾区还会举办冬赈，直至春天可以播种，且有野菜充饥时才会停办。为救济更多灾民，多选择灾情较重、灾民集中的开阔宽敞场所设立粥厂。

（一）临灾设置粥厂与散放馍饼

1841 年 6 月 16 日，河南祥符三十一堡黄河大堤决口，水围开封达 8 个月之久，使河南、安徽二省 23 个州县遭受历史上罕见的严重水灾。"居人闻水至，纷纷登城，几于巷无居人。而仓猝登城，半多露处，复经阴雨彻夜，衣服沾濡，腹内乏食，男女呼号，各欲归家。"②如何有效应对突发性灾害，是展现政府理政能力的最佳时机。21 日，河南巡抚牛鉴命人在城东火神庙设厂（即东厂）放赈。③由于灾情严峻，开封"城内四面皆水，难民露栖无所"，仅设一粥厂难以满足广大灾民的需求。翌日，拔贡常茂徕、岁贡王伸向牛鉴建议："贡院号舍万余间，且地基高燥，尽可居住，亦便赈济。有愿去者，可以筏渡送彼处。派员安设粥厂，较散票领粮尤沾实惠。"④贡院宽阔且地势高，在此安设粥厂，可解决众多灾民的食宿问题，可谓一举两得，牛鉴当即接受了建议。为节省空间，多容纳些灾民，政府张贴告示晓谕各城上避水灾民："兹将贡院号房给尔等栖宿，每大口二人住号舍一间，散给粮食养生。惟因地窄人多，尔等只准携带随身行李、小锅碗箸，不得搬进木器家具，免得占地，致乏人居。现定于本日午刻用船筏往渡，尔等挨次登船前赴贡院，听候指给号舍，毋得争先拥挤，致难渡送，自取露宿。"⑤此外，政府又在山陕会馆增设一粥厂，即西厂。

其时，东、西两赈厂每日赈济灾民 7000 余户。为便于粮食的统一管理与发放，政府在西门大街关庙设一协济厂，派人专司其事。采买的粮食先运至协济厂，然后再发往赈厂收放。⑥8 月 21 日，为赈济更多灾民，赈

① 《奏为核明加赈月份并司道前往亲查事》，宫中朱批奏折，档号：04-01-01-0823-054，一史馆藏。
② 李景文点校：《汴梁水灾纪略》，开封：河南大学出版社，2006 年，第 4-5 页。
③ 李景文点校：《汴梁水灾纪略》，开封：河南大学出版社，2006 年，第 10-11 页。
④ 李景文点校：《汴梁水灾纪略》，开封：河南大学出版社，2006 年，第 13-14 页。
⑤ 李景文点校：《汴梁水灾纪略》，开封：河南大学出版社，2006 年，第 21 页。
⑥ 李景文点校：《汴梁水灾纪略》，开封：河南大学出版社，2006 年，第 56 页。

厂绅总王懿德建议在四乡堤上添设粥厂。后因运粮不便，改为按粮价折算散放钱文。[①]9月12日，因领赈灾民增多，火神庙无法容纳，故将东赈厂移于东岳庙。[②]11月26日，鉴于新年将近，总局饬令东西粥厂预放半月粮食，暂行停放半月，于次年重新开厂领赈。[③]

由于馍饼易于运送与发放，仓猝应赈中有时也会制作馍饼进行散放，如前述1841年6月16日黄河大堤决口后，牛鉴"当即选派妥员，雇船携带钱文馍饼分往赈救"[④]。19日，牛鉴乘船返回开封，"城上难民跪迎痛哭，抚宪且泣且慰，遂即散放馍饼，开仓设局放赈"[⑤]。21日，巡抚牛鉴又派人于五门城上散放馍饼。[⑥]一方有难，八方支援。开封附近未受灾的30个县制作馍饼运至省城接济。时值夏季，天气溽暑，馍饼过二三天便霉败不能食用，故普告地方官："仿行军作干粮法，用油盐和面为饼，则不至暴殄天物，而民之得沾实惠多多矣。"[⑦]此后，仍有做成馍饼运至开封接济的情形，时当溽暑，未便久贮，"即令就近分给城外灾民，以资全活"[⑧]。

（二）灾年冬季设置粥厂

近代水患多发生于夏秋季节。灾年冬季，既无储备粮食，又乏野菜、树叶充饥，饥寒交迫，非赈济难度寒冬。故除临灾设立粥厂外，晚清政府亦将举办冬赈纳入施政范畴，如1873年7月以后，"黄河异常涨发"，孟津县属滨河5个村庄被水冲塌。为帮助难民度过隆冬，孟津县"设厂煮粥，施放灾黎"[⑨]。汝南一带外逃灾民陆续归来，"当此隆冬，天气耕种非时，灾黎迫于饥寒，实堪惨目"，政府当即筹款购买粮食，选派候补知府带人分赴正阳、信阳、确山、新蔡、息县、项城等州县，查明人数，"择乡僻之处贫民聚集之所开设粥厂，赈恤饥民"。其中，确山、信阳、新蔡、项城各设一厂，正阳设二厂，息县设三厂，每处每日施粥两次，均匀散放，"并多派妥员亲董其事，绝不假手吏胥"。此外，陈州府、光州各处亦令各地方官劝捐办理粥厂，"统俟来岁耒作方兴，民能觅食，再行停放"[⑩]。

---

① 李景文点校：《汴梁水灾纪略》，开封：河南大学出版社，2006年，第69页。
② 李景文点校：《汴梁水灾纪略》，开封：河南大学出版社，2006年，第75页。
③ 李景文点校：《汴梁水灾纪略》，开封：河南大学出版社，2006年，第84页。
④ 李景文点校：《汴梁水灾纪略》，开封：河南大学出版社，2006年，第6页。
⑤ 李景文点校：《汴梁水灾纪略》，开封：河南大学出版社，2006年，第52页。
⑥ 李景文点校：《汴梁水灾纪略》，开封：河南大学出版社，2006年，第10页。
⑦ 李景文点校：《汴梁水灾纪略》，开封：河南大学出版社，2006年，第13页。
⑧ 李景文点校：《汴梁水灾纪略》，开封：河南大学出版社，2006年，第101页。
⑨ 《奏为勘明孟津县被灾分数并筹议加赈蠲缓钱粮事》，宫中朱批奏折，档号：04-01-35-0090-006，一史馆藏。
⑩ 《奏为委员驰往汝南各州县设厂赈粥事》，宫中朱批奏折，附片，档号：04-01-02-0085-017，一史馆藏。

1887年，黄河在郑州一带漫口，附近灾民风餐露宿，"情殊可悯"。转瞬届冬，河南巡抚倪文蔚一面妥善安置灾民，一面于中牟县杨桥添设粥厂煮赈。[①]1894年7月，浚县、内黄等县山水暴发，河流泛滥，沿河村庄被淹成灾。起初，各县散放馍饼接济民食。[②]自11月至翌年2月，各地方政府在城乡多设粥厂，"妥为收养，俾得有所糊口，免致流离滋事"[③]。除重灾区外，附近受灾稍轻的安阳、汤阴、汲县、淇县、新乡、获嘉等县"虽勘未成灾，受淹亦重，秋收过歉，冻馁堪虞"。清政府谕令各县劝集义捐，添设粥厂。[④]1895年，河内等县被淹成灾，亦酌添粥厂，以济灾民。[⑤]

二、民国时期粥厂的设置

民国时期，中原地区水患多发，其中尤以1931年水灾、1933年水灾、1935年水灾及1938年水灾为重。大水过后，数百万灾民流离失所，食不果腹，设厂赈粥作为救济灾民最直接有效的方式被广为采用。

（一）几次大水灾后设置的粥厂

1931年夏，长江、淮河、黄河同时泛溢，河南省被水成灾县份多达77个，河流溃决120余道，被灾面积达426 689平方千米，财物粮米损失约253 850 234元，淹没田禾3360余万亩，被灾人数940余万人，待赈灾民610余万人，损失之大，灾区之广，为数百年所未有。[⑥]国民政府救济水灾委员会急赴国难，自1931年12月至1932年1月，河南筹办16处粥厂，灾民持票就食。各厂给粥之数，共计425万餐，平均每日就食者达34 750人。各粥厂所发粮食种类与数量各异，大致每餐每人得米或黍六两至八两。综合估算，平均每人每日花费约3分。[⑦]

省城开封作为全省的政治经济中心，每年冬季都有来自各地的灾民集聚于此，靠政府所施之粥过冬保命。1931年冬季，灾民尤多，经议定由

---

① 《奏为臣叠次捐廉并筹办郑州黄河漫口灾民抚恤事》，宫中朱批奏折，附片，档号：04-01-01-0960-006，一史馆藏。
② 《奏请分别蠲缓安阳内黄等州县应征新旧钱酒事》，宫中朱批奏折，档号：04-01-35-0107-047，一史馆藏。
③ 《奏为河南浚县等县被灾需赈绅商等乐善好施捐资接济援章请奖事》，宫中朱批奏折，附片，档号：04-01-02-0093-005，一史馆藏。
④ 《奏请分别蠲缓安阳内黄等州县应征新旧钱酒事》，宫中朱批奏折，档号：04-01-35-0107-047，一史馆藏；《奏为核明光绪二十年浚县内黄等县被水成灾办理工赈收支银谷各数援案开单奏报事》，宫中朱批奏折，档号：04-01-02-0094-015，一史馆藏。
⑤ 《奏为遵旨查明河内等县被淹成灾暨因涝歉收各属来春毋庸另筹接济事》，宫中朱批奏折，档号：04-01-02-0094-014，一史馆藏。
⑥ 河南省赈务会：《二十年河南水灾报告书》，1931年，第1页。
⑦ 国民政府救济水灾委员会：《国民政府救济水灾委员会报告书》，1933年，第10页。

财政厅拨款万元，设立粥厂 6 处，共收灾民 15 000 余名，每月预算经费 2 万元左右。在地方政府与各社会团体的共同努力下，粥厂得以维持 3 个月之久。①省城粥厂关闭后，来自各地的灾民苦于流亡，"陆续遄归，亦因室庐荡然，籽种全无，难资养赡"，省政府命令各县赶办粥厂，以济灾荒。②除政府办理粥厂外，民间也有热心好义之士自发设立粥厂，如淅川县绅宋祖锟自办粥厂，救济灾民。③

1933 年，黄河流域又发生严重洪涝灾害。为方便灾民就食，唐河县于 5 月 1 日起选定若干地点各设粥厂 1 所。④时至 10 月，天气渐寒，黄河水灾救济委员会灾赈组选择灾情特重及灾民集中的滑县设粥厂 3 处，直到翌年 4 月始行撤销，"俾使老弱暨极贫者，有所安处，免致流离死亡之惨"⑤。为避免潮湿，粥厂分男女宿舍制备铺草，因房间不够用，后又将西关高台庙一处改造为宿舍，另盖矮棚地窖一百余间。灾民每日两餐，尚能维持温饱。粥厂还安排教师每天为灾童讲演。产妇由该县商妥道口惠民医院收纳，灾民遇有疾病，送由县医院诊治。⑥此外，黄河水灾救济委员会还在长垣、濮阳各设粥厂 1 处。关于各粥厂的开办时间、结束时间及受赈人数见表 5-1 所示。

表 5-1　1933 年至 1934 年各粥厂受赈情况一览表

粥厂名称	开办时间	结束时间	受赈人数/人
长垣粥厂	1934 年 2 月 1 日	1934 年 4 月 15 日	3 567
东明粥厂	1934 年 2 月 1 日	1934 年 4 月 15 日	4 664
濮阳粥厂	1934 年 2 月 1 日	1934 年 4 月 15 日	6 586
滑县东关粥厂	1933 年 12 月 27 日	1934 年 4 月 30 日	9 688
滑县西关粥厂	1933 年 12 月 27 日	1934 年 4 月 30 日	11 104
滑县南关粥厂	1933 年 12 月 27 日	1934 年 4 月 30 日	13 092
合计			48 701

资料来源：黄河水灾救济委员会：《黄河水灾救济委员会报告书》，1935 年，附表九《冀鲁豫各粥厂受振人数一览表》

在 1933 年的大水灾中，滑县受灾尤为严重，共计有 602 个村 55 042 户被淹，待赈人数多达 309 846 人，"所有灾民，非死于大水，即死于疫

---

① 《振务会始终维持粥厂》，《河南民政月刊》1932 年第 2 期，第 10 页；河南省政府秘书处：《河南省政府年刊》，1931 年，第 21-22 页。
② 河南省政府秘书处：《河南省政府年刊》，1931 年，第 19 页。
③ 《一月来之民政》，《河南政治月刊》1932 年第 7 期，第 4 页。
④ 《一月来之民政》，《河南政治月刊》1933 年第 6 期，第 2 页。
⑤ 黄河水灾救济委员会：《黄河水灾救济委员会报告书》，1935 年，第 10、15 页。
⑥ 河南省省政府秘书：《河南政治视察》第 1 册，《滑县视察报告》，1936 年，第 5 页。

疠，非死于饥，即死于寒，伤心惨目，莫此为甚"！自该县水灾发生后，即由当地成立水灾救济会，并由各机关人员捐薪 1560 元，购买馒头 2 万余斤，船只 30 余艘，分赴水中散发，并救护灾民出险。①

1934 年 1 月，河南、河北两省黄河多处决口，被灾地方共有 70 处之多，淹死、冻死、失踪的灾民难以确计。其中，仅长垣一地就有 40 个村庄被淹，死亡人数有四五百人之多。水灾发生后，全城设粥厂 2 处。那些能涉水入城的灾民尚可求一生路，不能远行者只有爬上屋顶，风餐露宿，听天由命而已。②一些外媒对黄河水灾亦极为关注，予以报道。其中，英国媒体刊载了该报驻华通信员在河南灾区撰写的《黄河之水患》一文，记载其"在豫省见粥厂多处"③。1935 年，黄河再次暴发水患，省城开封设粥厂 4 处。④11 月中旬，汤阴县开设粥厂，每日施粥 1 次。⑤

（二）黄泛区设置的粥厂

1938 年，黄河在郑州花园口溃决，次年黄河西岸新堤虽修复，但以一线沙堤难御洪流。1940 年后，在尉氏、西华等县连遭决口，1944 年 8 月，黄泛主流又在尉氏县荣村决口，泛区扩大为郑县、中牟、开封、通许、尉氏、扶沟、太康、西华、商水、淮阳、鹿邑、项城、沈丘、鄢陵、陈留、杞县、广武、睢县、柘城、洧川 20 个县。其中尤以杞县、太康、淮阳三县泛区面积最大，均在 800 平方千米以上，鹿邑、中牟、尉氏、陈留、扶沟，洧川、柘城、商水、广武等县泛区面积相对较小。泛区数百万名灾民常年过着衣食无着的艰难生活。1946 年，行总河南分署在泛区各县共设粥厂 20 处，每次救济难民 4 万人以上。⑥为"使老弱妇孺咸有所养，减少农村少壮者内顾之忧，奠定恢复农村经济之基础，以达寓善后于救济之目的"⑦，善后救济总署河南分署选定黄泛区灾重县份及交通便利地点，先后设置粥厂 47 处⑧，其中，黄泛区 19 处、豫北 9 处、豫西 5 处、豫南、豫东各 7 处。每厂每日食粥人数以 2000 人至 4000 人为准，已

---

① 《滑县移民纪要》，《河南政治月刊》1934 年第 7 期，第 3 页。
② 《黄灾概况》，《救灾会刊》1934 年第 3 期，第 17 页。
③ 《英报论黄河水患》，《救灾会刊》1934 年第 4 期，第 23 页。
④ 《振灾与办理仓储》，《河南统计月报》1935 年第 5 期，第 68 页。
⑤ 河南省政府秘书处：《河南政治视察》第 1 册，1936 年，第 43 页。
⑥ 黄河水利委员会：《民国黄河大事记》，郑州：黄河水利出版社，2004 年，第 196 页。
⑦ 熊笃文：《一年来之振务工作》，《善后救济总署河南分署周报》1947 年第 51 期，第 17 页。
⑧ 原文载："设立粥厂 35 处，计泛区 19 处、豫北 9 处、豫西 5 处、豫南豫东各 7 处。"将泛区、豫北、豫西、豫南、豫东各粥厂数量相加，计有粥厂 47 处（马杰：《河南善后救济工作述怀》，《善后救济总署河南分署周报》1947 年第 51 期，第 4 页）。

设各厂每日受理人数为 10 万人左右，冬季随时增设。①西华归耕难民日多，生活无着落，太康、周口两地灾情亦极严重。1946 年入冬，善后救济总署河南分署于西华县的红花集增设粥厂 1 处，太康县设粥厂 2 处，周口南寨外增设粥厂 1 处。②所办粥厂经一再延期，拟推迟至 12 月底结束。但考虑 12 月时值严冬，"各地难民待救正殷，未便遽予停办"，遂电知西华等 15 个县的县政府及各工作队、各粥厂负责人，一律再继续办 3 个月，推延至 1947 年 3 月底结束。③兹将善后救济总署河南分署设立的各粥厂配发的救济物资情况列成表 5-2。

表 5-2　善后救济总署河南分署设立的各粥厂配发救济物资一览表

（1946 年 6 月 28 日至 1947 年 2 月 3 日）

承领机关	物资名称	数量/袋	用途
商丘第一粥厂	48 磅半装面粉	2592	二三月份粥粮
西华第一粥厂	100 磅装面粉	419	二三月份粥粮
西华第二粥厂	100 磅装面粉	21	二三月份粥粮
西华第三粥厂	100 磅装面粉	210	二三月份粥粮
中牟第三粥厂	100 磅装面粉	210	二三月份粥粮
淮阳第一粥厂	100 磅装面粉	419	二三月份粥粮
淮阳第二粥厂	100 磅装面粉	210	二三月份粥粮
淮阳第三粥厂	100 磅装面粉	210	二三月份粥粮
尉氏第二粥厂	100 磅装面粉	419	二三月份粥粮
安阳第一粥厂	100 磅装面粉	210	二三月份粥粮
安阳第二粥厂	100 磅装面粉	210	二三月份粥粮
孟县第一粥厂	100 磅装面粉	400	二三月份粥粮
孟县第二粥厂	100 磅装面粉	400	二三月份粥粮
新乡粥厂	100 磅装面粉	400	二三月份粥粮
沈丘粥厂	100 磅装面粉	600	二三月份粥粮
商丘粥厂	100 磅装面粉	628	元月份粥粮
孟津粥厂	100 磅装面粉	419	元月份粥粮
商丘粥厂	100 磅装面粉	628	元月份粥粮
扶沟第一粥厂	224 磅装大米	282	二三月份食粮
扶沟第二粥厂	224 磅装大米	141	二三月份食粮

① 马杰：《河南善后救济工作述怀》，《善后救济总署河南分署周报》1947 年第 51 期，第 4 页。
② 《西华太康增设粥厂四处》，《善后救济总署河南分署周报》1947 年第 51 期，第 27 页。
③ 《本署各县粥厂展办三月》，《善后救济总署河南分署周报》1947 年第 51 期，第 26 页。

续表

承领机关	物资名称	数量/袋	用途
扶沟第三粥厂	224 磅装大米	94	二三月份食粮
鄢陵第一粥厂	224 磅装大米	282	二三月份食粮
鄢陵第二粥厂	224 磅装大米	188	二三月份食粮
尉氏第一粥厂	224 磅装大米	200	二三月份食粮
西华第一粥厂	192 磅半装玉米	330	二三月份食粮
西华第二粥厂	192 磅半装玉米	109	二三月份食粮
西华第三粥厂	192 磅半装玉米	105	二三月份食粮
扶沟第一粥厂	192 磅半装玉米	420	二三月份食粮
扶沟第二粥厂	192 磅半装玉米	165	二三月份食粮
扶沟第三粥厂	192 磅半装玉米	105	二三月份食粮
中牟第三粥厂	192 磅半装玉米	105	二三月份食粮
淮阳第一粥厂	192 磅半装玉米	210	二三月份食粮
淮阳第二粥厂	192 磅半装玉米	105	二三月份食粮
淮阳第三粥厂	192 磅半装玉米	105	二三月份食粮
尉氏第一粥厂	192 磅半装玉米	310	二三月份食粮
尉氏第二粥厂	192 磅半装玉米	210	二三月份食粮
鄢陵第一粥厂	192 磅半装玉米	330	二三月份食粮
鄢陵第二粥厂	192 磅半装玉米	210	二三月份食粮
安阳第一粥厂	192 磅半装玉米	105	二三月份食粮
安阳第二粥厂	192 磅半装玉米	105	二三月份食粮
新乡粥厂	192 磅半装玉米	200	二三月份食粮
沈丘粥厂	192 磅半装玉米	300	二三月份食粮
孟县第一粥厂	100 磅装豆粉	50	二三月份食粮
孟县第二粥厂	100 磅装豆粉	50	二三月份食粮

资料来源：《本署配发救济物资详表》，《善后救济总署河南分署周报》1947 年 58-59 期，第 6-7 页。

据表 5-2 统计，善后救济总署河南分署于 1947 年 6 月 28 日至 1948 年 2 月 3 日，在黄泛区所设粥厂配发的粮食主要有面粉、大米、玉米和豆粉四种。其中，配发 48.5 磅装面粉 2592 袋，计 125 712 磅；100 磅装面粉 6013 袋，计 601 300 磅；224 磅装大米 1187 袋，计 265 888 磅；192.5磅装玉米 3529 袋，计 679 332.5 磅；100 磅装豆粉 100 袋，计 10 000 磅。各种粮食合计 1 682 232.5 磅，主要作为各粥厂 1948 年 1 月至 3 月的粮食来源。在各粥厂中，扶沟粥厂配发的粮食最多，224 磅装大米 517 袋，计

115 808 磅，192.5 磅装玉米 690 袋，计 132 825 磅，各种粮食合计
248 633 磅。其次为鄢陵粥厂，224 磅装大米 470 袋，计 105 280 磅，
192.5 磅装玉米 540 袋，计 103 950 磅，各种粮食合计 209 230 磅。再次为
商丘粥厂，48.5 磅装面粉 2592 袋，计 125 712 磅，100 磅装面粉 628 袋，
计 62 800 磅，各种粮食合计 188 512 磅。排在后三位的分别是新乡粥厂，
100 磅装面粉 400 袋，计 40 000 磅，192.5 磅装玉米 200 袋，计 38 500
磅，各种粮食合计 78 500 磅；中牟粥厂，100 磅装面粉 210 袋，计 21 000
磅，192.5 磅装玉米 105 袋，计 20 212.5 磅，各种粮食合计 41 212.5 磅；
孟津粥厂，100 磅装面粉 419 袋，计 41 900 磅。

三、粥赈管理

每遇水灾，虽然地方政府与社会人士都会开厂赈济，但相对于灾民数
量而言，实在是人多粥少，不敷分配。为杜绝流弊，使施粥有序进行，尽
可能多地救济一些老弱妇孺及极贫灾民，地方政府和社会组织因革损益，
出台了一系列施粥措施与粥厂管理办法。

（一）晚清时期对于粥厂的管理

晚清时期，施粥措施与粥厂管理办法尚处于不断完善的过程中。1841
年 6 月 16 日，祥符三十一堡黄河大堤决口，水围开封达 8 个月之久。6
月 21 日，地方政府在火神庙设粥厂放赈，一方面派候补知县韩潮、魏文
卓、蒋立铣，候补直隶州判沈人骥，以及候补未入流李琳、孙铭等专司其
事；另一方面派人分赴五门城上散放赈票，凭票施赈。[①]翌日，候补县罗
凤仪派随员候补未入流宋良弼在东城散放赈票。由于连续两天在此散票，
难民拥挤喧闹，场面极为混乱。为避免此种情况再次发生，罗凤仪令宋良
弼于夜深不定时散放。[②]此后，各粥厂吸取前车之鉴，在赈济灾民时，计
口授食，秩序井然。

由于来省城求食的灾民越来越多，粥厂的规模亦不断扩大。至 1841
年 8 月，每厂每日赈粥对象多达 7000 余户，需要大量的粮食供给。为避
免经手人员谋取私利，每天按票散粥完毕后，书吏需统计施放户数，其中
大人数量、小孩数量、使用某种粮食数量、拨发粮食数量及结余存于粥厂
粮食数量，均逐一记录，开具清单，分别交送祥符县政府、经办人员及当

---

① 李景文点校：《汴梁水灾纪略》，开封：河南大学出版社，2006 年，第 10-11 页。
② 李景文点校：《汴梁水灾纪略》，开封：河南大学出版社，2006 年，第 14 页。

地绅士收存。①

即便如此，在具体操作过程中仍存在户口难以稽查以及地保、书役从中渔利等弊端。1841 年 8 月 9 日，生员王家勤等向巡抚牛鉴报告："两厂放赈时，以事出仓猝，户口难稽。地方官惟饬令地保散放赈票，地保不免借端渔利，高下其手，并开写虚名，倩人冒领；且书役更滋弊端，串通地保，多开虚名，冒领侵吞，在所不（难）免，以致贫民怨嗟，不能均沾实惠。虽东西两厂有绅士协办，而积弊已久，碍难稽查，且无从稽查。应请派绅士挨户清查，庶德遍灾黎，而经费亦不致虚靡。"②12 日，署布政司鄂顺安担心赈厂绅士碍难认真稽查办理，遂饬令两赈厂派人协同绅士认真核实办理，严令"宜裁者裁，宜补者补，务使毋滥毋遗，使灾民均沾实惠"③。13 日，牛鉴与总局商议邀请绅士清查户口。为方便调查，要求东西两厂预放 2 日粮食，使贫民在家等候检查。14 日，清查户口局在文庙成立，自当日起每门派人会同绅士共 5 人负责清查，派 3 人在局造册。为使民众知晓情况并配合调查，要求总局提前在各街道张贴通知，原文如下：

> 总理抚恤宣防总局为晓谕事。照得赈恤灾民，务使无滥无遗，均沾实惠。从前猝被水围，灾民荡析，动摇仓粮，办理急赈，仓猝救济，原不能拘定户口。今水患已渐安定，照例办理抚恤，应立定章程，倍加详慎。现在遴选妥员，会同公正绅矜分赴五门，再行挨户逐棚清查户口大小确数，照造清册，另换新票，照验给赈。尔等贫户著按后开分查日期，各将本户男妇大小丁口，均各在家在棚候点，以凭登写入册，发给赈票，慎勿临期出门他往，以致有遗。亦不得拥挤喧哗，希图浮混。国家经费有常，必使无冒滥浮糜之弊，而后帑归实用，民沾实惠。各宜凛遵毋违。④

此通知向灾民告知了清查户口的原因、方法、灾民应如何配合调查以及新的施粥方法。先调查灾民情况，再发放赈票的施赈方法，是对急赈时期仓猝赈恤弊端的完善。与上述通知同时张贴的还有《抚恤条例》，兹录如下：

> ——自查照入册经发赈票后，不得借口遗漏，混请补赈；
> ——自十四岁以上为大口，十三岁以下为小口。大不过三，小不过

---

① 李景文点校：《汴梁水灾纪略》，开封：河南大学出版社，2006 年，第 55-57 页。
② 李景文点校：《汴梁水灾纪略》，开封：河南大学出版社，2006 年，第 59 页。
③ 李景文点校：《汴梁水灾纪略》，开封：河南大学出版社，2006 年，第 65 页。
④ 李景文点校：《汴梁水灾纪略》，开封：河南大学出版社，2006 年，第 64-65 页。

五。其在襁褓者，不准给赈；

　——生员由儒学查明，的系赤贫，开册移县，准作赤贫给赈；

　——各衙门书役不准给赈；

　——营兵本身及家属三口以内者，不准入赈。多余家口，由营造册移县给赈；

　——工匠手艺之人及精壮丁男，有工可做者不准给赈；

　——食孤贫粮者不准给赈；

　——佃户、雇工、仆人，不准给赈；

　——僧、尼、道士，不准给赈。①

《抚恤条例》规定以户为单位，按人口数量进行赈恤。为了使更多灾民受益，条例首先按年龄对灾民进行划分，并对每户赈恤人数作了明确规定。1 岁以下的婴儿、有生活能力及有生活来源的灾民不作为赈恤对象，具体包括各衙门书役、营兵本人及其三口以内的家属、工匠手艺人、有工可做的精壮男丁、享受孤贫粮待遇者、佃户、雇工、仆人以及僧、尼、道士等。此外，将一些特殊人群列为造册移县给赈对象，包括赤贫生员及三口以外的营兵家属。为避免蒙混之弊，规定自此次核查发放赈票后，不得以遗漏为借口要求补发。《抚恤条例》对赈恤对象作了详细而明确的规定，使赈恤有章可依，减少了操作过程中的随意性。

为清查冒领者，分东、西、南、北四路，每路各派 1 名委员与 1 名绅士前往查灾。1841 年 8 月 16 日，东赈厂绅士查出冒领者大口 93 人，小口 51 人，"皆官役滋弊者"。为避免官役上下其手、冒名蒙混之弊，18日，聘请绅士王懿德总理两赈厂。19 日，东赈厂又查出冒领赈恤 13 户，补添漏赈灾民 57 户。②

水围开封后，仓猝开赈，完全按人口数量散放赈票，甚至每票大小口多至十数人，与《抚恤条例》"大三小五"之规定显然不符。1841 年 8 月22 日，东、西粥厂按例裁减赈票口数，东厂核计共减大口 800 人。同时按升斗标准发给赈粮。其中，麦与谷，大口 1 升，折仓斗 8 合散给；米，大口 6 合；面，大口 1 斤，小口俱减半。③29 日，总局颁发新制升斗，定为大口 5 合、小口 2 合 5 勺。9 月 7 日，赈厂派人在各街道张贴告示，通知领赈灾民更换新票。13 日，户口清查完成，其中，曹、宋、北三门册归于东厂，西、南两门册归于西厂。自此，按册核实户口，贫民得到实

① 李景文点校：《汴梁水灾纪略》，开封：河南大学出版社，2006 年，第 65-66 页。

② 李景文点校：《汴梁水灾纪略》，开封：河南大学出版社，2006 年，第 66-68 页。

③ 李景文点校：《汴梁水灾纪略》，开封：河南大学出版社，2006 年，第 66-69 页。

惠，"胥役之弊尽绝"①。即便如此，难免有一些灾民被遗漏。10 月 10 日，东、西两厂绅士相约夜深人静之时分赴各街密查，查得无赈票者 39 人，给以手号，令其于次日持手号到粥厂换取赈票。②由上可见，施粥措施更趋完善，成效也更为显著。

1842 年 1 月，浚县、内黄等县因水灾添设粥厂，举行冬赈，亦效仿此办法，由署藩司派人分别前往各受灾地，会同地方官清查户口，因地制宜，次第开办。③

（二）民国时期对于粥厂的管理

民国时期，关于粥厂的设置、施粥原则与施粥方法等在因循旧制的基础上不断创新发展。1931 年，河南洪水为灾，各受灾县于 11 月陆续设立粥厂。虽然办理粥厂由来已久，"惟因办理不善，不免滋生弊端"④。为加强对粥厂的管理，赈务机构出台了《粥厂办法》《河南省赈务会各县粥厂办事规则》《河南省赈务会分设开封城内粥厂简章》等规章。兹不避烦琐，首先将《粥厂办法》移录于下：

一　各县筹设粥厂应择被灾最重地方酌量情形分别办理，不可仅在城内筹设。

二　被灾县份应详查极贫灾民数目登入名册，如有遗漏及不实之处，即行更正。

三　调查确实后，发给领粥证券，凭券领粥，严杜往日临时发放流弊。

四　临时有外来灾民请求吃粥，应先行查验注册，补发证券。

五　领粥证券应载明粥厂地点，甲厂证券不准在乙厂领粥，以便就食。

六　各县政府应派专员监视发粥，由各机关分派人员逐日巡视，以免情托等弊。

七　发给领粥证券，应以贫苦老弱妇女幼孩衣食俱无者为限，其年在十五岁以上四十岁以下，能自谋生活之壮年男子一律不准发给，其无工赈地不在此限。

---

① 李景文点校：《汴梁水灾纪略》，开封：河南大学出版社，2006 年，第 72-75 页。
② 李景文点校：《汴梁水灾纪略》，开封：河南大学出版社，2006 年，第 77 页。
③ 《奏报本年被淹及因涝歉收各州县来春毋庸另筹接济折》，宫中朱批奏折，档号：0107-046，一史馆藏。
④ 河南省政府秘书处：《河南省政府年刊》，1931 年，第 22 页。

八　每日应将施粥情形详细列表分旬呈报本会查核。[①]

《粥厂办法》规定，首先，粥厂应设在受灾最重的地方，以救济衣食俱无的老弱妇孺为主。15 岁以上 40 岁以下能自谋生计的青壮年男子可以参加工赈维持生存，故不在施粥范畴，但没有工赈的地方不受此限制。其次，借鉴历史上的经验，施粥之前先逐户调查，将极贫灾民登录名册，发给领粥证券，证券以户为单位，每户 1 张，上面载明发放对象、发放时间及领粥地点。灾民凭证到指定地点领粥，不得随意更换场所，不得冒替或转卖领粥证。最后，为避免工作人员专断营私，发粥时由各县政府派专员监督，并由民政厅、财政厅等机构分别派人逐日巡视。每天将施粥情况详细列表，分旬呈报河南省赈[②]务会核查。

《河南省振务会各县粥厂办事规则》内容如下：

一　厂长受县长之指挥，督率本厂职员勤务管理全厂一切事宜。

二　会计兼庶务掌理赈簿器具，并管理仓库粮米事宜。

三　验票员每日于贫民到厂领粥时，先行查验所持证券，负责盖戳，按日换签，以凭发粥。

四　监视员应负视察发放米粥有无不均及下米煮粥有无流弊。

五　勤务内由厂长指派一人专管看守仓库，其余各人于每早开厂时，受验票员之指挥办理发签查验等事，至闭厂后扫除一切污秽，以重卫生。

六　火夫内应指派一人负责督率各夫担水煮粥，倘有怠惰及窃米情弊，即报告厂长严予惩办。

七　厂内人员勤务均在厂内，以免误事。

八　每日上午三时煮粥，八时放粥，至十时闭厂，下午一时煮粥，四时放粥，七时闭厂。

九　每日放粥应由警察指导弹压维持秩序，领粥贫民均须服从警士之指导。

十　本厂煮粥之米须过筛出风一次，以期清洁，但米质干净者亦可省此手续。

十一　本厂煮粥之水务须洁净，以重卫生。

十二　煮粥必沸水下米，粥已半熟只用文火，以期熟烂而免焦糊。

十三　换发二十人之签，令其持签领粥，俟第一排入厂后，再发第二排，鱼贯而入，以免拥挤。

---

① 河南省赈务会：《二十年河南水灾报告书》，1931 年，第 5-6 页。
② 本书中振同赈，为保持文献原貌，不作统一处理。

十四　饭熟后须厂长率同各职员亲自尝食，认为适用，再移盛缸内发放。

十五　粥缸须用干草厚卫存米粥温度。

十六　灾民食粥每一大口给粥二勺，每一小口给粥一勺，不计短少。

十七　煮粥前及放粥后须查视锅缸桶杓是否洁净，督饬火夫认真洗涤。

十八　厂侧设男女厕所各一，由警察随时指示，并由勤务近日清除，以免污秽。

十九　每日施粥应按照调查贫民清册所载口数预备，无票贫民概不发给。

二十　无票贫民如欲来厂领粥时，须经公安局查明报告县政府核准发票，方可领粥。

廿一　厂内员役如有舞弊怠惰，一经查（察）觉应即送交县府依法惩办。①

综览《河南省振务会各县粥厂办事规则》，主要对如下内容作了明确规定：其一，明确了粥厂所有人员包括厂长、会计兼庶务、验票员、监视员、勤务、火夫等的工作职责；其二，对粥厂煮粥、放粥及闭厂时间作了统一规定；其三，对煮粥所用的米、水及盛粥所用器具的清洁卫生工作进行严格把关；其四，对煮粥办法、施粥数量、保温措施、施粥秩序及工作人员舞弊行为的惩处等亦作了具体规定。

《河南省振务会分设开封城内粥厂简章》，主要对开封城内粥厂的人员设置及其工作职责作了明确规定。

一　每厂设厂长一人，由本会主席委任之管理全厂一切事务，并监视全厂人工有无舞弊情事。

一　每厂设监视委员二人，由本会主席就各处所派人员聘任之，每日轮流各厂监视一切事宜。

……

一　每厂置验票一人，管理每日贫民领粥时查验证券，并负责盖戳。

一　每厂置监杓一人，监视贫民领粥有无不均及煮粥有无舞弊事宜。

一　每厂由各该区公安局派警察弹压，四人担任维持秩序，以免贫民滋扰。

一　每厂雇觅勤务五人，受厂长与庶务之指挥办理一切杂务。

---

① 河南省赈务会：《二十年河南水灾报告书》，1931年，第6-7页。

一 每厂雇觅大锅头一人，管理火夫担水煮粥事宜。

一 每厂雇火夫五人或八人，受大锅头之指挥，分任担水煮粥事宜。

一 每厂由贫民推举领导就食二人，受警察之指挥领导贫民，以免秩序紊乱。

一 所有厂内人员工夫须保荐人切实负责，以上简章如有未尽事宜，由厂长禀请本会或迳由本会修正之。①

可见，《河南省振务会分设开封城内粥厂简章》与《河南省振务会各县粥厂办事规则》规定的人员设置相比，开封城内粥厂除有厂长、验票员、监视员、勤务与火夫外，还设有监杓1人、大锅头1人、领导就食2人，但缺少会计兼庶务一职。所有厂内人员、工夫须由人推举保荐且切实负责才能入厂工作。此外，每厂由各区公安局派警察维持秩序，以免滋扰。

上述规章办法的颁行，不但明确了粥厂的人员设置及其工作职责，而且对从煮粥、验票、发签到施粥的整个环节都作了详细规定，使粥厂管理日趋规范化、制度化。

四、粥厂资金的筹措

近代以来，由于中原地区水患频发，灾情严重，灾区广泛，灾民众多，加之政局动荡，财政支绌，故资金缺乏成为制约粥赈工作开展的一个重要因素。为广筹资金，除由政府拨付外，还拓展了官员捐廉、地方绅富捐助及社会组织劝募等多种资金来源渠道。

1847年，河南巡抚鄂顺安率同本省官员共捐银4万两，于省城开封"设厂煮粥，以备收养"②。除此之外，各州县及绅民亦捐设粥厂，"赡养穷黎"③。再如1865年，光州、息县动用厘金设厂赈粥。④1873年孟津县被黄水冲塌村庄，经该县捐廉设厂煮粥，施于灾民。⑤1887年郑州黄河漫口，河南巡抚倪文蔚捐廉银2000两易钱3000余串，派人购备馍饼席片散放急赈。巡抚不仅自己捐款，还倡率同僚捐廉筹办粥厂，以助赈需。⑥为

---

① 河南省赈务会：《二十年河南水灾报告书》，1931年，第7-8页。
② 《谕内阁河南巡抚等捐银设厂煮粥收养贫民著将出力各员分别议叙鼓励》，军机处上谕档，档号：1126-1，一史馆藏。
③ 《奏为遵旨查明被旱被水各州县酌议来春接济事》，宫中朱批奏折，档号：04-01-01-0823-055，一史馆藏。
④ 《奏请蠲缓祥符等州县新旧钱漕事》，宫中朱批奏折，档号：01-04-35-0087-004，一史馆藏。
⑤ 《奏为勘明孟津县被灾分数并筹议加赈蠲缓钱粮事》，宫中朱批奏折，档号：01-04-35-0090-006，一史馆藏。
⑥ 《奏为臣叠次捐廉并筹办郑州黄河漫口灾民抚恤事》，宫中朱批奏折，附片，档号：04-01-01-0960-006，一史馆藏。

充分调动地方绅商的捐助积极性，同时也是对其义举的肯定，清政府颁布赈捐章程，对于乐善好施之士给予一定奖励，如1894年7月，浚县、内黄等县山水暴发，河流泛滥，沿河村庄被淹成灾。清政府要求该地官员自本年11月至来年2月，在城乡多设粥厂，"妥为收养，俾得有所糊口，免致流离滋事"。考虑时间较长，经费甚巨，既无款可筹，地方官亦力难捐办，遂劝谕本地绅富暨外省好义绅商"量力乐输，集捐济用"。所有收支款项以及设厂监督放赈事宜，均由该县选派公正绅耆督同认真查核，概不经胥吏之手。由于该地绅商等乐善好施，捐资接济，清政府同意援照《顺直振捐章程》，奖励贡监及虚衔封典，以示激励。①

民国时期粥厂的资金来源延续晚清做法，因地制宜，多种方式并举。如1931年大水灾时，根据受灾轻重，河南省赈务会将灾区分为甲、乙、丙三等，并对每等灾区食粥灾民数量及所需资金进行预算，其中，甲等，即最重灾区约有食粥灾民10万人，每人每日平均需小米1斤，约值8分，按5个月150日计，每县需12万元，以30个县计，需360万元；乙等，即次重灾区约有食粥灾民6万人，约需73 000元，以20个县计，约需146万元；丙等，即较轻灾区，每县约有食粥灾民3万人，约需36 000元，以20县计，约需72万元。②鉴于豫西地区十分贫穷，且受灾严重，又无殷实绅商，遂由河南省政府拨款15 000元办理粥厂。在省城开封，经议定由财政厅拨款1万元，设厂6处，并由省政府各部门捐薪助赈项下拨助5000元，南京赈务会拨款7000元，上海济生会拨助1000元，演剧募款1400余元。③各地粥厂于11月初冬之时设立，除前述款项外，不足之款由河南省赈务会酌予补助。赈务会在开封设立粥厂6处，共收贫民15 000余名，每月预算经费约2万元。但下拨经费入不敷出，如若即时停办，值此青黄不接之时，灾民难以维持生计，赈务会想方设法将粥厂维持到2月底始行停办。④再如1934年扶沟水灾较大，筹办三九粥厂，均系劝募办理。⑤

在近代，粥厂资金筹集方式可谓多种多样。不可否认的是，政府拨款仍是资金来源的主体。此外，政府官员带头捐款，各地绅商捐资行善，以及一些社会组织的补助，在维持灾时粥厂的正常运行上功不可没。

综上所述，近代中原地区水灾后开设的粥厂主要有灾后粥厂与冬赈粥

① 《奏为河南浚县等县被灾需赈绅商等乐善好施捐资接济援章请奖事》，宫中朱批奏折，附片，档号：04-01-02-0093-005，一史馆藏。
② 河南省赈务会：《二十年河南水灾报告书》，1931年，第5页。
③ 河南省政府秘书处：《河南省政府年刊》，1931年，第19-22页。
④ 《本省民政要闻》，《河南民政月刊》1932年第2期，第10页。
⑤ 《一月来之民政》，《河南政治月刊》1934年第3期，第2页。

厂两种类型。粥厂通常设在灾情严重、灾民集中的区域，主要救济对象为老弱妇孺与极贫灾民。粥厂资金以政府拨款为主，以官员捐廉、地方绅富捐助及社会组织劝募为补充。为杜绝流弊，地方政府因革损益，出台一系列章程办法，对厂址选择、施粥对象的调查遴选、粥厂工作人员的设置与工作职责、煮粥、验票、放粥、监督、上报核查等都作了明确规定，使粥厂运作更加规范有序。开厂施粥、收养灾民作为救灾急务，不仅挽救了大量灾民的生命，还在安抚民情、稳定社会秩序方面发挥了重要作用。

第二节 赈济钱粮衣物

水灾是近代中原地区最严重的自然灾害之一。每次大水灾后，肆虐的洪水将民众的田粮、衣物、器具、房舍无情地冲没。大量灾民风餐露宿，腹无食，体无衣，住无所，惨苦情形不堪言表。为了稳定社会秩序，救生保命，历代政府与社会组织想方设法通过多种渠道为灾民赈济钱粮衣物等，尽可能解决灾民衣食等最低生存需求。

一、赈济米粮

灾后向灾民发放米粮可以让饥民暂时远离饥饿，保存性命，此举早在春秋时期已出现，以后历代政府相沿旧习。近代中原水患亦采用此法解决灾民的枵腹之虞。

（一）晚清时期的米粮赈济

晚清时期的米粮赈济大致可以分为正赈、大赈、展赈三种形式。

1. 正赈

"救荒之道，以速为贵。倘赈济稍缓，迟误时日，则流离丧者必多，虽有赈贷，亦无济矣。"①晚清时期，受内忧外患、财政支绌、水利不修、交通通信设施落后等多种因素的掣肘，防灾系统十分薄弱，加之自然灾害的突发性与勘灾程序的烦琐耗时，常常延误最佳救灾时机。为尽可能减少灾民饥饿、死亡、流亡现象的发生，雍乾时期规定，地方官可以先斩后奏开仓赈粮："天下有司，凡遇岁饥，先发仓廪赈贷，然后具奏请旨宽

---

① 《清实录》卷121，北京：中华书局，2008年，第4145页。

恤。"①这种临时性的应急救助措施被称为正赈、先赈、急赈或普赈。1739 年作为定制被确定下来，"地方如遇水旱，即行抚恤，先赈一月"②，即不论灾害大小，不分极贫次贫，所有受灾人口均赈济 1 个月口粮。

　　1843 年 8 月，河南中牟县九堡漫口，清政府给予中牟、祥符、通许、尉氏、陈留、杞县、鄢陵、淮宁、西华、沈丘、太康、扶沟、项城、鹿邑、睢县、阳武 16 个州县灾民 1 个月口粮。③1846 年，汲县等州县因河涨被淹，收成歉薄，所有被水较重村庄乏食贫民，包括汲县万户寨等 144 个村庄，新乡县黄岗等 92 个村庄，辉县薄璧镇窑河等 29 个村庄，获嘉县薄璧镇等 39 个村庄，淇县良相等 21 个村庄，浚县杨堤等 197 个村庄，河内县陈范等 36 个村庄，修武县待王镇等 23 个村庄，均给予 1 个月口粮。④1855 年，黄河再次漫口，清政府赈济兰仪、祥符、陈留、杞县、封丘、考城 6 个县被淹村庄灾民 1 个月口粮。⑤1857 年，兰仪县北岸被黄水漫淹，抚恤管家寨等 102 个村庄失业贫民 1 个月口粮。⑥1871 年，汜水等县被汜、沁两河冲溢成灾，抚恤受灾贫民 1 个月口粮。⑦1887 年，郑州黄河决口，抚恤郑州等 70 个州县被水灾民 1 个月口粮。⑧1892 年 8 月，卫河漫溢，卫辉府属汲县、新郑、辉县、获嘉、淇县、浚县等县 492 个村庄被淹成灾，灾民多达 109 284 人，凡已查受灾人数分别大小口先行抚恤 1 个月口粮。⑨1894 年，浚县等处被淹，给予所有被淹村庄灾民 1 个月口粮。⑩翌年夏，河内、武陟两县沁河漫决，波及下游修武等县，沿河村庄被淹成灾，概予抚恤 1 个月口粮。⑪1898 年，河南突遭阴雨，秋禾尽淹，清政府给予永城等县 1 个月口粮。⑫

　　正赈贵在及时，故清政府给予地方政府施赈大权。但在等级森严的封建社会，地方官员为稳保乌纱帽，仍多先上报，经皇帝批准后方才施放正

① 李文海、夏明方：《中国荒政全书》第 2 辑，北京：北京古籍出版社，2004 年，第 756 页。
② 李文海、夏明方：《中国荒政全书》第 1 辑，北京：北京古籍出版社，2003 年，第 86 页。
③ 《谕内阁河南黄水漫淹州县著先行抚恤口粮银两》，军机处上谕档，档号：1075-1，一史馆藏。
④ 《谕内阁河南汲县等州县夏秋分被水旱雹等灾歉收著分别缓征各项钱漕》，军机处上谕档，档号：1113-1，一史馆藏。
⑤ 《谕内阁河南兰阳黄水漫口兰仪等县村庄被水著接济口粮》，军机处上谕档，档号：1184-3，一史馆藏。
⑥ 《谕内阁河南兰仪等州县被灾被扰著分别抚恤蠲缓》，军机处上谕档，档号：1193-3，一史馆藏。
⑦ 《谕内阁河南汜水等县被水著分别蠲缓钱粮》，军机处上谕档，档号：1311（6）191-219，一史馆藏。
⑧ 《清实录》，卷 248，北京：中华书局，2008 年，第 58211 页。
⑨ 《奏为勘明卫辉等县被淹成灾应筹赈济等请准截留裁存帮丁月粮银两事》，宫中朱批奏折，档号：04-01-02-0091-027，一史馆藏。
⑩ 《清实录》，卷 351，北京：中华书局，2008 年，第 59445 页。
⑪ 《奏为遵旨查明河内等县被淹成灾暨因涝歉收各属来春毋庸另筹接济事》，宫中朱批奏折，档号：04-01-02-0094-014，一史馆藏。
⑫ 《奏为遵旨查明豫省本年被灾情形事》，宫中朱批奏折，档号：04-01-02-0097-022，一史馆藏。

赈，如 1841 年 6 月 16 日黄河漫口，祥符等州县被淹较重，巡抚牛鉴奏请"被水各属请先行抚恤"，但直到 8 月 27 日，道光皇帝才谕令内阁，祥符、陈留、通许、杞县、淮宁、太康、睢州、柘城、鹿邑 9 个州县被水各村庄，灾民无论极贫次贫，一律抚恤 1 个月口粮。①从灾害发生到谕令下达，前后长达两个多月，再到执行发放还需一段时日，这显然有失急赈之初衷。

2. 大赈

正赈仅能救济一时，所遇灾害经勘灾审户后，即施行大赈。与正赈不同的是，大赈的对象仅限于"极贫"和"次贫"。大赈需要勘灾审户并逐级上报，最终决定权掌握在皇帝手中，根据受灾程度及极贫次贫，加赈 1—4 个月不等的口粮，如 1841 年 6 月黄河决口，11 月，道光皇帝谕令内阁，各按成灾分数给予极贫次贫灾民加赈 1—4 个月不等。②1844 年，中牟等州县村庄因九堡漫口被淹，12 月，清政府给予成灾十分的中牟县杏树镇等 77 个村庄、祥符县岗子桥等 424 个村庄、通许县韩庄等 386 个村庄、阳武县穆庄等 5 个村庄极贫灾民加赈 4 个月，次贫灾民加赈 3 个月；给予成灾九分的中牟县野鸡张庄等 108 个村庄、祥符县小屯等 100 个村庄、通许县六营等 143 个村庄、陈留县莘城等 309 个村庄、杞县斗厢等社 652 个村庄、淮宁县搬缯口等 1445 个村庄、西华县盐场村等 390 个村庄、沈丘县槐庄集等 34 个村庄、太康县崔桥等 413 个村庄、扶沟县白庄等 561 个村庄极贫灾民加赈 3 个月，次贫灾民加赈 2 个月；给予成灾八分、七分的中牟县段庄等 155 个村庄、祥符县西来集等 33 个村庄、通许县黎庄等 14 个村庄、尉氏县桃庄等 301 个村庄及大槐树等 66 个村庄、陈留县长岗等堡 146 个村庄、杞县葛岗等社 185 个村庄、淮宁县孔村等 472 个村庄及朱邱寺等 462 个村庄、西华县田楼等 220 个村庄及赤狼村等 84 个村庄、沈丘县莲池集等 5 个村庄及万寿寺等 7 个村庄、太康县古城村等 487 个村庄及方城集等 720 个村庄、扶沟县大河社等 167 个村庄及许庄等 63 个村庄、项城县冯嘉堂等 19 个村庄及广粮门等 10 个村庄、鹿邑县安平集等 2007 个村庄及和睦集等 404 个村庄极贫灾民均加赈 2 个月，次贫灾民加赈 1 个月。③1855 年，河南下北厅兰阳汛三堡漫口，兰仪等 6 个县

① 《谕内阁河南黄水漫口祥符等州县被淹较重著概行抚恤一月口粮》，军机处上谕档，档号：1053-2，一史馆藏。
② 《谕内阁查明河南祥符等州县被水成灾分数著分别蠲缓各项钱粮》，军机处上谕档，档号：1055-2，一史馆藏。
③ 《谕内阁河南中牟等州县被水著分别蠲缓各项钱漕》，军机处上谕档，档号：1076-3，一史馆藏。

均被浸灌，加之雨水积淹，灾区较广。12 月，兰仪、祥符、陈留、杞县北岸及封丘、考城 6 县被水村庄，均按成灾分数，极贫次贫灾民照例加赈1—4 个月不等。①1873 年，开归、陈许、南阳、汝宁等府及孟津等地遭遇水灾。12 月，按例给予被灾八分的开归、陈许、南阳、汝宁等府极贫灾民加赈 2 个月，次贫灾民加赈 1 个月；孟津县被黄水冲塌成灾八分的村庄及铁谢镇极贫次贫灾民，全部加赈 1 个月口粮。②由于勘灾审户等手续的办理需要一定时间，大赈通常在灾年的 11 月以后开展。

3. 展赈

大赈之后，灾民生计仍无法维持，或者次年青黄不接之际，灾民无物可食，地方官员可奏请再加赈济，此种赈济被称为展赈，亦称加赈、补赈，是一种补充性赈济。1842 年 1 月，道光皇帝念及"来春青黄不接之时，民力未免拮据"，给予祥符县上年被淹村庄极贫次贫灾民，以及陈留、杞县、通许、太康、鹿邑 5 个县成灾六分、七分、八分、九分村庄极贫灾民展赈 1 个月口粮。③1844 年 1 月，给予中牟、祥符、通许、阳武、陈留、杞县、淮宁、西华、沈丘、太康、扶沟 11 个县被灾十分村庄极贫次贫灾民及被灾九分村庄极贫灾民展赈 1 个月口粮。④1845 年 1 月，给予中牟、祥符、陈留、杞县、通许、尉氏、淮宁、太康、扶沟、沈丘、鹿邑、阳武 12 个县极贫灾民及西华县原淹极贫灾民展赈 1 个月口粮。⑤1847 年 2 月，给予汲县、新乡、辉县、获嘉、淇县 5 个县上年被淹村庄灾民 2 个月口粮。⑥1872 年 1 月，所有遭遇水灾的汜水县城关及口子村等 55 个村庄、西史村等 47 个村庄、河内县小王庄等 14 个村庄、寻庄等 7 个村庄、武陟县保安庄等 32 个村庄、大南张等 35 个村庄、周庄等55 个村庄、温县大黄等 6 个村庄、大渠河等 16 个村庄，不论成灾分数，极贫次贫灾民概行加赈 1 个月口粮。⑦1874 年 1 月，给予孟津县间湾等 5个村庄及铁谢镇地方被淹极贫次贫灾民加赈 1 个月口粮。由上可见，展赈时间通常在次年 1 月或 2 月，根据受灾程度，给予 1 个月或 2 个月不等口粮。展赈与大赈一样，亦需层层上报，由皇帝审批后谕令内阁办理。

---

① 《谕内阁河南兰阳漫口州县被淹著分别蠲缓各项钱粮》，军机处上谕档，档号：1185-1，一史馆藏。
② 《奏为勘明孟津县被灾分数并筹议加赈蠲缓钱粮事》，宫中朱批奏折，档号：04-01-35-0090-006，一史馆藏。
③ 《谕内阁河南祥符等州县被水成灾著来春分别展赈》，军机处上谕档，档号：1055-1，一史馆藏。
④ 《谕内阁河南中牟等州县被淹著来年展赈口粮酌借仓谷》，军机处上谕档，档号：1076-3，一史馆藏。
⑤ 《谕内阁河南中牟等被灾州县著于来春展赈口粮粜借仓谷籽种》，军机处上谕档，档号：1089，一史馆藏。
⑥ 《清实录》卷 439，北京：中华书局，2008 年，第 41793 页。
⑦ 《谕内阁河南汜水等县被水著分别蠲缓钱粮》，军机处上谕档，档号：1311（6）191-219，一史馆藏。

（二）民国时期的米粮赈济

民国时期，上述赈济制度虽然随着清王朝的灭亡而被废除，但遇灾给予灾民米粮赈济的做法依然延续，而且随着铁路、公路、轮运、电报、电话等近代交通通信方式的出现而更加灵活高效。1931 年江淮大水灾发生后，国民政府救济水灾委员会向河南重灾区发放赈粮，成年人每人 20 斤，幼童 10 斤。由于粮食储备有限，国民政府水灾救济委员会购买美国小麦 45 万吨用于救灾，计划分配给河南 10 000 吨，至 1932 年 3 月 29 日已分配 5000 吨。另外，向工赈区第十八区（河南境内）分配 5805 吨，前后合计分配赈粮 10 805 吨。①

1933 年黄河决口，洪水横流，灾民风餐露宿。黄河水灾救济委员会向河南部分灾区散放赈粮近 355 万斤，用于救济灾民。具体见表 5-3 所示。

表 5-3　1933 年黄河水灾救济委员会在部分
灾区散放赈粮一览表　　　　（单位：斤）

县名	红粮（高粱）	菜豆	小米	杂粮
长垣	814 100			
东明	163 560		306 000	
濮阳	714 020			
兰封	100 000		61 000	
民权				
商丘	60 000			
虞城				
陈留	28 050			
考城	169 000			
孟津			32 000	
灵宝				
陕县	35 376			
封丘			116 700	
中牟				36 666
郑县	48 980			
开封	69 570			
广武				

---

① 国民政府救济水灾委员会：《国民政府救济水灾委员会报告书》，1933 年，第 13 页，附件三之三《预定分配各省振麦吨数及用途表》、附件六之二《各区麦粮分配表》。

续表

县名	红粮（高粱）	菜豆	小米	杂粮
滑县	882 240		67 807	
温县			123 202	
武陟			123 202	
孟县				
氾水			33 240	
巩县		32 700		
沁阳				
合计	3 084 896	32 700	863 151	36 666

资料来源：黄河水灾救济委员会：《黄河水灾救济委员会报告书》，1935 年，附表七《散放冀鲁豫振粮一览表》

由表 5-3 可知，黄河水灾救济委员会在长垣、濮阳、兰封、民权、商丘等 24 个县散放的粮食包括红粮、菜豆、小米、杂粮四类，合计 4 017 413 斤。其中，红粮 3 084 896 斤，分发给长垣、东明、濮阳、兰封、商丘、陈留、考城、陕县、郑县、开封、滑县 11 个县；菜豆 32 700 斤，全部赈济巩县；小米 863 151 斤，分发给东明、兰封、孟津、封丘、滑县、温县、武陟、氾水 8 个县；杂粮 36 666 斤，全部发放给中牟。从各县获得的粮食总量来看，滑县最多，计 950 047 斤；其次为长垣，计 814 100 斤；再次为濮阳，计 714 020 斤；陈留最少，计 28 050 斤。

1946 年 3 月，为救济黄泛区春荒，善后救济总署河南分署分别给本省各县发放急赈面粉，"以非赈不活之难民为对象"。第一批自 3 月初起至 3 月底止，选择灾情最重的尉氏、安阳等 20 个县进行发放，其中，商丘、安阳、新乡 3 县各发 2000 袋，尉氏、中牟等 17 县各发 1000 袋，共发 23 000 袋，受惠灾民 75 706 人。第二批自 4 月上旬起至 6 月下旬止，每县发放面粉 1000 袋，灾情严重者加发 1000 袋，边远县份粮食运输困难，运费不菲，每袋面粉以 5500 元折价改发代金，总计发放面粉 92 555.5 袋，代金 280 500 000 元，受惠灾民 438 222 人。第三批自 9 月起，善后救济总署河南分署选择灾情较重的 54 个县，每县配发面粉 1000 袋至 4000 袋。此外，开封、洛阳、安阳、新乡、商丘、兰封、考城等县因外籍灾民较多，各加发 1000 袋至 2000 袋，共发面粉 123 743 袋。[1]4

---

[1] 熊笃文：《一年来之振务工作》，《善后救济总署河南分署周报》1947 年 51 期，第 15-16 页。

月，善后救济总署河南分署组织工作队前往豫北根据地 12 个县发放面粉 12 000 袋。7 月，又在根据地 9 个县发放牛奶 18 000 听。[①]合计向根据地难民发放面粉 98 084 袋（黄河下游复堤工赈面粉不在内），牛奶、奶粉 202 836 磅，此外，散放的粮食还有罐头、汤粉、豆粉、玉米、菜籽等，受惠人数达 1 292 090 人。[②]

1946 年 7 月，黄水暴涨，周口以北西华、淮阳等 6 个县泛滥成灾。善后救济总署河南分署向西华、淮阳、扶沟、沈丘 4 个县各发面粉 2000 袋，向项城、商水 2 县各发面粉 1000 袋，共计发放面粉 10 000 袋。10 月，善后救济总署河南分署向豫北怀属开陟 7 个县拨发大批玉米，发放急赈，其中，武陟、孟县各发玉米 900 袋，沁阳、济源各发 1200 袋，博爱 1050 袋，修武 750 袋，温县 600 袋，共计 6600 袋，均为 200 磅装。同时，还向滑县发放豆粉 3000 袋，浚县 2000 袋，焦作及六河沟矿区失业工人各 400 袋，共计 5800 袋，均为 100 磅装。此外，还发放各项临时救济，共计面粉 122 898 袋，奶粉 19 335 听，牛奶 298 700 听，牛油 615 箱，罐头 4542 罐。[③]

二、赈济钱款

赈谷是解决灾民饥饿最直接有效的急赈方式之一。如果交通不畅，大宗粮食无法运输，便通过散发赈款救急。赈济钱款是临灾急赈中经常性的救济措施，有时赈谷与赈款两种方法同时施行。

（一）政府赈济

1868 年，黄河决于荥泽，清政府批准河南省截留湖北京饷银 21 万两赈济灾民。[④]1887 年，黄河在郑州决口，下游被水成灾，清政府特发内帑银 10 万两，并截留银 30 万两用作赈抚。"惟念此次黄水横流，灾区甚广，饥民待哺嗷嗷，尚恐不敷散放"，又将 1888 年本应通过河运供给江北及江苏京仓米粮约二十二三万石一律折银，以四成用于河南急赈，并派人查明被灾处所，核实散赈，"务使穷黎均沾实惠"[⑤]。

1931 年，江淮大水灾发生后，国民政府救济水灾委员会向河南省重

① 熊笃文：《一年来之振务工作》，《善后救济总署河南分署周报》1947 年 51 期，第 16 页。
② 马杰：《河南善后救济工作述怀》，《善后救济总署河南分署周报》1947 年 51 期，第 4 页。
③ 熊笃文：《一年来之振务工作》，《善后救济总署河南分署周报》1947 年 51 期，第 16 页。
④ 《清实录》卷 249，北京：中华书局，2008 年，第 53164 页。
⑤ 《清实录》卷 247，北京：中华书局，2008 年，第 58190 页。

灾区发放赈款 10 万元①，成年人每人发放 2 元，幼童减半②。另外，河南省政府拨款 10 000 元，派人携款前往豫南散放。③由于灾重款绌，难以普济。为此，河南省政府向中央政府及各省电呈灾情，恳拨赈款用于急赈，"以免全省人民流亡，而资来年耕种"④。

中央赈委会又拨赈款 13 万元，会同河南省赈务会派员分赴郾城、商丘、新安、西平、偃师、临颍、遂平、巩县、信阳、西华、泌县、新蔡、舞阳、方城 14 个县散放急赈。除泌阳、新蔡、舞阳、方城 4 县因地方骚乱，未能如期查放完竣外，其余 10 个县均按期发放完毕。⑤

1933 年黄河决口，洪水横流，广大灾民无衣无食，济源、灵宝、武陟、封丘、广武、开封、洛阳、滑县、民权、渑池、密县、封丘等县请求拨款赈济。⑥黄河水灾救济委员会随即向河南拨发赈款 10 万元。⑦1933 年黄河水患后，河南省灾赈委员会派人携款分赴受灾各县调查灾情，根据各县受灾程度，将急赈款项分配如下：滑县 40 000 元，兰封 10 000 元，考城 8000 元，武陟、封丘各 6500 元，温县 4000 元，开封、孟县、孟津各 1000 元，广武、汜水、中牟、民权、巩县、虞城各 500 元，陈留、郑县、灵宝、沁阳各 400 元，商丘、陕县各 300 元。⑧此外，还在长垣散放 39 155 元，在东明散放 30 000 元，在濮阳散放 29 950 元。⑨由于滑县受灾尤重，8 月 12 日，省政府派人携带 2000 元前往查放；9 月 12 日，又派人携款 4500 元施放急赈。⑩

1935 年入夏以后，河南省大部分地区阴雨连绵，山洪暴发，田禾淹没，全省 53 个县受灾。为救济灾民，除从中央救济准备金项下配拨 60 000 元外，河南省水灾救济总会及赈务会先后筹拨赈款 13 000 元，省政府于灾区善后经费项下拨出 55 000 元，公务员每百元捐薪助赈 5 元，统交第九区专员公署派人携往罹灾县份酌量分配，妥为救济。⑪兹将各县水灾及赈济概况列成表 5-4。

① 河南省政府秘书处：《河南省政府年刊》，1931 年，第 98 页。
② 国民政府救济水灾委员会：《国民政府救济水灾委员会报告书》，1933 年，第 13 页。
③ 《省府拨万元救济豫南灾民》，《河南民政月刊》1932 年第 2 期，第 9-10 页。
④ 河南省政府秘书处：《河南省政府年刊》，1931 年，第 95 页。
⑤ 邵鸿基：《委员邵鸿基报告书》，《监察院公报》1932 年，第 127 页。
⑥ 《统计：各县灾况》，《河南民政月刊》1933 年第 9 期，第 47-53 页。
⑦ 黄河水灾救济委员会：《黄河水灾救济委员会报告书》，1935 年，第 7 页。
⑧ 《一月来之民政》，《河南政治月刊》1933 年第 12 期，第 2 页。
⑨ 黄河水灾救济委员会：《黄河水灾救济委员会报告书》，1935 年，附表五《河北山东河南临时急振及凌振一览表》。
⑩ 式之：《滑县移民纪要》，《河南政治月刊》1934 年第 7 期，第 3-4 页。
⑪ 河南省政府秘书处：《河南省政府年刊》，1935 年，第 144-145 页；许世英：《二十四年江河水灾勘察记》，1936 年，第 47 页。

表 5-4　1935 年河南省各县水灾及赈济情况一览表（单位：元）

县名	被灾程度	拨款数	县名	被灾程度	拨款数
偃师	最重	6 000	巩县	最重	7 000
淅川	最重	6 000	郾城	次重	3 000
封丘	最重	2 000	西华	最重	1 000
商水	最重	1 000	新野	最重	7 000
襄城	次重	2 000	南阳	次重	1 000
兰封	次重	1 000	陈留	次重	1 000
遂平	次重	2 000	淇县	次重	1 000
邓县	最重	2 000	扶沟	次重	1 000
内乡	最重	2 000	镇平	稍重	
滑县	最重	2 000	西平	次重	2 000
沁阳	次重	1 000	项城	次重	1 000
临漳	最重	5 000	伊阳	次重	1 000
洛阳	次重	1 000	汜水	次重	2 500
上蔡	最重	1 000	嵩县	次重	2 500
济源	次重	1 000	汤阴	次重	2 000
鄢陵	次重	1 000	宝丰	次重	2 000
南召	次重	1 000	尉氏	次重	1 000
舞阳	次重	1 500	淮阳	次重	1 000
郑县	稍重		宜阳	次重	1 500
汝南	次重	1 000	叶县	次重	5 000
正阳	最重	1 000	博爱	次重	
延津	次重	1 000	临汝	次重	4 000
原武	次重	1 000	临颍	次重	1 000
通许	次重	1 000	开封	次重	1 000
广武	稍重		武陟	次重	1 000
陕县	次重	1 000	方城	次重	1 000
修武	稍重		内黄	次重	
安阳	次重	1 000	灵宝	次重	1 000
中牟	次重	1 000	温县	次重	
浚县	次重	1 000			
合计			101 000		

资料来源：河南省政府秘书处：《河南省政府年刊》，1935 年，第 145 页

由表 5-4 可知，根据受灾程度，受灾县份被划分为最重、次重、稍重

三个等级。受灾最重的有偃师、巩县、淅川等 13 个县，拨发赈款数目从 1000 元到 7000 元，总计 43 000 元，占拨款总数的 42.57%；受灾次重县份最多，有拨款记载的包括郾城、襄城、南阳、兰封、陈留、遂平、淇县、扶沟、西平、沁阳、项城、伊阳、洛阳、汜水、嵩县、济源、汤阴、鄢陵、宝丰、南召、尉氏、舞阳、淮阳、宜阳、汝南、叶县、博爱、延津、临汝、原武、临颍、通许、开封、武陟、陕县、方城、内黄、安阳、灵宝、中牟、温县、浚县 42 个县，拨发赈款数目从 1000 元到 5000 元，总计 58 000 元，占拨款总数的 57.43%；受灾稍重与次重县份有郑县、广武、镇平、修武、温县、博爱 6 县，拨款情况无记载。

（二）社会筹募

民国时期自然灾害频发，作为政府之外的一大社会救济主体，非政府组织在灾害救济方面亦发挥了不可忽视的作用。1931 年江淮水灾后，河南省赈务会筹集现款向灾情较重县份发放赈款，其中，郾城 4000 元，信阳 3000 元，西华、叶县、西平、洛阳、商丘、睢县、偃师、巩县、南阳、固始各 2000 元，襄城、商水、临颍、舞阳、正阳、邓县、温县各 1000 元，总计 34 000 元。[①]鉴于豫南灾情惨重，省赈务会另向商城散放赈款 10 000 元。[②]此外，省外各慈善团体也积极筹款助赈，帮助河南灾区共渡难关。其中，上海各省水灾急赈会先后筹拨 90 000 元，中国红十字会募集 5000 元，北平旅平河南赈灾会筹集 4000 元。[③]

1933 年水灾后，各慈善团体及个人亦陆续拨款赈济，其中，河南省赈务会捐赈 2800 元，民政厅厅长捐款 300 元，方专员捐款 100 元，苏副司令捐款 50 元，新乡唐专员及河南省各县共捐款 2000 余元，赴滑县发放。此外，广东第一监狱林伯翘捐助 1000 元，北平红十字会筹募赈款 4218.1 元，上海各慈善团体黄河水灾急赈会筹募 32 705 元，安阳财务委员会事务员陈景浚捐款 100 元，总计捐款 43 273.1 元，该县政府饬令各区保长造具灾民花名册，送交水灾救济会会委编队到村履勘，选择非赈不生之户，按大人 1 元，小孩 5 角，分别施赈。[④]

此外，一些因水灾逃荒在外的中原难民也在赈济之列。抗战期间，流亡至陕西的泛区难民多达 170 余万人，抗战胜利后还乡人数仅十六七万

---

① 《一月来之民政》，《河南政治月刊》1931 年第 2 期，第 4 页；河南省赈务会：《二十年河南水灾报告书》，1931 年，第 1-15 页。
② 《省振会允拨万元振济商城》，《河南民政月刊》1932 年第 2 期，第 8 页。
③ 河南省政府秘书处：《河南省政府年刊》，1931 年，第 97-98 页。
④ 式之：《滑县移民纪要》，《河南政治月刊》1934 年第 7 期，第 3-4 页。

人。1946 年 3 月，善后救济总署河南分署初派员携款 6000 万元，前往陕西发放急赈。其中，西安、宝鸡、凤翔、麟游、咸阳、渭南、邰阳、蓝田等市县共发面粉 6500 袋，小麦 7660 斤，钱款 3580 万元，受惠难民 2 万人，平均每人 3000 元，领粉麦者按市价折合 3000 元，共计发放赈款 6000 万元。[①]

近代以来，一方面战乱不断；另一方面自然灾害频发，民不聊生。在政府的财政支出中，除去军费、偿还债务外，能用于赈灾的款项少得可怜。以 1931 年为例，国民政府救济水灾委员会向河南拨发赈粮 29 805 吨，而河南有灾民 8 886 834 人[②]，平均每人仅能分配到 3.35 斤，真可谓杯水车薪。由于有限的赈款赈粮关系着灾民生命，河南省赈务会通令"各灾区受拨粮款，无论如何困难，亦宜赶速散放，即令偶有特殊情形，亦应妥慎保管，不得任意挪用"[③]。然而日久玩生，在赈款的发放过程中，克扣、挪用、贪污等各种舞弊行为时有发生，如在 1931 年水灾急赈中，固始县县长余中楫挪用赈款，宜阳县寨首杨国栋等侵吞赈款，中牟县区长路式铭吞赈舞弊，洛阳县县长方廷漠对于自助救济缺少规划[④]。而且，各县负责人员挪移的赈款常常"久欠不归，多数灾民冻馁致死"[⑤]。赈款的短绌，以及各种舞弊行为的频频出现，使赈济效果大打折扣。

三、赈济衣物

吃饭穿衣是人类最基本的生存需求。水灾发生后灾民的第一反应是逃命，故多半来不及携带粮食、衣物等。尤其是在一些受灾严重的地方，大量灾民流离失所，衣不蔽体，食不果腹。据调查，1931 年 11 月，郾城仍有 29%的灾民衣食无着。[⑥]因此，在入冬时节散发棉衣，帮助灾民过冬是极其重要的急赈措施之一。

（一）政府部门赈衣

民国时期，政府将灾后赈衣纳入行政工作范畴，并将其列为冬赈措施之一，提前进行筹办。1931 年水灾后，河南省政府将捐助棉衣、办理冬

① 熊笃文：《一年来之振务工作》，《善后救济总署河南分署周报》1947 年 51 期，第 16 页。
② 《河南省二十年水灾待赈灾民人数统计图》，《河南政治月刊》1932 年第 5 期，附图。
③ 《省振会拟设收容所救济商潢之难民》，《河南民政月刊》1932 年第 2 期，第 12 页。
④ 《一月来之民政》，《河南政治月刊》1931 年第 2 期，第 4 页。
⑤ 《省振会拟设收容所救济商潢之难民》，《河南民政月刊》1932 年第 2 期，第 12 页。
⑥ 国民政府救济水灾委员会：《国民政府救济水灾委员会工振报告》，1933 年，第 78 页。

赈列入该年 10 月至 12 月行政计划。①为将计划落到实处，时届冬季，河南省政府再次通令各县捐助棉衣等，办理冬赈。②各县捐助的棉衣，随时就地散放。③此外，灾重县份还可呈请省政府发放棉衣。1931 年，太康、南阳、郾城、叶县、新野、偃师等县呈请发放棉衣，省政府函令省赈务会核办。④据估计，受灾各县无衣灾民在千万人以上。省赈务会制订施衣计划，赶制 100 万套棉衣，发放对象为老弱、残疾、妇女、幼童等生存能力较差的灾民。为节省成本，将各纱厂棉花包布加染蓝色做棉衣的表里，棉花则用从纱厂采购拣出的次花，每套成本连同染工约 3 元，合计 300 万元。⑤此外，国民政府救济水灾委员会还花费 951 000 余元，制成棉衣 50 万套，散发给包括河南灾区在内的 240 县灾民。⑥

1933 年水患后，黄河水灾救济委员会灾赈组在上海定制棉衣 10 万套，用 13 磅蓝粗布做面，11 磅白粗布做里，每套用棉花 2 斤，由汇利、宝大两家军服厂承制。为保证质量，裁制时由采运股随时派人前往监督。11 月 10 日之前，10 万套棉衣分为五批做完，次第运往各灾区散放。后又加制妇孺棉衣 10 万套，其中，1 万套在济南厚德贫民工厂加工，余下 9 万套由上海汇利、宝大、大昌三家军服厂承做，布色成分比照旧式，妇女棉衣每套用棉花 2 斤 5 两，儿童棉衣为 1 斤 5 两。1934 年 1 月 8 日全部做完，并运往灾区。各灾区县份的分配数目，由各查放处与省灾赈委员会协商决定。⑦根据灾况，长垣实发 29 051.5 套，濮阳 26 596 套，滑县 25 320 套，封丘 6000 套，兰封、考城各 5000 套，武陟 4600 套，温县 4400 套，河南各招待所及各慈善机构 3540 套，孟津 2200 套，孟县 2000 套，开封 1800 套，郑县 1500 套，汜水 1498.5 套，陈留 840 套，虞城 660 套，中牟 640 套，民权、商丘、灵宝、陕县、巩县、广武、沁阳各 500 套，合计 124 146 套。⑧为应对此次水灾，河南省专门组织成立灾赈委员会，并向各受灾县份分配赈衣，其中，滑县 17 000 套，封丘 3500 套，兰封、考城各 3000 套，武陟、温县各 2000 套，开封 1800 套，汜水、孟津、郑县各 1000 套，陈留 340 套，虞城 160 套，孟县 120 套，共计

① 《河南省政府二十年度预定行政计划——十月至十二月》，《河南政治月刊》1931 年第 4 期，第 3 页。
② 张钫：《民国二十年河南民政之回顾》，《河南政治月刊》1932 年第 1 期，第 8 页。
③ 《一月来之民政》，《河南政治月刊》1932 年第 2 期，第 2 页。
④ 《河南省政府秘书处各科工作概要——民国二十年十月份》，《河南政治月刊》1931 年第 4 期，第 1-2 页。
⑤ 河南省赈务会：《二十年河南水灾报告书》，1931 年，第 10 页。
⑥ 国民政府救济水灾委员会：《国民政府救济水灾委员会报告书》，1933 年，第 13-14 页。
⑦ 黄河水灾救济委员会：《黄河水灾救济委员会报告书》，1935 年，第 8-9 页。
⑧ 黄河水灾救济委员会：《黄河水灾救济委员会报告书》，1935 年，附表六《冀鲁豫三省棉衣支配及实放一览表》。

35 920 套。另余 1080 套，作为备用。[①] 1934 年，英媒记者在英国一著名日报上报道了其在河南灾区亲眼看见"大批之赈衣亦在散放"的赈灾场景，并评价："中国政府方面现时对于救济水患已不如数十年前之漠视，实一可喜之现象。"[②]

1938 年花园口决口后，20 余县的 800 万亩良田尽成泽国。此后数年，迭遭天灾人祸，灾情惨重，田园荒芜，庐舍为墟。[③]为解决泛区民众最基本的衣食问题，1946 年，善后救济总署河南分署多次发放赈衣，每县发放 30 包至 70 包，共发 4900 包，慈幼及救济机构 652 包，河南水专、省立私立各中学师生及小学教职员工共 3517 包，开封难民处 5 包，粥厂食粥难民 56 包，国际救济委员会河南分会转发泛区各地贫苦难民 2300 包，各地新闻从业人员 27 包，其他各项临时救济 131 包，共计配发赈衣 11 588 包，受惠人数 604 600 人。同时，向泛区学生发放棉花 10 包，纽扣 36 箱，棉衣料 343 捆，衣里（面粉袋）330 253 条。此外，还向根据地难民发放旧衣 1128 包[④]，拨发开封美龄托儿所赈衣 1 包。[⑤]抗战胜利后，部分难民辗转归乡，但却无衣无食。[⑥]对于初归难民，分署发给每人单衣 1 套，约需布 52 万丈。[⑦]由上可见，政府作为救灾主体，施赈力度日益加大，受惠人数逐渐增多，解决了相当一部分灾民的冬季御寒问题。

（二）社会各界捐衣

救灾是全社会的事，面对灾情，一些社会力量伸出援手，并与政府配合联动，积极投身于救灾工作的热潮之中。1841 年 6 月，黄河大堤在开封北十五里的张湾决口。由于水势凶猛且发生在夜里，"附堤居者皆奔赴堤上，多半不及携带衣粮"。9 月 4 日，在赈厂绅总王懿德的倡议下，官绅量力捐助棉衣，选择仅穿单衣的灾民散放。但是棉衣少灾民多，正常散放"恐滋抢闹"。于是，拟将棉衣放在各典当铺中收存，每件棉衣开具一张票据。至 10 月初天气渐寒之时，选择公正绅士将票据秘密散发，令持票者拿票据、成本钱 2 文到当铺赎取棉衣。16 日，官绅已捐棉衣数千

① 《一月来之民政》，《河南政治月刊》1933 年第 12 期，第 2 页。
② 《英报论黄河水患》，《救灾会刊》1934 年第 4 期，第 23 页。
③ 熊笃文：《一年来之振务工作》，《善后救济总署河南分署周报》1947 年 51 期，第 14 页。
④ 马杰：《河南善后救济工作述怀》，《善后救济总署河南分署周报》1947 年 51 期，第 4 页；熊笃文：《一年来之振务工作》，《善后救济总署河南分署周报》1947 年 51 期，第 17 页。
⑤ 《两周业务简报》，《善后救济总署河南分署周报》1947 年第 58-59 期，第 5 页。
⑥ 熊笃文：《一年来之振务工作》，《善后救济总署河南分署周报》1947 年 51 期，第 14 页。
⑦ 《黄泛区建设会议第二次大会纪录》，《善后救济总署河南分署周报》1947 年第 55 期，第 12 页。

件。但因不能普遍发放，赈厂绅总王懿德私下令粥厂绅士在放粮时秘密查访赤贫无衣的灾民，在其赈票上偷偷盖上"授"字戳记标识。然而，很多灾民知道此事后，脱衣裸体请求盖印戳记。无奈，王懿德只好令绅士在深夜进行密访散发。[1]1887年郑州黄河漫口，9月河南巡抚倪文蔚倡率捐制棉衣2000件，分发给灾民御寒。[2]可见，晚清时的赈衣行为多来自地方官绅的捐献。然而，由于棉衣数量有限，仅有少量灾民受惠。

民国时期，社会各界捐助的新旧棉衣数量十分可观。1931年水灾后，国民政府救济水灾委员会与河南省赈务会要求其所属部门将废旧棉衣被褥全部捐作赈衣。[3]同年，郑州红十字会请求河南省政府电令各军营及学校将退下的旧棉夹、单衣服交由该会或开封分会代收，以便散放。[4]1932年，河南省10个县市的28个官私施赈机构捐助衣服22 145件。1933年，河南省58县的307个施赈机关捐助衣服92 788件。[5]

1933年水患发生后，各慈善家及团体向黄河水灾救济委员会灾赈组捐献棉衣11 047.5套，其中，在河南灾区散放1500套。[6]此次水灾中，滑县受灾惨重，累计有602个村55 042户被淹，待赈人数多达309 846人。为募集更多棉衣，除该县各机关发起捐助赈衣活动外，政府还向未受灾区域劝募，共募集棉衣20 051件，发给赤贫灾民。11月1日，河南省政府主席向受灾县份捐献棉衣5000件，滑县分拨1000件。11月5日，各方捐助新旧棉背心及各种旧棉夹、单衣服，由省赈务会分配受灾各县，其中，滑县分配新旧棉背心10 000件，旧衣服2000件。11月19日，上海查放处处长捐助棉衣1000套。此外，还将收到的各种社会捐赠衣服，包括上海各慈善团体捐助的1072件，省赈务会捐助的5000余件，国民政府黄河水灾救济会募集的50 800件，河南河务局捐助的4700件，等等，分批发给该县赤贫灾民。即便如此，仍不能满足灾民需求。于是，省政府扩大劝募范围，一方面责成公安局向开封各住户（赤贫除外）商号劝募，每户每号至少捐棉衣1件（多捐不限），或者按市价折捐国币2元，共募捐大小棉衣、夹衣裤、单衣裤、背心、鞋袜、棉被等7687件，国币2822.8元，均交由赈务会转发；另一方面以省政府名义饬令郑县、漯河、洛阳、

① 李景文点校：《汴梁水灾纪略》，开封：河南大学出版社，2006年，第2、74、76页。
② 《奏为臣叠次捐廉并筹办郑州黄河漫口灾民抚恤事》，宫中朱批奏折，附片，档号：04-01-01-0960-006，一史馆藏。
③ 河南省政府秘书处：《河南省政府年刊》，1931年，第98-99页。
④ 河南省政府秘书处：《河南省政府年刊》，1931年，第98-99页。
⑤ 国民政府主计处统计局：《中华民国统计提要》（1935年），上海：商务印书馆，1936年，第451页。
⑥ 黄河水灾救济委员会：《黄河水灾救济委员会报告书》，1935年，附表六《冀鲁豫三省棉衣支配及实放一览表》。

驻马店、信阳、周口、陕县、归德、新乡、安阳、焦作、汲县、淮阳等县政府公安局遵照办理，劝募当地住户商号为滑县灾民捐衣。[①]

　　1933 年 7 月 29 日，漳河河堤溃决，安阳县三区崔家桥、艾亭、贺北、孟村铺等数 10 个村受灾惨重。1934 年 1 月，军政部捐拨赈衣 1500 件，交由安阳救济水灾募捐团在该县散放。[②]此后，各级政府、各慈善团体与爱心人士都加入救灾队伍之中。1935 年 2 月，第一区募集赈衣 349 件；第二区募集赈衣 1284 件，外加赈衣折价 61 元；第三区募到赈衣 600 件；第四区募到赈衣折价 844 元；第十区募到赈衣 875 件。所有募集到的赈衣均交由省赈务会迅速就近分配发放。[③]1935 年 9 月，各慈善团体与个人筹募赈衣 7000 件[④]，12 月，各慈善团体筹募赈衣 9000 件。[⑤]1937 年 3 月，慈善团体联合会筹募赈衣 5088 件，津浦路局筹募 28 696 件，合计 33 784 件。[⑥]同月，散放赈衣共计 5184 件，其中临汝 342 件，第三区专署 2090 件，第五区专署 586 件，第十区专署 2166 件。[⑦]1937 年 5 月，新生活促进会与河南陆地测量局募集赈衣 750 件。[⑧]

四、设立收容所

　　设立收容所，为辗转流离、无以为生的灾民提供食住是历代政府的常见做法，也是急赈的一项重要措施。此类收容机构在历代的名称与收容办法虽不尽相同，但均属于临时收容抚恤的性质。1878 年 8 月，河南部分地区大雨倾盆，沁河决口，全省成灾共 72 处之多，各城内设立栖流所十余处。[⑨]

　　1931 年江淮地区发生特大水灾，受灾面积占全省总面积的一半以上。转瞬秋尽冬来，大量流离失所的老弱妇孺亟须选定合适地方进行安置。[⑩]河南省政府拟请省赈务会派人在信阳、汝南及鄂北适当地点设立收容所，收容商城、潢川、光州、固始等县逃难妇孺。[⑪]此后，河南省赈务

①　式之:《滑县移民纪要》，《河南政治月刊》1934 年第 7 期，第 3、5 页。
②　河南省政府秘书处:《河南政治视察》，第 1 册，《安阳县政治视察报告》，1936 年，第 23 页。
③　《振灾与办理仓储》，《河南统计月报》1935 年第 5 期，第 68 页。
④　《河南省灾振筹募统计表》(1935 年 10 月)，《河南统计月报》1936 年第 1 期，第 36 页。
⑤　《河南省灾振筹募统计表》(1935 年 12 月)，《河南统计月报》1936 年第 3 期，第 35 页。
⑥　《河南省灾振筹募统计表》(1937 年 3 月)，《河南统计月报》1937 年第 5 期，第 141 页。
⑦　《河南省各县施振状况统计表》(1937 年 3 月)，《河南统计月报》1937 年第 5 期，第 141 页。
⑧　《河南省灾振筹募统计表》(1937 年 5 月)，《河南统计月报》1937 年第 7 期，第 8 页。
⑨　李文海、林敦奎、周源，等:《近代中国灾荒纪年》，长沙:湖南教育出版社，1990 年，第 293 页。
⑩　河南省赈务会:《二十年河南水灾报告书》，1931 年，第 4 页。
⑪　《河南省政府二十一年预定行政计划——四月至六月》，《河南政治月刊》1932 年第 5 期，第 7 页。

会在开封、郑州、洛阳、归德、许昌、郾城、驻马店、信阳等处分设收容所若干处，每所以 1 万人为限，并制定食宿及工作教养章程。兹将《收容所章程》附录于下：

（甲）本所收容灾民每日发给粥馍两次，按名点放。

（乙）本所灾民除老幼残废外，其余均应按日分任简单工作，各守秩序，不准出入紊乱。

（丙）男女灾民分别寄宿，各宿舍推定年老诚实一人或二人为舍长，随时督率，以专责成。

（丁）本所灾民年力精壮者，应转送附近工振地方作工，以免流惰，兼可获工资。

（戊）灾童六七岁以上者，应授以相当教育，每日早餐后一时晚餐前一时为授课时间，教员即由本所职员轮流担任。

（己）本所系临时性质，应俟春暖即行结束，分别遣回故里。①

由《收容所章程》可知，收容所系临时性质，由于经费有限，与粥厂一样，主要在受灾当年的秋冬时节开设，等春暖花开有野菜可食、有地可种时，再将灾民遣回故里，即行停办。收容所每日发放粥馍两次，虽不能吃饱，但足资糊口保命。为便于管理，男女灾民分别寄宿，每个宿舍推选 1 名至 2 名年老诚实者为舍长。收容所对收容对象进行区别对待。其中，将年轻体壮者送至附近实施工赈的地方做工，其不仅可获得工资，还可避免滋生不劳而获的懒惰思想。除老幼残疾、丧失劳动能力的灾民外，其余均按日分配一些简单的工作，这种办法既创造了劳动价值，又稳定了收容所的秩序。六七岁以上灾童，每日早餐后与晚餐前 1 个小时，由收容所职员轮流对其进行授课，较好地维护了灾童的受教育权。

除在上述地点设立收容所外，为帮助灾民安全过冬，河南省政府通令各县设立庇寒临时收容所进行救济。②在修武县，由于灾民甚多，政府将已设平民工厂改造为收容所，以便养恤。③

1933 年黄河水患导致滑县等 19 个县被灾，"灾情之重，实为近今所未有"④。10 月天气渐寒，黄河水灾救济委员会灾赈组选择灾情特重及灾民聚集之地，设立招待所，"俾使老弱暨极贫者，有所安处，免致流离死

---

① 河南省赈务会：《二十年河南水灾报告书》，1931 年，第 5 页。
② 张钫：《民国二十年河南民政之回顾》，《河南政治月刊》1932 年第 1 期，第 8 页。
③ 《河南各县县政调查》，《河南政治月刊》1931 年第 1 期，第 13 页。
④ 黄河水灾救济委员会：《黄河水灾救济委员会报告书》，1935 年，第 4 页。

亡之惨"。由于收容地点及资金有限，凡被收容者，先由调查员调查清楚，确属非赈无以为生者方给予收容证。[①]其中，滑县受灾惨重，曾在此先后设立收容所 39 处，陆续收容灾民近 4 万人。由于灾民众多，仅过两个月，收容所粮食就已食尽。之后由各未受灾地区筹垫国币 7250 元，米 87 石，但仅维持 1 个月这批物资便又用完。无奈之下，河南省政府又令各区将认募的棉衣一律折谷，每件折谷 10 斤，合计 3000 石，暂时维持。[②]在郑州，黄河水灾救济委员会设招待所 1 处，1933 年 12 月 22 日开办，1934 年 3 月 31 日结束。在开封，设第一招待所与第二招待所两处，1933 年 12 月 1 日开办，翌年 4 月 10 日结束，共赈济灾民 2740 人。后因滑县灾情过重，灾民到外县就食须至道口候车，遂于道口加设 1 处移民招待所，1934 年 1 月 1 日开办，同年 4 月 30 日结束，共赈济灾民 17 018 人。此外，还设有新乡招待所，赈济灾民 100 人，开封黄灾妇孺救济会与开封妇孺收容所共赈济灾民 640 人，豫西救灾会赈济灾民 137 人，郑州移民招待所赈济灾民 3322 人，滑县水灾救济会赈济灾民 10 496 人，开封灾童教养院赈济灾民 258 人，洛阳孤儿院赈济灾民 50 人，郑州灾童教养院赈济灾民 200 人。值得一提的是，开封两处招待所对收容难民还施以教育及工作，其中，灾童授以初级常识课程，壮丁则令其在沙淤地试植各种树苗，妇女则发给钱线布匹，令其缝做鞋袜，供灾民自用。[③]此种教养兼施的方法与单纯的施粥施米相比，具有一定的进步性，不仅解决了灾民生存之需，还能让其发挥所长自食其力，同时也为救灾防灾尽一份微薄之力。

综上所述，每次水灾后，政府作为救灾主体，都会积极介入，根据灾情程度为灾民发放钱粮衣物，设立收容场所。此外，一些政府官员、绅商与社会组织亦伸出援手，热情捐助，解决了部分灾民的衣食之需，较好地稳定了社会秩序。

第三节　防治疫病

"水灾之后，必有疫病，且因疫病而死者，其数必较淹饿而死者为

---

① 黄河水灾救济委员会：《黄河水灾救济委员会报告书》，1935 年，第 10 页。
② 式之：《滑县移民纪要》，《河南政治月刊》1934 年第 7 期，第 4 页。
③ 黄河水灾救济委员会：《黄河水灾救济委员会报告书》，1935 年，第 10-11 页，附表八《冀鲁豫三省实振灾民统计表》；朱墉：《黄河水灾视察报告书》，《水利月刊》1934 年第 3 期，第 166 页。

众，此为人人所习（悉）知，亦为人人必信之事实。"①近代以来，中原地区水患频仍。灾后大量灾民死于霍乱、伤寒、天花、疟疾、赤痢等传染病。因此，水患之后如何有效应对疫病、减少死亡的发生也是近代中原地区一项重要的救灾举措。因晚清时期资料有限，下面以民国时期几次大水灾为例作一系统考察。

一、疫情概览

"大祲之后，疫疠易生，亟须注重灾区卫生，以防疾疫传播。"②近代以来，中原地区经济与医疗卫生条件落后，民众的卫生意识与卫生观念淡薄。水患发生后，生活条件急剧恶化，洪水使分散的灾民向高地或收容所、粥厂等场所集中。灾民聚集，衣不蔽体，食不果腹，居无定所，风餐露宿，已无暇顾及公共卫生。遍地粪溺，沟渠污浊，棺柩暴露，蚊蝇乱舞，生活环境的恶化、人口密度的陡升与自身抵抗疾病能力的减弱，极易引发呼吸道、消化道等传染病的滋生与蔓延。

1931年河南发生空前水灾，受灾区域达七十余县，被灾人数不下数百万人，不料灾后忽又发现时疫。同年9月7日商丘县呈报，"该县民众染患时疫，竟达十之七八，轻者缠绵经旬，重者两鼻流血，数日即死。行经各乡镇，见病人哀呼，家属哭泣一片，拉杂恻人肝肺"。9日，杞县电呈："该县去岁适当战区，尸骨遍地，率皆浅埋浮厝。入夏以来，淫雨连绵，臭气蒸蒸，酿成时疫，全邑民众患者约占十之七八。"同日，虞城县电呈："该县灾后时疫流行，乡区遍染，人民尽作病夫，概约调查全县十五万人民，染病者已逾三分之二，呼号惨切，日有死亡。"在开封，9月以来又发现疟疾、赤痢等传染病。③南阳、邓县、新野、唐河以鼠瘟、疟痢为多，患者数小时即发病丧命，"死亡人数旬日之久已达三四万人"，太康霍乱肆虐，其他各县疟痢多发，"无县蔑有，几遍全省"④。疫情如此严重，"倘不赶速防治，深恐劫后灾民不死于饥饿，已先死于疾疫"⑤。

据记载，此次受灾区域灾民罹患的疫病大致可分为五类：其一，由于食物不足及不适宜引发的胃肠失调、营养不良等疾病；其二，胃肠类传染性疾病，包括赤痢、霍乱、伤寒及副伤寒；其三，其他类传染病，如天花、疟疾、麻疹、斑疹、伤寒、脑脊髓膜炎及流行性感冒等；其四，皮肤

---

① 国民政府救济水灾委员会：《国民政府救济水灾委员会报告书》，1933年，第1页。
② 国民政府救济水灾委员会：《国民政府救济水灾委员会报告书》，1933年，第2页。
③ 河南省政府秘书处：《河南省政府委员会会议纪录》，1932年，第60-61页。
④ 河南省政府秘书处：《河南省政府委员会会议纪录》，1932年，第105页。
⑤ 河南省政府秘书处：《河南省政府委员会会议纪录》，1932年，第60-61页。

病，最显著的为疥疮及皮肤溃疡、脓疱及癣等；其五，眼科疾病，以砂眼最为显著。①南京金陵大学农学院曾与国民政府救济水灾委员会合作，在长江及淮河以西流域的被灾区域调查灾民的疾病及死亡情况。据统计，平均每百人患病者有 17 人，其中 6 人患热病，5 人患泻痢，6 人患其他疾病。在水灾发生的 100 天内，灾区人民每千人死亡 22 人，其中，24%死于淹溺，70%死于疾病，1%死于饥饿，其他原因及无报告者占 5%。在死亡人口中，男性占 55%，女性占 45%，且 30%为五岁以下婴幼儿（小儿死亡报告容易遗漏，实际数字恐不止此）。②对此，时人撰文慨叹："忆本年水灾之重，疫疠之广，因疫而死者，不计其数，其悲惨之状，实不忍言。"③受水灾影响，1932 年，全国霍乱大流行，蔓延全国 306 个城市，患者 100 666 人，死亡 31 974 人。其中，河南尤重，据不完全统计，波及省内 30 个城市，患病人数达 10 558 人，死亡 2362 人，病亡率达 22.4%。④

　　1933 年黄河大溃决，河南、河北两省南北大堤决口 50 余处，被灾面积达 6000 余平方千米，被淹没村庄约 4000 处，被冲毁房屋约 50 万所，灾民约 320 万人，"灾情之重为数十年来所仅见"⑤。此次被灾各县，多属偏僻乡村，平日无卫生设备。⑥水灾暴发后，灾民相率逃到地势较高的地方保命，"无衣无食，饥寒交迫，寒则团聚蹲伏，借以取暖；饥则捞取腐物，聊以果腹，以致疫疠时作，无法医治；致患疟痢、肠胃病、水肿病及眼疾者，尤不可以数计。其间因病致死者，又不知其几何人！及至水势稍退，人畜死尸，到处可见，臭气熏蒸，痊葬无人"⑦。这些人畜尸体因化学作用而产生臭气，对人体健康影响极大，尤其是在夏季，烈日炎炎，臭气与细菌在空气中飘浮弥漫，疫病极易滋生蔓延，如滑县，"因居水中之灾民，仰天露宿，不能外出，已成人间地狱，以食物不洁、食料太少之故，疾病丛生，死亡枕藉"⑧。据统计，患病灾民以胃肠病、外伤、疥疮、砂眼等为最多。⑨

　　1938 年 6 月黄河在郑县花园口溃决，大流直泄东南。至 1939 年，虽

---

① 国民政府救济水灾委员会：《国民政府救济水灾委员会报告书》，1933 年，第 1 页。
② 国民政府救济水灾委员会：《国民政府救济水灾委员会报告书》，1933 年，第 4-5 页。
③ 张钫：《民国二十年河南民政之回顾》，《河南政治月刊》1932 年第 1 期，第 9 页。
④ 国民政府救济水灾委员会：《国民政府救济水灾委员会报告书》，1933 年，附件七之八《民国二十一年全国霍乱流行状态表》。
⑤ 朱墉：《黄河水灾视察报告书》，《水利》1934 年第 3 期，第 163 页。
⑥ 黄河水灾救济委员会：《黄河水灾救济委员会报告书》，1935 年，第 1 页。
⑦ 式之：《滑县移民纪要》，《河南政治月刊》1934 年第 7 期，第 2 页。
⑧ 式之：《滑县移民纪要》，《河南政治月刊》1934 年第 7 期，第 4 页。
⑨ 黄河水灾救济委员会：《黄河水灾救济委员会报告书》，1935 年，第 1 页。

将黄河西岸新堤修复，但仅以一线沙堤难御洪流。1940 年以后黄河在尉氏、西华等县连遭决口，泛区民众迭遭黄灾。1944 年 8 月，黄泛主流又在尉氏县荣村决口，黄泛区遂扩大至 20 个县，淹死约 325 037 人，淹毙牲畜约 220 000 头。水患之后，黄泛区的生活条件十分恶劣，1944 年春，全省疫病大流行，致死者约在 20 万人以上。[1]1947 年春，天花在豫南信阳一带流行，疟疾、回归热横行于泛区，黑热病遍及全省，患病民众在50 万人以上。[2]

二、组织机构的设置与医疗防疫资源的调配

灾后防疫是考量政府执政能力的重要维度。防疫工作的专业性、紧迫性以及医疗卫生资源的短缺，都需要各级政府充分发挥灾后卫生防疫的组织领导与协调作用，迅速组织与调配医疗卫生防疫资源，组建临时卫生防疫组织深入灾区，实施有效的医治救护与卫生防疫工作。

1931 年水灾发生后，疫疬大规模蔓延。在受灾区域，多数地方没有足够的卫生防疫设施和医疗力量来应对疫情。为便于统一指挥与协调，更好地控制疫情，1932 年 8 月，尚处于筹备阶段的中央卫生试验处派遣专门人员，协同国民政府救济水灾委员会成立卫生防疫组。卫生防疫组设主任与副主任各 1 人，并聘请既有经验又有社会威望的人士担任顾问委员会委员，共同讨论卫生防疫组的组织规程与工作计划。卫生组下设事务股、卫生股、防疫股、医务股四股，由工程师、药师、卫生工程师、护士、助产士、药剂师、卫生稽查、技佐等组成，并在灾区设置卫生工作队，根据灾区情形，设立办事处、检疫所、医院、诊疗所、巡回医队等，以便实施医治工作。卫生防疫组开始工作后，国际联合会卫生部及友好国家先后派遣人员参与救援，一些国家还捐赠医药品，各灾区教会与教会医院亦派遣义务人员尽力协助，收容一些病情较重的灾民。

由于水势过大，灾区原有医院病房多被冲毁，可利用的病房床位为数不多。有鉴于此，卫生防疫组设置临时医院，收治患病灾民。针对那些散处各地患病较轻的灾民，则分设临时诊疗所进行治疗。比较偏远的灾区，则分设巡回诊疗队前往诊治。至工赈开始，各地卫生工作队即按各工赈局所辖地点及灾工数量，先后改组增设各工赈区巡回医队，负责工赈区卫生医疗工作。按照规定计划，每工赈区设一支巡回医队，共计 17 队，另设

① 陈建宁：《河南省战时损失调查报告》，《民国档案》1990 年第 4 期，第 15、17 页。
② 狄超白：《中国经济年鉴》，香港：太平洋经济研究社，1947 年，第 123 页。

预备队 5 队，分别办理诊疗及防疫事宜。此外，还配置一些救济药品分配各区使用。1932 年夏，各地霍乱大流行，各医队立即投入大规模的防治霍乱工作之中，河南亦在防治区域内。8 月后，防治工作移交中央卫生设施实验处办理，一直持续到年底。①

1931 年灾广人众，医护人员十分紧缺。为解决此矛盾，南京国民政府动用行政手段，除从内政部卫生署、全国经济委员会中央卫生设施实验处暨军医监部中央医院借调一部分人员外，还要求教育部电令全国各医学院，要求所有三年级以上的学生及教授、教师由国民政府救济水灾委员会调用。在工作期间，共借调各医学院医师、药师、护士等相关人员 455 人。同时，还借助报纸等媒体力量，广泛动员医师、护士为灾区服务。②在此次疫病防治实践中，南京国民政府通过对社会资源的调配与整合，最大限度地解决了灾区医护资源短缺的问题。

为更好地控制灾后疾情，1931 年水灾后，河南省民政厅参照各省防疫成规及中央颁布的各项条例设立灾后临时防疫处，专门负责预防疫疠传染事宜。该处隶属于河南省民政厅，设处长、副处长各 1 人，综理全处事务。下设 4 个组办理具体事务，其中，总务组专司文牍、会计、庶务等事项；医务组主要负责医务事项；药科组负责药品器械及各种卫生材料的购置及支给事项；调查组承担相关事项的调查。此外，设检疫委员若干人，遴聘医师负责各种检疫、预防事宜，如各县有必要预防传染病时，防疫处可指定其设立防疫病院、检疫所或隔离所。③

1933 年黄河溃决后，为有效控制疫疠，9 月 1 日，南京国民政府设立黄河水灾救济委员会。该会吸取 1931 年水灾防疫经验，设置卫生组，专门办理医药、卫生、防疫事宜。卫生组下设三股。其中，事务股负责文书、会计及庶务工作；医疗防疫股负责传染病的预防接种及防治、诊疗所及巡回医队的设置、灾区病人的住院治疗、公众卫生宣传及营养病的防治；卫生工程股负责灾民集中处所的公共卫生、安全饮水的供给、粪秽的处理及食物的检查取缔。④卫生组成立后，派医师多人分赴各地调查，以便组织实施工作。由于长垣、濮阳、滑县、考城、温县等受灾较重县与开封相隔不远，为方便救济，卫生组在开封设立冀豫办事处，派医师主持工作，并设助理医师、司药、卫生稽查、技佐、事务员等办理相关事务。办事处下辖长垣医队、濮阳医队、滑县医队、考城医队、温县医队等，在各

① 国民政府救济水灾委员会：《国民政府救济水灾委员会报告书》，1933 年，第 3-10 页。
② 国民政府救济水灾委员会：《国民政府救济水灾委员会报告书》，1933 年，第 9-10 页。
③ 河南省政府秘书处：《河南省政府委员会会议纪录》，1932 年，第 60-62 页。
④ 黄河水灾救济委员会：《黄河水灾救济委员会报告书》，1935 年，第 21-22 页。

县巡回治疗。1934年4月1日，卫生组将长垣医队改组为巡回医队第一队，濮阳医队与滑县医队合并，改组为巡回医队第二队。至1934年4月底，各医队工作相继结束。①此外，在疫情异常严重的滑县，由该县县立医院组织救护队前往施救。省立医院派遣医生会同黄河水灾救济委员会卫生组以及河南大学附属医院医士，携带药品分往该县城关及各灾区诊治。世界红十字总会及上海各慈善团体亦运多箱药品前往散发。在各收容所，每天都有人被派去对卫生问题进行宣讲，"疫疠幸未大作"。产妇由道口惠民医院予以接生，医药、食宿等均予免费，婴儿衣布亦由医院置备，"逾月出院，办理均极妥善"②。

三、现代卫生防疫机制的探索

灾后传染病的救治与预防贵在迅速。对此，时人曾明确指出："倘不赶速防治，深恐劫后灾民不死于饥饿，已先死于疾疫。前途危险，实属不堪设想。"③近代以来，随着中西交流日渐增多，以西医为主的卫生防疫机制逐渐传入中国，并日益彰显其在传染病防治方面的独特优势。国民政府对此颇为重视，内务部于1919年设立中央防疫处，后隶属于全国经济委员会卫生实验处。此外，还颁布一系列相关条例，如1918年颁布《防疫人员奖惩及恤金条例》与《火车检疫规则》，1928年颁布《种痘条例》，1930年颁布《传染病预防条例》（1916年内务部颁布，1928年卫生部重新颁布，1930年卫生部再次颁布）、《海港检疫章程》与《海港检疫消毒蒸熏及征费规则》，1932年颁布《中央防疫处办事细则》。在国民政府的主导与干预下，仿效西方卫生防疫措施，国内初步建立起一套从卫生宣传、防治并举、疫情报告、消毒隔离等颇具成效的现代卫生防疫机制。

（一）卫生宣传

环境卫生的维护，人们健康水平的提高，都离不开民众卫生防疫观念的形塑与卫生习惯的养成。近代以来，由于政局动荡，经济发展迟滞，教育无法普及，民众的卫生防疫观念与卫生意识十分淡薄。据史料记载："查豫省民智未开，缺乏卫生常识，当未病以前，不知清洁预防；既病之后，又不肯延医诊治，往往求神拜巫，甚或药剂乱投，以致生殖日减，死

① 黄河水灾救济委员会：《黄河水灾救济委员会报告书》，1935年，第1-2、9-12页。
② 式之：《滑县移民纪要》，《河南政治月刊》1934年第7期，第4-5页。
③ 河南省政府秘书处：《河南省政府委员会会议纪录》，1932年，第61页。

亡日增。去岁（1931 年）各县水灾之后，继以时疫，死亡枕藉，惨不忍睹！"①不仅如此，民众卫生常识缺乏还会导致"一切卫生行政之推行，每多隔阂"②。为"使一般民众咸知卫生之要义，以期疾疫之发现日少；民众之健康日增"③，各级政府部门通过多种方式宣传卫生防疫知识。

其一，印发卫生防疫标语、传单及浅显的卫生书报、小册子等，以期卫生常识的普及。④1929 年，郑州市公安局印发"提倡捕蝇宣言"，情辞恳切地言明苍蝇的危害、捕蝇的必要性及奖励措施等。⑤1931 年水灾后，内政部训令各省民政厅印制"勿饮生水""注射防疫针""防蝇""夏季传染病的预防"等卫生防疫标语、传单及小册子，同时责令各县翻印发放，各巡回医队与医院广为宣传。⑥此外，河南省政府还印制家庭卫生小册子，令各县翻印并散发各区，以"使民众咸知注重卫生"。小册子包括如下内容：病从口入，切记注重饮食卫生；每天起居工作要定时；居室要光线充足，空气流通；注重防疫；家庭必须常备普通药品；关于突发疾病和伤害的急救办法；等等。⑦此外，各县还印制《种痘浅说》及《天花与种痘》小册子进行散放，"务使人人了解种痘为天花惟一预防办法"⑧，并在种痘期内广为布告，"俾人民咸瞭然于种痘之利益"⑨。

其二，组织卫生宣讲，普及卫生防疫常识及相关章则。河南省政府通令各县，在城市适当地点或繁盛乡镇，酌设卫生讲演所，或于公共娱乐场所、民众集合所、通俗讲演所或阅览书报所等公共场所，由县政府选派富有卫生学者，讲演卫生常识，并解释各项卫生章则等⑩，如 1932 年霍乱在全国许多地方流行，各地注射队在施行霍乱疫苗注射时，为民众进行卫生宣讲，以"使民众知霍乱之可怕，而知所以预防也"⑪。1933 年黄河水灾后，卫生组长垣医队组织卫生宣讲 8 次，听讲人数 3060 人；濮阳医队宣讲 64 次，听讲人数 23 765 人；滑县医队宣讲 59 次，听讲人数 8127 人；考城医队宣讲 12 次，听讲人数 2500 人；温县医队宣讲 211 次，听讲人数 12 207 人；巡回医队第一队宣讲 32 次，听讲人数 1650 人；巡回医

① 河南省政府秘书处：《河南省政府年刊》，1931 年，第 24 页。
② 张钫：《民国二十年河南民政之回顾》，《河南政治月刊》1932 年第 1 期，第 8 页。
③ 河南省政府秘书处：《河南省政府年刊》，1931 年，第 24 页。
④ 张钫：《民国二十年河南民政之回顾》，《河南政治月刊》1932 年第 1 期，第 9 页。
⑤ 《郑州市公安局提倡捕蝇宣言》，《郑州市政月刊》1929 年第 6 期，第 26 页。
⑥ 国民政府救济水灾委员会：《国民政府救济水灾委员会报告书》，1933 年，第 33 页。
⑦ 河南省政府秘书处：《河南省政府年刊》，1931 年，第 24 页。
⑧ 河南省政府秘书处：《河南省政府年刊》，1931 年，第 23 页。
⑨ 张钫：《民国二十年河南民政之回顾》，《河南政治月刊》1932 年第 1 期，第 9 页。
⑩ 《河南省政府二十一年度预定行政计划》，《河南政治月刊》1932 年第 8 期，第 5 页。
⑪ 国民政府救济水灾委员会：《国民政府救济水灾委员会报告书》，1933 年，第 34 页。

队第二队宣讲 8 次，听讲人数 455 人。上述各医队累计组织宣讲 394 次，听讲人数合计 51 764 人。①在滑县收容所中，由于灾民流离迁徙，已经疲羸，加上收容所内人口聚集，极易引发疾疫。为此，各医队每天派人到收容所中宣传卫生知识，"疫疠幸未大作"②。

其三，要求相关人员利用工作之机进行卫生防疫宣传。1931 年水灾后，内政部要求各巡回医队与医院在工作之时，向民众宣传卫生防疫常识。③在河南，普通民众不知种痘是预防天花的良方，对于种痘极不重视，"往往视为无足轻重，坐是而损身体，促夺命者，不可胜计"。为普及种痘常识，省政府责成各县县长"于接近民众时，详加解释，广为宣传，当于民生大有裨益"④。

其四，定期出版《河南民政月刊》《河南民政周刊》《河南建设》《善后救济总署河南分署周报》《郑州市政月刊》等相关刊物，刊载与卫生相关的法规章则、布告、训令、呈文、计划及言论等，向民众宣传卫生知识与卫生防疫政策。

（二）防治并举

及时进行预防接种是预防霍乱、天花、疟疾等传染病最有效的方法。近代以来，中原地区水患频繁且灾情严重，每次水患后因疫而死者不计其数。为控制疫情，维护民众的生命健康，各级政府组织医队专门施放药物或进行预防接种。1931 年水患后，豫东、豫北、豫西各县多发生疟痢等病，河南省赈务会征集治疗疟痢的各种经验成方，经医士详加研究，配合成剂，派人到灾区进行散放，或给予药方令各县自制，"据报尚有功效"⑤。1932 年夏，霍乱在各灾区流行，国民政府水灾救济委员会卫生防疫组采用点面结合的方法，既对人口集中地区进行重点防护，同时还逐户上门服务，较好地构筑起霍乱防治防线。具体情况如下：第一，组织巡回医队与注射队深入工赈区，为灾工实施预防注射；第二，分赴机关、学校、工厂等处进行集中注射；第三，挨家挨户上门注射；第四，在一些重要道路旁边为行人注射；第五，给疫区各医事机构或医院提供免费疫苗，

---

① 黄河水灾救济委员会：《黄河水灾救济委员会报告书》，1935 年，附表二十《卫生组各医队工作统计表》。
② 式之：《滑县移民纪要》，《河南政治月刊》1934 年第 7 期，第 4 页。
③ 国民政府救济水灾委员会：《国民政府救济水灾委员会报告书》，1933 年，第 33 页。
④ 张钫：《民国二十年河南民政之回顾》，《河南政治月刊》1932 年第 1 期，第 9 页。
⑤ 《一月来之民政》，《河南政治月刊》1931 年第 3 期，第 3 页；河南省政府秘书处：《河南省政府委员会会议纪录》，1932 年，第 105 页。

为病人进行预防注射。①为防治霍乱，河南省成立临时防疫处，派人赴京采购大批疫苗，普行预防注射。②除霍乱外，水灾之后天花时有流行。种痘是预防天花最为有效便捷的方法。1933 年，黄河水灾救济委员会卫生组冀豫各医队为民众种痘，其中，长垣 995 人，濮阳 3174 人，滑县 1032人，考城 357 人，温县 1186 人，合计 6744 人。③

除了对传染病进行预防之外，对其他疾病患者也给予了及时有效的治疗，这既可以治病救人，同时也可以更好地控制疫情。1933 年黄河水患后，赤痢、疟疾、急性胃肠炎等疾病在灾区大面积传播，各医队积极给予诊疗救治。具体情况见表 5-5、表 5-6 所示。

表 5-5　冀豫各医队诊疗疾病人数分类统计表　（单位：人）

病名	长垣	濮阳	滑县	考城	温县	冀豫办事处	巡回医队	
							第一队	第二队
急性传染病								
天花	5			1				
麻疹	10	39	110	1	1			1
百日咳	47		19	3				
白喉	2	1	1	2	12			
猩红热	5		1					
脑膜炎	1							
伤寒	33	2	14		1			
霍乱	43			8				
赤痢	591	518	850	756	635	61		29
斑疹伤寒	42							
疟疾	802	1 045	842	856	751	30		
其他	38	8	3	713	117	63		22
内科疾病								
急生胃肠炎	541	291	74	935	4 217	55		4
肺痨	147	232	608	357	128	6	86	34
其他	4 716	4 867	3 687	3 736	4 094	74	1 388	476
外科疾病								
外伤	1 454	306	302	2 177	708	28	740	21
其他	5 008	1 727	3 204	7 157	1 926	82	737	214

---

① 国民政府救济水灾委员会：《国民政府救济水灾委员会报告书》，1933 年，第 34 页。
② 《一月来之民政》，《河南政治月刊》1932 年第 8 期，第 4 页。
③ 黄河水灾救济委员会：《黄河水灾救济委员会报告书》，1935 年，附表二十《卫生组各医队工作统计表》。

续表

病名	长垣	濮阳	滑县	考城	温县	冀豫办事处	巡回医队	
							第一队	第二队
皮肤病								
疥疮	757	580	512	1 182	2 311	118	228	140
其他	2 157	2 016	990	2 943	2 512	90	478	226
花柳病								
梅毒	53	52	15	131	157			35
淋病	133	91	23	180	146			38
软疳	17	17	4	5	18			3
眼科疾病								
砂眼	1 966	1 742	2 608	2 431	1 846	329	498	202
其他	1 789	722	594	2 486	516	74	498	287
耳鼻咽喉病	736	410	491	1 900	456	12	224	99
其他	255	758	277	399	1 423	42		64
合计	21 348	15 424	15 229	28 359	21 975	1 064	4 877	1 895

资料来源：黄河水灾救济委员会：《黄河水灾救济委员会报告书》，1935年，附表二十一《卫生组各医队诊疗疾病人数分类统计表》

表 5-6　冀豫各医队诊疗疾病人数按月统计表　（单位：人）

时间		长垣	濮阳	滑县	考城	温县	冀豫办事处	巡回医队	
								第一队	第二队
1933 年	10 月	1 093	2 511	1 178	1 470	564			
	11 月	4 041	3 503	2 319	5 963	5 051			
	12 月	3 173	3 575	3 301	8 485	5 567	38		
1934 年	1 月	5 769	2 369	2 890	8 408	7 750	114		
	2 月	3 283	1 431	3 105	4 033	3 043	386		
	3 月	3 989	2 035	2 436			526		
	4 月							4 877	1 895
合计		21 348	15 424	15 229	28 359	21 975	1 064	4 877	1 895

资料来源：黄河水灾救济委员会：《黄河水灾救济委员会报告书》，1935年，附表二十二《卫生组各医队诊疗疾病人数按月统计表》

由表 5-5、表 5-6 可知，1933 年 10 月至 1934 年 4 月，长垣医队诊疗疾病人数 21 348 人，濮阳医队诊疗 15 424 人，滑县医队诊疗 15 229 人，考城医队诊疗 28 359 人，温县医队诊疗 21 975 人，冀豫办事处诊疗 1064

人，巡回医队第一队诊疗 4877 人，巡回医队第二队诊疗 1895 人，共诊疗病人达 110 171 人。各医队的医疗救治成效十分显著，挽救了众多在死亡线上挣扎的灾民。

1946 年 1 月 16 日至 1947 年 6 月底，行政院善后救济总署派遣五个医疗队到黄泛区开展医疗防疫工作，为民众提供门诊、出诊及免费住院服务，并施以传染病的预防接种。具体情况详见表 5-7 所示。

表 5-7　善后救济总署医疗防疫工作一览表　（单位：人）

队名	工作地点	门诊人数	出诊人数	免费住院人数	预防注射及接种人数
黄泛区第一医疗队	周口	107 154	108	68	7 624
黄泛区第二医疗队	花园口尉氏	64 525	830	183	2 370
黄泛区第三医疗队	鄢陵	40 566	177	240	6 707
黄泛区第四医疗队	扶沟	41 813	369	11	4 142
黄泛区第五医疗队	漯河	82 549	51	156	5 875
合计		336 607	1 535	658	26 718

资料来源：《河南黄泛区复建工作实况》，《行总周报》1947 第 67-68 期，第 5 页

由表 5-7 可知，门诊人数最多，计 336 607 人，预防注射及接种人数次之，计 26 718 人，出诊人数再次之，计 1535 人，免费住院人数最少，计 658 人，各种服务累加起来，共有 365 518 人受益，数量相当可观。

（三）疫情报告

疫情报告堪称防疫战线上的情报，是控制传染病流行的重要措施之一。1928 年制订的《郑州市公安局传染病预防条例》规定，法定传染病包括伤寒或类伤寒、斑疹伤寒、赤痢、天花、鼠疫、霍乱、白喉、流行性脑脊髓膜炎、猩红热 9 种急性病症。医士诊断传染病人或检查其尸体后，应向其家属教授消毒方法，并须在 12 小时以内向病人或死者所在地的主管部门上报，不依本条例报告或报告不实者，处 5 元以上 50 元以下罚款。凡有患传染病及疑似传染病或因此等病症死亡者，下列人士为报告义务人：病者或死者的家属，无家属时其同居人；旅舍店铺、舟车主人或管理人；学校、寺院、工场、公司及一切公共场所的监督人或管理人；感化院、救济院、监狱及与此相似处所的监督人或管理人。患传染病及疑似传染病或因此等病症致死者之家宅及其他居所，应立即聘请医士前往检查，并须于 24 小时以内向当地主管部门报告。[1]1931 年水灾后，霍乱开始滋

---

[1]　《郑州市公安局传染病预防条例》，《郑州市政月刊》1928 年第 3 期，第 14-18 页。

生蔓延，国民政府救济水灾委员会要求在各地的工作处队及巡回医队与公安局接洽，在工赈区者与各段办事人员接洽，凡发现霍乱病人，立即向工作处队及巡回医队报告，其随即派员前往调查病人的发病日期与地点、饮料食物种类及家庭状况等，以便切断此传染链条。①河南省政府亦通令各县，要求迅速查报辖境有无霍乱疫症发生，上报传染状况及防治方法，按周查填霍乱病人数及死亡人数等。②

（四）消毒隔离

水是生命之源，同时也是疫病的传播媒介之一。晚清以至民国，河南民众的饮水多为井水或河水，极不卫生。故在疫情发生后，对水井及水缸进行消毒十分必要。1931 年水灾之后，为防止霍乱蔓延，国民政府水灾委员会卫生组认为"凡疫区饮用之水，均须用漂白粉或漂白精等消毒"，并派员分往洛阳、渑池等疫区，对水井、水缸进行消毒。1931 年 9 月至1932 年 9 月，洛阳工赈区巡回医队累计实施用水消毒 755 次。此外，各地方就取缔有碍卫生的饮料食物做了规定，如取缔贩售切开瓜果及不洁的酸梅汤、冰淇淋等，同时严令商贩在销售过程中必须使用纱罩，"以防苍蝇传布病毒"③。由于疫情严重，1931 年 9 月 29 日，河南省政府委员会召开会议，根据卫生部颁布的《传染病预防条例》规定，要求地方行政长官认为有预防传染病必要时，可以在一定区域内指导居民施行清洁及消毒方法。④

对传染病人加以隔离，并对传染源给予恰当处理，是防止病源扩散的有效办法。1928 年制定的《郑州市公安局传染病预防条例》规定，地方行政长官认为有传染病预防必要时，应对传染病流行区域内的居民施行健康诊断及检查尸体事宜；对市街村落在一定时间内进行全部或局部交通管制，用水由他处供给；限制或禁止集会演剧及一切民众公共活动；限制或停止居民使用衣履被服及一切可能传染病毒的物件，并将相应物件搬移或废弃；禁止贩卖授受并废弃可能为传染病毒媒介的饮料食物或病死禽兽等肉；在传染病流行期间，禁止在传染病流行区域附近从事捕鱼、游泳、汲水等事宜；指导一定区域内居民施行清洁及消毒方法，新设或改建或废弃或停止使用自来水水源、井泉、沟渠、河道、厕所污物及垃圾堆积场。人

---

① 国民政府救济水灾委员会：《国民政府救济水灾委员会报告书》，1933 年，第 36 页。
② 《一月来之民政》，《河南政治月刊》1932 年第 7 期，第 4 页。
③ 国民政府救济水灾委员会：《国民政府救济水灾委员会报告书》，1933 年，第 37-38 页，附件七之五《各处队暨工振区巡回医队卫生工作统计表》。
④ 河南省政府秘书处：《河南省政府委员会会议纪录》，1932 年，第 60 页。

口密集地方应设立传染病院或隔离病舍；当传染病流行或有流行之虞时，检疫委员应对人员集中且流动性较强的舟车进行检疫，凡发现传染病人及疑似病人，应将其扣留一段时间，并安排其到附近传染病院或隔离病舍治疗，该院无正当理由，不得拒绝接诊；凡是传染病人的住宅及与传染病人有接触者，无论是否传染，均应按照医士或检疫防疫人员的要求，进行清洁并消毒；传染病患者及疑似传染病患者的家属及其近邻应施以一定时日的隔离；传染病患者及其尸体非经所在地管辖官署许可不得移于他处；对传染病人尸体消毒后，经医士检查及所在地管辖官署官吏认可，于 24 小时内成殓并埋葬；死者尸体须于距离城市及人口密集处 3 里以外埋葬，挖土须深至 7 尺以上，埋葬后 3 年以内不得改葬；尸体受毒较重者，命其火葬，其家属怠于实行时则由所在地管辖官署官吏代为执行。已经殓葬及即将殓葬的尸体如有传染病嫌疑，该管官吏可以依照本条例规定对该尸体及其住宅与一切物件进行适当处理。凡不依本条例规定或该管官署指定期限内执行应办事项者，处以 5 元以下罚款。①

　　1931 年霍乱滋生伊始，为控制疫情，卫生组要求凡发现疑似霍乱病人，均须送往医院进行隔离治疗。②1934 年 2 月，长垣地区发现麻疹及伤寒患者，经长垣医队"设法严密隔离，幸未蔓延"③。同年 4 月，滑县政府内的收容所发现 3 名小儿麻疹患者，经滑县医队隔离治疗，没有蔓延。④1933 年 12 月至 1934 年 4 月，滑县医队对 25 名传染病患者进行隔离，并消毒 14 次。温县医队对 65 名传染病患者进行隔离，并消毒 40 次。⑤

　　传染病的防控属于典型的公共卫生职能范畴，政府的主导与干预作用是不可替代的。在前述防疫实践中，各级政府对卫生防疫制度建设和防疫工作十分重视，采取多种措施防控传染病的滋生与蔓延，如成立专门的防疫机构，多渠道宣传卫生防疫知识，施行预防接种，派遣医务人员深入灾区进行救治，对饮用水进行消毒，对传染病患者施以隔离治疗，等等，初步形成了一套完整有序的传染病预防机制。

① 《郑州市公安局传染病预防条例》，《（郑州）市政月刊》1928 年第 3 期，第 15-18 页。
② 国民政府救济水灾委员会：《国民政府救济水灾委员会报告书》，1933 年，第 36 页。
③ 黄河水灾救济委员会：《黄河水灾救济委员会报告书》，1935 年，第 6 页。
④ 黄河水灾救济委员会：《黄河水灾救济委员会报告书》，1935 年，第 10 页。
⑤ 黄河水灾救济委员会：《黄河水灾救济委员会报告书》，1935 年，附表二十《卫生组各医队工作统计表》。

第六章
中原地区的移民安置与粮食调控

"国以民为本，民以食为天"，国无民则不立，民无食则不生。可见，粮食是人民生存、经济发展、社会稳定的重要物质基础，其"关系国家安危、民族存亡，何等重大"[①]！近代，中原地区水患频发。每次大灾以后，农业生产都遭受到严重的破坏与摧残，田地被淹，甚至出现沙荒、盐碱现象，粮食大面积减产甚或绝收，粮食市场供应短缺，加之一些不良商贩囤积居奇，导致粮价飙升，粮食市场失控，加剧了灾后粮食供求紧张的局面。灾民无以果腹，朝不保夕。在这种经济形势下，对于政府来说，当务之急是如何利用强有力的行政手段来解决灾民的饥荒问题。"中国地域广阔，南北气候差异较大，常常一地暴雨连绵或旱魃不止，他地风调雨顺、丰收在望。灾荒的这种区域性特点，就为跨区域救济提供了可能。"[②]跨区域调剂民食的方法古已有之，主要包括移民就粟、移粟就民、平粜三种形式。在近代，这些方法依然适用，而且与时代特点相结合，越来越完善、高效。1931年移垦东北、1933年省内移民安置、黄泛区难民迁移是近代中原地区影响较大的移民事件。

第一节　1931年移垦东北

清中叶以来，随着人口的不断激增，人地之间的矛盾愈益突出，加之

---

① 全和：《怎样解决水灾下的民食问题》，《河南政治月刊》1931年第2期，第4页。
② 蔡勤禹：《国家、社会与弱势群体——民国时期的社会救济（1927—1949）》，天津：天津人民出版社，2003年，第137-138页。

清末边疆危机，边垦的呼声高涨。从清末开始，"政府与社会都把经常垦荒与移灾民垦殖做（作）为防灾备荒、解决灾民生活的重要举措"[①]。移送灾民到边疆垦荒，既可以解决灾民的生活问题，又可充实边防、开垦土地，可谓一举多得。东北地广人稀，土地肥沃，物产丰富，谋生较易，是灾民移垦的重要地区。在东北优越生存条件的吸力与中原地区灾荒频繁、人口众多的合力作用下，大量灾民不远千里、长途跋涉迁徙至东北。

一、移垦的背景

民国时期，政府在立法层面上积极鼓励并扶植移民垦荒，如北京政府时期颁布了《国有荒地承垦条例》《国有荒地承垦条例施行细则》《边荒承垦条例》等，使开垦荒地以及承领荒地有法可依。为广纳流民到东北开荒，根据农商部的意见，东北地方当局陆续制定了《黑龙江清丈兼招垦章程》《黑龙江放荒规则》《黑龙江招垦规则》《吉林全省放荒规则》《绥远清理地亩章程》《奉天试办山荒章程》《移民和开发计划》等地方性法规，给予移民诸多优惠政策。与此同时，北京政府还在黑龙江省设立垦殖局，负责测量和调查可耕土地，安置新来的移民。为推动移民进程，1925年，北京政府在长春设立专司招垦事务的移民局，在长白、呼伦等处设立招垦局。南京国民政府成立后，除通令全国暂准援用《国有荒地承垦条例》外，还制定了《清理荒地暂行办法》《督垦原则》《东北移民垦荒大纲》《奖励补助移垦原则》等鼓励垦殖的新法规。除上述法规外，1929年国民政府训令各省政府"速筹安置灾民，垦辟荒地办法"，并规定："凡灾民确有耕作能力，自愿前往就食者，经该管区、村长保证，即可接受安置，安置办法分垦荒、佃户和雇工三种，任灾民自择。如有多数愿垦荒一处者，则拨给相当荒地，令其自组村庄。"[②]在上述政策的引导下，民国时期大量关内灾民扶老携幼、成群结队逃荒到东北谋生。

1931年席卷江淮地区空前奇重的水灾，致"五六千万的被难同胞，俱浸没于水中，奄奄一息，嗷嗷待毙"[③]。其中河南省有79个县54 407个村庄受灾，被淹田地23 644 222亩，冲毁田地1 607 884亩，牲畜死亡

[①] 杨琪：《民国时期的减灾研究（1912—1937）》，济南：齐鲁书社，2009年，第106页。

[②] 《戴传贤等请令各省速筹安置灾民垦辟荒地办法》，转引自苏新留：《民国时期河南水旱灾害与乡村社会》，郑州：黄河水利出版社，2004年，第162-163页。

[③] 全和：《怎样解决水灾下的民食问题》，《河南政治月刊》1931年第2期，第4页。

118 516 头，冲毁房屋 4 269 942 间，粮食财物损失 252 850 234 元，流亡人口 418 603 人，待赈人口多达 6 033 194 人。[①]河南省人口稠密且受灾区域广，本省对灾民的消纳能力有限，为解决"水灾下的民食问题"，时人提出："当此水灾横渡之际，将浸在水中的灾民，移殖（植）于边界，一方面救了灾民的生命，一方面又实行了移民政策，这不是一举两得么？"具体办法及意义如下：其一，开垦东北。"东北、西北地广人稀，从事开垦，自是必要之图。政府如能将大批灾民移殖（植）东北，专力开垦，将来定能增加国家农业生产。此不但可以解决目前之灾民生活问题，而且可以图国家民族之长治久安，福利无疆。"其二，充实边防。"我国向来边防空虚，故与外人以袭取或侵略之机会。……我们此时移民，不但可以解决民食问题，并且可以充实边防，与帝国主义对抗。"[②]此种意见代表了当时许多社会精英的心声。

为解决灾民的生计问题，缓解救济压力，稳定社会秩序，河南省政府对移民垦荒亦持肯定态度："查豫省连年兵匪灾荒，困苦已极，为赈救灾民计，实有移垦之必要。"[③]鉴于东北地区"土地肥沃，地广人稀，把灾民送去以后，即可自谋生活"[④]，而且还有 1929—1930 年的移送经验可资借鉴，河南省政府遂决定"参照去年移民成案，再移送灾民十万人赴东北各省垦荒，俾各地灾民得免流离失所之苦"[⑤]。如此长距离的移垦困难重重，需要多部门的协调与配合，堪称是"釜底抽薪的一个不得已的办法"[⑥]，但也不失为"根本的救济方法"[⑦]。

二、移垦工作的开展

为确保移民工作有条不紊地进行，河南省政府作了如下安排：其一，由赈务会查照成案，拟订移送灾民赴东北垦荒计划、移民办事处简章及各招待处章则，并抽调人员协助赈务会筹备移民事宜。其二，通令各县政府按照赈务会颁发的各项章程，督同赈务会以及各区长、村长分赴四乡，集合民众，切实劝导，扩大宣传，"务使一般灾民踊跃迁徙，以资救济"。其

① 河南省政府秘书处：《河南省政府年刊》，1931 年，第 96-105 页，附表《1931 年水灾河南各县人民溺亡及待赈人数统计表》。
② 全和：《怎样解决水灾下的民食问题》，《河南政治月刊》1931 年第 2 期，第 4-6 页。
③ 张钫：《民国二十年河南民政之回顾》，《河南政治月刊》1932 年第 1 期，第 8 页。
④ 张钫：《河南的民政》，《河南政治月刊》1931 年第 1 期，第 3 页。
⑤ 河南省政府秘书处：《河南省政府年刊》，1931 年，第 93 页。
⑥ 张钫：《河南的民政》，《河南政治月刊》1931 年第 1 期，第 3 页。
⑦ 刘峙：《河南一年来军事政治概况》，《河南政治月刊》1931 年第 3 期，第 6 页。

三，咨请铁道部查照 1930 年移民成案，分令各路局随时调车免费运送。为便于各路局接洽备运，铁道部要求赈务会将起止站点及每站每批人数查明上报。其四，关于目的地的接洽问题。电请张学良饬令各路局，"俟灾民到站随时接运，俾免延误"。张学良对此作了妥善安排，并回复称："灾民移垦已分令辽、吉、江各省政府提前设法安插，并令行东北交通委员会转饬各路局查照历届成案，随时接运。"① 其五，经费筹措。按每名灾民需费 5 元计算，预计移送灾民 10 万人，至少需 50 万元，由赈务会拟订预算方案，并函请省政府及赈务委员会转请中央筹拨。② 一切完备后，"由赈务会迭次运送，并于交通便利各埠"③。因九一八事变爆发，"交通发生阻滞，兼之时期已过，不得不暂时结束"，拟至 1932 年春继续移送难民"赴东三省就食兼办垦荒"④。

为了妥善安排移民工作，赈务会制订了《河南省二十一年移送灾民赴东省垦荒计划大纲》与《移民招待处组织大纲及办事简章》，对灾民的移送数量、移送经费、移送时间、交通保障、沿途接济、目的地接洽及灾民动员等问题作了统一部署与安排。移民数量由原来的 10 万人增加至 20 万人，移民经费按每人 8 元计算，至少需要 160 万元。省赈务会拟订预算方案，函请省政府及京赈会转请中央筹拨。移送时间为 1932 年 2 月 1 日至 8 月底，省政府指派专员会同省赈务会负责筹备工作，1932 年 2 月前筹备就绪。移民采取自愿原则，各县有耕作能力且自愿携家眷前往东北就食的灾民，在取得所在地区长或村长的保证后，即可以由该县赈务会汇案编册，按照名册为每位灾民发放襟章，以资辨认。具体移民数量由县政府会同赈务会及各区长、村长进行详细调查，先行登记，并造具名册，其中一份于 1 月 15 日前册报省赈务会，以便定期移送；一份交由专人携带，以供沿途查验。灾民启程时，如发现患有传染病，则取消移民资格。灾民乘坐火车前往目的地，所需火车由赈务会函请省政府电请铁道部转饬各路局提供，免费运送。为妥善起见，由省赈务会函报省政府及京赈会，一方面转请国民政府通令各省保护，另一方面电请东三省当局命令沿途地方官员军警设法安排保护。⑤

为解决移民沿途招待事宜，赈务会延请沿途各地素负声望的慈善家选择本省境内一些交通重要处所设立招待处。总招待处有两处，设在郑州、

---

① 河南省政府秘书处：《河南省政府年刊》，1931 年，第 93 页。
② 张钫：《民国二十年河南民政之回顾》，《河南政治月刊》1932 年第 1 期，第 8 页。
③ 张钫：《河南的民政》，《河南政治月刊》1931 年第 1 期，第 3 页。
④ 河南省赈务会：《二十年河南水灾报告书》，1931 年，第 12 页。
⑤ 河南省赈务会：《二十年河南水灾报告书》，1931 年，第 13-14 页。

丰台。此外，根据事务繁简，在商丘、许昌、驻马店、周家口、南阳、洛阳、陕州、临汝、新乡、道口、博爱、安阳、石家庄、天津、唐山、山海关、锦州、打虎山、彰武、通辽、郑家屯、洮南、泰来、齐齐哈尔等地分设甲、乙两种招待处。其中，总招待处设主任 1 人，副主任 2 人，会计 1 人，招待员 2 人至 10 人，书记 4 人，医士 2 人，劳务 4 人。甲种招待处设主任 1 人，副主任 1 人，招待员 1 人至 6 人，医士 1 人，劳务 2 人。乙种招待处设主任 1 人，招待员 1 人至 4 人，劳务 1 人。各招待处主任由赈务会聘任，其他职员由赈务会委任。各招待处主任、副主任负责总理一切招待事务，其他如会计、庶务、文牍、护送、给食、运送等事务则由招待员办理。由于时间紧迫，拟率先在郑州、丰台、洛阳、陕州、新乡等重要区域设立招待处，其余则等筹备就绪再陆续设立。灾民到达各招待处，无论昼夜，包括主任在内的所有工作人员，均须在岗工作。此外，各处招待员在灾民到达及启行时，须进行思想动员，旨在提高灾民的素养，并使其知晓移民东北谋生的益处。①

灾民在各招待处候车期间，按照名册每人每日发放麦面馍 1 斤半，儿童 1 斤。如无馍，每人每日发小米 1 斤 4 两，儿童减半，并酌发柴火。若改发银钱，每人每日发 2 角，儿童 1 角，均按市价折合铜圆发放。无论是馒头、小米还是银钱，均须照章核实发放，不得有丝毫短少折扣，并责成经手人负完全责任。根据路途远近，对各招待处应行发放给养的天数规定如下：由南阳至许昌发放 6 日，由潢川至信阳发放 4 日，由临汝至洛阳发放 3 日，由周口至漯河发放 2 日，由信阳至郑州发放 1 日半，由西平、郾城、许昌、郑州、新乡、汲县至石家庄以及由商丘、开封至郑州，均发放 1 日。灾民给养由移送始发招待处按日核实发给，如给养有限，不能一次性给发，须在中途添发时，由始发招待处电知途经招待处需要补发的数量，并由护送员临时向其接洽发放。②

为保证灾民的身体健康与人身安全，各招待处特别重视灾民的住宿与饮食卫生，严防引诱妇女、拐卖儿童等事情发生。在灾民过境时须设立茶站，由招待员负责预备茶水。由于灾民较多，为有备无患，各招待处在灾民上车出发时，须立即电知下一途经招待处提前预备茶水。此外，各重要招待处须延聘医士常驻，以便随时诊视灾民疾病，医士每月酌予津贴，志愿服务亦可。同时，省赈务会派人分驻各站点，协同接洽、运送及分派食

---

① 河南省赈务会：《二十年河南水灾报告书》，1931 年，第 13-16 页。
② 河南省赈务会：《二十年河南水灾报告书》，1931 年，第 15-16 页。

物等事宜。①

　　移送途中，由省赈务会派人沿途照应，并携带灾民名册及经费、药品。如有灾民在移送途中生产，每人发放抚育费 4 元，并照停留办法，按日发放给养，待完全康复后再行移送。如有灾民中途死亡，每人发放抚恤费 10 元。为便于管理，各招待处在灾民到达后发给襟章 1 枚。灾民到丰台后，由招待处对灾民进行编排造册，以资查考。在丰台准备上车启程时，每人发给 1 张垦荒证。垦荒证需慎重保存，不得遗失转卖。由于经费有限，招待处要求切实节省开支，每月造具清册上交赈务会。②

　　由上可知，此次移民计划与措施非常详尽细致，对移送过程中每个环节的接洽、灾民饮食、移民秩序及可能发生的突发事件都作了周密妥善的安排。沿途招待处设置合理，组织健全，分工明确。如果此次移民能够按计划圆满完成，不仅可以解决众多灾民的生计问题，还可开发东北这片广袤的黑土地，此举将被作为灾民移垦的光辉典范写入中国救荒史册。遗憾的是，由于战乱、交通、经费等因素的制约，未能将灾民如数送出。1932 年 2 月，河南省赈务会变更移民东北计划，改赴西北察哈尔、绥远口北垦荒就食。③

第二节　1933年省内移民安置

　　移民就食是灾后安置灾民的一种传统方式。晚清时期由于中原地区连年灾害，大量灾民被迫三五成群、扶老携幼外出逃荒。为稳定社会秩序，清政府通常以上谕形式命令地方政府对前来谋食的灾民“加意抚恤，随时资送，毋令失所”④。救济灾民既需一笔不菲的开支，同时还增加了灾民与当地匪徒联合滋事的风险。因此，灾民流入地的官员通常将朝廷谕令视为具文，将逃食灾民简单地遣送回籍或驱逐出境。流入地的畛域之见，交通的困难，食物的缺乏，使灾民在逃难的过程中颠沛流离，饱尝艰辛，甚至性命不保。

　　与晚清形成鲜明对照的是，民国时期，各级政府对移民就食进行积极的干预和引导。为了稳定社会秩序，减少灾民盲目外逃或走险为匪，河南省政府动员整合各方力量与资源，组织灾民迁移至省内无灾或灾害相对较

---

① 河南省赈务会：《二十年河南水灾报告书》，1931 年，第 14、16 页。
② 河南省赈务会：《二十年河南水灾报告书》，1931 年，第 16 页。
③ 《省振会拟设收容所救济商潢之难民》，《河南民政月刊》1932 年第 2 期，第 12 页。
④ 《谕内阁著各省督抚严饬地方稽查匪徒借口流民辗转滋扰并抚恤资送实在灾黎》，军机处上谕档，档号：1113-2，一史馆藏。

轻的地方维持生计。这种由灾荒引起的有组织移民是解决灾民生活的一种有效方法，但移民人数多，规模大，牵涉到社会的方方面面，极为繁杂，需要充分发挥政府的组织计划与协调动员能力。为确保迁移工作有条不紊地开展，河南省政府对于移民办法规划、经费筹措、灾民移送与安置、监护与善后等问题，均作了周密妥善的部署与安排。

一、移民安置的筹备

1933年夏，大雨为灾，黄河泛滥，河南全境有70余县被淹，被灾面积达45 900余平方千米，灾民达949万多人，财物损失2亿元以上。[①]其中尤以滑县受灾最重，水灾导致602个村庄的55 042户居民被淹，待赈人数多达309 846人。难怪时人在文中述及："去年（1933年）滑县水灾为最，灾区几及半县，时间已逾半载，期间财产之损失，人口之死亡，灾民之痛苦，令人不忍见闻。"灾后，在政府的指导督促及各方协助下，虽设法急赈，但均"不过为暂时之救济。惟以时间太久，灾区太广，虽竭各方之力，犹属杯水车薪，无济于事，非标本兼治，急谋妥善救济之方，殊难振此巨灾也"。[②]

1933年11月16日，河南省政府派员赴灾区考察，在目睹滑县灾民的凄惨情景后，拟议将该县灾民迁移至省内指定县份就近度荒。12月中旬，省政府拟定由财政厅筹拨经费，先移送灾民2万人，办法有二：其一，将该县有耕作能力的灾民移送豫南特区垦食；其二，将该县灾民移送平汉路、道清路沿线无灾县份就食。为慎重起见，豫南特区并未移送，只移送灾民至平汉路、道清路沿线各县。由于移民工作庞杂繁重，关于经费如何筹措、难民如何分配，以及到县后如何安置，均须妥为筹划。为确保迁移工作有条不紊地开展，河南省赈务会拟定《移送滑县灾民赴外就食办法》与《移送滑县灾民赴外就食办事细则》，在许多方面较前述1931年移民东北垦殖办法更为详细，具体内容如下。

其一，关于移民资格、移民数量与交通安排。凡是在籍不能生活且自愿出外就食的灾民均列入此次移民对象。对于一些安土重迁不想迁移者，由移送人员进行思想动员，向其说明利害关系并予以劝告。移民数量第一期暂定为5万人，以后根据情况再陆续迁移。移送灾民所需各路火车由省政府电请铁道部饬令各铁路局提供，免费运送。

---

① 李培基：《三年来之河南民政》，《河南政治月刊》1933年第10期，第9页。
② 式之：《滑县移民纪要》，《河南政治月刊》1934年第7期，第5页。

其二，关于移民经费。移送经费由省政府筹募，主要有两项支出：一为给养费，包括发给灾民的银钱、米粮馒头及途中供给灾民的茶水、煤、柴等费用；二为移送费，包括办理移送的邮电、文具、印刷支出及移送人员的川资、伙食、车马等费用。关于办事处及各招待处开支，需拟定预算，月终由省赈务会造具预算决算表送省政府备查。办理移送事宜的工作人员一律不发薪俸，但为了办事人员的基本所需，按规定给予川资、火食、车马等费用。

其三，关于灾民管理。移送灾民由河南省赈务会负责办理。移送之前，由招待处会同滑县政府将自愿外出就食灾民进行登记，并将移送灾民编排造册，以便查考。每登记满200人以上，由省赈务会指定就食地点，分批移送，并于启程前将灾民人数通知移入地县政府让其做好接纳准备。同时，移送人员与接收各县政府分别造具移送、安置灾民的户口册。为方便核查，灾民须佩戴写有姓名的襟章。在移送途中，如发生死亡、生育等事件，护送人员须按照规定给予照料安置，并酌情发放10元以下的抚恤费。

其四，关于沿途招待处设置。此次移民工作事繁任重，除由省赈务会设立临时办事处专门负责移民事宜外，还选择滑县、新乡、博爱、安阳、郑县、许昌、鄢城等沿途交通重要处所，设立移民招待处。招待处负责办理灾民的登记、编排、造册、护送以及发放襟章、散放给养、制定办事细则等一切事宜。兹将各招待处组织情况列成表6-1。

表 6-1　各招待处组织一览表

县名	主任姓名	招待员姓名	成立年月	备考
滑县	张天放	王正武、孙保泰、王襄五、白献章	1934年1月4日	
新乡	田小香	吕名宦、张孟光	1934年1月21日	
博爱	高钰卿	王恩弼	1934年1月30日	
鄢城	千汝后	王云、张宗诘、需仲涛	1934年3月22日	另由省赈务会聘请杨宇为指导委员
许昌	郭呈瑞	杨恩忠、丁荣轩、徐尽心、邓星若	1934年3月26日	
郑县	吕子明	王珍卿、于华勋、李善轩、王同德	1934年3月26日	

资料来源：式之：《滑县移民纪要》，《河南政治月刊》1934年第7期，第10页

其五，关于沿途给养。移送灾民时，在未启程前的集合期间以及到达各县后的待分配期间，均按日发放给养，但不得超过5日。[①]其中，大人每日给1角，小孩给5分，亦可根据情况改发小米或黑馍，小米大人1斤

---

① 《移送滑县灾民赴外就食办法》规定期限为5日，《移送滑县灾民赴外就食办事细则》规定为3日。

4 两，小孩减半，黑馍大人 1 斤半，小孩 1 斤。

其六，关于灾民安置。此次移民安置就食地点主要分布在北自彰德、南至郾城的平汉路邻近各县，包括安阳、汤阴、林县、武安、涉县、汲县、辉县、浚县、获嘉、新乡、沁阳、博爱、济源、修武、原武、阳武、淇县、延津、郑县、密县、禹县、许昌、郾城、新郑、临颍、扶沟、鄢陵、尉氏、洧川 29 个县。各县安置移民人数，根据县治繁简，按照大、中、小三个等次分配，其中大县 1000 人至 2000 人，中县 800 人至 1500人，小县 500 人至 1000 人。各接收县政府在接到滑县灾民启程报告后，妥速预备。灾民到达各县后，由各县政府会同地方绅士根据灾民数量及安置点的贫富情况，分配于各区乡镇安插。各安置点应依照名册接收灾民，如发现有人册不符的情况，由护送人员协调解决。各安置点须为灾民提供食宿，以户口为依据，每 30 户至 60 户养活灾民 1 户。县政府会同地方各部门成立灾民监护委员会，负责监督与保护，当地人不得诱卖、虐待、仇视灾民，灾民亦不得有要挟、滋事、煽惑等情形，如有违反，由该县政府秉公惩办。灾民在各县安置时间暂以半年至一年为限，届时再酌情分别遣回原籍。安置期间，灾民如有工作能力，愿意在所在地工作，应按照当地标准给予报酬。①

二、移民安置的开展

由于生活难以维系，滑县报名的男女老幼络绎不绝，截至 1933 年 12月 26 日，已有万人急待移送，由滑县招待处负责分批编排集中。1934 年1 月 4 日，省政府饬令财政厅拨发移民经费，前后两次共拨 3 万元。此外，旅平河南赈灾会募集 1 万元，湖北财政厅垫拨 0.1 万元，北平市政府筹募 0.64 万元，合计 4.74 万元。1 月 14 日，省政府通令安阳、汤阴等 29个县，做好接收安置灾民的准备工作。以安阳为例，该县奉令安置 900 名滑县灾民，接到指示后，立即组织滑县籍灾民监护委员会，以该县县长、县党部干事、商会主席、警佐、教育局长、救济院长、各区区长等 16 人为委员，待灾民到境后该委员会对其进行妥善安置。②1 月 20 日，省赈务会电令滑县招待处，先就附近各县徒步移送。2 月 2 日，徒步移送 1740名灾民至彰德。③

灾民移入地虽是一些铁路沿线少灾或无灾的地方，但受整个社会环境

---

① 式之：《滑县移民纪要》，《河南政治月刊》1934 年第 7 期，第 6-7 页。
② 河南省政府秘书处：《河南政治视察》第 1 册，1936 年，第 7 页。
③ 式之：《滑县移民纪要》，《河南政治月刊》1934 年第 7 期，第 11 页。

与生产力低下的影响，当地经济并不宽裕，居民仅能维持温饱而已。1934年 2 月 22 日，滑县移民招待处在依照移民办法且兼顾移入地实际情况的基础上，将移入县安置灾民人数做了明确规定，并函请平汉路、道清路随时挂运。其中，安阳、汤阴、林县、武安、涉县、汲县、辉县、浚县、沁阳、郑县、禹县、许昌、郾城、新乡 14 个县每县移入 2000 人，获嘉、博爱、济源、修武、原武、阳武、淇县、延津、密县、新郑、临颍、扶沟、鄢陵、尉氏、洧川 15 个县每县移入 1500 人，累计 50 500 人。[①] 各县移入灾民人数确定后，又对各移民招待处移送灾民的交通方式及路程给养作了详细规定，并制成表格发给各招待处查照办理。具体如表 6-2 所示。

表 6-2　各移民招待处移送灾民的交通方式及路程给养表

所属移民招待处	县名	交通方式	每人给养日数	所属移民招待处	县名	交通方式	每人给养日数
滑县移民招待处	浚县	徒步	1 日	博爱移民招待处	沁阳	铁路	1 日
	汲县	徒步	2 日		济源	铁路	1 日
	延津	徒步	2 日			徒步	3 日
	新乡	铁路	1 日	新乡移民招待处	淇县	铁路	1 日
	原武	徒步	4 日		汤阴	铁路	1 日
	阳武	徒步	3 日		安阳	铁路	1 日
	获嘉	铁路	1 日		武安	铁路	1 日
	辉县	铁路	1 日		修武	铁路	1 日
	淇县	铁路	1 日		沁阳	铁路	1 日
	内黄	徒步	1 日		涉县	铁路	1 日
	安阳	铁路	1 日		林县	铁路	1 日
	汤阴	铁路	1 日		辉县	铁路	1 日
	林县	铁路	1 日		获嘉	铁路	1 日
	武安	铁路	1 日		博爱	铁路	1 日
	涉县	铁路	1 日		济源	铁路	1 日
	修武	铁路	1 日	安阳移民招待处	武安	徒步	4 日
	博爱	铁路	1 日		涉县	徒步	4 日
	济源	铁路	1 日		林县	徒步	3 日
	沁阳	铁路	1 日				

资料来源：式之：《滑县移民纪要》，《河南政治月刊》1934 年第 7 期，第 12-13 页

由表 6-2 可知，由于灾民数量庞大，且身体较为虚弱，为方便运送，减少移送经费与灾民的体力消耗，仍沿袭成例，多选择火车作为移送工

---

① 式之：《滑县移民纪要》，《河南政治月刊》1934 年第 7 期，第 11-12 页。

具，且尽可能就近安置，除个别地方外，多以 1 日到达为主。1933 年 12 月 17 日，省政府咨请铁道部饬令平汉、道清两路局，查照 1929 年与 1931 年移民办法，先行通令各路局调拨车辆，免费运送灾民分赴指定县谋生。其中，平汉线以汤阴、安阳、淇县、新乡、郑州、新郑、许昌、郾城、临颍等站为下车地点，道清线以获嘉、修武、博爱、沁阳等站为下车地点。省赈务会确定每批灾民数量后，随时通知路局在客货车上酌量附挂篷车若干辆免费运送。为有章可依，道清铁路管理局拟订《免费运送滑县灾民暂行办法》，主要内容如下：

一、本路运送灾民，以自道口至汲县、新乡、获嘉、修武、清化、陈庄等站为限；其转赴外路灾民，应由河南省振务会新乡招待处，转向平汉路索车，在新乡站接运。

二、本路免费运送灾民，以五万人为限，自本年二月一日起，以一个月为限；如未运送完毕，得由河南省振务会临时商请延长。

三、运送每批灾民，应由河南省振务会滑县招待处，于二十四小时以前，将待运灾民人数及到达站点，分别开单，交由道口站长，转报车务处，以便指定列车装运。

四、所有灾民，应由河南省振务会，制发襟章，以资识别而杜冒混。[1]

该办法对道清路局运送灾民的数量、时间、换车接运、交接及身份识别细节等作了明确规定。该办法确定后，道清路局即开始分批运送灾民。自道口至新乡一段，利用煤车空车皮运送，颇为便利。只是由新乡南下车辆十分缺乏，往往候车数日不能起运。至 1934 年 2 月 22 日，仅运出灾民 5530 名，其中，运至浚县 1500 名，新乡与郑县各 800 名，汲县 690 名，安阳 696 名，淇县 450 名，许昌 594 名。3 月 10 日，由于 1 个月的运送限期已到，依照原定办法，由省赈务会电请道清路局再延长 1 个月。截至 3 月 9 日，先后移出灾民 10 400 余人[2]，其中，移送至安阳 1950 余人[3]。至 3 月 26 日，尚有待运灾民 3 万余人，经再次协商延长至 5 月底结束。[4]

由于种种原因，整个运送过程困难重重。其一，移民求食仅为一时的权宜之策，故壮丁多留家看护家产，待运灾民多为老弱妇孺及伤残者，无人照料，接到移送命令，多借故不去。其二，灾民安土重迁，对于移民宗

---

① 式之：《滑县移民纪要》，《河南政治月刊》1934 年第 7 期，第 8-9 页。
② 式之：《滑县移民纪要》，《河南政治月刊》1934 年第 7 期，第 9 页。
③ 河南省政府秘书处：《河南政治视察》第 1 册，1936 年，第 7 页。
④ 式之：《滑县移民纪要》，《河南政治月刊》1934 年第 7 期，第 9 页。

旨及移民安排不甚了解，故多不愿迁徙。其三，迁移期间，积凌暴发，随后又降大雪，道路泥泞，人船无法通行。其四，自 2 月初，豫北匪患肆虐，原定道清路、平汉路沿线安置各县因遭受袭扰无力安置，不得不将 3 万多名待运灾民改移至平汉南段暨陇海东段附近各县分别安置，故应移县份及安置人数只好重新规划，其中，郑县、杞县、汝南、许昌、开封各分配 2000 名，郾城、上蔡、太康各 1800 名，禹县 1500 名，尉氏、临颍、西平、长葛、新郑、鄢陵、柘城、襄城、确山、扶沟、遂平、鹿邑、中牟、淮阳、通许各 1000 名，洧川、密县、西华、商水、商丘各 800 名，睢县 600 名，陈留、虞城、宁陵各 400 名，共计 37 700 名。[①]

由于安置县份发生变更，各招待处所下辖各县灾民给养日数亦需作相应调整。1934 年 3 月 28 日，省赈务会通令滑县、新乡、郑县、许昌、郾城各招待所遵照办理。其中，滑县招待处所属的滑县、郑县、新乡、密县、长葛、中牟、许昌、禹县、襄城、临颍、洧川、鄢陵、扶沟、商水、西华、淮阳、郾城、西平、遂平、上蔡、确山、汝南、尉氏、开封、通许、杞县、太康、陈留、宁陵、虞城、睢县、柘城、鹿邑、商丘等县均按 1 日发放。新乡招待处所属的新乡、郑县、新郑、密县、长葛、中牟、许昌、禹县、襄城、临颍、郾城、西华、洧川、鄢陵、扶沟、淮阳、商水、上蔡、西平、遂平、确山、汝南、尉氏、开封、杞县、太康、陈留、睢县、宁陵、虞城、商丘、鹿邑、柘城等县均按 1 日发放。郑县招待处所属的郑州、新乡、长葛、洧川、许昌、禹县、襄城、临颍、郾城、西华、鄢陵、扶沟、商水、西平、遂平、上蔡、确山、汝南、尉氏、开封、杞县、太康、陈留、宁陵、睢县、柘城、鹿邑、商丘等县均按 1 日发放，中牟按 2 日发放，密县按 3 日发放。许昌招待处所属的许昌、临颍、淮阳、商水、西平、遂平、上蔡、确山、汝南等县均按 1 日发放，襄城、洧川按 2 日发放，禹县、鄢陵、西华按 3 日发放，扶沟按 4 日发放。郾城招待处所属的郾城、西平、遂平、确山按 1 日发放，上蔡按 2 日发放，汝南按 3 日发放，商水按 4 日发放，淮阳按 5 日发放。[②]

虽然一切工作准备就绪，但灾民因眷恋故土不愿迁移。截至 3 月 25 日，仅移送 17 135 人。3 月 30 日，省赈务会派人前往灾区调查灾情，宣讲政府移民政策，并编印通俗易懂的劝告书，分途散发。经过思想动员，移民安置工作有所成效，至 5 月 22 日，先后移送灾民 26 800 余人。此时，即将收麦，生活有望，一些灾民不愿离乡，移民数量锐减，且各路局

---

① 式之：《滑县移民纪要》，《河南政治月刊》1934 年第 7 期，第 13-14 页。
② 式之：《滑县移民纪要》，《河南政治月刊》1934 年第 7 期，第 14-15 页。

免费运送的时限将至。省赈务会拟定 5 月底停止移送，所有招待处暨临时办事处工作于 6 月 10 日一律结束。①兹将 1934 年 2 月 3 日至 5 月底迁移灾民人数，列成表 6-3。

表6-3　1934 年 2 月 3 日至 5 月底迁移灾民人数表（单位：人）

县名	移送人数	县名	移送人数	县名	移送人数	县名	移送人数
浚县	1 523	新乡	1 244	郑县	978	汲县	1 530
安阳	2 108	淇县	442	许昌	719	郾城	1 916
获嘉	537	汤阴	1 038	延津	866	沁阳	498
博爱	503	辉县	609	修武	572	济源	514
武安	722	内黄	526	西平	950	遂平	975
淮阳	1 150	商水	743	临颍	867	新郑	472
西华	550	汝南	549	上蔡	958	襄城	475
禹县	541	郑州灾童教养院	51	鄢陵	570	长葛	480
扶沟	521	洧川	443	密县	374		
合计					27 514		

资料来源：式之：《滑县移民纪要》，《河南政治月刊》1934 年第 7 期，第 16 页

表 6-3 所列是在道口上车的灾民人数，共计 27 514 人。其间因有中途下车、投奔亲友、自谋生计，以及死亡、生产、疾病、全家下车者，故与各县实收人数相比，略有出入。②此后，省赈务会还陆续安置滑县灾民到其他各县谋生。在汤阴县，至 1934 年底，又接收滑县移来灾民 500 人，共计 1538 人。③在林县，1934 年 11 月，接收滑县就食灾民 350 人，后调整为 345 人。④

三、移民安置的检查

灾民在各县安置后，饮食与住房如何保障？主客关系是否融洽？待遇是否同等？工作有无分配？生活如何维持？为深入了解灾民安置后的状况，1934 年 3—5 月，河南省赈务会先后三次派人前往各安置地点检查并予以指导。通过检查发现，除少数县待遇稍差，经由省政府督促整改外，其余各县对灾民的安置尚属妥善，且有部分县灾民待遇较好。具体见表 6-4 所示。

---

① 式之：《滑县移民纪要》，《河南政治月刊》1934 年第 7 期，第 15 页。
② 式之：《滑县移民纪要》，《河南政治月刊》1934 年第 7 期，第 16-17 页。
③ 河南省政府秘书处：《河南政治视察》第 1 册，1936 年，第 3 页。
④ 河南省政府秘书处：《河南政治视察》第 1 册，1936 年，第 3 页。

表 6-4　各县安置灾民情形检查一览表

县名	移民人数/人	安置情况	饮食住房情况	主客关系	待遇情况	工作情况	生活情况	备注
浚县	1501	分送各区各保安置	每人日发米1斤或1斤半，烧盐费100文，由各保代觅屋宇居住	融洽		帮助当地住户工作	除少数作工拾柴补助外，均靠地方供给	
汲县	1407	各区大村落分住1000名，各城关大庙宇安置400余名	大人月发绿豆26斤，小米13斤，烧盐费2角；小孩月发绿豆、小米共26斤，烧盐费1角	融洽		正筹划给种耕作	生活颇可维持	灾民粮食由财委会会同商会指定就近集镇粮行按旬发给
博爱	470	壮年均在县城，老弱分送乡区	壮丁住灾民收容所，由商会日发小米1斤4两。其余住前县立平民工厂，大人日发小米1斤，小孩减半，由第一区公所发放	融洽	尚同等	拟指派担任修筑城垣及马路		
沁阳	453	暂住县城老君庙	大人日发白面1斤4两，小孩10两，盐醋钱10文	融洽	并无歧视			
淇县	428	分配各区安置	每人月发杂粮30斤，多居庙宇	融洽		临时雇用或长期雇用，唯山地工作颇感不适	拾粪捡柴补助，生活尚可维持	以各保之居民贫富为标准，公摊食粮
辉县	546	分送各区各保安置	每人月发小米38斤，柴火铺盖全行供给，多住庙宇或乡保公所	融洽	尚同等	有由保长介绍从事雇工者		
修武	520	分送各区各保安置	大人日发小米1斤4两，菜盐钱20文，小孩减半，每5日一发，房院尚安适	融洽	尚平等	正在筹划		
汤阴	1012	分送各区各保安置	每人日发小米1斤，盐菜钱1分，居于各区公共庙宇或分发各保居住	融洽	大致尚优	雇工或小贩		灾民偶有发现猩红热；第五区区长姬敬之未按规定发粮，且将报告之灾民打200军棍，经省政府令饬该县政府查办
济源	507	由各区保长负责供给	大人日发粮食1斤4两，小孩减半			第七区开垦荒山，疏浚甘霖各渠		第二区保长张恒春有擅自克扣口粮情况，其他各区待遇亦薄，经省政府令饬该县政府分别查办改进

续表

县名	移民人数/人	安置情况	饮食住房情况	主客关系	待遇情况	工作情况	生活情况	备注
安阳	1952	分送各区转送各保分养	每人日发米1斤	尚融洽		有拟介绍在煤矿做工者		除监护给养外,并令青年灾童就近授课,供给书籍纸墨,已由赈务会通饬各县仿效
武安	528	分送各区安置	公共房屋、日用品均借用,每人日发小米1斤,住户不时送柴菜	甚融洽	并无歧视	壮丁多被雇用		
内黄	423	分送各区安置	房屋安适,每人日发米1斤5两,亦有日发半升者,也有日发小铜圆15枚自行购粮者	融洽		有贷予资金从事小贩者		有由保长尽量供给者,亦有每米1斗附盐半斤或附钱1000文者
获嘉	508	由各区转送各保按户安置	大人日发玉米或高粱36斤,或小米1斗5升,烧盐在内,小孩减半	尚融洽	并无歧视	男子当佣工,女子纺纱	有工作补助尚可维持	
延津	835	按区分配安置	居于大寺庙宇公共处所,每人月发粮米40斤,燃料由各村供应	融洽	亦有不同	少壮为人雇用或拾粪捡柴		
新乡	1200	商民安置400名,由商家摊筹给养,农民安置各区	商民安置者居城关附近,月给1元,农民安置者月发玉米、高粱40斤,麦则按价折合	融洽	并无歧视	在城关的壮丁基本有工作,可得工费1角	生活费略有剩余	若实际迁移至此的灾民不足1200人,按商三农七安置
临颍	748	按区分配安置	每人月发小麦、谷子共60斤,钱200文	尚融洽		有代筹资本为小企业者		
新郑			房屋食品粗劣,经视察,议定每人日发米面1斤4两,煤钱25文,盐菜25文		未能同等			县政府会议办法各保大半漠视
西华	499	分送各区各联保安置	住庙宇或空民房,有每人月发口粮2斗者;有大人发洋1元,小孩5角者	融洽		无工可做,且多系老弱		灾民颇不满意,因粮食不够吃,省府饬县改善待遇
郑县			第一区住平民村,每人日发米面各6两,钱300文,其余各区住庙宇	融洽	待遇尤佳	健壮者修建河堤		
西平	605	分配各区安置	大人月发杂粮60斤,小孩40斤,柴各60斤	相安	大致相同	间为小贩者,地方代筹资本	生活尚无困难	允许失学儿童就近入校

续表

县名	移民人数/人	安置情况	饮食住房情况	主客关系	待遇情况	工作情况	生活情况	备注
鄢陵	530	每联保分配 1 户或 2 户	大人日发 400 文，小孩减半	融洽				
长葛			每人日发米麦 20 两，油盐菜钱 100 文，日用品由联保主任发给，大半居住民房	融洽		灾民工作及入学正在办理		
商水	615	各区及周口镇	大人日发杂粮 2 斤，小孩减半，并予相当住所	融洽				或以水土不服，或以地待耕种，灾民纷纷请求回家
郾城	1557	按区分配居住	大人月发杂粮 60 斤，小孩减半，多住祠堂、庙宇公共场所	相安	平等	有公私包办的工程，有力承办者有优先权		
扶沟	491	全县分大地方 10 个，中地方 25 个，小地方 15 个，大地方安置 15 人，中地方安置 11 人，小地方安置 5 人	由保长代觅公共处所居住，每人日发小米 1 斤半，柴盐钱 100 文，或共折钱 400 文，尚有日发 500 文者	融洽		因灾民迁来时间较短，工作尚未分配		
洧川	431	按全县 87 个乡镇，每乡安置 5 名	每人日发小米 1 斤 4 两，柴 2 斤，日用品代为购买					
上蔡	970	分配各区	每月杂粮 50 斤，柴 90 斤，居所民宅、庙宇各半	融洽	大致相同	有能力者介绍职业	生活不困难	儿童就近入校，有请求回籍者
淮阳	980	分配各区	有每人日发 330 文者，有日发米面 2 斤或 1 斤半者，有月发大麦 1 斗者，多与房主同院	融洽		因老弱较多，工作甚少		相率主动要求回籍者，半数发给川资 2 元
密县			米面 20 两，油盐菜钱 50 文，什物由联保主任发放，大半住民房	融洽	待遇尚佳			
襄城	431	按区均匀分配	大人小米 1 斤，小孩半斤[1]，烧盐在内，多住民房	融洽	平等	少壮则筹划工作或附近就学		
汝南	489	分配各区	大人杂粮日发 2 斤，小孩 1 斤，或大人日发钱 300 文，小孩钱 200 文	主客之间略有争执		壮丁为之代觅工作，儿童就近入校		

续表

县名	移民人数/人	安置情况	饮食住房情况	主客关系	待遇情况	工作情况	生活情况	备注
许昌	464	分配各区	有日发 400 文者，有日发米面 1 斤，烧盐钱 80 文者			灾童就近入校	生活均能维持	
遂平	803	分配各区各保	大人日发杂粮 2 斤，小孩减半，油、盐、柴等充分供给	融洽	大致不差	壮丁介绍工作，儿童就近入校		
禹县	486	城关会馆公地，灾民不愿分赴各区	大人日发 1 斤 4 两，小孩 12 两，5 日发 1 次，每月煤 70 斤，盐钱 1 吊，菜钱 400 文，煤油钱 100 文	融洽				教育局日派教员 2 人讲授各种常识

(1) 按照"小口减半"或"大小口同等"原则，原文"大口小米半斤，小口一斤"应为记载错误（式之：《滑县移民纪要》，《河南政治月刊》1934 年第 7 期，第 20 页）

注：本表系根据各视察员报告摘要编制，其无报告者从缺

资料来源：式之：《滑县移民纪要》，《河南政治月刊》1934 年第 7 期，第 17-21 页

由表 6-4 可知，滑县灾民到达各县后，大多分送各区各保安置，多住在庙宇、祠堂或乡保公所等公共场所，亦有少数例外，如在汲县、郑县、长葛、上蔡、密县、襄城等县，即有一部分灾民住在民房；在淮阳，灾民多与房主同院生活；在新乡，有灾民 400 人被商民安置在城关附近；在博爱，壮年灾民均安置在县城，老弱者则分送各乡区安置。粮食、燃料等通常按照大人、小孩不同标准发放，有的按月计算，有的则按日计算。根据各地情况不同，发放的物品亦有所区别，概括起来主要有小米、白面、杂粮、绿豆、油、盐、柴火、煤等，除发放实物外，也有的将油盐、菜、柴等折合成铜钱发放。

由于各地经济发展水平参差不齐，有的地方钱物分发较为充裕，如在沁阳，大人每日发放白面 1 斤 4 两，小孩 10 两，盐醋钱 10 文；在修武，大人每日发放小米 1 斤 4 两，菜盐钱 20 文，小孩减半，每 5 日一发；在内黄，每人每日发放米 1 斤 5 两或半升，有时每日发放小铜圆 15 枚自行购粮；在延津，每人每月平均发放粮米 40 斤，燃料由各村供应；在西平，大人月给杂粮 60 斤，小孩 40 斤，柴各 60 斤；在商水，大人日给杂粮 2 斤，小孩减半；在郾城，大人月给杂粮 60 斤，小孩减半；在禹县，大人每日发放粮食 1 斤 4 两，小孩 12 两，5 日发 1 次，每月煤 70 斤，盐钱 1 吊，菜钱 400 文，煤油钱 100 文。在上述各县，灾民不但有固定的住

所，而且基本可以解决温饱问题，安置在新乡的灾民，甚至生活费还有节余。当然，也有少数县钱物分发相对较少，如在汤阴，每人每日仅发小米1斤，盐菜钱1分；在安阳，每人日发米1斤；在淇县，每人月发杂粮30斤；在武安，每人日发小米1斤。

就主客关系而言，除汝南县略有矛盾不和外，其他县基本融洽。在待遇上，基本能做到大致相同，并无歧视，郑县对灾民待遇尤佳。此外，各县还根据灾民的身体、能力及当地的实际情况，为灾民介绍或安排适当的工作，如在武安，壮丁多被雇用；在获嘉，男子当雇工，女子纺纱；在延津，少壮或为雇工或拾粪捡柴；在新乡，被安置在城关的壮丁多数都有工作；在安阳，介绍灾民到煤矿工作；在博爱，拟指派灾民担任修筑城垣及马路；在郑县，健壮者修建河堤；在汲县，因春耕在望，筹划给灾民提供种子进行耕作；在内黄、临颍、西平等地，有些灾民因获得贷款而成为小贩或小企业者；在西华、淮阳，因安置的灾民多系老弱者，有工作者较少。除了食宿外，有些县还重视教育，如在安阳、西平、上蔡、襄城、汝南、遂平等县，还安排灾童就近入学；在禹县，教育局每日派两名教员给灾民讲授各种常识。

在河南省赈务会的精心筹划与各移入县的支持下，多数灾民生活能够维持。当然，也有少数县因不执行上级决定或负责人渎职等而安置失当，如在新郑，县政府的安置办法各保大半漠视，给灾民提供的住房和食品较差，而且在待遇上未能同等对待；在西华，灾民粮食不够吃，无工作，颇不满意；在济源，第二区保长克扣灾民口粮，其他各区待遇亦较低；在汤阴，因卫生条件差，有灾民感染猩红热，不仅如此，第五区区长未按规定发粮，还将报告的灾民罚打200军棍。对于上述不良现象，省政府责令各县政府对照改进或予以查办。[①]

移民就食并非长久之计。1934年6月，移外灾民归乡心切，他们"以耕作有望，不愿久居他乡，纷纷请求回籍，并强行登车，路局及招待处无法维持"[②]。为此，省政府电令接收灾民各县，不得任由灾民自由行动。为维持社会秩序，经省政府决定，并电请铁道部，仍按照前述运送办法与路线将拟欲回籍的灾民运回原籍，时间自7月18日起至8月底止。[③]

本次移民是民国时期河南省政府组织的颇具规模的省内移民活动，由

① 式之：《滑县移民纪要》，《河南政治月刊》1934年第7期，第17-21页。
② 式之：《滑县移民纪要》，《河南政治月刊》1934年第7期，第9页。
③ 式之：《滑县移民纪要》，《河南政治月刊》1934年第7期，第9页。

于计划合理，准备充分，组织严密，各方接洽顺畅，尤其是现代交通工具的使用，不仅极大地提高了移民效率，还减少了灾民在迁移过程中的艰辛及一些不必要的死亡。虽然受政局动荡不安、社会经济发展迟滞、迁移经费有限、难民数量庞大等多种因素的掣肘，在移民过程中存在诸多不足与问题，但总体而言，本次移民工作包括施赈、移送、安置等，"办理均甚妥善"①。不失为河南近代史上一次成功的大规模移民案例。

第三节 黄泛区难民迁移

1938 年 9 月，黄河在花园口决堤后，河水如不羁之马泛滥南趋，形成了黄泛区。1940 年后又在尉氏、西华等县连遭决口，泛区民众迭遭沉灾。1944 年 8 月，黄泛主流复在尉氏县荣村决口，泛区扩大为 20 县，包括郑县、中牟、开封、通许、尉氏、扶沟、太康、西华、商水、淮阳、鹿邑、项城、沈丘、鄢陵、陈留、杞县、广武、睢县、柘城、洧川。截至 1943 年底，死亡约 325 037 人，逃亡约 631 070 人，损失农具、家具什物约 124 000 套，冲毁房屋约 622 780 间，淹死牲畜约 220 000 头。此外，泛区 5821 平方千米内原有耕地按 6/10 计算，有耕地约 8 731 500 亩，每亩每年收益以 2 石计算，平均每年约减收 17 463 000 石，损失极大。被灾 20 个县中以杞县、太康、陈留、扶沟泛区面积最广，均在 800 平方千米以上，其次为鹿邑、中牟、尉氏、陈留、扶沟。②至抗战胜利后，全部陷入泛区的，有尉氏、扶沟、鹿邑及太康 4 个县；半陷入泛区的，有中牟、鄢陵、西华、通许及淮阳 5 个县；局部陷入泛区的，有郑县、广武、洧川、开封、陈留、沈丘、商水、项城、睢县、杞县、柘城 11 个县。累计被陷面积达 6000 余平方千米。③

一、省外移民安置

由于黄泛区面积大，受灾人口多，加之兵燹及其他自然灾害，抗战时期河南人口迁移情况极为复杂。其中，既有政府组织的迁移，也有自发逃荒者；既有迁徙至省外者，也有在省内流亡者。

1938 年 6 月 17 日，国民政府行政院在讨论河南因黄河泛滥导致的人

---

① 式之：《滑县移民纪要》，《河南政治月刊》1934 年第 7 期，第 24 页。

② 陈建宁：《河南省战时损失调查报告》，《民国档案》1990 年第 4 期，第 15 页。

③ 汪克检：《河南黄泛区工作特述》，《善后救济总署河南分署周报》1947 年第 100 期，第 1 页。

口迁移时，决定黄泛区难民经由赈务会拟订指导路线，"在洛阳、信阳、郏县设所收容，然后分别资遣豫西，或省外安全地带，以免来往奔逃，无所适从"①。因战区扩大，难民激增，7 月 16 日，行政院赈济委员会决定统筹难民输送计划，"以确保难民之安全，而免来往奔逃之痛苦"。至于后方安置问题，行政院赈济委员会认为我国以农立国，移民垦殖是解决难民问题最适宜的办法。为此，经济部派人分赴各省，切实调查荒地，筹拟全部计划。其中，对河南黄泛区难民迁移作了如下安排：第一，商城、潢川、固始、正阳、息县、罗山、新蔡、汝南一带难民，经信阳、桐柏、南阳、邓县送至光化、穀城一带安置。第二，沈丘、项城、上蔡、淮阳、商水一带难民，或经郾城、襄城、郏县、临汝送至洛阳，或经嵩县、庐氏送至潼关，转送陕南、川北安置。第三，西华、临颍等地难民，经襄城、郏县、临汝送至洛阳或潼关，转送陕南、川北安置。第四，太康、扶沟、尉氏、洧川、新郑、许昌一带难民，或经禹城，或经密县，集中登封，经偃师送至洛阳，转送陕中安置。第五，郑州、中牟、广武一带难民，由陇海铁路或洛潼公路送至洛阳、潼关，转送陕南、川北安置。第六，豫西难民，经潼关、西安送至陕南安置。

由上可见，赈济委员会主要安排河南黄泛区难民沿陇海线，经郑州、洛阳、潼关，迁移至陕西、四川等地就食。为方便运送和中途接洽，在信阳、许昌、郑州、洛阳、潼关、西安、绥德、南阳、襄阳等地设总站，在输送路线沿途各县设分站，在输送路线沿途各县间每 30 里或 40 里设招待处 1 所。其中，总站设运送主任 1 人，干事 2 人至 3 人，辅助运送主任办理一切运送难民事宜。分站设干事 1 人，助理干事 3 人至 4 人，帮同干事办理经过该县难民输送事宜。招待处设助理干事 1 人，服务员 5 人至 6 人，帮同助理干事办理过境难民食宿事宜。总站运送主任由本会各区派员兼任，干事、助理干事及服务员由非常时期难民救济委员会职员及非常时期服务团委员会团员调充。②

为救济难民，善后救济总署河南分署设难民服务处 7 所，共收容难民 25 255 人，遣送 113 100 名，发放面粉 492 876 斤，发放遣送费等 262 909 030 元。仅抗战期间，河南黄泛区有 170 余万名难民流亡陕西境内各县，抗战胜利后还乡人数仅有十六七万人。为谋普遍救济，善后救济总署河南分署于 1947 年 3 月初派人携款 6000 万元，前往发放急赈，由河南复员协会陕西分会与河南同乡会派员会同办理。计西安、宝鸡、凤翔、麟游、咸阳、

---

① 《救济黄河水灾》，《大公报》1938 年 6 月 17 日，第 3 版。
② 《难民输送网》，《大公报》1938 年 7 月 6 日，第 3 版。

渭南、邰阳、蓝田等市县共发放面粉 6500 袋，小麦 7660 斤，钱款 3580 万元，累计受惠难民 20 000 人，平均每人 3000 元，领粉麦者按市价折合 3000 元，共计发放赈款 6000 万元。[①]

二、省内移民安置

花园口决堤后，河南省政府按照前例，整合本省资源，将黄泛区部分难民分送至本省后方各县收养就食。同时，河南省民政厅、建设厅在邓县戴岗设立邓县垦荒办事处，制订《移送难民赴邓县垦荒办法大纲》，接收中牟、尉氏、鄢陵、扶沟、西华等黄泛区灾民来该县垦荒。截至 1940 年，共移送灾民约 1000 户。具体如表 6-5 所示。

表 6-5　1938 年河南各县（所）遣送邓县垦荒
难民户数统计表　　　　　　　（单位：户）

遣送难民县（所）	户数	遣送难民县（所）	户数
郑县	60	汜水难民招待所	20
中牟	45	广武	45
尉氏	45	陕县	20
通许	45	渑池难民招待所	20
鄢陵	45	周口难民招待所	50
扶沟	45	郑县难民招待所	110
洧川	45	许昌难民招待所	100
西华	45	漯河难民招待所	80
叶县难民招待所	20	禹县难民招待所	40
洛阳难民招待所	70	南阳难民招待所	20
陕县难民招待所	30		
合计			1000

资料来源：邓州市地方史志编纂委员会：《邓州市志》，郑州：中州古籍出版社，1996 年，第 268 页

上述灾民来到邓县后大多聚居在戴岗、明耻、刘庄、永安等十多个村庄，相继垦荒 2.2 万亩，收入达 48.9 万元。之后，一些灾民长期在此定居，而另一些灾民则选择返回故里。[②]

客观而言，对于水患后移民就粟问题，中央政府、地方政府与社会力量都给予一定的重视，从迁移前的计划、筹备，迁移过程的组织与保障，直至迁移后灾民生活的安置与检查等都作了周密部署与详细安排。

① 熊笃文：《一年来之振务工作》，《善后救济总署河南分署周报》1947 年 51 期，第 16 页。
② 邓州市地方史志编纂委员会：《邓州市志》，郑州：中州古籍出版社，1996 年，第 268 页。

政府的介入，使得移民工作组织更加有序，与自发流移相比，灾民劳顿之苦减少，死亡人数也有所下降。但是，由于受政局动荡不安，社会经济发展迟滞，水患频繁，受灾区域大，救济经费不足，难民数量庞大且源源不断，中央与地方、迁移地与接收地之间关系协调不畅等影响，移民过程中也存在诸多问题与不足，甚至有些地方官员擅自将灾民遣送回籍或驱逐出境。

第四节　粮　食　调　控

"查平粜为救灾要图，协济民食关系至巨。"[1]平粜，即凶荒之年政府将仓储积谷或外地调运来的粮食以低于市场价格优惠卖给灾民，借以打击不法商人囤积居奇、哄抬粮价、牟取暴利的不法行为，进而达到平抑粮价、减轻灾后粮荒的目的。面对近代中原地区的水患，各级政府除实行平粜外，还通过移粟就民的方式应对灾后粮食的短缺问题。

一、晚清时期的粮食调控

荒年实行平粜在近代中原地区常见。例如，1841 年 6 月 16 日，祥符三十堡黄河大堤决口。开封自水围城后，街市各铺户乘此危急之际，大发不义之财，一方面，各家钱铺压低银价，原本一两白银可换钱一千六七百文，被水后的三五日间，每两只能换钱六七百文。另一方面，存粮铺户哄抬粮价，平时米面每百斤需钱二千数百文，约需银一两五六钱，灾后银贱粮贵，每百斤约需银八九两。难怪河南巡抚感慨："相去悬殊如此，即平时亦难以谋生，而况流离颠沛之避难穷民，何以堪此？不几夺其食而立致之死乎？"[2]6 月 20 日，曹门绅士等强烈呼吁政府"急谕铺店，不得高抬市价"[3]。为解决民食问题，署开封府知府以告示形式饬令囤户将粮食公平出粜，违者严惩，"凡有存于铺户，自应公平出粜，以济民食。今查集市粮少价昂，显有渔利之徒囤积居奇，殊堪痛恨，合行出示严禁。为此，示仰军民人等铺户知悉：自示之后，尔等凡有积存粮食，即行公平出粜，倘再囤积居奇，定将粮食入官，并治以应得之罪。本署府现已访明多处，

---

① 河南省赈务会：《二十年河南水灾报告书》，1931 年，第 4 页。
② 李景文点校：《汴梁水灾纪略》，开封：河南大学出版社，2006 年，第 12 页。
③ 李景文点校：《汴梁水灾纪略》，开封：河南大学出版社，2006 年，第 8-9 页。

未遽示惩，原望尔等悔过自新，赶紧平价，倘再居奇，定即严惩，勿谓言之不预也"①。

在清政府看来，积谷与平粜相辅而行，在受灾地区实行平粜，既可"使民无乏食之虞"，又可出陈易新，待谷价稍平，"买补还仓，方为有备无患"②。1842 年，道光皇帝发布谕令："淮宁县被灾村庄，著平粜仓谷，以资接济。"③1843 年，又谕令："尉氏、项城、鹿邑、睢州等四州县被灾村庄，著粜借仓谷，以资接济。"④翌年，又谕令：西华县次贫灾民与睢州极次贫民，"著粜借仓谷"⑤。又如，1855 年兰仪、封丘等县被水，咸丰皇帝谕令，除截留漕粮分发灾区平粜外，凡被灾七分、八分的村庄，成灾五分、六分的村庄，以及兰仪樊家寨，"概行粜借仓谷"⑥。

由于生产力低下，粮食存储有限，为保障属地粮食自足，稳定社会秩序，河南省政府对外来购粮十分审慎。巡抚刘树棠在奏折中称："臣维遇籴，例有明禁，若本省亦未丰收，一经贩运出境，致有不敷民食者，例准酌量情形题明暂行禁止。"⑦也就是说，在本省非丰收之年，严格控制大宗粮食向外流通。1898 年山东黄河发生水患，饥民忍饥挨饿。鉴于邻省灾情严重，允许山东省招商来豫购粮平粜，但为"杜奸商夹带蒙混"，要求山东省政府必须给所有来豫购买平粜粮食的商人发放印票，注明商人姓名及购粮数量，"以便沿途验票、加戳、放行，运到即将印票缴销"，无票商贩不准贩运大宗粮食出境。如果日后存粮不多，"或于本地民食有碍，随时咨商停买"⑧。

二、民国时期的粮食调控

灾荒之年总有一些奸商投机取巧，大发国难财，如 1931 年江淮大水

① 李景文点校：《汴梁水灾纪略》，开封：河南大学出版社，2006 年，第 32 页。
② 《谕内阁著各督抚转饬所属认真筹办积谷平粜毋得空言塞责》，军机处上谕档，档号：1442（1）-13，一史馆藏。
③ 《谕内阁河南祥符等州县被水成灾著来春分别展赈平粜》，军机处上谕档，档号：1055-1，一史馆藏。
④ 《谕内阁河南中牟等州县被淹著来年展赈口粮酌借仓谷》，军机处上谕档，档号：1076-3，一史馆藏。
⑤ 《谕内阁河南中牟等被灾州县著于来春展赈口粮粜借仓谷籽种》，军机处上谕档，档号：1089，一史馆藏。
⑥ 《谕内阁河南兰仪等县上年被水著今春分别展赈口粮粜借仓谷》，军机处上谕档，档号：1186-1，一史馆藏。
⑦ 《奏报禁止贩运大宗粮石出境》，宫中朱批奏折，附片，档号：04-01-35-1220-047，一史馆藏。
⑧ 《奏报禁止贩运大宗粮石出境》，宫中朱批奏折，附片，档号：04-01-35-1220-047，一史馆藏。

灾，"不料少数奸商以南方产米之区尽成泽国，随暗中囤积食粮，待价而沽，作投机取巧的勾当，于是大都市的居民，都感受到食粮的缺乏与物价之日增不已的痛苦。小有资产者已感受生活的困难，至于一般平民更是无法度日了"。以开封为例，麦面每袋比平时上涨 1 元，约涨 1/4。①

（一）平粜

"救济之法，莫如平粜，盖平粜如得其法，则商贾囤积居奇之弊可免，民食不至断绝，诚救荒中之善策也。"②河南省政府十分重视平粜在救荒中的作用。本省筹集赈款除散放急赈外，余款全部拨充用于举办平粜，同时通令各县成立平粜局。③为此，省赈务会专门拟具《河南省振务会筹办各县平粜局简章》，兹移录于后：

第一条　本会因今年水灾过大，秋禾无收，为救济粮荒起见，通令各县筹设平粜，以济民食。

第二条　各县平粜局由县长督同振分会商会及各机关并加聘殷实绅者共同组织。

第三条　各县平粜局统限本年十月内一律成立，由县会同振分会商会及各机关招集各区区长及热心公益乡望素孚之士绅开会筹募款项（即平粜基金）呈报本会查核，如果款不敷用，得请求本会协助。

第四条　采运平粜米粮路线暂定平汉、陇海、道清三路，其一切运输手续由本会向中央或行营分别办理，惟各县认定在何处采运，应先期呈报本会。

第五条　各县平粜局职员均为名誉职务，概不支薪，惟于必要时得酌给津贴，连同办公费统由平粜余利项下核实开支，报会核销。

第六条　各县办理平粜情形每一来复由县长会同振分会及其他各机关，将粮食种类、市价、粜价、存粮、存款各数开报查考。

第七条　在平粜期间，如有地方慈善团体或殷实商号富绅情愿集资采买米粮运回本县遵章粜卖者，由县政府呈报本会，当尽量协助，以资鼓励。

第八条　各县平粜停止时，应将筹募之款一律发还，如本人情愿将款悉数捐振，由县长呈请给奖。

第九条　各县平粜未经停止以前，应先由县呈报本会核准再行办理。

① 全和：《怎样解决水灾下的民食问题》，《河南政治月刊》1931 年第 2 期，第 5 页。
② 河南省赈务会：《二十年河南水灾报告书》，1931 年，第 3 页。
③ 河南省政府秘书处：《河南省政府年刊》，1931 年，第 19 页。

第十条 本简章由本会常会通过后函请省政府备案施行。①

《河南省振务会筹办各县平粜局简章》对平粜局的成立时间、人员组织、资金筹募、米粮采运路线以及平粜办理情形的上报核查、地方慈善团体或商人集资粜运粮米、平粜结束后募款的处理等问题均作了详细规定。其中资金问题最难以解决，简章虽然规定各县平粜基金由地方筹募，但"豫省灾歉之余，复遭水祸，民生凋敝，已属不堪，若使筹集巨资，恐难即时举办，自宜仍由公家采购分运灾区，俾免周转不灵，中途搁浅，此项基金约共需洋一百万元"②。为鼓励各县办理平粜，省政府拨款 15 000 元③，但与实际所需相差甚远。

举办平粜的前提是有粮可粜。河南省赈务会办理平粜可谓不遗余力，1932 年与开封豫济粮食公司等协商，筹拨巨款赴张家口、绥远一带采办大批粮食运回本省，由该公司照进价卖出。平粜粮食不以营利为目的，省赈务会为避免豫济公司粮商加价，派人一同赴绥远采办。④同时，新记粮庄等亦派员随省赈务会职员赴天津、张家口、绥远一带采办粮食 7000 余吨，用于设立平粜所，救济灾民。⑤

河南省政府亦采取多种措施进行自救。第一，通令各县组织民食委员会，调剂民食。民食委员会由党政机关、民众团体、商会、粮行共同组成，主要负责对每年粮食的产出与需求进行调查统计，核定粮价，"以防一般粮商居奇垄断，于青黄不接之时，高抬市价，有碍民食"⑥。第二，通令受灾各县组织救灾委员会，每区设一救灾分会，调查区内灾民实际人数，妥定救济方法。凡区内收粮在百石以上、存款万元以上的住户，拿出余粮或余款 1/3 无息借给贫民，由县区担保至翌年收成后归还。如翌年仍有灾祸，先还半数，剩余一半推至下一年偿还。第三，严禁奸商囤积居奇，如有违反，从严惩处，具体办法由赈务会拟定交省政府执行。第四，个人捐款捐粮借给贫民超过前定额数 10 石以上或 200 元以上者，由省政府奖励，100 石以上或 1000 元以上者，呈请中央奖励。第五，收成丰稔的无灾县份，由省政府担保借粮给邻近受灾县份。若因借粮从中渔利者，查明后即予以最严厉处罚。⑦

① 河南省赈务会：《二十年河南水灾报告书》，1931 年，第 3-4 页。
② 河南省赈务会：《二十年河南水灾报告书》，1931 年，第 4 页。
③ 河南省政府秘书处：《河南省政府年刊》，1931 年，第 19 页。
④ 《省振会商设平粜处》，《河南民政月刊》1932 年第 2 期，第 7 页。
⑤ 《平粜所采办大批粮食》，《河南民政月刊》1932 年第 2 期，第 13 页。
⑥ 河南省政府秘书处：《河南省政府年刊》，1931 年，第 21 页；《河南省政府二十一年度行政预定计划》，《河南政治月刊》1932 年第 1 期，第 3 页。
⑦ 河南省政府秘书处：《河南省政府年刊》，1931 年，第 97 页。

（二）移粟就民

与移民就粟相比，移粟就民可以极大地减少灾民奔波逐食、颠沛流离之苦及社会的不稳定性。针对 1931 年水灾后的米荒问题，时人提出购买美国小麦的主张。由于农产品进口价格逐年激增，购买美国小麦须遵循一个原则，即先将东北积粮尽量运至灾区，如果不敷分配，再从美国购买。①近代以降，铁路、公路、轮运等新式交通的发展，为大宗米粮的长距离运输提供了诸多便利。为渡此难关，国民政府水灾救济委员会决定，从东北紧急调拨 3 万石赈粮（小麦、红粮各半）运入关内，救济灾民。②由于受灾区域广，仓储存粮及国内调拨仍无法满足需要。1931 年 9 月 25日，国民政府与美国签订《借贷美麦合同》，紧急从美国订购小麦 45 万吨，通过工赈、赈粮等形式发放到灾民手中。③

在灾荒年月，移民就粟与移粟就民两种办法可以同时并举，相辅而行。正如邓拓所指出，"民如能移，则听其移，或令其移于谷丰之地以就食；若民不能移，而谷有可移之便者，则尽力移而就民，此两者不相冲突，而可同时并用"④。1939 年，河南部分地区发生水灾，"灾民扶老携幼，无食无住，情形至为惨重"。为维持灾民生计，河南省赈济委员会决定一方面移粟就民，增加生产，另一方面将中牟、尉氏、开封三县黄泛区灾民分批运至陕西、甘肃等省就食。⑤

综上所述，在传统农业社会，土地与农业是农民赖以生存的根本。对于生活在河南的农民来说，他们长期过着面朝黄土背朝天的生活，农业的丰歉与否完全取决于天气，即俗话说的"望天收"。一旦中原地区发生水灾，田地淹没，庄稼绝收，灾民生活难以为继。在走投无路的情况下，原本安土重迁、乡梓观念浓厚的灾民为了生存，不得不选择背井离乡，四处流徙。这种由天灾导致的灾民迁移分为自发与有组织两种。自发式的迁移通常是盲目无序的，存在极大的不确定性，对社会稳定是一种潜在的隐患与威胁。为了稳定社会秩序，引导灾民有序的迁移，各级政府在社会力量的配合下，有组织地把重灾区的灾民移至非灾区暂时谋生。此种做法"虽不是根本救灾的方策，也可聊救目前之急，以免迫于生活，走险为匪，于

---

① 全和：《怎样解决水灾下的民食问题》，《河南政治月刊》1931 年第 2 期，第 4-5 页。
② 《南京八日下午九时发专电》，《大公报》1931 年 9 月 8 日，第 3 版。
③ 蔡勤禹：《国家、社会与弱势群体：民国时期的社会救济（1927—1949）》，天津：天津人民出版社，2003 年，第 140 页。
④ 邓云特：《中国救荒史》，上海：上海书店，1984 年，第 312 页。
⑤ 中国第二历史档案馆：《中华民国史档案资料汇编》，第五辑第二编，南京：江苏古籍出版社，1994年，第 529 页。

治安上，也不无裨益"①。在组织移民就粟的同时，各级政府还多管齐下，一方面开仓售粮、严令商家公平出粜，另一方面购买美国小麦，并将东北积粮运至灾区。毋庸置疑，无论是平粜还是移粟就民，都在一定程度上缓解了灾后粮荒问题，减少了灾民奔波饥疲之苦。尤其值得肯定的是，民国以降，随着现代交通的发展，政府组织的大规模灾民迁移与粮食的跨区域调拨主要通过铁路、公路等新式交通方式进行运送，不仅提高了政府的救灾能力与效率，还减少了人口的伤亡。

---

① 刘峙：《河南当前之三大问题及今后之行政计划》，《河南政治月刊》1932年第5期，第7页。

第七章
中原地区的钱粮蠲缓

在"靠天收"的传统农业社会，百姓抵御自然灾害的能力都十分薄弱，一旦遇上凶荒，小则收成歉薄，大则颗粒无收，无力缴纳粮赋。为恢复生产，发展经济，每遇水患，历代政府都会根据灾情轻重按一定比例蠲免、缓征或停征受灾地区应征粮赋。清朝统治者在继承历朝经验的基础上，把钱粮蠲缓作为安民治国的重要举措，不断予以发展与完善。至晚清时期，蠲缓举措日趋细密与制度化。因资料所限，本章重点对晚清时期中原地区的钱粮蠲缓机制作一探讨。

第一节 钱 粮 蠲 免

蠲免是指因灾歉收或绝收时，政府对灾民应行缴纳的粮赋施以部分或全部免除。有清一代，为稳定民心，恢复生产，每遇灾荒年份，都会根据灾情轻重按一定比例蠲免受灾地区的应征粮赋。

一、蠲免比例

蠲免比例清初无定制，至 1653 年顺治朝才作了明确规定：被灾八分、九分、十分者，免 3/10；五分、六分、七分者，免 2/10；四分者，免 1/10。该规定将粮赋与受灾程度均划分为十分，根据受灾程度予以相应比例的酌减。1728 年雍正朝对蠲免比例再次予以细化与调整：被灾十分者，著免七分；九分者，著免六分；八分者，著免四分；七分者，著免二分；六分者，著免一分；1736 年，乾隆朝在因袭雍正朝规制的基础上，将"被灾五分"亦纳入减免正赋 1/10 的范畴。①该蠲免比例此后成为定制，一直延续至清末，主要对成灾五分及以上者应征粮赋予以不同程度的减免。

1843 年，河南中牟等州县村庄因九堡漫口被淹成灾，政府对成灾十分的中牟县杏树镇等 77 个村庄，祥符县岗子桥等 424 个村庄，通许县韩庄等 386 个村庄，阳武县穆庄等 5 个村庄，各蠲免正赋 7/10；成灾九分的中牟县野鸡张庄等 108 个村庄，祥符县小屯等 100 个村庄，通许县六营等 143 个村庄，陈留县莘城等 309 个村庄，杞县斗厢等社 652 个村庄，淮宁县搬缯口等 1445 个村庄，西华县盐场村等 390 个村庄，沈丘县槐庄集等 34 个村庄，太康县崔桥等 413 个村庄，扶沟县白庄等 561 个村庄，各蠲免正赋 6/10。②又如，1855 年，河南下北厅兰阳汛三堡漫口、兰仪等 6 个县均被浸灌，兼因雨水积淹，灾区较广，凡"成灾五分以上村庄应征本年钱粮，均照例分别蠲免"。其中，被雨水积淹较重的封丘县东斗等 12 社 135 个村庄应完本年漕粮，酌征 3/10；被淹较轻的留仪等 10 社 140 个村庄应完本年漕粮，酌征 7/10。③再如，1883 年，武安等州县因河水漫溢歉收，被淹较重白寺等 13 所 161 个村庄应完本年钱粮，照例蠲免一分。④

关于蠲免比例，民国时期北京政府仍然延续乾隆元年制定的标准，在其 1915 年出台的《勘报灾歉条例》中规定，地方勘报灾伤，将灾户原纳正赋作十分计算，按灾请蠲：被灾十分者，蠲正赋 7/10；被灾九分者，蠲正赋 6/10；被灾八分者，蠲正赋 4/10；被灾七分者，蠲正赋 2/10；被灾五六分者，蠲正赋 1/10。蠲余钱粮分年带征，被灾十分、九分、八分者，分作三年带征；被灾七分、六分、五分者，分作两年带征。⑤1934 年南京国民政府公布《勘报灾歉条例》，仍将被灾分为十等，但将蠲免比例作了调整：被灾九分以上者，蠲正赋 8/10；被灾七分以上者，蠲正赋 5/10；被灾五分以上者，蠲正赋 2/10。被灾十分地亩经省市政府查明有特殊情形者，

① （清）昆冈等修，吴树梅等纂：《钦定大清会典事例》卷 288《户部·蠲恤·灾伤之等》；《续修四库全书》编纂委员会：《续修四库全书》第 802 册，上海：上海古籍出版社，1996 年，第 598-600 页。
② 《谕内阁河南中牟等州县被水著分别蠲缓各项钱漕》，军机处上谕档，档号：1076-3，一史馆藏。
③ 《谕内阁河南兰阳漫口州县被淹著分别蠲缓各项钱粮》，军机处上谕档，档号：1185-1，一史馆藏。
④ 《谕内阁著分别蠲缓河南武安等被水州县新旧钱漕》，军机处上谕档，档号：1374（3）221-262，一史馆藏。
⑤ 蔡鸿源：《民国法规集成》第 14 册，合肥：黄山书社，1999 年，第 201 页。

得免征本年田赋及其附加。前项规定蠲除之田赋分年带征，被灾七分以上者分三年带征；被灾五分以上者分两年带征。①与之前相比，南京国民政府时期蠲免的力度更大，灾民的负担有所减轻。

二、蠲免灾年粮赋

近代蠲免的粮赋多以受灾当年为主，如 1842 年，永宁县濒临洛水两岸的竹水、川冈坡等 5 处 48 余顷田地被涨水冲塌，核计应纳赋粮银 435 两，自当年勘定之时开始，如数全行豁除。②1844 年，中牟等州县"黄水未涸复淹"，中牟、祥符、通许、陈留、杞县、尉氏、淮宁、西华、太康、扶沟、鹿邑等县被灾五分村庄，蠲免正赋 1/10；项城、沈丘、睢州、阳武等被灾五分村庄，蠲免正赋 1/10。③1855 年，兰阳漫口，所有成灾五分以上村庄应征本年钱粮，均照例分别蠲免。④1871 年，汜水等县被沁、沁两河冲溢成灾。汜水县城关及口子村等 55 个村庄、西史村等 47 个村庄，河内县小王庄等 14 个村、庄寻庄等 7 个村庄，武陟县保安庄等 32 个村庄、大南张等 35 个村庄、周庄等 55 个村庄，温县大黄等 6 个村庄、大渠河等 16 个村庄，凡成灾七分、八分、九分、十分等村庄应征本年钱漕，均分成蠲免。⑤1883 年，武安等州县因河水漫溢歉收，浚县被淹较重的白寺等 13 所 161 个村庄应完本年钱粮，照例蠲免一分。⑥1892 年，因雨水积涝，山洪暴发，卫河漫溢，收成大减，汲县等 8 个县被淹成灾村庄应征本年钱漕，照例各按分数蠲免，淅川厅塌没地亩钱粮分别豁免、停缓。⑦1894 年，漳、卫两河漫溢，内黄等县被淹成灾，内黄、浚县被淹成灾村庄应征本年钱漕，照例各按分数蠲免。⑧1898 年，黄河盛涨，长垣民堤漫溢，收成歉薄，将滑县、永城、温县三县成灾五分、七分、九分共 1042 个村庄应征本年钱漕，照例各按分数蠲免。⑨1901 年，兰仪、考城二县黄河漫溢，被淹成灾，兰仪、考城二县成灾五分、六分、七分、八

① 蔡鸿源：《民国法规集成》第 39 册，合肥：黄山书社，1999 年，第 507 页。
② 《谕内阁河南永宁县地亩被水著豁除赋粮银两》，军机处上谕档，档号：1059-1，一史馆藏。
③ 《谕内阁河南中牟等原缓复淹各州县著分别蠲缓各项钱粮》，军机处上谕档，档号：1088-2，一史馆藏。
④ 《谕内阁河南兰阳漫口州县被淹著分别蠲缓各项钱粮》，军机处上谕档，档号：1185-1，一史馆藏。
⑤ 《谕内阁河南汜水等县被水著分别蠲缓钱粮》，军机处上谕档，档号：1311（6）191-219，一史馆藏。
⑥ 《谕内阁著分别蠲缓河南武安等被水州县新旧钱漕》，军机处上谕档，档号：1374（3）221-262，一史馆藏。
⑦ 《奏请蠲缓被水各县应征新旧钱漕事》，宫中朱批奏折，档号：04-01-35-0103-028，一史馆藏。
⑧ 《奏请分别蠲缓安阳内黄等州县应征新旧钱酒事》，宫中朱批奏折，档号：04-01-35-0107-047，一史馆藏。
⑨ 《奏为被水成灾各属请蠲免缓征新旧钱漕事》，宫中朱批奏折，档号：0116-001，一史馆藏。

分、九分各村庄应征本年钱漕，照例各按成灾分数分别蠲免。①1906 年入夏以来，河南迭遭大雨，山水暴发，河溢出槽，村庄多被淹浸，秋后晴少雨多，积水久未干涸，收成锐减，永城等县被水成灾各村庄应征本年钱粮，各按成灾分数给予蠲免。②

三、蠲免灾前粮赋

除蠲免受灾当年的粮赋外，遇灾重之年有时也会将受灾之前某年或某几年的缓征钱粮一并蠲免，如 1858 年，鹿邑等州县被水，但因奏请蠲缓钱粮时遗漏，翌年 4 月，鹿邑等县原缓 1850 年丁耗、漕项裁扣河夫等银一并豁免。③1863 年，豁免归德府滩地历年民欠租银。④1864 年秋后，河南府属阴雨连绵，秋禾被淹，杞县原缓 1860—1861 年丁耗、漕粮、漕项、河夫、驿站裁扣等银，南阳县原缓 1860—1861 年丁耗裁扣等项，上蔡县蔡冈等里原缓 1860—1861 年并 1862 年民欠丁耗裁扣等款，孝感等里未完 1860—1862 年民欠丁耗裁扣等款，新蔡县本年钱粮并 1860—1862 年未完民欠熟地丁耗银两，西华县原缓 1861 年及 1862 年民欠未完丁耗钱粮，项城县双庙村等 72 个村所有 1860—1862 年蠲剩民欠未完丁耗、漕项、河夫、驿站裁扣等项，沈丘县原缓 1862 年未完民欠丁耗等项银两，全部予以蠲免。⑤1867 年，滑县积年黄水漫淹的老安等里 140 个村庄民欠未完本年并带征 1865—1866 年两年及原缓 1860—1864 年五年丁耗、漕粮、漕项，以及被淹善来等里 115 个村庄带征 1865—1866 年两年及原缓 1860—1864 年五年丁耗、钱漕，一律蠲免。⑥

1868 年，祥符等州县遭受水旱偏灾及土匪窜扰，祥符县北岸辛店等 352 个村庄原缓 1866 年民欠未完丁耗裁扣、漕项等银，全部蠲免；安阳县原缓 1860—1862 年丁耗、漕项裁扣、塘拨，1863—1865 年塘拨及 1866 年漕项裁扣、塘拨，一律蠲免；汤阴县原缓 1860—1866 年七年民欠丁耗裁扣、漕粮，一律蠲免；临漳县原缓 1860—1865 年六年民欠未完丁耗、

① 《奏请蠲缓本年被灾各属新旧钱漕事》，宫中朱批奏折，档号：04-01-35-0121-013，一史馆藏。
② 《谕内阁著分别蠲免展缓河南被水各州县新旧钱漕》，档军机处上谕档，号：1500-4183-184，一史馆藏。
③ 《谕内阁河南鹿邑等州县上年被水被旱著分别豁减漕粮》，军机处上谕档，档号：1207（1）133-136，一史馆藏。
④ 《清实录》卷 72，北京：中华书局，2008 年，第 49773 页。
⑤ 《谕内阁著分别蠲缓河南祥符等被灾州县新旧钱漕》，军机处上谕档，档号：1274（3）169-195，一史馆藏。
⑥ 《谕内阁著蠲缓河南开封等被水被扰各府应征钱粮漕赋》，军机处上谕档，档号：1288（4）263-294，一史馆藏。

漕项、漕粮、驿站银两，全部蠲免；内黄县原缓1860—1861年丁耗、漕粮裁扣、漕项，1862—1863年、1865年丁耗、漕粮及1865年裁扣，全部蠲免；林县原缓民欠未完1864年漕项与1861—1863年丁耗、漕项裁扣等银，全部蠲免；武安县原缓民欠未完1864—1865年丁耗、漕项裁扣、塘拨及1860—1863年四年丁耗、漕项裁扣、塘拨等项，全部蠲免；涉县原缓民欠未完1860年丁耗、漕项裁扣及1861年丁耗银两，一律蠲免；汲县原缓民欠未完1860—1864年五年丁耗、漕项裁扣、塘拨及1865—1866年耗羡裁扣、塘拨等银，全部蠲免；新乡县原缓民欠未完1860—1866年七年丁耗裁扣、裁塘、塘拨、漕项、漕粮等项，全部蠲免；辉县原缓1860年耗羡、漕项裁扣，1861年丁耗、漕项裁扣、漕粮，1862年丁耗、漕项裁扣，1864年丁耗、漕项，1865—1866年漕项，全部蠲免；获嘉县原缓民欠未完1860—1861年丁耗裁扣、漕项、塘拨、漕粮，1862—1863年塘拨工料，以及1862年漕粮与1865年丁耗，全部蠲免；淇县原缓民欠未完1860—1863年四年丁耗、漕项裁扣、塘拨以及1861年漕粮，1864年漕项，1865年耗羡、漕项，1866年耗羡裁扣、漕项，全部蠲免；延津县原缓民欠未完1860—1866年七年丁耗、漕项、驿站裁扣等银，全部蠲免；滑县未完1860—1862年丁耗、漕项裁扣、漕粮，一律蠲免；浚县原缓民欠未完1860—1866年七年丁耗裁扣、漕粮、漕项等款，全部蠲免；封丘县原缓民欠未完1860—1861年丁耗裁扣，1862—1866年五年丁耗与1862年驿站，一律蠲免；考城县原缓民欠未完1860—1866年七年丁耗、漕粮、漕项、驿站裁扣等银，全部蠲免；河内县原缓民欠未完1860—1866年丁耗、漕粮裁扣，全部蠲免；济源县原缓民欠未完1860—1866年七年丁耗、漕项以及1863年、1865—1866年漕粮，全部蠲免；修武县本年秋后带征之民欠、1861年三分漕粮以及原缓民欠未完1860—1862年丁耗、漕项裁扣，一律蠲免；武陟县原缓民欠未完1860—1863年四年丁耗、漕粮、漕项、驿站裁扣，1864—1866年丁耗、漕项裁扣以及富一等里三分漕粮，全部蠲免；孟县治墙坡底等115个村庄民欠、1866年塘拨暨1865年丁耗裁扣、塘拨，孟县全境原缓民欠未完1860—1862年丁耗、漕项裁扣、裁塘、塘拨，全部蠲免；原武县原缓民欠未完1860—1863年丁耗、漕粮、漕项裁扣及1864—1866年民欠未完丁耗裁扣，全部蠲免；阳武县1860—1863年、1865年五年民欠未完丁耗、漕项以及1861年民欠未完漕粮，全部蠲免。①

① 《谕内阁著分别蠲缓河南祥符等被水旱被扰州县钱粮漕赋》，军机处上谕档，档号：1294（1）127-137，一史馆藏。

1932 年，宜阳县赈务会以该县连年以来兵灾匪祸、水旱疫疫相继不绝为由，呈请将近数年内陆续水冲沙压之地 200 顷，约丁地银 600 余两，以及 1931 年水灾冲坏呈报有案之地 241 余顷，约丁地银 643 两，一并减裁。河南省民政厅指令宜阳县，"造具区村地亩，应行蠲免丁银数目清册五份，印结五纸，会呈具复，以凭核转，毋得捏报"[①]。

四、蠲免特例

除蠲免受灾当年与受灾之前应征及缓征粮赋外，亦有将某一种额赋予以取消之例。在河南，除钱漕正项外，还有河工加价，每年应征银 40 余万两，系从前马营、仪封、漳沁等工用过土方各项加价，在地粮内按限摊征。鉴于河南"赋额甲于天下，连年兵燹水灾，差役繁重"，1855 年咸丰皇帝谕令，自本年开始将河南每年应征河工加价等银全部蠲免，永不摊征。若本年已征收，经查明抵作当年正赋，同时将 1841—1854 年积欠摊征河工加价合计银 4 232 724 两全部蠲免。[②]

晚清时期，为收敛民心、稳定统治，每隔 10 年左右或皇太后逢十寿辰之际，有普免各地积欠钱粮之举，如 1845 年，适逢皇太后七旬大寿，道光皇帝下令普免 1840 年以前民欠银粮。[③]1851 年，距道光二十一年（1841 年）普免"又届十稔，民间续有积欠"，咸丰皇帝下令将 1850 年以前各省民欠正耗钱粮、因灾缓征带征银谷、借给籽种、口粮、牛具，以及漕项、芦课、学租、杂税等项详细查明，全行蠲免。[④]1875 年，光绪皇帝下令将各省民欠钱粮全行蠲免。1884 年，适逢皇太后五旬大寿，光绪帝要求各地督抚、将军、府尹等将 1879 年以前民欠详细查明，开单具奏，全部给予蠲免。[⑤]除普免全国钱粮外，1866 年，同治皇帝按例将河南省 1859 年以前民欠钱粮及停缓带征等项银谷一律蠲免，包括民欠地丁正耗银 84 164 两，因灾停缓民欠地丁正耗银 1 456 311 两，各案因灾缓征带征民欠地丁正耗银 4 128 852 两，因灾缓征民欠未完地丁项下留支、驿站、俸工等项合计银 88 292 两，漕项并节省耗羡合计银 334 510 两，因灾缓征民欠漕米、麦豆共 294 617 石，民欠出借常平仓谷 5076 石，民欠未完学租合计银 5645 两，祥符等县民欠未完滩租银 141 996 两、淤租银 740 两，商丘、永城、夏邑三县佃欠未完彭租银 92 873 两，裕州佃欠未完拐

---

① 《济赈：令洛阳县政府》，《河南民政周刊》1932 年第 4 期，第 29 页。

② 《清实录》卷 181，北京：中华书局，2008 年，第 45251 页。

③ 《清实录》卷 420，北京：中华书局，2008 年，第 41557 页。

④ 《清实录》卷 25，北京：中华书局，2008 年，第 42652 页。

⑤ 《清实录》卷 191，北京：中华书局，2008 年，第 57444 页。

河租银 45 852 两，镇平县民欠官庄租银 16 596 两，老牙余新杂税合计银 628 431 两，一共蠲免银 7 024 262 两，粮谷 299 693 石。① 1894 年，光绪帝将河南省 1887 年以前民欠钱粮予以豁免。② 1909 年，宣统皇帝将河南各属民欠未完 1907 年以前旧欠钱漕全部豁免。③

由上可知，晚清政府蠲免的范围十分广泛，既包括丁耗、漕粮、漕项、驿站、裁扣、塘拨、工料等正赋，又包括额外摊征的河工加价。由于通信不便，以及上报、审批、执行等程序烦琐，晚清之时，在地方接到蠲免令之时，常常已将本年钱粮征完或征收了一部分，按规定，"其灾前已输在官者，准其流抵次年新赋"④。定期钱粮普免制度的施行，在一定程度上缓解了百姓的生存危机。

第二节　钱　粮　缓　征

缓征是指在灾荒之年政府对应征钱粮暂缓征收。有清一代，自然灾害频仍，尤其到了中后期，受吏治腐败、内忧外患、巨额赔款等多种因素的叠加影响，清政府财政入不敷出，救灾能力大大下降，蠲免的频率与力度都无法与清前期相比，缓征取代蠲免成为灾后缓解灾民生存危机的重要手段。据研究，1792—1801 年是清代钱粮蠲缓变动的分水岭，自此以后，清代进入以灾缓为主且严格按照灾害等级蠲缓钱粮的阶段。⑤

按规定，除"五分以下勘不成灾地亩向准题明缓征"外⑥，成灾五分及以上州县除去蠲免后剩余钱粮亦在缓征之列。根据受灾程度轻重，缓征钱粮可推延至次年或分几年带征。1738 年，乾隆朝规定：被灾不及五分，有奉旨及督抚题请缓征者，分别缓至次年麦熟后及秋收后征收。被灾八分、九分、十分者，将缓征钱粮分作三年带征；被灾五分、六分、七分者，缓作二年带征。⑦ 与蠲免不同，缓征是暂停征收或缓期征收，虽然在一定程度上不会减少政府的赋税收入，但可以减轻灾民的生活压力，有利

① 《谕内阁著全行豁免豫省节年民欠钱粮及停缓带征各项银谷》，军机处上谕档，档号：1279（1）53-56，一史馆藏；《清实录》卷 165，北京：中华书局，2008 年，第 51790 页。
② 《清实录》卷 334，北京：中华书局，2008 年，第 59218 页。
③ 《奏为勘明祥符等州县秋禾被灾歉收请缓征旧欠钱漕事》，宫中朱批奏折，档号：04-01-35-0133-038，一史馆藏。
④ 《奏为被水成灾各属请蠲免缓征新旧钱漕事》，宫中朱批奏折，档号：04-01-35-0116-001，一史馆藏。
⑤ 李光伟：《嘉庆以降钱粮缓征与积欠之衍生——基于宏观角度的分析》，《清史研究》2013 年第 3 期，第 40 页。
⑥ 《奏为勘明祥符等州县秋收歉薄请缓征旧欠钱漕事》，宫中朱批奏折，档号：04-01-35-0131-039，一史馆藏。
⑦ 李文海、夏明方、朱浒：《中国荒政书集成》第 5 册，天津：天津古籍出版社，2010 年，第 2946 页。

于农业生产的恢复与重建。兹以 1840—1849 年河南粮赋缓征为例，透视一下晚清政府的粮赋缓征与百姓的生存状况。

一、1840年粮赋缓征

1840 年，河南省夏秋雨水较多，加之黄河及支河或涨，并伴有山水下注，以致滨河及低洼村庄地亩间有被淹。巡抚牛鉴奏请将各州县应征新旧粮赋分别征缓，"以纾民力"，具体如下：中牟县除本年钱漕加价及未完 1839 年丁耗加价仍照常征收外，所有原缓应行带征 1831—1832 年、1835—1836 年丁耗与历年加价及民欠仓谷，均递缓至 1841 年麦后秋后，各按最先年份每年带征一年；杞县除本年钱漕加价照常征收外，所有全境未完 1939 年丁耗加价及原缓 1831—1834 年、1838 年丁耗及历年加价，并沙尘案内应行补征 1831—1833 年丁耗，俱缓至 1841 年麦后，各按最先年份每年带征一年；陈留县除本年钱漕加价照常征收外，所有全境未完 1839 年丁耗加价及原缓未完 1835 年、1837—1838 年丁耗及历年加价，全部缓至 1841 年麦后，各按最先年份每年带征一年；新蔡县被水东关等 422 个村庄未完本年丁耗加价，缓至 1841 年麦后启征；商丘县被水顺河集 350 个村庄，除本年钱漕加价及带征 1831 年丁耗加价、1833 年加价照常征收外，所有未完 1839 年丁耗加价及原缓 1835—1836 年、1838 年丁耗历年加价，俱缓至 1841 年麦后，各按最先年份每年带征一年；睢州除本年钱漕加价并 1839 年丁耗加价照常征收外，所有原缓 1832—1834 年、1837—1838 年丁耗及历年加价方价俱展缓至 1841 年麦后，各按最先年份每年带征一年；柘城县被水寿峰副寺等 532 个村庄，应征本年及未完 1838—1839 年丁耗，并历年加价民借仓谷，俱缓至 1841 年麦后秋后分别征收；安阳县被水较重之宋良桥等 15 个村庄，历征本年钱漕加帮各价，以及未完 1839 年丁耗与 1838—1839 年加帮各价，俱缓至 1841 年麦后秋后分别启征，其原缓带征历年钱漕加帮价等项，俱展缓至 1841 年麦后秋后，各按最先年份每年带征一年，其被水较轻的八伏厂等 12 个村庄，除本年漕粮照常征收外，所有未完本年丁耗加帮价漕项，以及 1839 年丁耗与 1838—1839 年加帮各价，俱缓至 1841 年麦后启征，又原缓带征历年钱漕加帮价俱展缓至 1841 年麦后秋后，各按最先年份每年带征一年；汤阴县被水正寻等 29 个村庄，应征本年钱漕加帮各价俱缓至 1841 年麦后秋后分别启征，其未完 1839 年丁耗及 1837—1839 年加帮各价，并原缓 1834—1836 年丁耗历年加帮各价，俱缓至 1841 年麦后，各按最先年份每年带征一年；内黄县被水五间房等 45 个村庄，除本年丁耗加帮价照常征收外，所有本年漕粮缓至 1841 年秋后启征，其原缓带征 1832—1834 年丁耗及历年加帮价漕粮，均展缓至 1841 年麦后秋后，各按最先年份每年带征一年；临漳县被水香房村等 25 个村庄，应征本年钱漕加帮各价，未完 1838—1839 年丁耗，历年加帮各价，未完 1838—1839 年丁耗以及历年加帮各价，俱缓至 1841 年麦后秋后分别启征；浚县被水纸坊等 133 个村庄，除本年丁耗漕粮加帮价、带征 1833 年漕粮以及 1839 年丁耗加帮价仍照常征收外，所有未完 1837—1838 年及原缓并分年带征的 1831—1836 年丁耗加帮价，俱缓至 1841 年麦后，各按最先年份每年带征一年；延津县被水申佛等 126 个村庄，除本年漕粮照常征收外，所有未完本年丁耗加帮价、全境未完 1839 年丁耗加帮价及原缓带征历年丁耗加帮价，俱缓至 1841 年麦后，各按最先年份每年带征一年；封丘县被水陈固等 88 个村庄，除本年钱漕加帮价照常征收外，所有未完 1838—1839 年及原缓按年带征历年丁耗加帮价，俱缓至 1841 年麦后，各按最先年份每年带征一年；考城县被水旧城等里 184 个村庄，应征本年丁耗漕粮加帮价滩租及带征 1839 年丁耗漕粮加帮价，俱缓至 1841 年麦后秋后分别启征，其原缓按年带征之历年丁耗加帮价及 1836 年滩租，俱展缓至 1841 年麦后，各按最先年份每年带征一年；武陟县被水原和等 30 个村庄，除本年钱漕工银加价照常征收外，其原缓带征 1836 年、1838—1839 年丁耗及 1835 年、1839 年漕粮与历年各案工银加价，均展缓至 1841 年麦后秋后分别启征；阳武县被水何庄等 38 个村庄，原缓历年钱漕加帮价，本年应行带征 1832 年漕粮，以及被水川村等 16 个村庄应行带征 1832 年漕粮，俱展缓至 1841 年麦后、秋后分别启征。在奏折结尾，牛鉴保证：接到圣旨后，即行刊刻誊黄并遍行张贴，使百姓周知，并造具缓征粮赋各款数目清册，另行题咨。①巡抚奏折共涉及中牟等 17 个州县，可见受灾面较广。10 月 16 日，道光皇帝谕令："河南州县被淹歉收，著分别缓征各项钱漕。"经详细比对，圣旨所载各州县缓征名目、缓征时间与牛鉴所奏完全一致。②也就是说，皇帝对牛鉴提出的缓征请求与具体方案完全认同。

二、1841 年粮赋缓征

1841 年，河南夏秋雨水过多，黄河决口，祥符等 9 个州县或大溜顶

---

① 《奏为勘明被水各州县请分别缓征新旧粮赋事》，宫中朱批奏折，档号：04-01-35-0074-049，一史馆藏。
② 《谕内阁河南州县被淹歉收著分别缓征各项钱漕》，军机处上谕档，档号：1036-2，一史馆藏。

冲，或漫水旁溢，道光皇帝感念"小民生计孔艰"，遂敕谕内阁："其成灾五分以上村庄与成熟乡庄应征本年钱粮，著准其分别蠲缓，蠲剩钱粮同本年漕粮、漕项、滩租及历年摊征土方加价、出借仓谷等项，均著照例分年带征，其上年因灾带缓钱漕及本年成熟乡庄应征钱漕等项，俱著缓至二十二年秋后分别启征。"①其中，尉氏县吴召集等 53 个村庄未完本年及 1838—1840 年丁耗加价以及 1835—1837 年加价，全部缓至 1842 年麦后启征；中牟县原缓 1831—1832 年、1835—1836 年丁耗历年加价及民欠仓谷，一律展缓至 1842 年麦秋后，各按最先年份每年带征一年；兰仪县被水薛庵等 18 个村庄应征本年漕粮，缓至 1842 年秋后启征。兰仪县全境原缓 1838—1841 年带征 1833—1836 年丁耗方价加价，及未完 1837—1840 年丁耗方价加价，全部展缓至 1842 年麦后，各按最先年份每年带征一年；商水县龙塘河等 31 个村庄未完本年丁耗加价，缓至 1842 年麦后启征；西华县被水西岗等 38 个村庄未完本年及 1840 年出借仓谷，一律缓至 1842 年麦秋后分别启征；项城县被水里湾等 166 个村庄原缓 1838—1840 年丁耗加价，以及 1831—1837 年加价，全部缓至 1842 年麦后启征；扶沟县被水建雄镇等 505 个村庄未完本年与 1840 年丁耗加价，以及 1831—1839 年加价，一律缓至 1842 年麦后启征，其本年漕粮缓至 1842 年秋后启征；夏邑县原缓 1832—1835 年、1837—1839 年丁耗及 1831—1839 年加价土方，全部展缓至 1842 年麦后，各按最先年份每年带征一年；永城县被水三元店等 211 个村庄未完 1840 年丁耗、马仪工挑挖沟河与原缓 1840 年带征 1831—1832 年、1835 年丁耗，以及 1831—1833 年、1838 年睢工加价，一律缓至 1842 年麦后启征，原缓 1836—1838 年丁耗及 1834—1837 年睢工加价，一律展缓至 1842 年秋后，各按最先年份每年带征一年；虞城县被水朱庄等 114 个村庄未完 1831—1832 年两年丁耗加价与原缓未届征限的 1834—1835 年、1838 年丁耗加价，全部展缓至 1842 年麦后，各按最先年份每年带征一年；安阳县被水较重之崔家桥等 62 个村庄未完本年丁耗加帮各价、1840 年钱漕加帮各价及 1837—1839 年加帮各价，全部缓至 1842 年麦秋后分别启征，又原缓历年钱漕加帮各价，一律展缓至 1842 年麦秋后，各按最先年份每年带征一年，其被水较轻之八伏厂等 47 个村庄未完 1840 年钱漕加帮各价及 1837—1839 年加帮各价，全部缓至 1842 年麦秋后启征，又原缓历年钱漕加帮各价，俱著展缓至 1842 年麦秋后，各按最先年份每年带征一年；汤阴县被水四服厂等 8 个

---

① 《谕内阁查明河南祥符等州县被水成灾分数著分别蠲缓各项钱粮》，军机处上谕档，档号：1055-2，一史馆藏。

村庄未完本年钱漕加帮各价，缓至 1842 年麦秋后分别启征，其原缓1834—1836 年、1839—1840 年丁耗并 1831—1840 年加帮各价，全部展缓至 1842 年麦后，各按最先年份每年带征一年，又原缓 1840 年漕粮展缓至1842 年秋后带征；临漳县被水较重之薛家村等 36 个村庄未完本年丁耗漕粮漕项加帮各价与原缓 1838—1840 年丁耗、1840 年漕粮漕项以及 1831—1840 年加帮各价，一律缓至 1842 年麦秋后分别启征，其被淹较轻之张村集等 74 个村庄及收成歉薄之五岔口等 341 个村庄原缓 1838—1840 年丁耗、1840 年漕粮漕项与 1831—1840 年加帮各价，以及原缓应行补征1833 年沙轻地漕粮漕项，全部展缓至 1842 年麦秋后分别启征；内黄县被水司韩村等 75 个村庄本年漕粮缓至 1842 年秋后启征，其原缓 1832—1834 年丁耗，1831—1840 年加帮各价，1832—1836 年、1838—1840 年漕粮，全部展缓至 1842 年麦秋后，各按最先年份每年带征一年；延津县被水柳洼等 124 个村庄未完本年丁耗加帮各价、全境未完 1840 年丁耗加帮各价，以及原缓 1831—1839 年丁耗加帮各价，一律展缓至 1842 年麦后，各按最先年份每年带征一年；考城县被水旧城等 318 个村庄未完本年丁耗漕粮加帮各价滩租，缓至 1842 年麦秋后分别启征，其原缓 1831—1840 年丁耗漕粮加帮各价滩租，展缓至 1842 年麦秋后，各按最先年份每年带征一年；原武县被水老庄等 28 个村庄未完 1840 年丁地加帮各价及补征1833 年停沙地案内丁耗加帮各价，一律缓至 1842 年麦后启征，其原缓1834 年丁耗展缓至 1842 年麦后带征；武陟县被水张保安等 82 个村庄未完本年丁耗漕粮各案工银加价及 1840 年丁耗各案工银加价，一律缓至1842 年麦秋后分别启征，其原缓 1836 年、1838—1839 年丁耗，1835年、1839 年两年漕粮，以及 1831—1839 年各案工银加价，全部展缓至1842 年麦秋后，各按最先年份每年带征一年；孟县被水五化工等 23 个村庄未完本年丁耗漕粮加帮各价，以及 1831—1840 年加帮各价，全部缓至1842 年麦秋后分别启征；温县被水上苑等 15 个村庄未完本年丁耗漕粮加帮各价，缓至 1842 年麦秋后分别启征；阳武县被水何庄等 38 个村庄所有原缓历年钱漕加帮各价及本年应行带征 1833 年沙地案内漕粮漕项，同万庄等 5 个村庄本年应行带征 1833 年沙地案内漕粮漕项，全部展缓至 1842年麦秋后分别启征；孟津县被水王圪垱等 28 个村庄未完本年丁耗漕粮漕项加价滩租，缓至 1842 年麦秋后分别启征；汝阳县被水东关等 229 个村庄未完本年丁耗加价及带征 1939 年丁耗加价，上蔡县被水蓍台等 287 个村庄未完 1840 年丁耗加价，新蔡县被水柳家桥等 685 个村庄未完本年丁耗加价及带征 1840 年丁耗加价，遂平县被水西关等 244 个村庄未完本年丁耗加价，一律展缓至 1842 年麦后启征。①此次缓征涉及尉氏等 26 个州县，受灾面积较大。

三、1842—1849 年粮赋缓征

1842 年，祥符等州县被淹，加之历年被水积歉，"若将新旧粮赋同时并征，民力实有未逮"，故展缓祥符、陈留、杞县、通许、中牟、商丘、鹿邑、夏邑、永城、睢州、安阳、汤阴、临漳、内黄、涉县、汲县、新乡、获嘉、淇县、辉县、延津、浚县、滑县、封丘、考城、原武、武陟、孟县、阳武、孟津、太康、扶沟、柘城 33 个州县被水被旱村庄新旧额赋。②因连年缓征造成的钱粮积欠问题越发突出，以武陟县为例，其被水张保安等 82 个村庄原缓 1841 年丁耗漕粮，1836 年、1838—1840 年丁耗、1835 年、1839 年两年漕粮，1831—1841 年各案方帮加价，全部展缓至 1843 年麦秋后，各按最先年份每年带征一年。③

1843 年，中牟等州县因九堡漫口，各村庄被淹成灾，中牟、祥符、通许、陈留、杞县、淮宁、西华、沈丘、太康、扶沟、尉氏、项城、鹿邑等县中成熟乡庄应征本年钱粮，均缓至 1844 年秋后征收。中牟、祥符、通许、陈留、杞县、淮宁、西华、沈丘、太康、扶沟、尉氏、项城、鹿邑、阳武、睢州 15 个州县蠲剩钱粮，以及本年漕粮、漕项、滩租及历年钱粮摊征、土方加价、出借仓谷籽种口粮等项，均分年带征。其上年因灾带征钱漕等项，一律著缓至 1844 年秋后分别启征。如有原缓分年带征旧欠各款，仍照原案递缓一年逐一带征。鄢陵县被水勘不成灾之郜村等 16 个村庄应征本年钱漕，著缓至 1844 年秋后分别启征。④

1844 年，中牟等州县黄水未涸复淹，中牟、祥符、通许、陈留、杞县、尉氏、淮宁、西华、太康、扶沟、鹿邑 11 个县被灾五分村庄上年因灾带缓民欠未完钱漕等项，一律缓至 1845 年秋后分别启征，如有原缓分年带征旧欠各款民欠未完，仍照原案递缓一年，挨次带征。项城、沈丘二县本年带征 1843 年钱漕加价及原缓历年丁耗展缓至 1845 年秋后，各按最先年份带征一年。睢州未完 1843 年各项钱粮，缓至 1845 年秋后启征，上年因灾分年带征 1842—1843 年钱漕加价，以及原缓历年丁耗加价滩租 1841—1842 年借领俸工，一并展缓至 1845 年秋后，各按最先年份带征一

① 《谕内阁河南各州县被水歉收著分别缓征各项钱漕》，军机处上谕档，档号：1054-2，一史馆藏。
② 《清实录》卷 383，北京：中华书局，2008 年，第 41019 页。
③ 《谕内阁河南祥符等州县被水被旱并上年歉收著分别蠲缓各项钱粮》，军机处上谕档，档号：1060-2，一史馆藏。
④ 《谕内阁河南中牟等州县被水著分别蠲缓各项钱漕》，军机处上谕档，档号：1076-3，一史馆藏。

年。阳武县原缓民欠未完历年钱漕加价，上年被水停征展缓之何庄等 38 个村庄应征沙地案内历年民欠未完钱漕加价，一并缓至 1845 年麦秋后分别启征。①

1845 年，永城等县被旱被水，祥符等州县连遭黄水。缓征永城、息县、安阳、汤阴、临漳、林县、涉县、内黄、延津、获嘉、武陟、祥符、陈留、杞县、通许、尉氏、中牟、鹿邑、睢县、太康、阳武、商丘、柘城、夏邑、孟县、原武 26 个州县被水被旱村庄新旧额赋。②其中，息县被淹歉收之回淳等 12 里原缓 1841 年、1843—1844 年未完丁耗加价，展缓至 1846 年麦后，按最先年份每年带征一年；安阳县被水之雷高利等 10 个村庄应征新旧钱粮加帮各价，缓至 1846 年麦后秋后分别启征；祥符县所有被灾各村庄应征新旧钱漕加价，一律缓至 1846 年秋后分别启征，又因灾蠲剩分年带征历年旧欠钱漕加价等项，仍照原案展缓至 1846 年秋后依次带征。③

1846 年，汲县等州县因河涨被淹，各项钱粮分别缓征。具体因水灾缓征州县如下：汲县受灾最重的万户寨等 144 个村庄及较轻的柳毅屯等 38 个村庄，新乡县受灾较重的黄岗（冈）等 92 个村庄及稍轻的豆腐营等 34 个村庄，辉县受灾较重的薄壁（壁）镇窑河等 29 个村庄、次重的何庄等 40 个村庄及较轻的焦泉营等 85 个村庄，获嘉县受灾较重的薄壁（壁）镇等 39 个村庄及较轻的宋张等 14 个村庄，淇县受灾较重的良相村等 21 个村庄及稍轻的董家庄等 20 个村庄，浚县受灾较重的杨堤等 197 个村庄、稍轻的界牌等 260 个村庄，河内县受灾较重的陈范等 36 个村庄及较轻的瞿庄等 132 个村庄，修武县受灾较重的待王镇等 23 个村庄、较轻的史庄小官庄等 29 个村庄，内黄县受灾较重的西兴善等 57 个村庄与稍轻的连庄等 28 个村庄，安阳县受灾稍重的关家村等 75 个村庄、较轻的郝家桥等 43 个村庄与最轻的后石头等 33 个村庄，商丘县田家等 848 个村庄，宁陵县吕老家庄等 147 个村庄，永城县众兴店等 324 个村庄，鹿邑县安平集等 1705 个村庄，虞城县八里湾等 333 个村庄，夏邑县白岗等 126 个村庄，睢州沙坝社等 248 个村庄，柘城县寿峰寺等 210 个村庄，延津县小里等 193 个村庄，太康县三冢集酒庄等 61 个村庄，汤阴县东施济等 52 个村庄，临漳县杨家庄等 156 个村庄④，总计有 22 个州县 5872 个村庄遭受水灾。

---

① 《谕内阁河南中牟等原缓复淹各州县著分别蠲缓各项钱粮》，军机处上谕档，档号：1088-2，一史馆藏。
② 《清实录》卷 423，北京：中华书局，2008 年，第 41595 页。
③ 《谕内阁河南永城等县被旱被水著分别缓征新旧钱漕》，军机处上谕档，档号：1101-1，一史馆藏。
④ 《谕内阁河南汲县等州县夏秋分被水旱雹等灾歉收著分别缓征各项钱漕》，军机处上谕档，档号：1113-1，一史馆藏。

1847 年，汲县、新乡、辉县、淇县等县遭遇水灾，道光帝谕令将汲县上年被水各村庄应征 1846 年丁耗加价，原缓至 1847 年麦后启征及全县本年应征丁耗加价，一律缓至 1847 年秋后分别启征；其原缓 1841—1845 年丁耗加价等项，全部展缓至 1847 年秋后，按最先年份每年带征一年。新乡县上年被水较重较轻应征 1846 年丁耗加价及原缓历年丁耗加价，并应征本年钱粮，一律缓至 1847 年秋后分别启征。辉县上年被水各村庄原缓 1846 年丁耗加价等项，及本年丁耗加价，均缓至 1847 年秋后察看情形分别启征；其原缓 1841—1845 年丁耗加价等项俱缓至 1847 年秋后，按最先年份每年带征一年。淇县上年被水被雹各村庄丁耗加价，原缓至 1847 年麦后启征丁耗加价，一律缓至 1847 年秋后启征。其 1844—1845 年丁耗加价与 1841—1843 年、1845 年加价，一律缓至 1847 年秋后启征。①

1848 年，缓征永城、虞城、夏邑、息县、祥符、宁陵、新蔡、项城、睢县、商丘、鹿邑、柘城、考城、杞县、通许、密县、武陟、阳武、汝阳、汤阴、洧川、陈留、尉氏、中牟、兰仪、郑县、荥泽、汜水、安阳、临漳、林县、武安、汲县、内黄、淇县、新乡、辉县、获嘉、延津、滑县、封丘、河内、济源、修武、孟县、温县、原武、淮宁、扶沟、许县 50 个州县被水村庄各项钱漕。②

1849 年，缓征祥符等州县被水村庄新旧钱漕，主要包括祥符县王政屯等 189 个村庄，商丘县宋家集等 53 集，宁陵县长乐乡等 357 个村庄，鹿邑县杜庄等 281 伍，夏邑县白冈社等 146 个村庄，永城县漂种村等 273 个村庄，柘城县洪恩集等 36 集，汤阴县前遵贵等 28 个村庄，汲县上乐等 45 个村庄，新乡县合河等 41 个村庄，获嘉县冯官营等 39 个村庄，辉县东北流等 213 个村庄，延津县南宋等 256 个村庄，浚县孟庄等 65 个村庄，考城县旧城等 212 个村庄，河内县北水屯等 297 个村庄，济源县勋仁等 21 里各村庄，息县在城等 18 里，临漳县三宗庙等 170 个村庄，安阳县被淹之崔家桥等 129 个村庄及河占宋高利等 18 个村庄，淇县被淹之南关里等 25 个村庄及歉收各村庄，滑县被淹之鲁邱等 49 个村庄及收成歉薄各村庄，封丘县被淹最重之西斗等 143 个村庄、被淹次重之时文等 43 个村庄及被淹稍轻之治安等 131 个村庄，以及原武县、修武县、孟县、温县、

① 《谕内阁河南汲县等县上年被灾著赏给贫民口粮并缓征钱粮》，军机处上谕档，档号：1121-2，一史馆藏。
② 《谕内阁河南永城等州县被水歉收著分别缓征各项钱漕》，军机处上谕档，档号：1143-1，一史馆藏。

阳武县、氾水县、武陟县、内黄县被淹各村庄。①

以上不避繁复，逐年列举了从 1840—1849 年的粮赋缓征情形，逐年查核档案与《清实录》，中原地区年年有灾、岁岁蠲缓的情况一直持续到清末。从受灾情况上看，通常是水灾、旱灾、雹灾等多灾叠加。从受灾区域看，少则 20 余州县，多则四五十州县。从缓征名目上看，包括丁耗、漕粮、滩租、民借仓谷、春借籽种口粮及各案加价等。从缓征时间累积的长度上看，随着时间的推演逐年增加。以 1842 年睢州为例，凡 1813—1823 年、1828—1841 年滩租，一律缓至 1843 年秋后，按最先年份每年带征一年。②至 1842 年，睢州滩租缓征累和达 25 年之久。年复一年的缓征使百姓不堪重负。虽然 1824—1827 年连续 4 年丰稔，但由于积欠严重，百姓仍无力全数缴纳因缓征而累积的历年钱粮。

四、缓征特例

停征是政府对水占、沙压、石盖、盐卤地亩应行缴纳的钱粮暂停征收，亦称"停缓"，也可以视作缓征的一种特例。近代以降，由于长年水利失修，黄河泛滥频繁。每遇水患，河水挟带着的大量黄沙积淹了两岸的田地，即便洪水退却，原本肥沃的田地因滞留大量沙土也无法耕种。迫于生计，灾民大多四处逃亡，粮赋无法缴纳，政府只能暂停征收，至于何时启征，则待数年后视具体情况酌定。此外，未垦荒地亦因粮赋无出，暂予停征。

停征不仅包括受灾当年钱粮，也包括受灾之前因缓征而累积的粮赋。1842 年，郑州常庄等处有 103 余顷土地因积涝久浸，致成盐碱。据巡抚鄂顺安查明"实系不能耕种，业户赋无所出，恳请停缓催征"。经核实，所有郑州常庄等处历年未完地粮漕米价补征闰月等银一并停缓，免其催征。③1846 年，尉氏县被水沙压地亩应征 1845 年地丁耗羡加价漕项等银一并停缓。④1848 年，陈留县沙压地亩应征新旧钱漕加价等项，尉氏与中牟县上年被水成灾沙压地亩应征新旧钱漕加价等项，一并停缓。⑤1869—1870 年，照案停征滑县积年被淹尚未涸复的老安等里 140 个村庄应完本

---

① 《谕内阁河南祥符等州县被灾歉收著分别缓征新旧钱漕》，军机处上谕档，档号：1155-1，一史馆藏。
② 《谕内阁河南祥符等州县被水旱被旱并上年歉收著分别蠲缓各项钱粮》，军机处上谕档，档号：1060-2，一史馆藏。
③ 《谕内阁河南郑州等处盐碱地亩著停缓未完钱漕》，军机处上谕档，档号：1057-1，一史馆藏。
④ 《谕内阁河南尉氏县被水沙压地亩著缓征地丁银两》，军机处上谕档，档号：1112-3，一史馆藏。
⑤ 《奏请分别缓征被灾州县新旧粮赋》，宫中朱批奏折，档号：0078-009，一史馆藏；《谕内阁河南永城等州县被水歉收著分别缓征各项钱漕》，军机处上谕档，档号：1143-1，一史馆藏。

年钱漕。①1880 年，郑州束赵等保 157 个村庄、荥泽县李西河等 13 个村庄、汜水县崔寨等 15 个村庄，以及武陟县小高寨等处河占沙压地亩应征本年钱漕，安阳县前洹桥等 20 个村庄被河占地亩应征新旧钱漕，孟县滨临黄河落驾头等 7 个村庄及渡口村等 9 个村庄被河占冲塌 108 余顷地亩应征钱漕，孟津县滨临黄河阎湾等 6 个村庄被河占冲塌地亩额征钱漕，一律照旧停缓。②1882 年，除荥泽、汜水、安阳、武陟、孟县、孟津等县续报被河占沙压地亩应征本年钱漕仍照旧案停缓外，延津、原武、阳武、孟津、宜阳、偃师、新安、渑池、陕州、灵宝、阌乡等县未垦荒地应征钱粮等项，一律暂行停缓。③1882—1885 年，荥泽、汜水、安阳、武陟、孟县、孟津、祥符等县被河占沙压地亩仍然照旧停缓。此外，1882 年，济源、修武、原武、阳武、偃师、孟津、宜阳、新安、渑池、陕州、巩县等县未垦荒地应征钱漕，阌乡县未垦荒地及被沙石冲压地亩历年钱粮，一律暂行停缓。1883 年，武安县门道川等处水冲石盖地亩 28 余顷应完钱漕，暂予停缓。1884 年，修武县沙压地亩照案停缓。1885 年，阌乡县沙石冲盖地亩本年钱粮照案停缓。④1893 年，中牟县沙碛盐卤地亩应征钱漕暂行停缓。⑤

由上可见，为稳定民心、尽快恢复社会生产秩序，近代以降，每遇水患，政府都会根据灾情轻重按一定比例蠲免、缓征或停征受灾地区应征粮赋。蠲缓须严格按程序施行。在清代，凡遇钱粮蠲缓，由各督抚、将军、府尹等将所属州县应行蠲缓、停征数目详细查明并开单具奏，然后派人详细核查复勘，待皇帝谕批后，由地方官员将上谕誊黄刊刻，遍贴城乡，使百姓周知，并按户付给免单。"倘有官吏影射及蠹役奸胥把持需索等弊，一经发觉，定将该管官及该管各上司一并从严惩处，决不宽贷。"⑥民国时期亦然，遇灾申请蠲缓，由各省市查明应蠲缓分数，报上级机关查核，

① 《谕内阁著分别停缓河南祥符等被淹受旱州县新旧钱漕》，军机处上谕档，档号：1300（2）177-194，一史馆藏；《谕内阁著分别停缓河南祥符等田禾被水厅州县钱漕粮赋兵米》，军机处上谕档，档号：1306（4）127-151，一史馆藏。

② 《谕内阁著分别展缓河南南阳等被灾各县钱漕》，军机处上谕档，档号：1362（2）179-221，一史馆藏。

③ 《谕内阁河南祥符等县被旱被水并未垦荒地著分别展缓钱漕》，军机处上谕档，档号：1370（2）262-301，一史馆藏。

④ 《谕内阁河南祥符等县被旱被水并未垦荒地著分别展缓钱漕》，军机处上谕档，档号：1370（2）262-301，一史馆藏；《谕内阁著分别蠲缓河南武安等被水州县新旧钱漕》，军机处上谕档，档号：1374（3）221-262，一史馆藏；《谕内阁著分别展缓河南祥符等被水被旱厅州县新旧钱漕》，军机处上谕档，档号：1378（2）355-388，一史馆藏；《谕内阁著分别展缓河南祥符等被水厅州县新旧钱漕》，军机处上谕档，档号：1381（4）213-248，一史馆藏。

⑤ 《谕内阁河南祥符等州县被水著分别停缓新旧钱漕》，军机处上谕档，档号：1420-3389，一史馆藏。

⑥ 《清实录》卷 272，北京：中华书局，2008 年，第 39116 页；《清实录》卷 284，北京：中华书局，2008 年，第 39303 页。

查核后造具册结，转请核办。至于蠲缓带征年限，由各省市就地方原有惯例，另定举行办法，报部查核。蠲缓申请得到批准后，三日内准予施行。施行之前，应张贴告示，遍行晓谕。由于官方文书审批周期长，往往文书到达，赋税已征，为此法令规定，"其有输官在前者，应蠲部分，准其流抵次年应完各款。应缓部分既已完纳，免再分年带征"①。钱粮蠲缓制度的施行，无疑在一定程度上减轻了灾民的负担。

① 蔡鸿源：《民国法规集成》第 39 册，合肥：黄山书社，1999 年，第 507 页。

结　语

　　中原地区是中华文明的发源地，长期以来一直是中国政治、经济和文化的中心。水是生命之源，河流是人类赖以生存的基础。中原地区位于黄河中下游地区，河流众多，分属于黄河、淮河、长江和海河四大水系。而黄河作为中华民族的摇篮，在中华文明形成和发展中所发挥的作用无可替代。

　　人类早期对河流有着很大的依赖，一般都会选择大河流域居住繁衍和生产生活。河流虽然给人类的生存与生产带来好处，然而河水的时常泛滥也使人们的生命财产遭到巨大损失。因此，人类开始从被动地依赖水资源，向主动地改造利用水资源转变。兴修水利，消除水害是历代兴国安邦的大事，我国古代有大量治理与利用水利的举措，虽受生产力水平和科技条件的制约，但也取得了很大的成效。

　　一直到隋唐时期，中原地区仍是全国粮食的重要产地和人口集中的区域。随着社会经济的发展和科技的进步，自然界对于人类的限制逐渐减少，而人类对于自然界的干预却不断强化。受"重开发，轻保护"思想的影响，人类对河流无节制地开发利用，水利失修，植被破坏，水土流失严重，加之自然因素的影响，黄河频繁泛滥。水生态环境的恶化，反过来严重制约着中原地区经济社会的可持续发展。我国经济文化的中心由黄河流域向长江流域转移，标志着中原地区在全国地位的下降。

　　近代以来，中原地区水患的发生，不但受地形、气候、河流等自然生态环境的影响，而且也有人为的社会因素的作用，如政治腐败、经济凋敝、社会动荡等影响。自然因素与社会因素的相互叠加、共同作用，导致中原地区水灾频繁。中原地区涉及黄河、淮河、长江、海河等多个水系，各水系对中原地区水灾的发生都产生一定的影响，尤其是黄河之灾。黄河自上游挟黄沙下流，至中下游，河身易受沙积，河道滞塞，河身日高，加上下游平原地带地势较低，土质松散，故每到汛期，堤防稍有不慎，即遭溃决，酿成巨大洪灾。

与历史上中原地区的水灾，或与其他地区的水灾相比，近代中原地区的水灾频率高，且受灾范围广。在时间上，近代几乎每年都有发生水灾，民国时期发生水灾的规模更大。在空间上，有的是某个或多个支流发生的水灾，有的是干支流同时发生的水灾，还有的是多个水系联动发生的水灾。

水患对中原地区的影响是多方面的。有关近代中原地区水灾的记载比比皆是，如1935年7月，大雨如注，山洪暴发，伊河、洛河水位同时增涨，偃师县城全被淹没。民国期刊《河南政治月刊》较为详细地登载了偃师县城受灾情形，兹移录如下：

当水进东门时，民众闻警，纷纷扶老携幼，及搬运什物，抬运灵柩，取道北门逃避。因路窄人多，各顾生命，城门为之堵塞。未几，水已由北门灌入，南面水势更深，遂争夺上城，秩序大乱。后有人用粗绳一端拴扣城楼，一端拴扣城外大树上，由绳上系出多人，但亦有落水毙命者。东关内戏楼上有廿七人，该楼整个冲倒，仅有能泳者两人幸免。水利局有一沪籍职员，到差未久，亦遭灭顶，嗣在教育局前捞出，身上尚缠二百余元。杨县长及县政府职员，均避至县政府后院楼上，教育局职员，及中学、小学学生，均避登女子小学大楼上，及中学尊经阁上，共约六十余人。北城墙及中山公园文昌阁上，约千余人。其余民众，未逃出者，或猱升树上，或蹲伏屋顶。八日晚间，杨县长见水将由楼窗灌入，而全城一切救济事宜，无人主持，遂偕保安大队长冯济安，及第一科科长由窗一跃至麦秸垛上，随水漂荡，后经小船救出。九日早晨，各学生及灾民，或自行捞屋梁编筏，或由外面撑入之筏，陆续救出。当八日夜十一时，雨仍未止，其时水势最大，水声、痛哭声、呼救声、倒房塌墙声、雨声、风声、嘈杂声合成一片。……水深约两丈，东城西城东北西北等处，尚有一丈余。灾民现麇集于铁路北之高原，并有在城墙上护城堤上搭棚暂居，鹄望振济者，有于北门内浅水中掘出粮食，在高处晒晾，而又被雨腐烂者，凄惨情形，见之伤心，言之酸鼻。八日夜间由偃师以东之孙家湾，至黑石关车站以西，铁路上约水深二尺，黑石关站计停票车四列，除有快车一列由水上冒险徐徐渡过外，其余均于次日方始开出。铁路以北山坡下房屋，亦多被冲毁，木料砖瓦，遍地皆是，铁路南多系膏腴之田，现皆为流沙漫没，此项损失，一时尚难得其确数也。①

上述记载真实地再现了偃师县城受灾场景，水灾不仅造成人口死亡与受灾，还毁坏房屋、淹浸田地和粮食等。正如文中所描述："水声、痛哭声、呼救声、倒房塌墙声、雨声、风声、嘈杂声合成一片""凄惨情形，见之伤心，言之酸鼻"。

前文已经专章考察了水灾对人口的影响，包括人口死亡、人口受灾、人口迁移等；对民生的影响，包括毁坏房屋、淹没田地、减少收成、淹死牲畜等。除此以外，水灾对国民经济，尤其是农村经济的影响也是巨大的。

近代中原地区灾害频仍，几乎每年都有水、旱、蝗、风、雹等灾害发生。在这些灾害之中，影响国民经济发展至巨的，以水患为甚。洪水肆虐之下，灾区动辄广达数百里，灾民数以至上千万人，至于农事受损、收成减少、田园荒芜、资金缺失等，不可计数。特别是几次大水灾，造成城村陆沉，人畜漂失，田野悉成沼泽，损失数以万计。

近代中国仍然以农立国，农民是国之主体，农村是国之基础。农业生产发展，农民生活宽裕，农村经济就发达；反之，农业生产落后，农民生活贫困，农村经济就衰颓。

河南地居中原，全省耕地面积达 399 876 867 亩，为全国各省之冠，全省农户有 6 311 916 户，居各省第 2 位。全省农民有 3100 万人，占全省人口的 88%。②除开封、郑县、洛阳等市区居住较多市民外，其余约 9/10 的土地和人口，皆为农村和农民。全省财政税源也几乎都来自农村。③可见，河南是全国最重要的农业区之一，河南的农村经济不但是全省经济的基础，而且也是全国农村经济的重要组成部分。

国民经济的基础是农业。农业具有高度的季节性，常常受自然条件的影响。一切农业生产，从播种到收获，无不需要自然力的培植。农业经济的特征是以米、麦为生产的灌溉耕作，农业对于水的需要，至为迫切。然而，大水发生后，水量的供给远远超出稻、麦的需求，因积水过多，不仅使种芽发生水腐，枯萎死亡，还导致土中肥料流失，土壤贫瘠化。

① 常志箴：《河南省偃师县巩县水灾纪实》，《河南政治月刊》1935 年第 9 期，第 4-5 页。
② 张铭：《如何恢复河南农村经济》，《河南政治月刊》1932 年第 7 期，第 9 页。
③ 洪永权：《河南农村经济问题》，《河南政治月刊》1934 年第 12 期，第 1 页。

水灾发生后，受害最直接、最惨重的乃是农村。灾区之农村，经洪流之洗荡，不但农田菜圃、米麦作物被淹没无存，而且田园庐舍、牲畜物品也被冲失殆尽。水灾造成农村加速崩溃，农民暴动时有发生，加上土匪的不断侵扰，农民只有相率逃亡，田地任其荒芜，有些地方甚至几十里、几百里荒无人烟。由于天灾人祸的袭击，数以万计的受灾农民挣扎在死亡线上。这种惨状，在每次大水灾中都有充分显现。

水灾的暴发，给农村经济以致命的打击，是农村经济走向破产的重要致因。同时，亦是以农村经济为支撑的城市经济衰微的重要因素。农业是工商业的基础，没有农业就没有工商业的发展。城市工商业因失去广大的农村购买力，商品缺乏销路，滞货日积，而城市金融机构对农村投资融通亦将日益困难，资金周转不灵，产业、金融皆受其害。

欲使农村经济复兴，除积极改善农村生产关系、改良农业生产技术外，对于自然灾害的预防，亦属重要。否则，灾患不息，农民涂炭日深，虽有各种农事改良与农业建设，亦将被灾患所摧毁，几无成效或收效甚微，农村衰败因之加剧。

水利事业关系农业生产至大，水患的暴发足以影响国民经济建设。为兴利除弊，适应水利事业的发展，在近代中原地区，自中央到地方，先后设立了相应的水利机构和组织。晚清时期，河南省水利和黄河修防，由东河河道总督与河南巡抚共同治理。民国时期，中央、各流域及河南省也设立了专门的水利管理机构。水利职官的设置及水利管理机构的建立，对于水利建设发挥了重要的作用。开展水利建设，必须要有较为完善的水利法规与计划。黄河水利委员会和河南省各级职能部门相继出台了有关堤坝防护、防汛规则、水土保持等法规，制订了堵口复堤、整理河槽及各种试验的计划，以及年度、季度水利计划等，这些使水利建设有了明确目标和具体步骤，同时也使管理工作走向制度化的轨道。

水利建设的推进，首先是水利测量工作的实施。近代以来，尤其是民国时期，受西方科学技术的影响，黄河水利委员会、导淮委员会、河南省政府等管理部门在中原地区进行水利测量工作。测量工作涉及水文、气象、水道、地形、水准和地质等诸多方面。这对于防灾减灾及水资源的管理有着重要的作用。而水利工程是水利建设最核心的内容，各级部门在中原地区进行的水利建设，包括堵口复堤工程、河道整治工程、农田灌溉工程等。通过兴修水利工程，不仅可以有效地预防洪涝灾害的发生，还可以解决农田灌溉问题，促进农业生产和发展。为了救治灾民、缓解灾害的损失，各级组织实施以工代赈，如修堤、浚河、开渠、凿井等，对近代中原地区的农田水利建设具有直接的推动作用。

通过工赈的方式兴修水利工程是灾后水利建设的有效途径。为了对有关人员在水利兴办、水灾治理、水灾赈济等方面的工作进行激励和约束，各级政府组织出台了一系列奖惩举措，对奖惩的对象、方式等作了具体的规定，逐步形成了较为完备的奖惩机制。

灾赈是对政府施政能力与灾害应对能力的重要考量。近代中原地区水患频发，且受灾范围广泛。洪水肆虐，冲没民众的田粮、衣物、器具、房舍。大量灾民风餐露宿，腹无食，体无衣，住无所，惨苦情形不堪言表。救灾贵在救急，为救生保命，稳定社会秩序，政府作为救灾主体，都会积极介入，根据灾情程度采取一系列应急措施。实行粥赈耗资少，不受时间、地点限制，无须多少技术含量，简便易行，且能在危难之际挽救大量灾民的生命，故成为各级政府与社会力量广为施行的救灾举措。近代中原地区水灾后开设的粥厂主要有灾后粥厂与冬赈粥厂两种类型。粥厂通常设在灾情较重、灾民集中的区域，主要救济对象为老弱妇孺与极贫灾民。粥厂资金以政府拨款为主，以官员捐廉、地方绅富捐助及社会组织劝募为补充。为杜绝流弊，地方政府因革损益，出台一系列章则办法，对厂址的选择、施粥对象的调查遴选、粥厂工作人员的设置与职责分配、煮粥、验票、发签、放粥、监督、上报核查等环节都作了明确规定，使粥厂运作更加规范有序。衣食住是人类最基本的生存需求，除设厂施粥外，灾后向灾民发放钱粮衣物，设立收容所，为因灾荒而辗转流离、无以为生的灾民提供衣食住，也是近代中原地区临灾急赈中经常性的救济措施。

大灾之后有大疫。在近代中原地区，每次水患发生后，都有大量的灾民死于霍乱、伤寒、天花、疟疾、赤痢等传染病。传染病的防控属于典型的公共卫生职能范畴，政府的主导与干预作用是不可替代的。在近代中原地区水灾之后的防疫实践中，各级政府对卫生防疫建设与防疫工作十分重视，采取多种措施进行防控，如成立专门的防疫机构，颁行相关章则条例，多渠道宣传卫生防疫知识，施行预防接种，厉行传染病报告，对饮用水进行消毒，对传染病病人进行隔离治疗，派遣医务人员深入灾区进行救治，等等，初步形成了一套颇具成效的传染病防控机制。而且，在工作过程中，卫生组深刻认识到卫生与传染病之间的关系，做到治疗与卫生防疫并举并重，既对患者予以治疗，又广泛施行预防注射，同时还十分重视卫生清洁工作，如改造厕所、清理街道、疏浚河渠、设置垃圾箱、灭蝇灭蚊、迁移棺柩、取缔不卫生的饮食、对饮用水进行消毒等。灾民因此而

"受防疫之益，不致为疫疠所侵，为数诚不可数计也"。①在各级政府与社会力量的共同努力下，不仅有效控制了疫情，挽救了众多灾民的生命，还在一定程度上改变了民众不良的卫生习惯与城乡卫生面貌，较好地维护了灾后地方社会秩序的稳定与社会生产恢复。

土地与农业是农民赖以生存的根本。对于生活在中原地区的农民来说，他们长期过着面朝黄土背朝天的生活。农业的丰歉与否完全取决于上天，即俗话说的"望天收"。近代中原地区水患频发，农业生产受到严重摧残，粮食大面积减产甚至绝收，粮食供应奇缺，加上不良商贩的囤积居奇、哄抬粮价，使灾后粮食的供求更加紧张。灾民无以果腹，朝不保夕。为稳定社会秩序，减少灾民盲目外逃与暴尸荒野，各级政府在社会力量的配合下运用行政手段实行跨区域调剂民食，如有组织地把重灾区的灾民移入地广人稀、物产丰富的地方垦荒或移至非灾区暂时谋生；购买美国小麦，并将东北积粮运至灾区等。无论是移民就粟还是移粟就民，都在一定程度上缓解了灾后粮荒现象。此外，铁路、公路等新式交通方式为政府组织的灾民迁移与粮食的跨区域调拨提供了有力的保障。

在传统农业社会，人们抵御自然灾害的能力十分薄弱，一旦遇上凶荒，小则收成歉薄，大则颗粒无收，无力缴纳粮赋。为减轻百姓负担，尽快恢复社会生产秩序，近代以降，每遇水患，历代政府都会根据灾情轻重按一定比例蠲免、缓征或停征受灾地区应征粮赋。近代的蠲缓政策，在继承历朝经验的基础上，有了进一步的发展与完善，不仅统治阶级高度重视，把钱粮蠲缓视作关系社会稳定的安民治国大计，同时蠲缓措施也日趋细密与制度化。每遇灾荒，蠲缓之策按例施行，灾民的粮赋可以免除或延期缴纳，无疑在一定程度上减轻了灾民的负担。

然而，从实际执行效果来看，由于战乱及连年的自然灾害，中原地区几乎年年都有展缓，因年复一年缓征造成的积欠钱粮只能不断推迟顺延征收，即便偶有普免将所有积欠全部清零，但因迭被荒歉、元气难复、民情拮据，很快又出现新的积欠，造成恶性循环。巨额的钱粮积欠，不仅使百姓不堪重负，同时也严重影响了政府的财政收入，而且随着时局动荡、经济萧条、专制统治日渐式微，许多与蠲缓有关的法令根本无法实行。有的即使实行，但问题矛盾依然层出不穷。具体如下。

其一，迟延题报。蠲缓政策是由各级官员具体执行的。经办者的职业操守在很大程度上影响着蠲缓的实效。清政府虽然制定有严格的惩治蠲免舞弊行为的律令与措施，但仍有一些利欲熏心之人将此加惠之政视作敛财

① 国民政府救济水灾委员会：《国民政府救济水灾委员会报告书》，1933年，第3页。

之机，想方设法营私舞弊、中饱私囊，有的先期征存，不行流抵；有的既奉蠲免，不为扣除；有的以官亏捏报民欠①；还有的故意迟延，甚至"有迟之数年而不结者，良由本无限期，以致辗转耽延，官吏营私，弊端丛出"。②1851 年咸丰皇帝下达蠲免令后，为防患于未然，给事中袁甲三向皇帝提出三点建议：第一，各直省督抚、将军、府尹在接到蠲免谕旨后，限 3 个月内把本地应行蠲免数目详晰开单具奏；第二，地方将蠲免清单上报后，户部赶紧查明核实。如银谷款数与户部征册串根不符，部议时，一面核准，一面行令户部将不符之处予以更正；第三，地方官员务须将蠲免誊黄告示遍贴城乡，并将里户蠲免实数清单另刊粘于誊黄之尾，使穷乡僻壤周知。③尽管有如上办法及相关惩治律令，但在统治日渐式微的晚清，皇帝的谕令与律令规章被视作具文，难以落实。至 1852 年 11 月，河南省仍迁延不报。户部虽屡次催促，仍以调验征册串根为借口任意稽延。"恐有以完作欠，希图弥缝隐混情弊。"④类似事件在同治年间亦有发生。1861 年及 1862 年同治皇帝两次颁发谕旨，将各省历年积欠钱粮及 1859年以前民欠仓粮一律蠲免。然而，至 1864 年 12 月，据户部奏称：河南省应蠲各案至今尚未具奏，且查 1859 年以前奏销案内，历年应题之件已有130 余件之多，皆因该省应蠲银两没有奏报，不能提交吏部会议审核，以致应题之案愈积愈多。难保无部分州县重复征收、胥吏从中积压等弊。⑤

其二，延搁誊黄。除题报迟延外，还有一些地方官员故意延搁誊黄，渔利舞弊之意不言而喻。前已述及，1855 年永久蠲免河南省每年应征河工加价，并令将已经征收的银款抵作本年正赋。按常理，河南省官员接到此谕令，自应速刊誊黄，使家喻户晓。然而，1856 年 9 月据御史张守岱奏：河南各州县或隐匿誊黄不贴，照旧征收，或 1855 年末始行张贴，或延至 1856 年春始行张贴。待誊黄张贴之时，1855 年正赋已经交完，摊征河工加价亦完纳过半。1856 年春季征纳粮赋时，百姓欲以已交河工加价抵完正课。州县官员却多方支吾，不肯作抵。对于这些执法营私的不法州县官员，咸丰皇帝深表痛恨，发布谕令："英桂身任巡抚，于此等贪劣庸员，岂竟毫无觉察。著即督饬藩司确切查明，如有蒙混征收、抑阁誊黄、不行张贴情弊，即著严行参劾，治以应得之罪，毋稍徇隐，自罹重咎。至地方钱粮丁耗，止纳惟正之供。倘经征各员胆敢浮收抑勒，著一并认真访

① 《清实录》卷 272，北京：中华书局，2008 年，第 39116 页。
② 《清实录》卷 25，北京：中华书局，2008 年，第 42658 页。
③ 《清实录》卷 25，北京：中华书局，2008 年，第 42658 页。
④ 《清实录》卷 76，北京：中华书局，2008 年，第 43279 页。
⑤ 《清实录》卷 123，北京：中华书局，2008 年，第 50926 页。

察，严参惩办，以肃吏治而安民生。"①然而，一些地方官员为利所趋依旧我行我素，视皇帝谕令于不顾。同年10月，御史曹登庸奏参："署涉县知县札清阿将豁免加价誊黄隐匿不贴，照旧征收，并令民间加钱完纳粮银，其漕粮每石加至制钱九千八百文。"清政府命令英桂将营私舞弊的知县提省严加审讯惩办，毋稍徇隐。②然而，对涉事官员的严惩并未起到应有的警示威慑之效，直至1857年，河南童生王协一仍在征收河工加价银两。③

其三，预征钱粮。民国时期，由于财政拮据，预征钱粮成为各级政府的惯用手法，同时也成为蠲缓流弊滋生的根源之一，如1932年，陕县县长张简生在申请蠲免本县荒地田赋的呈文中称：本县人民流亡，耕地荒芜面积几占全县2/3，垦熟荒地计16 004亩，尚不足1/10，恳请委员彻查荒地数量及应纳丁银数量，咨请财政厅暂免丁地正银一年。经核查，该县在提出蠲免申请之前，已预征至1935年。按照该县所送征收丁地报册，除1929年停止预征及1934年、1935年预征未送报册无凭审核外，该县1928年、1930年、1931年、1932年的丁地银已全部预征，1927年、1929年未征民欠尾数不多，该县所称荒地占全县2/3，粮额约万两左右，经核查与上报不符。④

由上可知，近代钱粮蠲缓流弊丛生，俨然已如多年沉疴积重难返，非但起不到减轻百姓负担、保护其再生产能力的惠民作用，反而在某种程度上成了某些利欲熏心官员的敛财"良机"。

当今，地处我国中心地带的中原地区，地理位置重要、交通便利、文化底蕴深厚、市场潜力巨大，在全国改革发展大局中具有重要的战略地位。随着中原经济区上升为国家战略，深入探讨近代中原地区的水患及其荒政，总结水灾治理中的成败得失与经验教训，推动中原地区的可持续发展，具有重要的历史意义和现实价值。

灾害防治是中原地区经济发展不可或缺的重要组成部分。在隋唐之前，中原地区是全国政治、经济、文化最发达的地区之一。唐中后期，黄河流域长期处在战乱状态，人口大量迁移、黄河上游开垦过度、水土流失严重，以及黄河夺淮、水系变动、水利失修等，整个生态环境出现恶性循环，造成中原地区经济逐渐衰落，成为灾害频发的重灾区。每次大灾过

① 《清实录》卷270，北京：中华书局，2008年，第45597页。
② 《清实录》卷210，北京：中华书局，2008年，第45641-45642页。
③ 《清实录》卷229，北京：中华书局，2008年，第45895页。
④ 《咨民政厅准咨核复陕县呈以人民流亡土地荒芜恳准委查免赋一案请查照文》，《河南财政汇刊》1932年第2期，第287-288页。

后，都要恢复与重建，如此反反复复，严重束缚着中原地区的经济建设。如何防治灾害，一直以来都是社会各界关注的问题。一些有识之士提出各种治理主张，尤其是民国时期，林修竹、李仪祉、张含英、胡焕庸、费礼门等水利专家和学者，提出了一系列治黄导淮的方案，这些方案各具特色，彰显了不同的理念与思路。但是，灾害的防治是一个复杂的系统工程，受战争、资金、技术等因素制约，一些方案虽已实施但成效大打折扣，更多的方案仅停留于文本而未能付诸实施。实践证明，当中原地区灾害较少，经济就会得到较快发展；反之，则发展缓慢，甚至停滞不前。可见，灾害防治与地区经济建设密切相关。兴修水利工程，加强河流治理，是促进中原地区经济发展的有效途径。

从行政区划来看，狭义上中原地区主要指河南省。从水系来看，中原地区的河流分属于黄河、淮河、长江和海河四大水系，涉及河南以外多个省份。可见，中原地区在运行和管理上是实体经济区域。但在河流管理上既有行政区域的管理，也有分属水系的管理，两者虽有交叉，但又是分离的。近代中原地区，中央政府设立东河河道总督与河南巡抚共同治理的治河防灾体制。之后，又设立华北水利委员会、导淮委员会、黄河水利委员会、黄河水灾救济委员会与河南河务局等各种机构，负责中原地区的水利建设和灾害治理。依据水系设立的机构，主要致力于水利建设、水患防治等方面，关联多个省份。而各省政府往往从本省利益出发实施决策与管理，缺乏必要的沟通协调与统一规划。近代以降，随着中国纳入世界市场体系的程度不断加深，外向型经济的重要性日益凸显。华北沿海地区、东南沿海地区及长江流域凭借优越的地理条件，在区域进出口贸易中的地位日益凸显，对中原地区的人才、技术有着很大的吸引力。中原地区受多种因素的制约，经济地位不断下降，与发达地区的差距进一步拉大。实现中原地区经济的发展，必须发挥自身区位、资源、产业等方面优势，同时，统筹流域、区域、水利发展，不断加强与其他区域的衔接互动、协作配合。

总之，自然界是人类生存和发展的基础。没有自然界，人类社会就成了无源之水、无本之木。科技的进步和经济的发展，一方面，极大地增强了人类改造自然与抗御灾害的能力；另一方面，自然环境受到人类的干扰也越来越大。在利用与改造自然中，正是由于人类的错误行为，使得人类付出沉重的代价，遭受大自然的惩罚。灾害是难以从根本上消除的，也许将与我们长久的共生共存。在当代，几乎每一次灾害的发生都或多或少地与人类发生关联。我们只有正确认识灾害，重视自然界的本体价值，充分发挥大自然的自我修复能力，才能有效地抵御灾害，降低灾害所造成的后果。在河流治理、防洪减灾方面，我们不能以主人自居，更不能以征服者的心态任意支配河流，要按照客观规律办事，在防止河流对我们造成侵害的同时，也要注意防止我们对河流的侵害。河流是有生命的，河流的承载能力也是有限的，我们必须在河流所能承受的范围内，保证河流自身的发展需要。只有以人与自然协调发展的理念指导实践，尊重自然，善待自然，爱护自然，才能实现人与河流、人与自然的和谐共处，才能推动区域经济社会的可持续发展。

参 考 文 献

一、档案

（一）朱批档

《奏请筹议酌量采买粟米事》，一史馆藏。

《奏报禁止贩运大宗粮石出境》，一史馆藏。

《奏为筹度中牟坝工势须缓办事》，一史馆藏。

《奏请蠲缓祥符等州县新旧钱漕事》，一史馆藏。

《奏为本年豫省永城县被灾请抚恤事》，一史馆藏。

《奏请蠲缓被水各县应征新旧钱漕事》，一史馆藏。

《奏为遵旨查明豫省本年被灾情形事》，一史馆藏。

《奏请蠲缓本年被灾各属新旧钱漕事》，一史馆藏。

《奏请分别缓征被灾州县新旧粮赋事》，一史馆藏。

《奏请分别缓征许州等州县新旧钱漕事》，一史馆藏。

《奏为黄河伏汛安澜仍督饬慎防秋涨事》，一史馆藏。

《奏为核明加赈月份并司道前往亲查事》，一史馆藏。

《奏为委员驰往汝南各州县设厂赈粥事》，一史馆藏。

《奏为被水成灾各属请蠲免缓征新旧钱漕事》，一史馆藏。

《奏为被水成灾各属请蠲免缓征新旧钱漕事》，一史馆藏。

《奏为祥符等州县被水被雹勘明妥为抚恤事》，一史馆藏。

《奏为查明本年被淹各州县来春毋庸接济事》，一史馆藏。

《奏为勘明被水各州县请分别缓征新旧粮赋事》，一史馆藏。

《奏为节交立秋黄河伏汛安澜各工抢办平稳事》，一史馆藏。

《奏为巩县粮地被水占沙压请停缓征应完粮赋事》，一史馆藏。

《奏为查明豫省本年被灾各州县来春毋庸接济事》，一史馆藏。

《奏为遵旨查明被旱被水各州县酌议来春接济事》，一史馆藏。

《奏请分别停征缓征太康等州县应征新旧钱漕事》，一史馆藏。

《奏请分别蠲缓安阳内黄等州县应征新旧钱酒事》，一史馆藏。

《奏为勘明孟津县被灾分数并筹议加赈蠲缓钱粮事》，一史馆藏。

《奏为勘明祥符等州县秋收歉薄请缓征旧欠钱漕事》，一史馆藏。

《奏为臣叠次捐廉并筹办郑州黄河漫口灾民抚恤事》，一史馆藏。

《奏为黄河南徙夺溜注淮谨拟分道疏浚以图补救事》，一史馆藏。

《奏为派员查明豫皖二省漫水所经及入湖处所情形事》，一史馆藏。

《奏为勘明本年二麦早秋被雹被淹请缓征应征钱粮事》，一史馆藏。

《奏为本年被灾州县应征新旧钱漕请分别停征缓征事》，一史馆藏。

《奏报秋收歉薄请缓征各属旧欠钱漕并冲塌地亩钱粮事》，一史馆藏。

《奏为节逾秋分黄河涨水消动抢办险工已渐平定情形事》，一史馆藏。

《奏报本年被淹及因涝歉收各州县来春毋庸另筹接济事》，一史馆藏。

《奏为勘明祥符等州县秋禾被灾歉收请缓征旧欠钱漕事》，一史馆藏。

《奏为勘明河岸冲塌孟津县属滨河村庄被淹灾民请抚恤事》，一史馆藏。

《奏为汲新等县工赈完竣碍难照例造销请援案开单奏报事》，一史馆藏。

《奏为择优酌保卫辉府属汲淇等县被灾散放义赈出力员绅事》，一史馆藏。

《奏为淇县知县秉彝仰承亲志捐助赈银请为其父母自行建坊事》，一史馆藏。

《奏为豫省滑县等县本年被水成灾民情困苦请妥为筹赈抚恤事》，一史馆藏。

《奏为勘明兰仪考城两县被水成灾各村轻重情形并续筹抚恤事》，一史馆藏。

《奏为河南浚县等县被灾需赈绅商等乐善好施捐资接济援章请奖事》，一史馆藏。

《奏为遵旨查明候选同知施振元等劝赈放赈尤为出力请照例褒奖事》，一史馆藏。

《奏为光绪二十一年间武陟河内等县被水工赈动用银两请饬部核销事》，一史馆藏。

《奏为河南试用道张维翰报捐助河工银两请交军机处记名及遇缺补放事》，一史馆藏。

《奏为酌拟捐助汲县等被灾县分灾赈谷石各捐员分别多寡请准奖励事》，一史馆藏。

《奏为查明郑工赈务请奖案内应行复奏各员任玉璞等请准照所请给奖事》，一史馆藏。

《奏为上年郑州河决芦属豫岸引地受伤甚深请分别酌予调剂以恤商艰事》，一史馆藏。

《奏为勘明卫辉等县被淹成灾应筹赈济等请准截留裁存帮丁月粮银两事》，一史馆藏。

《奏为遵旨查明河内等县被淹成灾暨因涝歉收各属来春毋庸另筹接济事》，一史馆藏。

《奏为特参考城县知县毕元善等员办理赈务户口浮冒请旨分别解任议处事》，一史馆藏。

《奏为省城自漫口掣流受冲情形吃重奉旨厚集兵夫物料守护并赈恤灾民事》，一史馆藏。

《奏为河内武陟两县沁河漫决淹及下游修武等县勘明成灾分数请先予抚恤事》，一史馆藏。

《奏为光绪二十一年沁河漫决河内等县被灾办理赈抚收支银谷各数遵旨开单奏报事》，
   一史馆藏。

《奏为核明光绪二十年浚县内黄等县被水成灾办理工赈收支银谷各数援案开单奏报事》，
   一史馆藏。

《奏为河南尉氏县一品命妇刘马氏江苏丹陡县四品封职命妇钱许氏捐助甘赈请封典事》，
   一史馆藏。

《奏为勘明本年被灾并历年被灾歉收州县原缓旧欠钱漕及被水稍重汤阴等县应征新赋

请展缓事》，一史馆藏。

（二）上谕档

《寄谕各省督抚著详查地方灾情来春如需接济据实具奏候旨》，一史馆藏。

《谕内阁本年黄河安澜著敬香谢神加赏各员》，一史馆藏。

《谕内阁河南汜水等县被水著分别蠲缓钱粮》，一史馆藏。

《谕内阁河南永宁县地亩被水著豁除赋粮银两》，一史馆藏。

《谕内阁著分别展缓河南南阳等被灾各县钱漕》，一史馆藏。

《谕内阁著将河南办赈不力各知县分别解任议处》，一史馆藏。

《谕内阁河南黄水漫淹州县著先行抚恤口粮银两》，一史馆藏。

《谕内阁河南祥符滑县等灾歉著按分数蠲免钱漕》，一史馆藏。

《谕内阁河南州县被淹歉收著分别缓征各项钱漕》，一史馆藏。

《谕内阁河南中牟等州县被水著分别蠲缓各项钱漕》，一史馆藏。

《谕内阁著分别蠲免展缓河南被水各州县新旧钱漕》，一史馆藏。

《谕内阁著分别蠲缓河南武安等被水州县新旧钱漕》，一史馆藏。

《谕内阁河南尉氏县被水沙压地亩著缓征地丁银两》，一史馆藏。

《谕内阁著分别蠲缓河南祥符等被灾州县新旧钱漕》，一史馆藏。

《谕内阁河南祥符等州县被水著分别停缓新旧钱漕》，一史馆藏。

《谕内阁河南各州县被水歉收著分别缓征各项钱漕》，一史馆藏。

《谕内阁河南兰仪等州县被灾被扰著分别抚恤蠲缓》，一史馆藏。

《谕内阁河南祥符等州县被水著分别停缓新旧钱漕》，一史馆藏。

《谕内阁著各省督抚严查属吏如有赈务弊端严参重惩》，一史馆藏。

《谕内阁河南兰仪等县被水歉收著分别缓征新旧钱漕》，一史馆藏。

《谕内阁河南永城等县被旱被水著分别缓征新旧钱漕》，一史馆藏。

《谕内阁河南开封等属田禾被淹被旱著分别蠲缓钱漕》，一史馆藏。

《谕内阁著分别展缓河南祥符等被水厅州县新旧钱漕》，一史馆藏。

《谕内阁河南祥符等州县被水成灾著来春分别展赈平粜》，一史馆藏。

《谕内阁河南鹿邑等州县上年被水被旱著分别豁减漕粮》，一史馆藏。

《谕内阁著蠲缓河南开封等被水被扰各府应征钱粮漕赋》，一史馆藏。

《谕内阁著分别停缓河南祥符等被淹受旱州县新旧钱漕》，一史馆藏。

《谕内阁河南永城等州县被水歉收著分别缓征各项钱漕》，一史馆藏。

《谕内阁河南祥符等州县收成歉薄著应征钱漕暂行停缓》，一史馆藏。

《谕内阁河南汜水县沙压地亩不堪种植著停缓应征钱粮》，一史馆藏。

《谕内阁河南兰阳黄水漫口兰仪等县村庄被水著接济口粮》，一史馆藏。

《谕内阁河南荥泽等县被水被雹歉收著分别缓征新旧钱粮》，一史馆藏。

《谕内阁河南祥汛漫口官兵住房被浸坍塌著分别借项修葺》，一史馆藏。

《谕内阁著分别蠲缓河南祥符等被水旱被匪各属新旧漕粮》，一史馆藏。

《谕内阁河南祥符漫口河督办理不利著发往伊犁充当苦差》，一史馆藏。

《谕内阁河南兰阳县河工漫溢著饬员赶筑并惩处疏防各员》，一史馆藏。

《谕内阁郑州下汛十堡河水漫溢著分别惩处防范不力官员》，一史馆藏。

《寄谕河东河道总督等河南沁河漫口著疏消积水堵巩漫口》，一史馆藏。

《谕内阁河南巩县多年水占沙压地亩著分别停缓漕米粮赋》，一史馆藏。

《谕内阁河南中牟等原缓复淹各州县著分别蠲缓各项钱粮》，一史馆藏。

《谕内阁河南兰阳黄水漫口兰仪等县村庄被水著接济口粮》，一史馆藏。

《谕内阁著分别展缓河南祥符等被水被旱厅州县新旧钱漕》，一史馆藏。

《谕内阁著分别蠲缓河南祥符等被水旱被扰州县钱粮漕赋》，一史馆藏。

《谕内阁绅士续捐田荡归入义仓请分别奖励一折著吏部议奏》，一史馆藏。

《谕内阁豫省各州县谎报灾情以充私囊著严加参办相关官员》，一史馆藏。

《谕内阁河南荥泽知县等玩视赈务造册蒙混著分别交部议处》，一史馆藏。

《谕内阁河南鲁山县被水知县报灾不实著将张其昆交部议处》，一史馆藏。

《谕内阁河南永城等州县被水被雹歉收著分别缓征新旧钱粮》，一史馆藏。

《谕内阁河南河内等州县被灾被匪歉收著分别缓征新旧钱漕》，一史馆藏。

《谕内阁著各督抚转饬所属认真筹办积谷平粜毋得空言塞责》，一史馆藏。

《谕内阁著全行豁免豫省节年民欠钱粮及停缓带征各项银谷》，一史馆藏。

《谕内阁河南祥符等州县被旱被水并未垦荒地著分别展缓钱漕》，一史馆藏。

《谕内阁河南中牟等被灾州县著于来春展赈口粮粜借仓谷籽种》，一史馆藏。

《谕内阁河南兰仪等县上年被水著今春分别展赈口粮粜借仓谷》，一史馆藏。

《谕内阁著分别停缓河南祥符等田禾被水厅州县钱漕粮赋兵米》，一史馆藏。

《谕内阁河南归德陈州两府设局劝捐助赈著将在事各员分别奖励》，一史馆藏。

《谕内阁河南祥符等州被水被旱并未垦荒地著分别展缓丁耗钱漕》，一史馆藏。

《谕内阁河南黄水漫口祥符等州县被淹较重著概行抚恤一月口粮》，一史馆藏。

《谕内阁河南省城被水该抚等倡捐修竣城堤足工著分别议叙奖励》，一史馆藏。

《谕内阁河南永城等县被水并河占沙压地亩著分别缓征各项钱漕》，一史馆藏。

《寄谕豫抚河南粮贵小民流离著派员查勘分别灾情轻重奏明办理》，一史馆藏。

《奉旨河南祥符漫口著将失职各员分别革职发往新疆或留工效力》，一史馆藏。

《谕内阁查明河南祥符等州县被水成灾分数著分别蠲缓各项钱粮》，一史馆藏。

《谕内阁河南祥符等州县被水被旱兵上年歉收著分别蠲缓各项钱粮》，一史馆藏。

《谕内阁上年河南祥符漫口危及省城著将防护出力各官绅分别鼓励》，一史馆藏。

《谕内阁河南汜水县被水损伤人口著该抚委员会同地方官抚恤灾民》，一史馆藏。

《谕内阁著分别展缓征收河南祥符等被水被旱各州县应征新旧粮赋》，一史馆藏。

《谕内阁豫皖两省被水著该抚认真筹济体察蠲缓情形并严惩舞弊之员》，一史馆藏。

《寄谕河南巡抚裕著查明上年河南洼地被淹各县情形就如何赈恤覆奏》，一史馆藏。

《寄谕河南巡抚潘铎著详查祥符中牟一带历年穷黎抚恤情形妥筹具奏》，一史馆藏。

《寄谕河南巡抚河南沁河漫口著督饬地方官抚恤灾民并筹款堵合漫口》，一史馆藏。

《寄谕河东河道总督等河南祥符漫口著将该督抚革职议处并留任抢筑》，一史馆藏。

《寄谕河东河道总督等河南中河厅漫口著地方妥速办理堤工并抚恤灾民》，一史馆藏。

《谕内阁河南巡抚等捐银设厂煮粥收养贫民著将出力各员分别议叙鼓励》，一史馆藏。

《谕内阁河南汲县等州县夏秋分被水旱雹等灾歉收著分别缓征各项钱漕》，一史馆藏。

《谕内阁著将河南孟津等被灾各州县分别加赈一月口粮并蠲缓应征新旧钱粮》，一史馆藏。

《谕内阁沁河漫口合龙知府李芳柳等著开复摘顶处分其余出力员弁准酌保数员》，一史
馆藏。

《谕内阁著各省督抚严饬地方稽查匪徒借口流民辗转滋扰并抚恤资送实在灾黎》，一史
馆藏。

二、资料汇编、大事记

武同举：《准系年表全编》，1928 年。

朱家骅：《土地法规》，1930 年。

内政部：《内政法规汇编》，第 2 辑，1934 年。

沈怡、赵世暹、郑道隆：《黄河年表》，1935 年。

《中华民国法规大全》，第 1 册，上海：商务印书馆，1936 年。

杨文鼎：《中国防洪治河法汇编》，开封：建华印刷所，1936 年。

行政院水利委员会：《水利法规汇编》，第 1 集，1944 年。

行政院水利委员会：《水利法规汇编》，第 2 集，1946 年。

全国经济委员会水利处：《再续行水金鉴》，1936 年。

河南省革命委员会水利局：《河南省历年水文特征资料统计》，第 2 册，1973 年。

中央气象局研究所、河南省气象局：《华北、东北近五百年旱涝史料·河南省》，1975 年。

水利水电科学研究院：《清代海河滦河洪涝档案史料》，北京：中华书局，1981 年。

河南省水文总站：《河南省历代大水大旱年表》，1982 年。

王邨、王挺梅：《河南省历代旱涝等水文气候史料》，1982 年。

河南省水利志编辑室：《河南水利史料》，第 4 辑，1985 年。

《清实录》，北京：中华书局，2008 年。

水利电力部水管司、水利水电科学研究院：《清代淮河流域洪涝档案史料》，北京：中
华书局，1988 年。

黄河水利委员会黄河志总编辑室：《黄河大事记》，郑州：河南人民出版社，1989 年。

李文海、林敦奎、周源，等：《近代中国灾荒纪年》，长沙：湖南教育出版社，1990 年。

水利电力部水管司、科技司、水利水电科学研究院：《清代黄河流域洪涝档案史料》，
北京：中华书局，1993 年。

李文海、林敦奎、程歗，等：《近代中国灾荒纪年续编》，长沙：湖南教育出版社，
1993 年。

刘于礼：《河南黄河大事记（1840 年~1985 年）》，1993 年。

中国第二历史档案馆：《中华民国史档案资料汇编》，南京：江苏古籍出版社，1994 年。

中国第二历史档案馆：《国民党政府政治制度档案史料选编》，合肥：安徽教育出版社，
1994 年。

黄河水利委员会黄河上中游管理局：《黄河水土保持大事记》，西安：陕西人民出版社，
1996 年。

蔡鸿源：《民国法规集成》，合肥：黄山书社，1999 年。

黄河水利委员会黄河志总编辑室：《黄河大事记（增订本）》，郑州：黄河水利出版社，

2001 年。

李文海、夏明方：《中国荒政全书》，北京：北京古籍出版社，2003 年。

黄河水利委员会：《民国黄河大事记》，郑州：黄河水利出版社，2004 年。

国家图书馆古籍影印室：《民国赈灾史料初编》，北京：国家图书馆出版社，2008 年。

国家图书馆古籍影印室：《民国赈灾史料续编》，北京：国家图书馆出版社，2009 年。

李文海、夏明方、朱浒：《中国荒政书集成》，天津：天津古籍出版社，2010 年。

三、调查报告、年鉴

华洋义赈总会：《民国十六年度赈务报告书》，1928 年。

河南省建设厅：《十九年度河南建设概况》，1930 年。

华洋义赈总会：《民国十九年度赈务报告书》，1931 年。

河南省建设厅：《河南水灾》，1931 年。

河南省政府秘书处：《河南省政府年刊》，1931 年。

河南省赈务会：《二十年河南水灾报告书》，1931 年，

河南建设厅：《河南建设概况》，1932 年。

国民政府救济水灾委员会：《国民政府救济水灾委员会报告书》，1933 年。

国民政府救济水灾委员会：《国民政府救济水灾委员会工振报告》，1933 年。

申报年鉴社：《申报年鉴》，1933 年、1934 年。

实业部中国经济年鉴编纂委员会：《中国经济年鉴》，上海：商务印书馆，1934 年。

行政院农村复兴委员会：《河南省农村调查》，上海：商务印书馆，1934 年。

河南省政府秘书处：《河南省政府年刊》，1935 年。

许世英：《山东河南河北三省水灾查勘报告书》，1935 年。

河南省水灾救济总会：《河南省水灾救济总会报告书》，1935 年。

实业部中国经济年鉴编纂委员会：《中国经济年鉴续编》，上海：商务印书馆，1935 年。

内政部年鉴编纂委员会：《内政年鉴》第 4 册，上海：商务印书馆，1936 年。

国民政府主计处统计局：《中华民国统计提要》，上海：商务印书馆，1936 年。

许世英：《二十四年江河水灾勘察记》，1936 年。

河南省政府秘书处：《河南政治视察》，1936 年。

全国经济委员会：《民国二十四年江河修防纪要》，1936 年。

河南省政府秘书处：《河南省政府年刊》，1937 年。

河南省建设厅：《河南新建设》，1940 年。

国民政府豫皖黄泛区查勘团：《豫皖苏黄泛区查勘团查勘报告书》，1941 年。

河南省政府统计处：《河南省统计年鉴》，1942 年。

河南省政府：《河南省政府救灾总报告》，1943 年。

河南省政府建设厅：《河南建设述要》，1943 年。

崔宗埙：《河南省经济调查报告》，1945 年。

行政院新闻局：《黄河堵口工程》，1947 年。

狄超白：《中国经济年鉴》，1947 年。

河南省政府统计处：《河南省统计年鉴》，1947 年。

四、近代报刊

《申报》《民国日报》《大公报》《晨报》《新华日报》《解放日报》《农报》《北洋政府公报》《北洋政府司法公报》《中华民国国民政府公报》《国民政府行政院公报》《监察院公报》《金陵学报》《河南省公报》《河南省政府公报》《东方杂志》《地学杂志》《国际劳工通讯》《救灾会刊》《银行通讯》《钱业月报》《金融周报》《银行周报》《交易所周刊》《法治周刊》《经济评论》《行政院水利委员会月刊》《行政院水利委员会季刊》《水利通讯》《建国月刊》《观察》《史地社会论文摘要月刊》《华北水利月刊》《黄河水利月刊》《河南行政月刊》《河南民政月刊》《河南建设月刊》《河南政治月刊》《河南保安月刊》《河南统计月报》《河南统计月刊》《善后救济总署河南分署周报》。

五、方志

高廷璋、胡荃修，蒋藩纂：《（民国）河阴县志》，1918年。

林传甲：《大中华河南省地理志》，1920年。

韩邦孚、蒋浚川修，田芸生纂：《（民国）新乡县续志》，1923年。

张之清修，田春同纂：《（民国）考城县志》，1924年。

白眉初：《民国地志总论》，北京：世界书局，1926年。

吴世勋：《分省地志·河南》，上海：中华书局，1927年。

萧国桢、李礼耕修，焦封桐、孙尚仁纂：《（民国）修武县志》，1931年。

史延寿修，王士杰纂：《（民国）续武陟县志》，1931年。

马子宽修，王蒲园纂：《（民国）重修滑县志》，1932年。

王泽溥、王怀斌修，李见荃纂：《（民国）林县志》，1932年。

杜鸿宾修，刘盼遂纂：《（民国）太康县志》，1933年。

方策、王幼侨修，裴希度、董作宾纂：《（民国）续安阳县志》，1933年。

胡焕庸：《黄河志·气象篇》，上海：商务印书馆，1936年。

宝经魁修，耿愔纂：《（民国）阳武县志》，1936年。

张含英：《黄河志·水文与工程篇》，上海：商务印书馆，1936年。

侯德封：《黄河志·地质篇》，上海：商务印书馆，1937年。

河南通志馆：《河南通志·舆地志》，1942年。

河南通志馆：《（民国）河南通志》，1943年。

《黄河河流志略》，上海：伏生草堂。

河南省地方史志编纂委员会：《河南新志（民国十八年）》，郑州：中州古籍出版社，1988年、1990年重印。

王文楷：《河南地理志》，郑州：河南人民出版社，1990年。

河南省地方志编纂委员会：《河南省志·黄河志》，郑州：河南人民出版社，1991年。

黄河志编纂委员会：《黄河防洪志》，郑州：河南人民出版社，1991年。

商丘地区水利志编纂委员会：《商丘地区水利志》，1992年。

河南省地方志编纂委员会：《河南省志·气象志》，郑州：河南人民出版社，1993年。

河南省地方志编纂委员会：《河南省志·民政志》，郑州：河南人民出版社，1993年。

河南省地方志编纂委员会：《河南省志·农业志》，郑州：河南人民出版社，1993 年。

河南省地方志编纂委员会：《河南省志·地貌山河志》，郑州：河南人民出版社，1994 年。

河南省地方志编纂委员会：《河南省志·水利志》，郑州：河南人民出版社，1994 年。

海河水利委员会海河志编纂委员会：《海河志》，第 1 卷，北京：中国水利水电出版社，1997 年。

黄河水利委员会黄河志总编辑室：《黄河流域综述志》，郑州：河南人民出版社，1998 年。

翟自豪：《兰考黄河志》，郑州：黄河水利出版社，1998 年。

淮河水利委员会淮河志编纂委员会：《淮河·综述志》，北京：科学出版社，2000 年。

河南省地方史志办公室：《河南通鉴》，郑州：中州古籍出版社，2001 年。

六、专著

林修竹：《历代治黄史》，1926 年。

宋希尚：《说淮》，南京：京华印书馆，1929 年。

马罗立：《饥荒的中国》，上海：民智书局，1929 年。

杨杜宇：《导淮之根本问题》，上海：新亚细亚月刊社，1931 年。

宗受于：《淮河流域地理与导淮问题》，南京：钟山书局，1933 年。

河南省政府秘书处：《河南省政府委员会会议纪录》，1935 年。

黄河水利委员会：《黄河概况及治本探讨》，1935 年。

张含英：《治河论丛》，上海：商务印书馆，1936 年。

李仪祉：《李仪祉先生遗著》，1938 年。

张含英：《黄河水患之控制》，上海：商务印书馆，1938 年。

郑肇经：《中国之水利》，上海：商务印书馆，1940 年。

张含英：《历代治河方略述要》，上海：商务印书馆，1945 年。

成甫隆：《黄河治本论初稿》，1947 年。

张含英：《黄河治理纲要》，1947 年。

胡焕庸：《两淮水利》，南京：正中书局，1947 年。

韩启桐、南钟万：《黄泛区的损害与善后救济》，1948 年。

中国工程师学会：《三十年来之中国工程》，1948 年。

岑仲勉：《黄河变迁史》，北京：人民出版社，1957 年。

沈怡：《黄河问题讨论集》，北京：商务出版社，1971 年。

赵尔巽：《清史稿》，北京：中华书局，1976 年。

水利部黄河水利委员会《黄河水利史述要》编写组：《黄河水利史述要》，郑州：黄河水利出版社，1982 年。

邓云特：《中国救荒史》，上海：上海书店，1984 年。

张光业、周华山、孙宪章：《河南省地貌区划》，郑州：河南科学技术出版社，1985 年。

中国水利学会：《中国水利学会成立五十五周年纪念专集（1931—1986）》，北京：水利电力出版社，1986 年。

邓拓：《邓拓文集》，第 2 卷，北京：北京出版社，1986 年。

《清史列传》，北京：中华书局，1987 年。

姚汉元：《中国水利史纲要》，北京：水利电力出版社，1987 年。

河南省经济社会发展战略规划指导委员会、河南省人民政府调查研究室：《河南省情》，
　　郑州：河南人民出版社，1987 年。

李仪祉：《李仪祉水利论著选集》，北京：水利电力出版社，1988 年。

郑肇经：《中国水利史》，上海：上海书店，1989 年。

水利部淮河水利委员会《淮河水利简史》编写组：《淮河水利简史》，北京：水利电力
　　出版社，1990 年。

牛平汉：《清代政区沿革综表》，北京：中国地图出版社，1990 年。

张水良：《中国灾荒史》，厦门：厦门大学出版社，1990 年。

汪家伦、张芳：《中国农田水利史》，北京：农业出版社，1990 年。

盛福尧、周克前：《河南历史气候研究》，北京：气象出版社，1990 年。

李文海、周源：《灾荒与饥馑：1840—1919》，北京：高等教育出版社，1991 年。

胡明思、骆承政：《中国历史大洪水》，北京：中国书店，1989 年。

邹逸麟：《黄淮海平原历史地理》，合肥：安徽教育出版社，1993 年。

李文海、程歗、刘仰东，等：《中国近代十大灾荒》，上海：上海人民出版社，1994 年。

温彦：《河南自然灾害》，郑州：河南教育出版社，1994 年。

吴祥定：《历史时期黄河流域环境变迁与水沙变化》，北京：气象出版社，1994 年。

李向军：《清代荒政研究》，北京：中国农业出版社，1995 年。

骆承政、乐嘉祥：《中国大洪水——灾害性洪水述要》，北京：中国书店，1996 年。

龚书铎：《中国社会通史》，太原：山西教育出版社，1996 年。

国家防汛抗旱总指挥部办公室、水利部南京水文水资源研究所：《中国水旱灾害》，北
　　京：中国水利水电出版社，1997 年。

苏人琼、杨勤业、关志华，等：《黄河流域灾害环境综合治理对策》，郑州：黄河水利
　　出版社，1997 年。

孟昭华：《中国灾荒史记》，北京：中国社会出版社，1999 年。

韩昭庆：《黄淮关系及其演变过程研究》，上海：复旦大学出版社，1999 年。

黄亮宜、孙保定：《河南省情概论》，北京：中国统计出版社，2000 年。

夏明方：《民国时期自然灾害与乡村社会》，北京：中华书局，2000 年。

朱尔明、赵广和：《中国水利发展战略研究》，北京：中国水利水电出版社，2002 年。

康沛竹：《灾荒与晚清政治》，北京：北京大学出版社，2002 年。

蔡勤禹：《国家、社会与弱势群体——民国时期的社会救济（1927—1949）》，天津：
　　天津人民出版社，2003 年。

苏新留：《民国时期水旱灾害与河南乡村社会》，郑州：黄河水利出版社，2004 年。

王林：《山东近代灾荒史》，济南：齐鲁书社，2004 年。

郭成伟、薛显林：《民国时期水利法制研究》，北京：中国方正出版社，2005 年。

张崇旺：《明清江淮地区的自然灾害与社会经济》，福州：福建人民出版社，2006 年。

傅林祥、郑宝恒：《中国行政区划通史》（中华民国卷），上海：复旦大学出版社，
　　2007 年。

程有为：《黄河中下游地区水利史》，郑州：河南人民出版社，2007 年。

葛剑雄、胡云生：《黄河与河流文明的历史考察》，郑州：黄河水利出版社，2007 年。

孙语圣：《1931·救治社会化》，合肥：安徽大学出版社，2008 年。

薛毅：《中国华洋义赈会救灾总会研究》，武汉：武汉大学出版社，2008 年。

侯全亮：《民国黄河史》，郑州：黄河水利出版社，2009 年。

杨琪：《民国时期的减灾研究》，济南：齐鲁书社，2009 年。

吴春梅、张崇旺、朱正业，等：《近代淮河流域经济开发史》，北京：科学出版社，
2010 年。

苏全有、李风华：清代至民国时期河南灾害与生态环境变迁研究》，北京：线装书局，
2011 年。

马俊亚：《被牺牲的"局部"：淮北社会生态变迁研究（1680—1949）》，北京：北京大
学出版社，2011 年。

徐有礼：《动荡与嬗变——民国时期河南社会研究》，郑州：大象出版社，2013 年。

七、论文

徐近之：《黄河中游历史上的大水和大旱》，《地理学资料》1957 年第 1 期。

王京阳：《清代铜瓦厢改道前的河患及其治理》，《陕西师范大学学报（哲学社会科学
版）》1979 年第 1 期。

王方中：《1931 年江淮大水灾及其后果》，《近代史研究》1990 年第 1 期。

陈建宁：《河南省战时损失调查报告》，《民国档案》1990 年第 4 期。

夏明方：《铜瓦厢改道后清政府对黄河的治理》，《清史研究》1995 年第 4 期。

王林、万金凤：《黄河铜瓦厢决口与清政府内部的复道与改道之争》，《山东师范大学
学报（人文社会科学版）》2003 年第 4 期。

夏明方：《"水旱蝗汤，河南四荒"——历史上农民反抗行为的饥荒动力学分析》，《学
习时报》2004 年 12 月 6 日。

苏新留：《民国时期河南水旱灾害初步研究》，《中国历史地理论丛》2004 年第 3 辑。

徐有礼、朱兰兰：《略论花园口决堤与泛区生态环境的恶化》，《抗日战争研究》2005
年第 2 期。

薛瑞泽：《中原地区概念的形成》，《寻根》2005 年第 5 期。

武艳敏：《民国时期社会救灾研究——以 1927—1937 年河南为中心的考察》，复旦大
学博士学位论文，2006 年。

王成兴：《民国时期华洋义赈会淮河流域灾害救治述论》，《民国档案》2006 年第 4 期。

苏新留：《略论民国时期河南水旱灾害及其对乡村地权转移的影响》，《社会科学》
2006 年第 11 期。

朱浒：《地方社会与国家的跨地方互补——光绪十三年黄河郑州决口与晚清义赈的新
发展》，《史学月刊》2007 年第 2 期。

苏新留：《民国时期河南水旱灾害及其政府应对》，《史学月刊》2007 年第 5 期。

唐博：《铜瓦厢改道后清廷的施政及其得失》，《历史教学（高校版）》2008 年第 4 期。

贾国静：《大灾之下众生相——黄河铜瓦厢改道后水患治理中的官、绅、民》，《史林》
2009 年第 3 期。

贾国静:《黄河铜瓦厢改道后的新旧河道之争》,《史学月刊》2009 年第 12 期。

郑发展:《近代河南人口问题研究(1912—1953)》,复旦大学博士学位论文,2010 年。

夏明方:《救荒活民:清末民初以前中国荒政书考论》,《清史研究》2010 年第 2 期。

孔祥成、刘芳:《民国时期救灾组织用人机制与荒政社会化——对 1931 年国民政府救济水灾委员会的调查》,《学术界》2010 年第 5 期。

陈业新:《道光二十一年豫皖黄泛之灾与社会应对研究》,《清史研究》2011 年第 2 期。

孔祥成:《1931 年大水灾与国民政府应对灾害的资金筹募对策》,《安徽史学》2011 年第 3 期。

李风华:《民国时期河南灾荒频发的社会因素》,《江汉论坛》2011 年第 9 期。

田冰、吴小伦:《道光二十一年开封黄河水患与社会应对》,《中州学刊》2012 年第 1 期。

武艳敏:《南京国民政府时期救灾资金来源与筹募之考察——以 1927—1937 年河南省为例》,《山东师范大学学报(人文社会科学版)》2012 年第 2 期。

苏新留:《抗战时期黄河花园口决堤对河南乡村生态环境的影响研究》,《中州学刊》2012 年第 4 期。

孔祥成、刘芳:《"助人自助"与"建设救灾"——1931 年江淮大水灾后重建观念及其措施研究》,《中国农史》2012 年第 4 期。

武艳敏:《战争、土匪与政局:南京国民政府时期制约救灾成效因素分析——以 1927—1937 年河南为中心的考察》,《郑州大学学报(哲学社会科学版)》2013 年第 1 期。

李风华:《民国时期河南灾荒的义赈救济探析》,《中州学刊》2013 年第 1 期。

后　记

　　本书是国家社科基金一般项目"近代中原地区水患与荒政研究"的结项成果，后历经多次修改而成。

　　中原地区是中华文明的发祥地，在中华文明发展进程中具有非常重要的作用。中原地区长期以来作为中国的政治、经济、文化中心，曾有"得中原者得天下"之说。然而，受多种因素掣肘，中原地区在全国的重要性日益下降。毫无疑问，水患是制约近代中原地区经济社会发展的重要因素之一。因此，全面深入地探讨近代中原地区的水患与荒政，具有十分重要的学术价值和现实意义。2010 年，本人申报的国家社科基金项目"近代中原地区水患与荒政研究"获批立项，这为该问题的深入研究提供了有利的契机。本项目与我此前的研究领域和研究地域多有重合，但也有不同。这种不同，我在资料搜集、解读与写作过程中感触颇深。随着项目研究的展开与推进，我对近代中原地区水患与荒政有了更深层次的认识与思考。2016 年，本项目研究成果得到诸位评审专家的肯定而得以顺利结项。

　　本书得以完成，首先要感谢导师吴春梅教授。正是她的鞭策和鼓励，增强了我在学术研究道路上继续前行的决心和力量。在项目申报和研究过程中吴老师给予了悉心的指导。感谢团队成员安徽大学马克思主义学院张崇旺教授、管理学院王成兴教授、社会与政治学院孙语圣教授长期以来的大力支持，还要感谢历史系的诸位同仁一直以来给予的关心和帮助。

　　本书的完成也离不开其他同行和专家的支持和帮助。苏州大学的池子华教授、南京大学的马俊亚教授、上海交通大学的陈业新教授、阜阳师范学院的吴海涛教授以及其他诸多学者，他们对项目研究成果提出了中肯的意见和建议。尤其是在项目结项时，各位评审专家在肯定研究成果的同时，也提出了具体的修改意见。

本书的出版得到了国家社科基金项目的经费资助以及安徽省高校领军骨干人才项目的支持。全国哲学社会科学工作办公室、安徽省哲学社会科学规划办公室、安徽大学人文社会科学处、安徽大学历史系、安徽大学淮河流域环境与经济社会发展研究中心等部门在项目立项和管理上给予了大力支持；中国第一历史档案馆、中国第二历史档案馆、国家清史编纂委员会、中国国家图书馆、河南省图书馆、安徽省图书馆以及安徽大学图书馆等单位为本书研究搜检资料提供了诸多便利；科学出版社编辑为本书的出版付出了辛劳；李发根博士帮助核对部分文献，朱亚男、吴康林、杨金客、黄昆、郭子初等研究生也帮助查找校对一些资料。在此，一并致以诚挚的谢意。

最后，还要特别感谢我的爱人杨立红女士。她是安徽中医药大学马克思主义学院教授，因与我研究方向相近，在项目研究过程中，她不仅帮助搜集整理了大量资料，而且对部分内容进行撰写、修改、补充和完善。还要特别感谢我的母亲，虽年事已高，仍承担大量家务，使我有更多的时间专心投入本书研究。

囿于本人的精力、时间与学识水平有限，写作中难免存在一些疏漏和缺失，敬请各位专家学者批评指正。

朱正业

2019 年 9 月 10 日